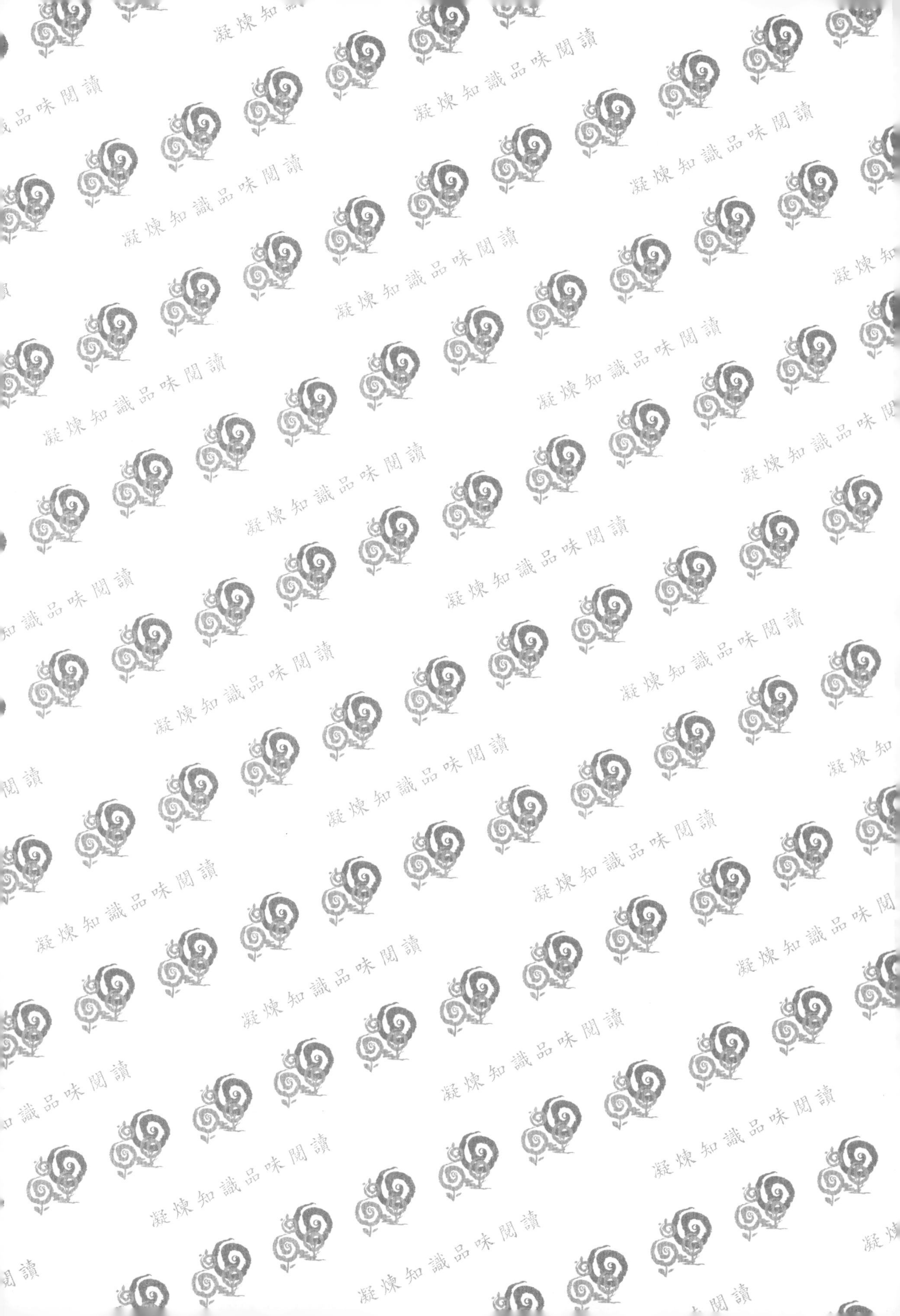

風險管理精要 第二版

全面性與案例簡評

宋明哲 著

五南圖書出版公司 印行

修訂版序

本次改版有幾點重大變動。首先，書名改成《風險管理精要：全面性與案例簡評》，「全面性與案例簡評」是副標題。初版書名冠有「新」字，此次刪除。主因是風險管理知識永遠在「變」且頻繁，如果「不變」就奇怪。因此，初版書名加個「新」字，有些勉強。其次，架構上重新稍作調整，且重案例提示，因爲各組織風險管理實務操作值得留意學習，理論與實務間互相成長。最後，是某些用語的調整，例如：「戰略」一詞用在組織最高層，因商場如戰場。「策略」一詞用在組織中低層。再如，用「風險融資」替換「風險理財」。當然本書仍請各高明方家指正，讀者繼續愛護。

宋明哲 PhD, ARM

識於臺灣頭份

2022 年 4 月脫稿

初版序

這版書主要是2012年10月出版的《風險管理新論：全方位與整合》一書的濃縮版。爲更能適合學生學習，在章節體例上做些許調整外，原書第五篇〈專題與公司風險管理〉只保留一章，其他則刪除。

其次，風險管理大家都在談，但大多對風險管理性質界定不清楚，對風險也沒有完整的理論依據，甚或只當普通名詞在使用。結果是，學習者不清楚，風險管理到底與一般的安全管理或風控概念有何不同。這項結果導源於很多所謂風險管理教材，撰寫架構上不但沒有完整的系統，內容上也不連動保險與其他風險融資／理財的說明。事實上，能稱風險管理教材者，只有在內容上談及風險控制與風險融資／理財，始能冠名風險管理。否則，隨意冠名風險管理教材的作者就是知識的汙染人物。

最後，讀者如果是宿命論者，就別看本書。如果你（妳）認爲哪有風險這回事，那也別看。

宋明哲 PhD, ARM

識於臺灣頭份

2013年12月脫稿

目　錄

楔子　Risk譯爲「風險」

中文「風險」與「危險」各有其中文的語源，傳統[1]的「風險」概念代表機會，「危險」則代表不安全的情境概念。其次，德國社會學家盧曼 (Luhmann, 1991) 亦區分英文「Risk」與「Danger」的不同，前者與吾人的決策有關，後者無關決策。面對《風險社會》(*Risk and Society*) 的原作者丹尼 (Denney, 2005) 在其書中第一章〈風險的本質〉裡頭，也明確區分「Risk」與「Danger」的不同。相反的，國內對「Risk」的譯名偶有爭論，有譯成「危險」者，或譯成「風險」者。在堅守眞、善、美三原則下，本書將 Risk 譯爲風險，理由說明如下：

首先，翻譯上，應先求其「眞」。換言之，應先考據英文 Risk 的語源。之後，則考慮中文詞彙，何者爲善爲美才作決定。十七世紀中期，英文的世界裡才出現 Risk 這個字 (Flanagan and Norman, 1993)。它的字源是法文 Risque，解釋爲航行於危崖間。航行於危崖間的「危崖」是個不安全的情境。或許，這是主張應譯爲「危險」的論者所持的理由之一。然而，法文 Risque 的字源是義大利文 Risicare，解釋爲膽敢，再追溯源頭則從希臘文 Risa 而來。膽敢有動詞的意味且含機會的概念，膽敢實根植於人類固有的冒險性。如前所提，航行於危崖間，亦可視爲冒險行爲。冒險意謂有獲利的機會，這個固有的冒險性造就了現代的 Risk Management（風險管理）。故以求「眞」原則言，中文「風險」實較契合英文 Risk 的原意。其次，英文 Risk 譯成「危險」，那麼，英文 Danger 該如何翻譯成中文，易讓初學者困惑。最後，現代 Risk Management 的範圍與思維已脫離過去的傳統且中文「風險」實較「危險」爲「美」，也已廣爲兩岸學界所接受。因此，本書從「善」如流，採用「風險」當作英文 Risk 的譯名。

[1] 風險的傳統概念，是機會的涵義。風險的另類概念，是價值的涵義。

第1章

緒　論

讀完本章可學到什麼？

1. 了解風險管理是人類爲了追求生存，必要的一種管理作爲。
2. 風險是人類活動中的必要元素，風險數據不可全信，唯有多方面觀察，才知其全貌。
3. 當代管理風險有一套科學系統，管理架構也在變，但別當作萬靈丹，我們只能邊管、邊修、邊學。
4. 風險社會是社會學專有名詞，不是泛泛的一般用語，也認識到風險社會與極端世界的特徵。

我們都知道，人類爲了生存，天生就有趨吉避凶的本能，把這種應對危險情境的本能，科學化、系統化就是本書要介紹的風險管理 (Risk Management)。科學化、系統化的風險管理追求的還是爲了生存，而不是爲了消除風險。

一、看待風險的方式——今已非昔比

如何管理風險，跟我們如何看待風險有關。過去風險只是冰冷的數字，但現代風險的意涵，不再只是冰冷的數字，而是極富生命力的語言，既理性也很感性。

人類對風險 (Risk) 是愛恨交加，風險既像鹽巴也像糖，因它雖具威脅性，也帶來希望。過去看待風險，只觀察一個面向 (One Dimension)，現代應該多種面向 (Plural Dimensions) 來看，這就是對風險的全方位 (All Dimensions) 觀察。

過去人們看待風險的方式，是在常態波動（非極端情境）下觀察，且認爲未來會如同過去，模型化的風險 (Modelling Risk) 被認定是眞實世界的風險，這種認定風險的方式，以實證論 [1](Positivism) 爲基礎，是機會取向的個別化 (Individualistic) 概念。這種看法是在不得不的考量下，完全剔除了風險所在的社會文化脈絡，從而計量風險的思維主導與獨霸風險學術的發展，長達至 1980 年代 [2]。

嗣後，因眾多科技災難 [3] 與黑天鵝事件的發生，其起因複雜且含眾多人因成分，從而以後實證論 [4](Post-Positivism) 價值取向的群生 [5](Communal) 概念蓬勃發展，尤其風險文化理論 (The Cultural Theory of Risk) 更廣受重視 [6]。目前學術界，觀

---

1 實證論意涵，參閱本書第二章。

2 1980年代是風險理論發展的分水嶺，此時風險建構(The Construction Theory of Risk)學派興起，這包括風險社會理論(The Social Theory of Risk)、風險文化理論(The Cultural Theory of Risk)與哲學領域的風險理論。建構學派的風險理論迥然不同於存在久遠的傳統風險理論。同年代間，風險分析學會(SRA: Society of Risk Analysis)創立。參閱Denney, D. (2005). *Risk and Society*. London: Sage; Renn, O. (1992). Concepts of risk: A classification. In: Krimsky, S. and Golding, D. ed. *Social theory of risk*. Westport: Praeger. pp. 53-83.

3 例如：Union Carbide Bhopal, India, 1984; Space Shuttle Challenger, USA, 1986; Chernobyl, Former USSR, 1986; King's Cross Fire, UK, 1987等。

4 後實證論爲基礎的風險意涵，參閱本書第二章。

5 價值取向的群生概念，參閱本書第二章。

6 最近，風險文化理論的群格分析(GGA: Grid Group Analysis)模型被用來解釋環境風險管理的政策議題，而有「Clumsy Solutions」一詞的出現。其次，藉由群格分析的多元理性(Plural Rationalities)解釋保險領域中的承保循環(Underwriting Cycle)現象，這以Dave Ingram爲代表，參閱Ingram, D. and Underwood, A.合著*The human dynamics of the insurance cycle and implications for insurers-An introduction to the theory of plural rationalities* 一文。

察風險的方式呈現百家齊鳴的態勢。金融海嘯後，以多元理性 (Plural Rationalities) 認定風險已無法避免，這種有別於過去，以單一理性 (Single Rationality) 看待風險的方式將衝擊風險的評估。

著者綜合所有人們看待風險的方式，將其分成三種面向，那就是風險的實質面向 (Physical Dimension)、人文面向 (Humanity Dimension) 與財務面向 (Financial Dimension)，也就是對風險全方位的觀察。面向不同，對應的風險理論也有別 (Renn, 1992)。那就是，安全工程與毒物流行病學的風險理論，用來觀察風險實質面的議題；人文面向的風險理論存在於心理學、社會學、文化人類學與哲學，它用來了解人們的風險感知／知覺 (Perception)、認知 (Cognition) 與社會文化的議題。財務面向的風險理論在保險精算與財務經濟領域，用來訂定風險價格 (Risk Pricing)，評估風險與報酬間的關係以及成本效益問題。

這三種面向間，並非完全獨立，而是互動影響的。例如：觀察火災風險事件起因，或管理火災風險，不能只分析實質因素，對建築物設計、建造、維護與使用人員如何看待火災風險且其行爲是否有疏失，與如何受到社會文化變項的影響也不能剔除在外。其次，控制火災的發生需花費多少成本，又可獲得多少效益，萬一無法控制又如何影響財務損失，以及事前要花多少火險保費。以上諸多問題，均涉及風險三個層面的互動關係。同時，在這三種面向中，以人文面向對應的風險理論發展最晚，實質面與財務面對應的風險理論，是存在已久的流派，也是傳統的理論。本書所稱全方位即以此三種面向爲代表，參閱圖 1-1。

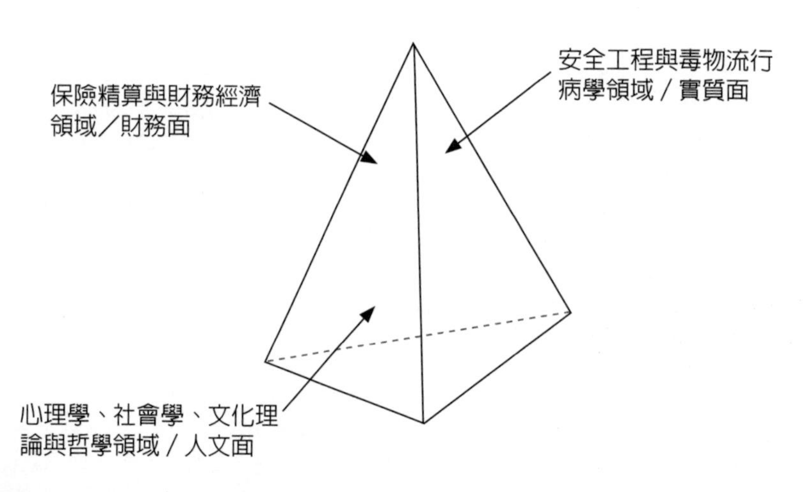

圖 1-1 風險的全方位與風險理論領域

最後，機率論出現[7]以來，人們就一直想計算風險，將未來的不確定，透過計算加以掌控。這種想法，也一直影響風險學術的發展。有句話最能代表風險計量的想法，那就是：「所有事物能用數字陳述，才能代表人們對該事物很了解。」然而，也有云：「不是所有事物都能計算，能被計算的，也不能代表該事物的一切。」這兩種截然不同的思維，也造就了如今，風險理論呈百花齊放的局面。

二、風險管理的過去與現在

過去的風險管理，局限在保險風險[8](Insurance Risk) 或危害風險 (Hazard Risk)，間隔二十年後，才出現金融／財務風險管理 (Financial Risk Management)，但兩者是呈分流發展的態勢。直至最新的全面性（或稱全方位／整合型）風險管理 (ERM/EWRM: Enterprise-Wide Risk Management) 架構出現後，舉凡戰略／策略風險 (Strategic Risk)、財務風險 (Financial Risk)、作業／操作風險 (Operational Risk) 與危害風險才匯流一起，全部納入風險管理的範疇。在新架構下，管理上須累積所有風險，考慮風險間的相關性，進而以一致的方式，組合各種管理工具，聯合診治，這就是整合 (Integration)。事實上，當我們以全方位觀察風險時，就需管理上的整合。

其次，過去的風險管理只局限在經營管理層次，也直至 ERM 架構的出現，才將戰略管理層次的風險納入考慮。換言之，現代的 ERM 已將戰略管理融合[9]一起。過去的風險管理是頭痛醫頭、腳痛醫腳，極為微觀，是種狹隘又零散式的風險管理 (Segmented Risk Management)，也是屬傳統風險管理 (TRM: Traditional Risk Management) 的年代，董事會通常不負風險管理的最終責任，這種方式只能消極

[7] 掌控風險，一直是人類的夢，夢想如說已實現，那就得感謝印度的阿拉伯數字系統與巴斯卡(Blaise Pascal)與費瑪(Pierre de Fermat)共創的或然率理論，時約十六、十七世紀的文藝復興時期。參閱Bernstein, P. L. (1996). *Against the Gods: The remarkable story of risk*. Chichester: John Wiley & Sons。

[8] 站在保險人立場看，保險是集合所有可保的危害風險之機制，因而從保險人立場，即稱保險風險或稱核保風險(Underwriting Risk)，但站在被保險人轉嫁風險的立場，稱為危害風險。這種只將可保的危害風險納入風險管理範疇的年代，是風險管理發展上最早的年代，即稱保險風險管理(IRM: Insurance Risk Management)。

[9] Andersen, T. J. and Schroder, P. W. (2010). *Strategic risk management practice: How to deal effectively with major corporate exposures*. Cambridge: CUP. 該書的兩位作者，並不認為ERM已將戰略管理融合一起，而有修正ERM架構的論述，閱書中第八章。然而，著者持不同看法，從戰略風險也納入ERM範疇內來看，著者認為ERM已將戰略管理融入一起。

維護公司 / 企業價值 (Corporate's / Enterprise Value)，這種方式也容易出現保障缺口，成本效率與效能的提升有限。然而，ERM 不同，在 ERM 架構下，風險管理全面連結所有管理的層次，董事會負管理風險的終極責任，舉凡戰略目標、治理機制 (Governance Scheme)、風險管理文化 (Risk Management Culture)、風險胃納 (Risk Appetite)、內部控制 (Internal Control)、內部稽核 (Internal Auditing) 與風險調整績效衡量 (Risk-Adjusted Performance Measurement) 指標，均緊密連結風險管理過程，使組織所有的風險獲得保障，除完成所有利害關係人的目標外，更積極創造了公司價值。

最後，過去管理風險，在管理的想法上，是採賽跑奪標，與風險爲敵的想法。現在管理風險的想法，可能轉向與風險共榮共存，類似拔河的想法。例如：荷蘭人現今治水不再採防洪、抗洪的想法，而是改採與水共治的想法。以上說明請參閱圖 1-2。

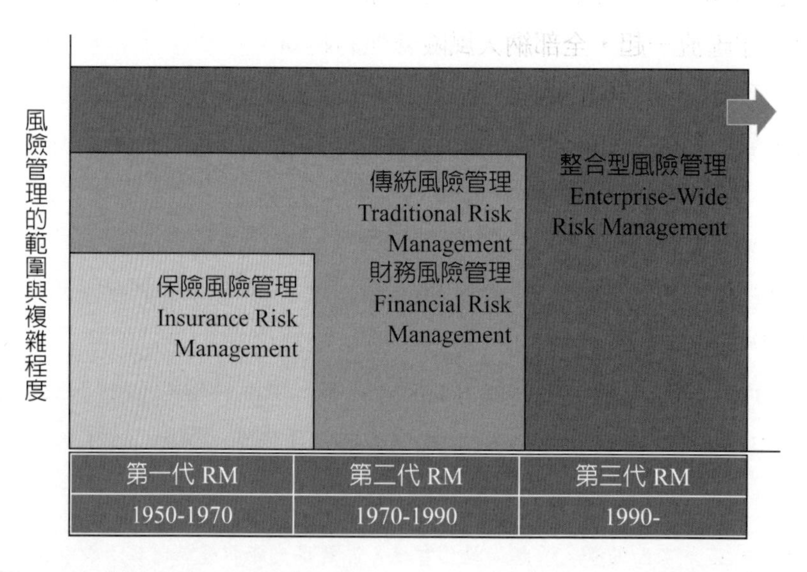

圖 1-2 IRM/TRM/ERM 架構的演變

另一方面，過去的風險管理局限在私部門，間隔三十年後，出現屬於公部門領域的公共風險管理 (Public Risk Management)。換言之，管理風險的主體不再局限在企業公司，而是已擴張至政府機構與非營利組織，甚至擴大至國家層次與全球國際組織的層次。簡單來說，從個人至全球所有機構組織均需管理風險，畢竟當代是風險社會 (Risk Society) 的年代。

三、風險社會與極端世界需要的是全面性風險管理

我們的社會已走到風險社會這個階段，同時，我們面對的是複雜又極端的世界，也就是黑天鵝世界。在這社會與世界下，我們需要何種風險思維與管理方式，值得深思。

首先，說明什麼是風險社會？從社會學的觀點，人類生活的社會，是會隨著時空演變的。德國著名的社會學家貝克 (Beck, U.) 冠稱當今爲風險社會。風險社會有不同於以往工業社會與農業社會的特徵（周桂田，1998b; Beck, 1992）：第一、它是高科技與生態破壞特別顯著的社會，高科技伴隨著風險的高度爭議與生態破壞。例如：複製科技的倫理爭議；第二、它也是更需個人作決策的社會，蓋因眾多風險爭議，專家與科學的答案不一致，個人面對時，需自己作決定。例如：手機可能傷害腦部、含有鐵氟龍的鍋子炒菜吃了可能致癌，使不使用它們，自己決定；第三、它更是風險全球化分配不公的社會。例如：環境汙染風險分配集中在落後國家或開發中國家的現象。

其次，說明什麼是極端世界或黑天鵝世界？黑天鵝事件是指高度不可能發生的事件卻發生了，而且是極具毀滅性的事件。同時，事件發生後，人們會習慣性地試圖解釋，使其被認爲可事先預測的事件。黑天鵝事件有稀少性、極大衝擊性與事後諸葛三種特性。塔雷伯 (Taleb, N. N.)(2010) 把世界分成四類，分稱第 I、II、III、IV 象限，即是以簡單報酬（也就是二元報酬，意即事件發生的結果不是眞就是假或者不是漲就是跌等）與複雜報酬（需以期望值預測事件發生的結果）區分平庸世界（也就是常態環境）與極端世界（也就是極端環境），其中極端又具複雜報酬的世界即黑天鵝領域。在該領域，沒有風險模型比有模型好，參閱圖 1-3。

	平庸世界（常態環境） A	極端世界（極端環境） B
簡單報酬（二元報酬） I	極安全（第一象限）	安全（第三象限）
複雜報酬 II	還算安全（第二象限）	黑天鵝領域（第四象限）

圖 1-3　塔雷伯 (Taleb) 的世界分類（表中所謂安全是指過去所學風險模型方法可放心使用且可獲得財富與健康安全的結果，黑天鵝領域就該放棄過去所學）

著者認爲，風險社會第一項與第二項的特徵與極端世界的概念是有關聯的，因爲兩位名家均同意現代風險極度複雜，且有極大破壞力，已不是過去科學或模型可完全解釋的。因此，活在當下這種社會與世界，不論是個人、公司或政府與全球國家，在管理風險上，需要的是全面性的思維及作法，其理由至少有下列五點：

第一、金融與非金融巨災，前者如 2008-2009 年的金融海嘯（段錦泉，2009），後者如 2019-2020 年爆發的新冠肺炎 (COVID-19)，在在重擊了現代風險管理的思維與實務技術。面對風險，重新反思過去是必要的。有人已預測風險管理的下一階段，有可能從 ERM 走向 ER(Enterprise Resilience)(Rizzi, 2010)，也可能維持與強化現狀，也可能澈底顛覆過去所有一切的風險管理思維與實務 (Banks, 2009)。不論下一階段是什麼？全面性、全方位、與整合的想法及作法，均不會落伍。

第二、風險理論上，看待風險的方式已趨多元，不再是單一理性與量化獨霸的局面。量的方式，將風險看成是機會概念，質的建構理論將風險看成是群生的價值概念。風險學術領域中，已並存這兩種不同的思維。因此，透過冰山原理（參閱第二章），將不同的想法加以整合，在風險社會與極端世界下，有其必要。

第三、風險評估不該局限於單一理性的計算，還應擴散至心理、社會與政治全方位多元的評估，尤其對公共風險[10](Public Risk)與外部化風險[11](Externalized Risk)的評估，畢竟它涉及風險的利害關係人眾多，包括風險專家、公司員工與社會大眾，而且單一理性的計算，容易低估風險，那麼風險的應對就不可能完整。

第四、公司與政府治理 (Corporate and Government Governance)、內部控制、內部稽核與 ERM 緊密結合的架構下，不論公司或公共風險管理領域，屬於戰略層次的戰略風險與屬於經營層次的財務風險、作業風險及危害風險間，可能的互動或抵銷，需要風險全方位的思維與所有管理方式的整合。

第五、風險社會下，人類未來的文明，不再由科技本身所決定，而是由人類選擇的科技，及其所伴隨的風險特性所決定，此稱爲風險文明(Risk Civilization)[12]，

---

[10] 公共風險，參閱本書第十五章。

[11] 外部化風險，參閱本書第六章。

[12] 「風險文明」一詞是德國著名社會學家貝克(Beck, 1992)所提出。風險文明是人類文明的新起點，主要導因於工業革命以來，至現代高科技的發展，伴隨的高爭議風險，已不同於過去科技所伴隨的風險。過去科技伴隨的風險，社會能夠承受，但現在不能。因此，人類文明的發展需要脱離工業文明，轉而進入風險文明的新起點，此種風險文明是由高科技風險，決定了人類文明發展的屬性，高科技風險也成爲人類文明演化的內涵。

而與工業文明有別。同時，在風險社會下所追求的，是風險分配 (Risk Distribution) 的公平，此不同以往，在工業社會下追求公平的所得分配。因此，這種風險文明與風險分配的追求，更需跨領域不同學科的整合。

四、本書架構

本書共十七章，全書架構依序說明如後：

首先，第一章說明現代全面性風險管理的背景，與為何需全面性（或稱全方位與整合）以及什麼是全方位。第二章開始，說明目前存在的兩種風險本體論，也就是實證論與後實證論。本體論不同，自然其問題的建構與管理方式就有別。因此，本章是後續所有章節的理論基礎。第三章說明風險管理的涵義、類型、演變與各國風險管理歷史的發展。接著，第四章說明國際風險管理標準、成熟度、五大基礎建設，以及 ERM 與 TRM 間的異同，尤其五大基礎建設是達成風險管理良好績效的重大前提要件。

其次，從第五章至第十三章，一一說明全面性風險管理的詳細過程。管理主體是家庭與政府機構等非公司組織的風險管理，列入第十四章與第十五章。最後，針對須留意的特殊專題列入第十六章探討。而第十七章則以五個案例評述，作為本書的結局。

本章小結

在風險社會與極端世界下，看待風險採用多元理性已無法避免。風險的計算已不再是單一理性的問題，畢竟風險面貌多元，也因為這樣，管理風險上，除重財務與實質技術外，也不應忽略心理與人文變項。其次，風險管理的範疇與架構已有演變，全面性風險管理已取代以往的保險風險管理與傳統風險管理。在嶄新的架構與範疇下論述風險管理，全方位思維與整合所有風險的管理方式乃勢所必然。

思考題

1.報載臺灣宏達電研發部副總洩露該公司商業機密，想另起爐灶造成宏達電股價暴跌。以此案例說明管理風險爲何需全面性與整合？

2.有人認爲，風險管理的對象是未來不確定的事，太過虛幻，無須在意，你覺得呢？（自由發揮）

3.有人認爲，風險管理在黑天鵝領域是無用的，你如何思考該命題？

參考文獻

1. 周桂田（1998b）。〈現代性與風險社會〉。*《臺灣社會學刊》*。第21期，第89-129頁。
2. 段錦泉（2009）。*《危機中的轉機：2008-2009金融海嘯的啟示》*。新加坡：八方文化創作室。
3. Andersen, T. J. and Schroder, P. W. (2010). *Strategic risk management practice: How to deal effectively with major corporate exposures.* Cambridge: CUP.
4. Banks, E. (2009). Risk and financial catastrophe. Palgrave Macmillan.
5. Beck, U. (1992). *Risk society-towards a new modernity*. London: Sage.
6. Bernstein, P. L. (1996). *Against the Gods: The remarkable story of risk.* Chichester: John Wiley & Sons.
7. Denney, D. (2005). *Risk and Society.* London: Sage.
8. Flanagan, R. and Norman, G. (1993). *Risk Management and construction.* Edinburgh: Blackwell Scientific Publications.
9. Ingram, D. and Underwood, A. (2010). *The human dynamics of the insurance cycle and implications for insurers: An introduction to the theory of plural rationalities.*
10. Luhmann, N. (1991). *Soziologie des Risikas*. Berlin: de Gruyter.
11. Taleb, N. N. (2010). *The Black Swan: The impact of the highly improbable.*
12. Renn, O. (1992). Concepts of risk: A classification. In: Krimsky, S. and Golding, D. ed. *Social theories of risk.* pp. 53-83. Westport: Praeger.
13. Rizzi, J. (2010). *Risk management: Techniques in search of a strategy.* In: Fraser, J. and Simkins, B. J. ed. *Enterprise risk management.* pp. 303-320. John Wiley & Sons.

第 2 章

多元的風險理論

讀完本章可學到什麼？

1. 不確定的來源有哪些？有多少層次？
2. 認識兩種風險本體論的差異與各種風險理論的要旨。
3. 唯有從理性與感性的角度觀察風險，才能真正了解風險真相的全貌。
4. 了解風險不只是數字，它也是個選擇，也是種感覺，更可以是一個社會的文化價值。

前曾提及，如何管理風險，跟我們如何看待風險有關，而不同的看待方式則對應不同的風險理論。以現代多元的風險理論來說，風險不只是數字，它也是個選擇，也是種感覺，更可以是一個社會文化價值。簡單說，未來生活的任何可能就是風險。對於未來，大家看法不一，也就產生各類不同的思維，而其根源就是未來都是不確定的。

其次，伯恩斯坦 (Bernstein, 1996) 提及「未來」是風險的遊樂場，這句話的意涵多元，它可指「風險」是永遠存在的，因爲時間永遠向前轉動，亦可進一步解讀成「風險」在造就人類的未來[1]。此外，風險固然令人愛恨交加，但人類的冒險 (Taking Risk) 本性，除創造了現代文明[2]外，人類也想進一步加以掌控[3]，從而誕生了當紅的顯學——風險管理。風險管理在學科性質上 (Tapiero, 2004)，是屬於多元的跨領域整合性學科 (Interdisciplinarity)。

那麼，風險與風險管理這兩個詞彙，在學理上，定義爲何？在此，先從比較寬鬆又常見的用法開始。簡單地說，**風險**就是指未來的不確定性 (Uncertainty)，**風險管理**則是指掌控不確定未來的一種管理過程。從字源的起點來看，風險的歷史久遠[4]，科學有系統的風險管理則是 1950 年代[5]的事。

最後，風險概念本身，涉及的是未來不含過去。相反的，風險管理爲了評估與預測風險，就需涉及過去的記錄，推估未來風險[6]可能出現的軌跡，方便吾人管理風險。對於風險概念中的未來與不確定性，每人看法不同，想法也不同，因此，「百花齊放，一統未定」[7]就成爲目前風險理論的最佳寫照。

1　風險在造就人類的未來，是著者研讀「風險文明」一語內涵後的另類解讀。

2　Bernstein, P. L. (1996)所著《與天爲敵》一書中提到，風險是現代與古代的分水嶺。參閱該書中文譯本，第3頁。

3　根據《與天爲敵》(Bernstein, 1996)一書中的第25頁所載，文藝復興與宗教改革是人類掌控風險的第一個舞臺，此時神祕主義被科學與邏輯所取代。機率論產生後，人類想掌控風險的意圖更強。古代並非無風險，只是當時人們對風險是消極地訴諸神祇與民俗信仰。

4　從Risk英文字源的歷史來看，風險的歷史久遠，根據伯恩斯坦(Bernstein, 1996)所著*Against the Gods: The remarkable story of risk*一書中所載，風險研究的歷史可追溯自西元十二世紀開始。

5　科學有系統的風險管理，以「風險管理」詞彙出現爲起始計算，應是1956年的事(Gallagher, 1956)。「風險管理」詞彙實有別於「安全管理」(Safety Management)，這理由是根據1985年於RIMS(Risk and Insurance Management Society)年會揭櫫的101風險管理準則第8條的意旨而來，第8條的原文是「For any significant loss exposure, neither loss control nor loss financing alone is enough; control and financing must be combined in the right proportion.」。

6　我們就是不能推估預測風險，反對推估預測風險的哲學思維，可參閱Taleb, N. N. (2010). *The Black Swan: The impact of the highly improbable.* 第十章預測之恥至第十八章假學究的不確定性。

7　「百花齊放，一統未定」的寫照參閱本章後述。

一、不確定的來源與層次

從前述可知，「不確定」是風險概念的核心，奈特 (Knight, F)(1921) 則將不確定與風險作嚴格的區分[8]。因此，回答不確定爲何存在？它的來源有哪些？它有沒有層次之分？就顯得必要。

首先回答，爲何會存在不確定？以及它的來源有哪些？不確定存在的理由與來源 (MaCrimmon and Wehrung, 1986; Rowe, 1994; Fichhoff et al., 1984) 如下：

第一、當吾人無法完全掌控未來的事物時，就會存在不確定。嚴格來說，任何未來的事物，吾人均無法完全掌控。對任何未來的事物，吾人只能說有多少信心可掌控幾成。未來的時間越短，就越有信心完全掌控。吾人無法完全掌控的原因也就是造成不確定的來源。當可運用的資源不足、可運用的資訊不充分，與可運用的時間不夠時，就容易使吾人無法掌控未來。此外，社會、經濟、政治體制的變動，自然界的力量，與人爲的故意，也常使得吾人很難掌控未來。

第二、當資訊本身有瑕疵，與吾人對資訊顯示的含義不了解，或解讀錯誤，或誤判時，也會產生不確定。資訊本身有瑕疵將使預測未來時，出現極大的誤差。對資訊顯示的含義不了解，或解讀錯誤，或誤判，均會使決策失誤。誤差的產生與決策的失誤，代表著不確定所產生的後果。

第三、來自測度單位[9]的不確定。測量不確定所使用的單位尺規，不同領域的人士各有其用法，不同的單位尺規容易造成對不確定解讀的不同。

第四、來自測度模型[10]的不確定。測度風險常用一些模型，然而，影響模型的各類因子間，互動的空間如何，以及因子間的關係，是比例或非比例，要能影響系統或模型的有用性與效度。

---

8 Knight, F.認爲If you don't know for sure what will happen, but you know the odds, that's risk, and if you don't even know the odds, that's uncertainty. 參閱Knight, F. (1921). *Risk, uncertainty and profit*. New York: Harper & Row。

9 例如：要表示一項科技產生的風險，不同的專家可能選擇不同的測量單位。對某些專家言，可能選擇年度死亡人數(Annual death toll)表示風險，某些專家也可能會選擇生命的預期損失(Loss of life expectancy)表示風險，某些專家則可能以喪失的工作日數(Lost working days)來表示風險等。

10 例如：在過去保險風險管理(IRM: Insurance Risk Management)或傳統風險管理(TRM: Traditional Risk Management)年代，常見的測度風險的工具有MPL(Maximum Possible Loss or Maximun Probable Loss)與MPY(Maximum Probable Yearly Aggregate Dollar Loss)等。現在整合型／全面性風險管理(ERM/EWRM: Enterprise-Wide Risk Management)年代，VaR(Value-at-Risk)則爲最常用的測度模型，衡量VaR值也有不同的方法。爲更精進，VaR模型也持續被改良。

第五、來自時間的不確定。它可包括決策時機的不確定，未來軌跡是否重複過去的不確定，過去的記錄是否確定，與未來是否明確的不確定。

其次，不確定可分爲三種不同層次 (Fone and Young, 2000)：第一種是**客觀的不確定** (Objective Uncertainty)，這是最低的層次。例如：買樂透彩，其結果不外是「中獎」與「不中獎」，而各類中獎機率容易客觀計算；第二種是**主觀的不確定** (Subjective Uncertainty)，不確定層次高於前者。例如：房屋可能失火的不確定，結果容易確認，不外是房屋全毀、半毀、或其他程度的毀損、與沒有毀損，但可能失火的機率，不像中獎機率容易客觀計算，尙且計算上也繁複許多；最後一種是混沌未明的不確定，這種層次的不確定，不管在可確認的結果上，或可能發生的機率上，根本就無從知道與判斷，所以不確定的成分比前兩個層級高出甚多。例如：太空探險初期，或蘇聯帝國剛瓦解時，或 SARS(Severe Acute Respiratory Syndrome) 剛爆發時。此外，値得吾人留意的是，眾多未來不確定的事物隨著時間也大多會成爲確定。因此，風險是會隨著時間改變的。

最後，著者對不確定的層次，以圖 2-1 進一步說明如下：

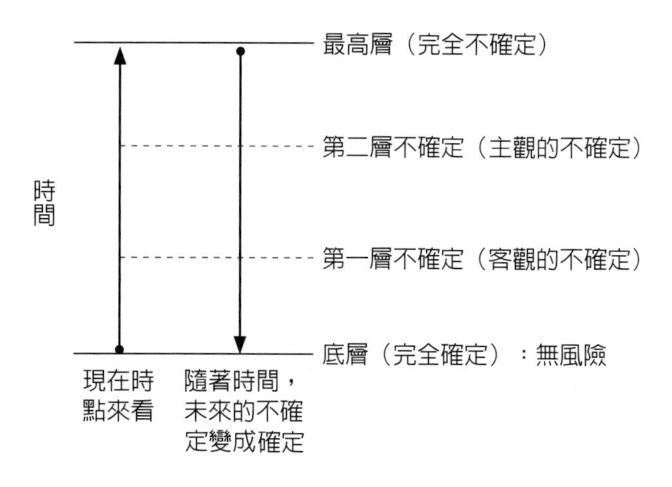

圖 2-1　不確定的層次

上圖頂端代表完全不確定，這層次吻合奈特 (Knight, F)(1921) 的主張，風險與不確定完全無法混用。底部代表完全確定，頂端與底部是兩個極端，完全確定代表無風險，完全不確定就是混沌未明的不確定，混沌未明這一層次嚴格說，不是風險管理的範疇。風險管理可適用在客觀的與主觀的不確定兩個層次，在這兩個層次中，風險與不確定的概念可交換使用。從圖中，亦可知道這三個層次的不確定會隨著時間降低，直至完全確定的情況。

二、風險理論的核心議題

根據任恩 (Renn, 1992) 與拉頓 (Lupton, 1999) 對風險概念的整理，截至目前，總計有八種風險理論散見於八種不同的學科 [11]。如此多元，主要源自於不同的學科對風險理論的三項核心議題有不同的看法。

這三項核心議題中的第一項就是風險定義中的不確定是指哪種層次的不確定？以及該如何衡量不確定？前者可拆解成，不確定有幾種層次，風險衡量指的是何種層次等問題；後者可拆解成，衡量風險該考慮幾種面向，是不是只考慮發生的可能性與嚴重性兩種面向，與衡量風險有統一尺規嗎？如有，該用何種統一尺規衡量等問題。

其次，三項核心議題中的第二項是不確定可能產生的後果，是否僅指財務的，抑或是還包括心理的、政治的、與生態環境的。這項議題，不同學科領域人士間，有諸多爭議。例如：保險學與心理學領域間的看法就不同，前者因損失補償原則 [12](Principle of Loss Indemnity) 的關係，認定可能產生的後果只能包括財務損失，後者則主張應外加心理的負面感受。例如：與預期 [13](Expectation) 有落差的失落感。

最後的核心議題，是屬於「風險」是否眞實 (Reality) 存在的哲學問題。哲學家常質疑，什麼是「眞實」？人們是如何知道的？哲學家認爲每個人均生活在其認定的「眞實」世界中，並依其認定，來了解世界的種種特質 (Berger and Luckmann, 1991)。「風險」是否眞實存在？因人而異。例如：對宿命論者 (Fatalist)（參閱第十五章）來說，「風險」是否眞實存在？不無疑問，風險管理對他（她）們來說，似乎也不重要。以上對風險概念三項核心議題的質問，也就形成了諸多的風險理論。

---

11 這八種學科領域包括保險精算、流行病學、安全工程、經濟學、心理學、社會學、文化人類學與哲學等八大領域。

12 損失補償原則是保險契約的基本原則之一，其目的是透過保險人對被保險人的財務損失補償，使被保險人的財務狀況回復至損失發生前的情況，以達成保險制度保障被保險人財務安全的目的。這項原則強調的是回復，意即依被保險人遭受的實際財務損失彌補，不能多也不能少，多的話，容易誘發道德危險因素，少的話，則失卻保險的目的。其次，損失的回復，也只限縮在財務金錢上的損失，其他損失通常不列計在內。

13 簡單說，預期就是人們對未來期盼的猜測，以數學表達就是期望值。預期是財務經濟學、心理學、行爲財務學、與經濟心理學中，極爲重要的概念。

三、百花齊放的風險理論

目前風險學術領域中，看待「風險」的思維方式，分成兩種流派 (The Royal Society, 1992; Renn, 1992; Lupton, 1999)：一種是採機會取向的個別 (Individualistic) 概念看待風險，這屬於傳統的概念；另一種是採價值取向的群生 (Communal) 概念看待風險，這是後來興起的另類概念。個別概念剔除了風險所在的社會文化脈絡，是將「風險」看成獨立於人們心靈世界外的個別事物，換言之，這種概念是採價值中立 (Value-Free) 取徑，量化風險，這種看待風險的方式，在哲學基礎上稱爲實證論 (Positivism)，這是截至 1980 年代[14]，風險學術領域中，唯一的思維方式。

然而，1980 年代後，風險學術領域興起了另類概念，也就是群生概念，這種概念採價值取徑，看待風險，意謂「風險」是無法脫離社會文化脈絡獨立存在，換言之，這種思維認爲風險，是由社會文化建構 (Construct) 而成，也因此含有那個社會的文化價值觀，是質化風險的概念。進一步說，群生指的是社會團體成員，如何藉由相互間的義務與預期或期盼，維續社會團體的生存，它具體展現在一個社會的文化價值與行爲規範上。例如：一個國家社會的法律制約，就是群生概念的具體呈現。風險如採用群生的概念來觀察，那它是一種相對的概念，它會因人、或因群體而異，這種看待風險的方式，在哲學基礎上稱爲後實證論 (Post-Positivism)。

綜合而言，依實證論的思維方式，風險測量 (Measurement) 與模型化 (Modeling) 是觀察風險面貌的重點；依後實證論的思維方式，重點不在如何模型化風險，而是人們的社會文化條件如何決定那個社會文化裡的風險，這將影響某一群體社會的人們，如何評估與觀察那個群體社會所決定的風險。

(一) 實證論基礎的風險理論

實證論基礎的風險理論又稱現實主義者 (Realist) 的風險理論 (Lupton, 1999)，這主要見諸於保險精算、經濟學（含財務理論）、流行病學、安全工程、與心理學等學術領域。其中，除心理學領域主張主觀風險 (Subjective Risk) 且以多元面向 (Multi-Dimension) 看待風險外，其他領域均屬單一面向 (One-Dimension) 的客觀風

[14] 風險分析學會(SRA: The Society of Risk Analysis)創立於1980年，目前臺灣也有分會。同時，該學會也出版了著名的國際期刊 *Risk Analysis*。該期刊與SRA學會可說是風險學術發展上重要的里程碑，期刊上出現了許多風險建構理論相關的研究文獻。因此，1980年代是風險學術發展上，重要的分水嶺。

險 (Objective Risk) 理論。

實證論基礎的風險理論對前曾提及的三項核心議題，其論點大體相同。針對第一項的核心議題：「風險概念中的不確定，是指哪種層次的不確定？以及該如何衡量不確定？」這類理論認爲風險概念中的不確定，指的是客觀的不確定與主觀的不確定兩個層次，並用主客觀機率衡量不確定，同時考量發生的可能性與嚴重性兩種面向。其次，對不確定可能產生的後果，主要是包括金錢財務的，在心理學領域還包括心理上所感受的負面效果，此種負面效果則以等值金錢 (Equivalent Money) 換算。最後，針對風險的眞實性，此種理論認爲風險是脫離社會文化環境獨立存在的個別實體，也因此風險可被預測、可被模型化。

1. 風險的傳統定義——機會取向的個別概念

實證論基礎的風險理論認爲風險可被預測、可被模型化，這是傳統的想法。雖然此種理論所涉及的學科間，對風險的定義，存在語意或表達方式上的些許差異，但基本想法是共通的。前曾提及風險的寬鬆用法，風險指的是未來的不確定性，代表的是機會概念。對這項不確定，這些領域比較有共識的用法，均會考量發生的可能性與嚴重性兩種面向。同時，風險通常會以統計學的變異量 (Variance) 或標準差 (Standard Deviation) 等來表達，也就是說風險可嚴謹的定義爲未來某預期值的變異。某預期值的意涵極爲多元，例如：可指預期損失、預期次數、預期報酬、預期現金流量、預期死亡人數等概念。若以數學符號表示風險，其基本的表示方法爲：

$$R = Var = \Sigma Pi\,(Xi - \mu)^2 \quad 而\ \mu = EV = \Sigma PiXi \quad i = 1......n$$

未來的預期値 (EV: Expected Value)，是測量風險的基本概念，這基本概念在經濟學與心理學領域中，可以預期效用值 (Expected Utility) 替代。此外，風險在實用上，當用途與情境不同時，會衍生出不同的表現方式[15]與計算。

[15] 在商管領域與工業安全衛生領域，風險表現的方式有所不同。商管領域中，風險表現的方式共有九種(Mun, 2006)：(1)損失發生的機率；(2)標準差與變異數；(3)半標準差或半變異數；(4)波動度(Volatility)；(5)貝它(Beta)係數；(6)變異係數；(7)風險值(VaR: Value-at-Risk)；(8)最壞情況下的損失與後悔值(Worst-case scenario and regret)；(9)資本的風險調整報酬率(RAROC: Risk-adjusted return on capital)。這九種，每種均有其優缺點，每種有其實用的情境。其次，在工業安全衛生領域中，許惠棕（2003）主張針對人體健康與生態的風險評估，其風險表現的方式不同。以人體健康風險的表現爲例，常見的表現方式有：(1)致死事故率(FAR: Fatal Accident Rate)；(2)生命預期損失(LLE: Loss of Life Expectancy)；(3)百萬分之一的致死風險(One-in-a-million risks of death)。整體而言，由於風險評估的標的，在不同學科領域內，關注的對象不同，風險表現的方式也就不同。然而，風險表現的方式，要同時考量損失發生的可能性

最後，風險的機會概念可用來回答，諸如下列的問題：假設未來與過去沒什麼兩樣，那麼人們想知道 30 歲的男性，活到 31 歲的機率有多高？或者想知道明天股價可能漲的機會多高？或者想知道建築物未來一年遭受火災毀損的機率有多大？損失多嚴重？或者想知道持有美元 10 萬元，明天可能的最大損失有多少？機率多大？

(1) 保險精算、流行病學、與安全工程領域的風險概念

這三種領域風險的基本概念，如前所述，但仍有些微差異。流行病學領域是採被模型化的預期值 (Modeled Value)，而安全工程領域是採綜合預期值 (Synthesized Expected Value)，在保險精算領域中，這預期值又稱風險數理值 (Mathematical Value of Risk)。流行病學中常以動物實驗的結果，藉以觀察對人體的可能傷害，從而，進一步推算毒性物質對人體可能傷害的預期值，這就稱爲被模型化的預期值。在安全工程中，系統安全失效機率評估，常使用事件樹或失誤樹分析[16](ETA or FTA: Event-Tree or Fault-Tree Analysis) 評估每一可能發生安全失效事件的機率，之後，綜合得出整體工程系統安全失效的機率，此過程謂爲機率風險評估 (PRA: Probabilistic Risk Assessment)，經此過程所得的預期值稱爲綜合預期值。此外，這三種領域風險的基本概念均強調風險的損失面向 (Downside Risk or Negative Risk)。

其次，計算風險時，從前述數學公式中，可知會涉及機率，在這三種領域中採用的都是客觀機率 (Objective Probability)。所謂的客觀機率指的是某一事件於特定期間內，隨機實驗下，出現機會的高低。換言之，即某事件於特定期間內，發生的頻率 (Frequency)。發生的事件所涉及的金錢價值 (Money Value)，在這三種領域僅指財務損失，此即爲損失幅度或稱損失嚴重度。兩者之積即稱該事件的預期損失 (Expected Loss)。這預期損失就是這三種領域評估風險的基本概念，而某事件損失機率分配 (Loss Probability Distribution) 所反應的變異即爲風險，損失變異的程度就稱風險程度 (Degree of Risk)。須留意的是，依事件的不同性質，損失機率分配亦可

與嚴重度兩種面向是較有共識的看法。

16 事件樹與失誤樹分析均是定性兼定量的危害分析方法。前者發展的時間，約在1970年代，稍晚於失誤樹分析的1960年代。事件樹分析是由事故原因推向結果的前推邏輯式歸納法，其主要目的在決定意外事故發生的先後順序，並決定每一事件的重要性。至於失誤樹分析，則主要探究事故發生的原因以及造成這些原因的變數之機率，同時了解每一變數的相關性，進而達成防止事故發生的目的。兩種分析法的內容，可參閱黃清賢（1996）《危害分析與風險評估》第十一章與第十二章。

能不同[17]。

(2) 經濟學領域（含財務理論）的風險概念

經濟學與財務理論的風險概念，不限於風險的損失面，它也包括風險的獲利面 (Upside Risk or Positive Risk)，但強調獲利可能減少的不確定性。因此，該領域的風險概念，係以預期報酬替換前列領域的預期損失，從而定義風險爲未來預期報酬的變異，而以某一事件損益分配的變異程度爲風險程度的概念。此外，該領域與前列領域間另一個不同的是，在經濟學與財務理論的風險概念中，預期效用值 (Expected Utility) 可用來替代預期值。效用值則以等值金錢 (Equivalent Money) 概念衡量，此概念涵蓋人們心中的感受。因此，除了客觀機率被用於經濟學與財務理論的風險概念之外，主觀機率 (Subjective Probability) 亦被採用。主觀機率係指對某一事件於特定期間內，發生頻率或出現機會的主觀信念強度而言。

(3) 心理學領域的風險概念

前列各領域均以單一面向看待風險，心理學對風險的看法則採多元面向。就風險概念中所涉及的損失，前面各領域局限在財務損失，但心理學中損失的概念更爲多元，而且它是指與某參考[18](References) 點，比較後的負面感受。以符號表示：L = Rf – X。其中 L = 損失，Rf = 參考點，X = 既定結果。例如：你目前月薪三萬，但與同學比起來，你月薪少，感受差。這種感受就含括在心理學領域中的損失概念裡，實際上，你並沒有財務損失。因此，心理學領域是以心理的感受看待風險，而對未來期望的可能落差就是風險。

基本上，該領域是以主觀機率 (Subjective Probability) 規範與測度不確定性。主觀判斷 (Subjective Judgement) 與主觀預期效用[19](SEU: Subjective Expected Utility)

---

[17] 例如：同樣適用於頻率分配的卡瓦松(Poisson)分配與貝它(Beta)分配，前者通常用於經常發生事件頻率的模擬，後者常用在專案風險的評估。再如，同樣適用於幅度分配的常態(Normal)分配與韋伯(Weibull)分配，前者通常用於大量隨機獨立的事件，後者通常用於事件間隔的時間分配。各種常用的分配，可參閱 Marshall (2001). *Measuring and managing operational risks in financial institutions: Tools, techniques and other resources.* Chapter Seven。

[18] 參考點就是比較的對象，包括任何人、事、物，它有很多種與名詞。例如：Personal average references, Situational average references, Social expectation references, Target references, Best-possible references與Regret references等。參閱Yates, J. F. and Stone, E. R. (1992). The risk construct. In: Yates, J. F. ed. *Risk-taking behavior*. pp. 1-25。

[19] 主觀預期效用理論的內容，可參閱Pitz (1992). Risk taking, design, and training. In Yates ed. *Risk taking behavior.* pp. 283-320。

是心理學說明風險的核心概念。該領域常見的風險感知／知覺 (Risk Perception)（參閱第十五章）、風險偏好 (Risk Preferences)、與風險行爲 (Risk Behaviour) 均以這些核心概念爲依據。

心理學領域認爲客觀風險評估與機率，只有融入個人感知中才有意義。心理學領域也認爲，一切不利後果應涉及人們心理的感受。風險眞實性的認定以個人感知爲基礎。心理學領域的風險概念亦可應用在政府監理政策、社會衝突的解決，與風險溝通 (Risk Communication) 的策略上（參閱本書第十五章與拙著《風險心理學》一書）。在這方面，心理學領域的風險理論提供了如下的貢獻 (Renn, 1992)：第一、心理學領域的風險概念可顯示出社會大眾心中的關懷與價值信念；第二、它也可顯示社會大眾的風險偏好；第三、它亦可顯示社會大眾想要的生活環境生態；第四、心理學領域的風險概念有助於風險溝通策略的擬定；最後，它展現了以客觀風險評估方法無法顯現的個人經驗。

(二) 後實證論基礎的風險理論

1. 對實證論基礎風險理論的批判

從科技災難頻傳的 1980 年代開始，實證論基礎的風險理論受到人文學者 (Douglas, 1985; Clarke, 1989) 的不少批判，分述如下：

第一、客觀風險中的「客觀」，就是問題。菲雪爾等 (Fischhoff et al., 1984) 指出客觀本身是引起爭議的原因之一。梅奇爾 (Megill, 1994) 認爲客觀的涵義有四種：

(1) 絕對的客觀：事物如其本身謂之客觀。此涵義的客觀放諸四海皆準。例如：瞎子摸大象就不會客觀，明眼人看大象，可從任何角度看大象，其結果必然是絕對客觀；(2) 學科上的客觀：此涵義的客觀不強調放諸四海皆準，只強調特定學科研究上取得共識的客觀標準。例如：從事任何社會科學的問卷調查，問卷本身必須吻合信度[20](Reliability) 與效度[21](Validitity)；(3) 辯證法上的客觀：此涵義的客觀指辯證過程中，討論者所言的客觀，此種客觀含有討論者主觀意識的空間。例如：達爾菲[22](Delphi) 研究方法上的專家共識；(4) 程序上的客觀：此涵義的客觀指處理事

20　信度係指測量結果是否具一致性的程度，也就是沒有誤差的程度。詳細可參閱吳萬益與林清河（2001）。《企業研究方法》。

21　效度係指使用的測量工具是否測到研究者想要的問題。同樣可參閱吳萬益與林清河（2001）。《企業研究方法》。

22　Delphi是質性研究方法的一種。

務方法程序上的客觀，強調方法要吻合事務本身的性質，方法本身的採用不容許人爲的干預。例如：大學教師的聘用規定要符合三級（系級／院級／校級）三審的程序，這三級三審就是程序上的客觀。如省略一級，程序上就不客觀。除了絕對的客觀，其他涵義的客觀均是相對的概念，主觀價值成分甚難避免。

第二、價值觀與偏好根本無法從風險評估中免除。計量風險評估需要考量權重或參數，而權重或參數的考量即含人們的價值觀與偏好。權重或參數的考量，一向具政治敏感性，或許有人認爲只要權重或參數來自研究方法所產生的必然結果，那麼該權重或參數應該不含人們的價值觀與偏好。這種看法應該對一半，原因是選擇任何研究方法的本身，就含人們的價值觀與偏好。

第三、計量風險的評估，剔除環境與組織因子不合實際。人文學者通常將風險視爲價值取向的群生概念，不是脫離環境的個別概念。因此，體制環境決定了那個體制環境下的風險。

第四、風險事件的發生及其後果與人爲因子的互動是極爲複雜的，不是任何機率運算方式或預測模型可以完全解釋的。此後，風險建構 (Risk is a Construct) 的思維日益受到重視。

其次，後實證論的風險理論對前曾提及的三項核心議題，其論點與實證論的風險理論有別。針對第一項的核心議題——風險概念中的不確定是指哪種層次的不確定？以及該如何衡量不確定？後實證論的風險理論通常認爲風險是價值取向的群生概念，因此，未來的不確定應該是來自社會文化環境中，也因此認爲風險理論的重點不是衡量與衡量哪種層次的問題，而是社會文化環境如何決定那個社會文化環境下的風險問題。針對第二項的核心議題——不確定可能產生的後果，這項理論認爲應包括所有產生的後果，從第一次人員傷亡與財物損失的後果，到對社會文化環境衝擊的終極後果均應包括在風險的概念中。最後，針對第三項的核心議題——風險的眞實性，此種理論認爲風險只有在特定的社會文化環境下來觀察，其眞實性才有意義，也因此，風險是被特定的社會文化環境所決定的。例如：環境汙染在落後國家不被認爲是風險，但在先進國家則是熱門的公共風險 (Public Risk) 議題。

2. 風險的另類定義——價值取向的群生概念

後實證論基礎的風險理論認爲風險是群生的概念，而不是脫離社會文化環境的獨立個別概念。群生概念的風險代表價值，而非機會。這種概念強調風險的本質，來自群體社會。這種概念下對風險的定義，自然與實證論基礎的風險理論對風險的

定義，截然不同。自 1980 年代開始，群生概念的風險定義已廣受重視，尤其在公共風險管理 (Public Risk Management) 領域（參閱第十五章），蓋因公共風險的評估不單是科學理性的問題，也是心理問題、社會問題、甚或是政治問題。

後實證論基礎的風險理論就是風險建構理論 (The Construction Theory of Risk)，該理論不著重風險如何測量與如何模型化，它著重的是一個國家社會團體的社會文化規範與條件，如何決定那個國家社會團體裡的風險，著重的是那個決定與互動的過程，在這過程中，人們間有相互的預期與義務，此時社會文化價值就扮演著極爲重要的角色。因此，在風險建構理論的領域裡，所謂風險指的是未來可能偏離社會文化規範的現象或行爲。由於每個國家社會團體的社會文化規範與條件不盡相同，也因此風險建構理論中的風險概念是相對概念，是相對主義者 (Relativist) 的風險概念。

最後，風險的群生概念可用來觀察，類似下列的事件，例如：自臺灣電力公司在 1984 年提出核四廠在臺北縣貢寮鄉鹽寮的建廠計畫開始，核四相關爭議即持續至 2008 年國民黨再度執政。其爭議原因固然多元複雜，其中之一可以說是，對風險概念解讀不同所致。在核四爭議中，涉及眾多利害關係人，一方是政府與台電，另一方是貢寮鄉民與環保聯盟等相關團體，介於其中的就是媒體。政府與台電是以個別概念看待風險，相信數據，認爲核四可能引發的風險極低。然而，貢寮鄉民與環保聯盟等相關團體的風險概念中，含有群生的概念，也就是說貢寮鄉民與環保聯盟等相關團體以其群體社會中，非核家園就是「美」的價值觀，看待核四可能引發的風險，也就是說核四的興建，有違他（她）們的價值觀，有違其團體規範，因而抗爭激烈。遺憾的是，政府與台電並未做好核四興建可能引發的風險溝通問題，未能與貢寮鄉民及環保聯盟等相關團體取得共識。因此，核四爭議持續發燒。

3. 各類風險建構理論的主要概念

簡單說，所謂風險的建構指的是社會文化環境決定風險與互動的過程。這種風險理論是將風險附著於社會文化環境中加以觀察的群生概念，完全不同於實證論基礎的風險理論。實證論基礎的風險理論，是將風險視爲自外於社會文化環境的獨立個別概念。人文學者認爲專家與一般民眾對風險的了解，同樣是社會文化歷史過程下的結果。換言之，風險是經由社會文化歷史進程建構而成，它是相對主義者的風險理論，這就稱爲風險建構理論。該項理論與前列心理學領域的風險理論驅動了人本風險管理 (Human-Oriented Risk Management)（參閱第三章小結中的表 3-1 與拙著

《風險心理學》一書）的創新發展。

風險建構理論有三種：其一為，英國文化人類學家道格拉斯 (Douglas, M.) 主張的風險文化理論／風險的文化建構理論 (The Cultural Theory of Risk or The Cultural Construction Theory of Risk)；其二為，德國社會學家貝克 (Beck, U.) 主張的風險社會理論 (The Social Theory of Risk)；其三為，法國哲學家傅科 (Foucault, M.) 主張的風險統治理論 (The Theory of Risk and Governmentality)。雖然風險在這三種理論中均被認為是群生的，是由社會文化所建構的，但在它們對風險建構程度的主張間，仍有程度上的差異。依照拉頓 (Lupton, 1999) 的區分，風險社會理論是程度較弱的風險建構理論，風險文化理論居中，風險統治理論是程度最強的風險建構理論。

(1) 風險文化理論

風險文化理論應該是風險建構理論的代表，蓋因它受到主張實證論的心理學者們的認同。風險文化理論將風險視為違反規範的文化反應。所謂實證論下的科學理性 (Rationality)，在風險文化理論的支持者眼中，不過是文化的反應，不管理性或是感性均是文化現象。這種理論的風險概念中，還包括責難[23](Blame) 的概念 (Douglas and Wildavsky, 1982)（該理論詳閱第十五章與拙著《風險心理學》第七章）。

(2) 風險社會理論

從社會建構理論的立場看，以德國貝克 (Beck, U.) 教授的風險社會理論 (The Theory of Risk Society) 最受矚目。貝克 (Beck, U.) 教授認為風險不僅是現代化過程的產物，也是人們處理威脅與危害的方式。這項理論以反省性現代[24](Reflexivity Modernity)、信任 (Trust)、與責任倫理 (Responsibility and Ethics) 為風險概念的核心。

---

23 風險文化理論中的風險之所以有責難的含義，主要是風險的決策與責任(Responsibility)有關，該不該對決策者加以責難則有不同的看法。

24 簡單說，反省性現代是貝克(Beck, U.)、季登斯(Giddens, A.)，與瑞旭(Lash, S.)所冠稱。此名詞不同於其他社會學者所稱的第二現代，反省性現代指的是現代化的工業社會，反而成為被解體與被取代的對象。詳細內容可參閱劉維公（2001）。〈第二現代理論：介紹貝克與季登斯的現代性分析〉。顧忠華主編。《第二現代：風險社會的出路？》，pp. 1-15。

(3) 風險統治理論

傅科 (Foucault, M.) 主張風險統治理論，這項理論對風險建構的主張最強。根據該理論，任何人、事、物都可看成風險，也都可看成沒風險這回事。這種理論認為風險與權力 (Power) 有關，權力是所有風險行為中，重要的變異數 (Bensman and Gerver, 1963)。蓋因，一般而言，握有權力的個人或團體對很多不確定的事物，擁有解釋權，從而就會影響他人的利益。對風險的科學證據如有爭議時，擁有解釋權的個人或團體，就可主張有沒有風險？因此，風險與權力有關。例如：英國剛發生狂牛症時，有權力的官員，就曾宣稱吃牛肉沒什麼風險。

(三) 風險本質與風險理論的對應

面對未來，人們現在所做的不同決定，就可能遭受不同風險的衝擊，就好像，男選錯行，娶錯老婆，各有不同後果。例如：政府對不同能源的選擇，就會產生不同的決策風險，如果選擇火力發電，汙染風險就高，選擇核能，就存在輻射風險。汙染風險與輻射風險相較，在臺灣，對後者爭議大。類似的情況，不管個人在生活上的選擇，還是企業主的投資或其他決策，均會面臨可能不同的決策風險與風險的不確定，將決策風險與風險的不確定，分別顯示在 Y 軸與 X 軸，就可將風險特徵分成三種狀況，如圖 2-2。羅莎 (Rosa, E. A.) 指出，依決策風險與風險本質的不確定程度，看待風險應採用不同的科學知識或不同的風險理論 (Rosa, 1998)。對於決策風險與風險本質不確定性均低的狀況（參閱圖 2-2，狀況 A），採用自然科學等常態科學 (Normal Science) 是適當的，也就是適合用客觀風險理論，例如：爆炸火災或利率等風險；對於決策風險與風險本質不確定性，均有所提高的狀況（參閱圖 2-2，狀況 B），則需專業諮詢，此時完全採用自然科學等常態科學評估或看待風險是不適當的，例如：醫病關係產生的風險，此時須配合採用風險心理理論；對於決策風險與風險本質不確定性均特別高的狀況（參閱圖 2-2，狀況 C），則須配合後常態科學 (Post-Normal Science)（例如：社會學、文化人類學等知識），也就是須外加採用風險建構理論的觀點來了解風險，例如：基因食品風險與氣候變遷的風險等 (Rosa, 1998)。

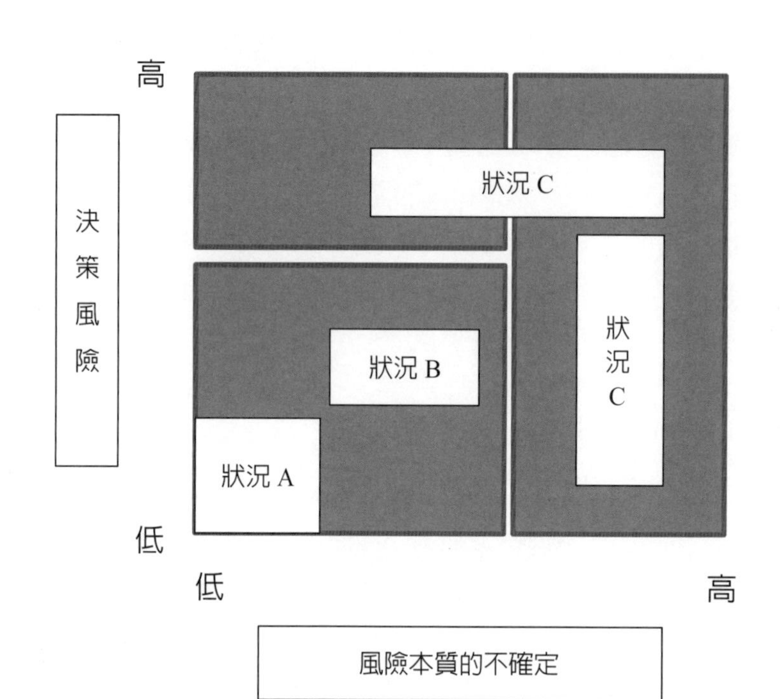

圖 2-2 風險特徵的三種情況

(四) 各學科領域風險定義彙總

學科領域	風險的定義
保險精算等領域	未來預期損失的變異
財經領域	未來預期報酬的變異
心理學領域	未來期望的可能落差
建構理論領域	未來可能偏離社會文化規範的現象或行為

(五) 兩種概念的調和——冰山原理

傳統風險概念是該轉變，但不是改變，轉變並非意味放棄傳統的機會概念，而是指因應新環境時，應多面向思考看待風險的方式。風險概念的轉變，在因應新環境時，就可能產生新的管理思維。其具體的理由，著者認爲有兩點：

第一、採用傳統的機會概念評估風險，顯然無法掌握風險的全貌，也因而容易低估風險。傳統風險的評估，主要考慮風險事件發生的可能性與嚴重性，從風險理論核心議題中的第二項可知，傳統風險的評估對可能的嚴重性是局限於財務損失，其他非財務損失，因評估技術難克服，並未納入評估範圍內。因此，以傳統的機會概念評估風險，因難於掌握風險的全貌，除會低估風險外，對風險的應對／回應，也可能出現偏離現象。

第二、採用傳統的機會概念無法認識風險眞正的本質。風險的眞正本質來自群體社會，不同的群體社會，風險本質不盡相同。也因此，公司風險管理人員或政府行政機關應完全掌握所服務群體的風險本質，才可能有效推展風險管理與制定完整的機制。例如：公司風險管理人員要能了解公司員工群體對風險的看法，當公司面對外部化風險 (Externalized Risk) 時，要能了解社會大眾對風險的看法。蓋因，這些類別不同的群體對風險本質的認定，與風險管理人員的認定間，如有落差，風險管理是難有效推展的。再如，這次金融海嘯告訴我們[25]，未來整體金融監控體系重建時，投資群眾如何看待風險，是不容忽視的一環。

其次，機會的個別概念與價值的群生概念有其關聯性。打個比方，風險全貌是塊冰山，如圖 2-3。浮在水面上（代表顯性）的就是風險的機會概念，利用這種概念，可應用風險科技軟體進行風險計量，但冰山水面下（代表隱性）的價值群生

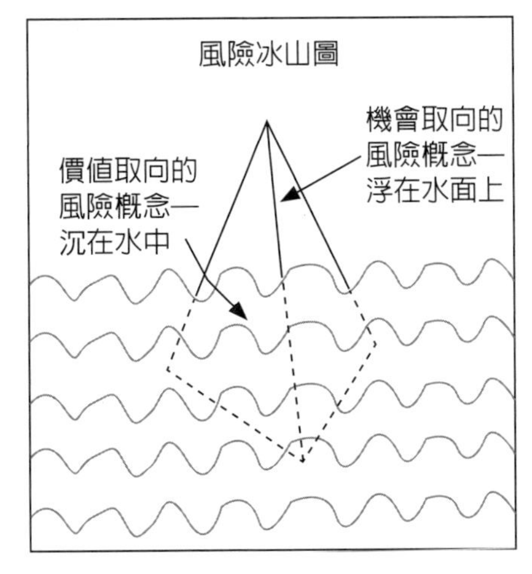

圖 2-3　風險冰山全貌——機會與價值概念的融合

[25] 參閱段錦泉（2009）。《危機中的轉機：2008-2009金融海嘯的啟示》。書中第45頁提及，投資者的心理因素，是未來金融監管設計上，不容忽視的課題。

概念，就會影響人們選擇或拒絕某種風險的相關決策（包括個人決策、團體社會決策），必須留意的是，風險計量的結果不能取代決策。換言之，人們透過隱性的群生概念選擇風險，透過顯性概念就選擇的風險加以計算。因此，我們不能不用風險的機會概念，但風險決策時，須適當運用群生概念看待風險。

本章小結

從實證論到後實證論，從機會取向的個別概念到多元價值的群生概念，從早期保險精算領域的風險概念到晚近的風險建構理論，風險概念已產生極大的變化。這個變化也使得風險管理的管理思維產生微妙的轉變。茲將主要的風險理論內容，整理如表 2-1。

表 2-1 主要的風險理論內容

風險理論類型	基本尺規	理論假設	作用
保險精算理論	預期值	損失均勻分配	講求風險分攤
經濟學風險理論	預期效用	偏好可累積	講求資源分配
心理學風險理論	主觀預期效用	偏好可累積	講求個人風險行為
風險文化理論	價值分享	社會文化相對主義	講求風險的文化認同

附註：除表列四種風險理論外，還有Toxicology epidemiology, Probability and Risk Analysis, Social Theory of Risk與The Theory of Risk and Governmentality等四種風險理論。參閱Renn, O. (1992). Concepts of risk: A classification. In: Krimsky, S. and Golding, D. ed. *Social theories of risk*. pp. 53-83. Westport: Praeger. 以及 Lupton, D. (1999). *Risk*. pp. 84-103. London: Routledge.

思考題

1.2009年莫拉克颱風造成的八八水災期間（請上網查），從媒體報導得知，政府行政機關、災民與氣象局對風險看待的方式，存有極大落差。請你（妳）以風險的機會概念與價值概念，說明產生落差的原因。

2.2008-2009年的金融海嘯重創各國經濟。媒體報導，衍生性商品引發的風險是禍首。同時，也怪罪金融業者的肥貓CEO (Chief Executive Officer) 們，紛紛呼籲 CEO 要減薪。請你（妳）以風險的價值概念，說明CEO爲何會被怪罪？

3.不確定最高層爲何不是風險管理的範圍？

參考文獻

1. 吳萬益與林清河（2000）。*《企業研究方法》*。臺北：華泰文化事業公司。
2. 段錦泉（2009）。*《危機中的轉機：2008-2009金融海嘯的啟示》*。新加坡：八方文化創作室。
3. 黃清賢（1996）。*《危害分析與風險評估》*。臺北：三民書局。
4. 劉維公（2001）。〈第二現代理論：介紹貝克與季登斯的現代性分析〉。顧忠華主編。*《第二現代：風險社會的出路？》*，pp. 1-17。臺北：巨流出版社。
5. Beck, U. (1986). *Risikogesellschaft*. Frankfurt: Suhrkamp.
6. Beck, U. (1993). *Die erfindung des politischen*. Frankfurt: Suhrkamp.
7. Bensman and Gerver (1963). Crime and punishment in the factory: The function of deviancy in maintaining the social system. *American Sociological Review, 28*(4), pp. 588-598.
8. Berger, P. L. and Luckmann, T. (1991). *The social construction of reality: A treatise in the sociology of knowledge.*
9. Bernstein, P. L. (1996). *Against the Gods: The remarkable story of risk.* Chichester: John Wiley & Sons.
10. Clarke, L. (1989). *Acceptable risk? Making choice in a toxic environment.* Berkeley: University of California Press.
11. Douglas, M. (1985). *Risk acceptability according to the social sciences.* New York: Russell Sage Foundation.
12. Douglas, M. and Wildavsky, A. (1982). *Risk and culture: An essay on the selection of technological and environmental dangers.* Los Angeles: University of California Press.
13. Fischhoff, B. et al. (1984). Defining risk. *Policy sciences*, *17*, pp. 123-139.
14. Fone, M. and Young, P. C. (2000). *Public sector risk management.* Oxford: Butterworth-Heinemann.
15. Gallagher, R. B. (1956). Risk management: New phase of cost control. *Harvard business review*. Vol. 24. No. 5.
16. Knight, F. (1921). *Risk, uncertainty and profit.* New York: Harper & Row.
17. Lupton, D. (1999). *Risk.* London: Routledge.
18. MacCrimmon, K. R. and Wehrung, D. A. (1986). *Taking risks: The management of uncertainty*. New York: The Free Press.
19. Marshall, C. (2001). *Measuring and managing operstional risks in financial institutions: Tools, techniques, and other resources.* New Jersey: John Wiley & Sons.

20. Megill, A. (1994). Introduction: Four senses of objectivity. In: Megill, A. ed. *Rethinking objectivity*. pp. 1-15. Durham and London: Duke University Press.
21. Mun, J. (2006). *Modeling risk: Applying Monte Carlo simulation, real options analysis, forecasting, and optimization techniques*. New Jersey: John Wiley & Sons.
22. Renn, O. (1992). Concepts of risk: A classification. In: Krimsky, S. and Golding, D. ed. *Social theories of risk*. pp. 53-83. Westport: Praeger.
23. Pitz, G. F. (1992). Risk taking, design, and training. In: Yates, J. F. ed. *Risk-taking behavior*. pp. 283-320. Chichester: John Wiley & Sons.
24. Rowe, W. D. (1994). Understanding uncertainty. *Risk analysis*. Vol. 14. No. 5. pp. 743-750.
25. Rosa, E. A. (1998). Meta theoretical Foundations for Post Normal Risk. *Journal of risk research, 1*, pp. 15-44.
26. Taleb, N. N. (2010). *The Black Swan: The impact of the highly improbable*.
27. Tapiero, C. S. (2004). Risk management: An interdisciplinary framework. In: Teugels, J. L. and Sundt, B. ed. *Encyclopedia of actuarial science*. Vol. 3. pp. 1483-1493. Chichester: John Wiley & Sons.
28. The Royal Society (1992). *Risk: Analysis, perception and management*. London: Royal Society.
29. Yates, J. F. and Stone, E. R. (1992). *The risk construct*. In: Yates, J. F. ed. *Risk-taking behavior*. pp. 1-25. Chichester: John Wiley & Sons.

第 3 章

風險管理的涵義與歷史發展

讀完本章可學到什麼？

1. 了解公司與政府爲何需要管理風險。
2. 認識風險管理的涵義、類型與其效益成本。
3. 認識管理風險的兩種論調。
4. 了解風險管理的演變與其在主要國家的歷史發展。

本章首先說明為何要管理風險？其次，說明風險管理的涵義以及類型。最後，則說明風險管理的演變與歷史發展。

一、為何要管理風險？

(一) 公司價值觀點

1. 何謂公司價值？

創立一家公司，本就存在風險，創立的股東們當然會要求報酬。一般來說，公司面對的風險越高，股東要求的投資報酬當然就越大。其次，公司面對的風險也可看成，是指未來可能預期淨現金流量的變異。影響淨現金流量的因素，不外就是虧損或報酬，如是虧損則導致現金流出，如是報酬則有現金流入，一進一出的淨結果就是淨現金流量。這未來預期淨現金流量的折現值或資本化價值，就稱為公司價值 (The Value of a Firm) 或稱企業價值 (Enterprise Value)。淨現金流量，如為正值代表公司獲利，公司價值就越高；如為負值代表虧損，公司就無價值可言。因此，公司價值或企業價值可用簡單的數學符號，表示如下：

$$EV = \Sigma NCFt / (1 + r)^t \qquad t = 1.................n$$

也可表示為：

$$V(F) = \Sigma E(CFt) / (1 + r)^t$$

NCFt 與 E(CFt) 均表示未來預期淨現金流量的折現值或資本化價值。留意上述兩公式中的分母，分母中的預期報酬率或資金成本「r」，也是折現率，它是由 r(f) 與 r(p) 加總構成。r(f) 是無風險利率 [1](Risk-Free Rate of Interest)，主要用來補償股東投入資金的金錢在時間價值方面的損失，也是出資股東至少應獲取的報酬，通常可以國庫券利率或定存利率來代表。r(p) 是風險溢價／風險溢酬 [2](Risk Premium)，也就是用來回饋給股東承擔公司各類無法分散風險 (Non-Diversifiable Risk) 的報酬率，參閱圖 3-1 風險與資金成本。

1　嚴格說，無風險利率是連通貨膨脹風險也不包括在內，但一般所稱的無風險利率，也就是名目利率，它等同實質利率與通貨膨脹率之和。例如：短期國庫券利率仍包含通貨膨脹風險溢價。

2　風險溢價／溢酬包括通貨膨脹風險溢價、違約風險溢價、流動性風險溢價、到期風險溢價等。

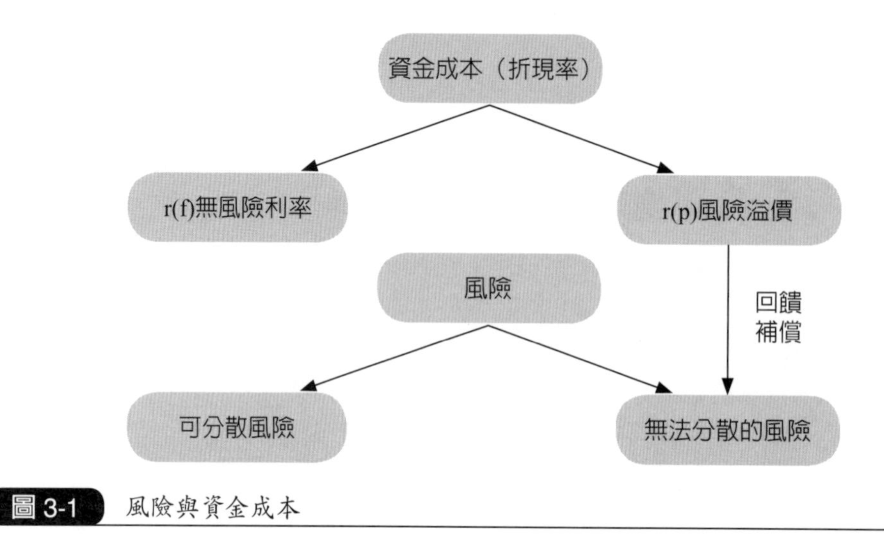

圖 3-1 風險與資金成本

其次，風險管理的終極目標就是提升公司價值，也因此，從上述公式中就可知道，公司經營者要設法，在可用資源下，降低未來可能的損失，增進未來的收益，這也表示可進一步降低資金成本[3](CoC: Cost of Capital)。公司價值的產生就是來自資產報酬扣除所需的資金成本。

最後，值得留意的是保險公司的公司價值與一般公司有別。以壽險公司爲例來說，由於壽險公司持有眾多長期契約，對壽險公司未來的現金流量影響期極長。因此，壽險公司的公司價值有兩種評價方法，一爲**隱含價值**[4](EV: Embedded Value) 法，另一爲**評估價值** (AV: Appraisal Value) 法。前者是調整後資產淨值外加有效契約價值[5](VIF: Value in Force)，且需扣除符合資本適足率[6](Capital Adequacy Ratio)（在臺灣，是 200%）所要求的金額；後者是隱含價值再外加未來新契約價

[3] 取得資金所需支付的成本，是爲資金成本。就投資言，它是必要的報酬。就融資面向言，它越低越好，但仍有極限，而依各類不同資金成本占總資本比率加權平均所得之平均成本，是爲加權平均資金成本(WACC: Weighted Average Cost of Capital)。

[4] 隱含價值的計算，各壽險公司各有其計算假設。因此，通常難比較，也通常當壽險公司內部之參考。但近年來，各國保險監理機關爲提升其透明度與比較性，已相繼要求壽險公司需公開其隱含價值。例如：中國2005年9月開始，要求壽險公司需報監理機關備查。此外，爲提升各壽險公司隱含價值的比較性，歐盟提供12條準則供計算隱含價值的依據，是爲歐式隱含價值(EEV: European Embedded Value)。

[5] 壽險契約通常是長期契約。因此，有效契約於後續年度繳費時，公司即可獲利。這些有效契約未來獲利的現值，是爲有效契約價值。

[6] 即公司自有資本與風險基礎資本的比率。

值[7](VNB: Value of New Business)與商譽。一般公司每股合理的股價，是將調整後資產淨值除以發行在外股數，壽險公司每股合理的股價，國際間，一般以隱含價值除以發行在外股數來評價，參閱圖 3-2 壽險公司價值。

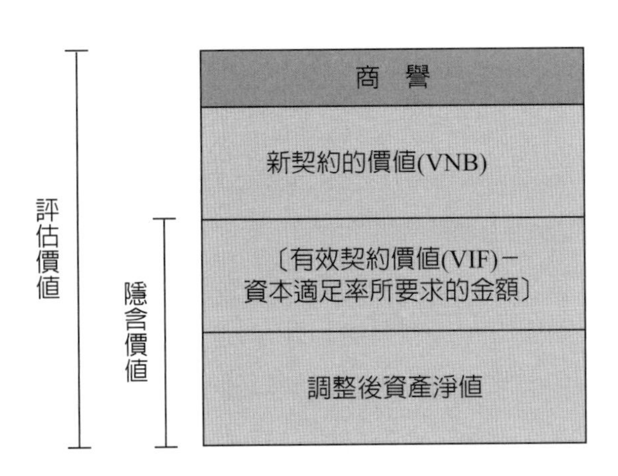

圖 3-2 壽險公司價值

2. 公司管理風險的必要性

以上市公司來說，公司管理風險的必要性繫於風險本身的存在是否影響股東利益？如會影響，那麼公司管理風險是有必要的。反之，則否。要回答這個問題，首先，根據資本市場理論[8](Capital Market Theory)中的**資本資產訂價模式**(CAPM: Capital Asset Pricing Model)顯示(Doherty, 1985; Doherty, 2000)，公司的經營在無**磨擦／交易成本**(Friction / Transaction Cost)的考量下，風險本身的存在並不會直接影響股東的利益。因此，股東們對公司管理風險的興趣不高。因爲股東可以藉由股票組合分散風險。風險如無法分散，股東亦可依風險溢價出售股票。在此情況下，管理風險的效應，只不過改變股東所持的股票報酬與風險的組合比例。

另一方面，如存在磨擦／交易成本，那情況就不同。蓋因，這些磨擦／交易

[7] 新契約價值與有效契約價值對壽險公司價值均有提升的功用，但長期言，公司如無新契約則公司價值無法持續提升。國際標準普爾(S&P: Standard & Poor's)以新契約價值規模(SVNB: Scale of Value of New Business)衡量新契約對公司價值的重要性。新契約價值規模是新契約價值除以有效契約價值的比。新契約的風險因商品而異，國際標準普爾通常以新契約價值適足率(VNB Adequacy Ratio)衡量新契約的風險，此比率是新契約價值除以新契約風險值(VaR: Value-at-Risk)。

[8] 詳閱本書附錄I。

成本會影響[9]公司未來預期淨現金流量，從而使公司價值減少，間接影響了股東利益，公司管理風險就有其必要。至於磨擦／交易成本則包括：賦稅成本、破產預期成本、代理成本、新投資計畫的資金排擠與管理上的無效率等 (Doherty, 2000)。

其次，根據著名的 Modigliani-Miller 假說，也就是 MM 理論 (Marshall, 2001)，公司於現實世界經營時，如完全無磨擦／交易成本，只有投資決策 (Investment Decision) 會影響公司價值，而財務決策 (Financial Decision) 並不會影響公司價值，也多與股東無關。因此，在此情況下，如果風險管理的決策[10]，完全屬於財務決策，那麼公司是沒有必要管理風險的。

最後，也有文獻（葉長齡，2005）顯示，根據公司**風險效益值** (VRB: Value-at-Risk Benefit) 決定公司要不要管理風險。當 VRB 值小於零時，無須管理風險，而當 VRB 值等於或大於零時，公司得或應管理風險。所謂風險效益值是公司模擬風險值 (VSR: Value at Simulation Risk) 減掉利潤風險值 (VPR: Value at Profit Risk)。

(二) 公共價值觀點

1. 公共價值與政府的角色

公共價值中的「公共」是指政府所服務的社會大眾 (The Public) 而言。因此，公共價值 (Public Value) 是指民眾福祉，公共風險管理追求的就是民眾福祉的提升，這有別於公司價值的概念。公司價值以財務觀點出發，因涉及股東的投資，但公共價值則涉及民眾福祉，而含財務與非財務觀點。公共價值的財務觀點，以提升國民 GDP(Gross Domestic Products) 爲主。公共價值的非財務觀點，則涉及如何增進國民的身體健康、安全與社會的公平正義 (Social Fairness and Justice)。

其次，今天的政府在管理風險上細分可有三種角色 (Strategy Unit Report, 2002)：第一是監理的角色 (Regulatory Role)，所謂監理的角色是指政府應制定涉及企業、團體與個人，因其活動引發風險時的法律規範。例如：環境汙染防治法等。進一步說，所謂監理就是政府有義務思考，如何平衡社會各利害關係人間，因其活動產生的風險與效益；第二是保障的角色 (Stewardship Role)，所謂保障的角色是指

[9] 每一磨擦／交易成本除賦稅成本在本章後續說明外，其餘交易成本如何影響公司價值，限於篇幅請參閱Doherty (2000). *Integrated risk management: Techniques and strategies for managing corporate risk*. 第七章的說明。

[10] 風險管理決策中，風險控制設備的購買決策屬於投資決策，例如：自動灑水設備的裝置。風險融資的決策屬於財務決策，例如：保險購買的決策。

政府有義務免除社會大眾來自外在的威脅，例如：颱風、洪水等。最後是管理的角色 (Management Role)，所謂管理的角色是指政府機構針對爲民服務方面的管理，以及與監理和保障角色功能方面績效的管理，這方面的角色涉及政府機構的服務作業與政策制定過程的風險。

2. 政府管理風險的必要性

首先，說明政府該不該把「手」伸入商業活動的市場？就這議題，其實爭辯已久。兩種哲學觀點值得留意：第一是政治學領域的觀點；第二是來自經濟學領域的觀點。

政治學領域對政府的「手」該不該伸入市場也有兩種看法：一個是共和主義者 (Republican) 的看法，另一個是自由主義者 (Liberal) 的看法。共和主義者的思維聚焦在公民對社會的責任，政府是服務社會群生價値 (Communal Value) 與平衡各方利益的機制，該扮演維持社會秩序 (Social Order) 與調和的角色。自由主義者的思維聚焦在政府的角色與義務就是保障完全的個人自由。換言之，共和主義者主張該伸入，自由主義者期期以爲不可。

其次，經濟學領域對政府的「手」該不該伸入市場？看法也不一致。經濟學領域主張在資訊完全透明與對稱的情況下，完全有效率的市場 (Efficient Market) 是存在的。因此，所有的公共事務與經濟活動均交由這個市場來管理，政府只是扮演提供意見 (Referee) 的角色。然而，公共性與外部性 (Externalities) 常導致效率市場失靈，此時經濟學領域則有兩種極端的主張：一個仍舊是主張完全不涉入，另一個極端則主張此時，政府應完全控管市場。

另一方面，在風險管理上也有類似上述的議題，也就是當風險具備公共性 (Publicness) 時，政府該不該介入？(Fone and Young, 2000)。首先，說明何謂公共性？所謂公共性係指人們的活動只要影響到他人（通常排除家屬、親戚），那這項活動就有公共性，就屬於公共事務 (Public Affairs)。因此，公共風險 (Public Risk) 是指涉及公共事務與公眾利害關係的風險。其次，針對公共風險，政府該不該介入管理？從經濟學中，完全效率市場的觀點來看，政府不該介入管理。蓋因，完全效率市場可有效分攤所有人類活動中伴隨的風險與責任。因此，風險歸市場管理即可，政府無須插手。然而，某些風險的本質就具備公共性，例如：汙染風險、或水庫工程風險、或國立學校建物可能失火的風險，而某些公共風險責任的分攤完全歸市場管理，又無法獲得有效率的解決，例如：核廢料儲存可能引發的風險。因此，從經濟學的觀點，當風險具有高度的不確定性，或當風險具有外部性，或當風險責任無法透過市場獲得有效率的分攤時，政府就該介入管理，否則，民眾福祉難以提升。蓋因，此時公共風險與人權保障、利益平衡，以及社會公平的確保有關。

二、風險管理的涵義與主要過程

(一) 風險管理的定義

簡單說，掌控未來不確定性的一種管理過程，就是風險管理 (Risk Management)。例如：打算創業開公司，充滿不確定因素，萬一虧損怎辦？萬一人員、物料趕不上出貨時程怎麼辦？眾多萬一就是風險，已事先想好怎麼辦，就是在做風險管理。其實企業管理就是風險管理，任何管理都會涉及風險，風險管理是跨領域整合性學科。

具體地說，**風險管理**就是根據目標，認清自我，聯結所有管理階層，辨識風險，分析與評估風險，應對／回應風險，管控過程，評估績效，並在合理風險胃納／風險容忍度 (Risk Appetite or Risk Tolerance) 下完成目標的一連串循環管理的過程。COSO（2017 版）（參閱附錄 II）則定義為：組織在創造、保持和實現價值的過程中，結合戰略制定和執行，賴以進行管理風險的文化、能力和實踐。更簡單說，所有監控風險的循環管理過程就是風險管理，也就是**全面性風險管理** (ERM: Enterprise-Wide Risk Management)。其次，風險管理是以財務為導向的管理過程。從定義中，應該也很清楚所謂的安全管理 (Safety Management)、危機管理 (Crisis Management)、保險管理 (Insurance Management)、營運持續計畫或管理 (Business Continuity Plan/Management) 均只是風險管理的一部分。此外，就公司企業言，風險管理的目標是在提升公司價值 (Corporate's Value)，對政府機構言，是在提升公共價值 (Public Value)。

(二) 風險管理的主要過程

從前列風險管理定義中，應該很清楚風險管理的主要階段過程如後（每一過程詳閱後面章節）：

1. 辨識／識別風險：利用各類識別風險的方法，持續尋找風險，各類風險主要可分戰略風險、財務風險、作業風險、與危害風險。同時，要將所尋找的風險，登錄在風險登錄簿中。

2. 分析與評估風險：可用風險點數公式計分風險的等級，或用最新計量工具風險值 (VaR: Value-at-Risk) 評估風險。

3. 應對／回應風險：應對風險的工具，可大別爲利用風險 (Exploit Risk)、風險控制 (Risk Control)、與風險融資／風險理財 (Risk Financing)。

4. 監督與績效評估：除利用內部控制與內部稽核、控制與監督過程外，可依各種指標評估風險管理的績效，例如：RAROC、CoR、與 RME 等指標。

最後，留意過程中每一階段一定要涉及適當的風險溝通 (Risk Communication)。整個過程參閱圖 3-3。

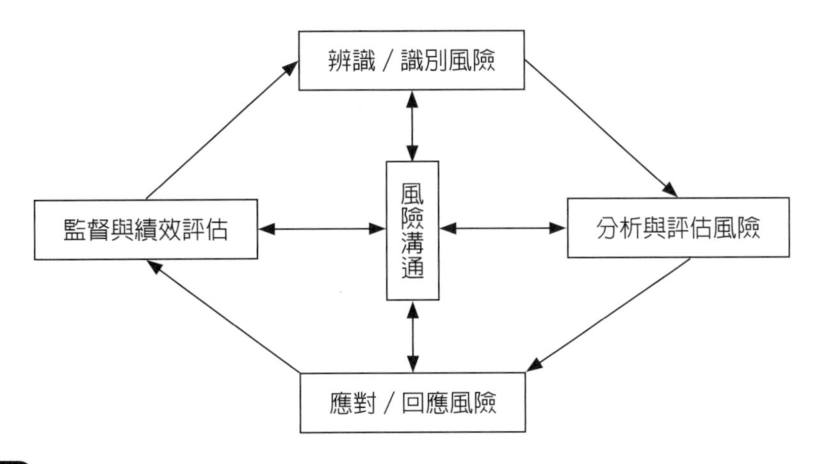

圖 3-3　風險管理的主要過程

(三) 風險管理與類似名詞的分野

有些管理名詞類似風險管理，這些名詞間極容易令人混淆不清。在此擇要，進一步說明這些名詞間的差異：

第一、風險管理與**安全管理** (Safety Management)：依據文獻（蔡永銘，2003）顯示，安全管理與風險管理中的風險控制與風險溝通關係密切，但安全管理不涉及風險融資，風險管理則需整合風險融資。同時，風險管理以財務導向爲主，尤其公司風險管理，安全管理則否。

第二、風險管理與**保險管理** (Insurance Management)：保險管理是僅針對保險融資相關的管理活動，管理上也只針對可保風險 (Insurable Risk) 的管理，不涉及其他風險。保險管理的範圍比現代風險管理小太多。值得留意的是保險管理也不等同

於保險風險管理 (IRM: Insurance Risk Management)，蓋因後者含括了風險控制，前者沒有。

第三、風險管理與**危機管理** (Crisis Management)：危機管理只是風險控制中的特殊環節，近年來，廣受矚目，但它不等同風險管理。因危機管理不涉及風險融資的內容，或許可這樣說，平時需風險管理，危機來臨時，就需啟動危機管理。危機管理的功能存在於危機期間，但風險管理的功能重在平時。

第四、風險管理與**營運持續管理** (BCM: Business Continuity Management)：營運持續管理也是風險管理的特殊環節，但比安全管理、保險管理與危機管理三個名詞，更接近風險管理的概念。蓋因，營運持續管理的作為中也包括了風險控制與風險融資兩種應對風險工具。營運持續管理平時除需增強備援系統 (Redundancy)、建立彈性、改變組織文化等風險控制措施外，也需確立營業中斷保險等風險融資防線。然而，營運持續管理的目的，是為了持續維持營運，快速達成復原力 (Resilience)，風險管理則是在提升公司價值或公共價值。其次，營運持續管理與危機管理間，在目的上也極度類似，但在應對風險工具的考量與適用的期間上有所不同。最後，風險管理是跨領域整合性學科，安全管理、保險管理、危機管理、與營運持續管理只是其中的支流。

三、風險管理的多元類型

風險管理的類型是多元的，依據誰管理風險 (Who)、管理什麼 (What)，與如何管理 (How)，大體可歸納如後。

(一) 私有與公有部門的風險管理

依據誰管理風險，風險管理可細分為單身者風險管理、家庭風險管理、公司風險管理、政府部會機構風險管理、總體國家社會風險管理、與國際組織風險管理等。此處，則歸納為兩大類別：一為私有部門風險管理 (Risk Management in the Private Sector)，又可分為單一個人風險管理、家庭風險管理、與公司風險管理等；二為公有部門風險管理 (Risk Management in the Public Sector)，又稱為公共風險管理 (Public Risk Management)，可分為政府組織風險管理 (ORM: Organizational Risk Management)、與社會風險管理 (SRM: Societal Risk Management)。其次，私有與公有部門風險管理的目標不盡相同，例如：私有部門風險管理中的公司風險管理，其

管理目標是在增進企業價值 (Enterprise Value)，公有部門風險管理中的政府機構風險管理，其管理目標則在提升公共價值 (Public Value)。最後，值得注意的是，依團體組成的目的，又可再細分為營利組織風險管理與非營利組織風險管理。

(二) 危害與財務風險管理

依據管理什麼，風險管理可細分為各類型風險管理。例如：戰略風險管理 (Strategic Risk Management)、作業風險管理 (Operational Risk Management)、市場風險管理 (Market Risk Management)、法律風險管理 (Legal Risk Management) 等。但此處，則粗分為兩大類別：一為**危害風險管理** (Hazard Risk Management)；二為**財務風險管理** (Financial Risk Management)。前者管理的對象為起因於資產的實質毀損或人員傷亡等的風險；後者管理的對象為起因於市場價格波動引發的風險。金融保險業與一般企業均會面臨此兩類風險。同樣地，風險管理亦可區分為個體風險管理 (Micro-Risk Management) 與總體風險管理 (Macro-Risk Management)，前者是管理個體風險，後者是管理總體風險。或可區分為管理國內風險的國內風險管理 (Domestic Risk Management) 與管理國際風險的國際風險管理 (International Risk Management)。

(三) 傳統與全面性／整合型風險管理

依據管理範圍與操作架構的複雜程度，以時間的演變來看，風險管理在 1950 年代初期，是以保險（或可保）風險管理為開端，此時以傳統可保 (Insurable) 的危害風險為管理的對象。直至 1970 年代，不再局限於可保的危害風險，不可保的危害風險也納入了風險管理的範圍，是為傳統風險管理 (TRM: Traditional Risk Management) 的年代。值得留意的，同樣在 1970 年代，由於布列敦森林制度 (Bretton Woods System)[11] 瓦解，金融保險業遭至前所未有的雙率（利率與匯率）波動問題，促使財務風險管理蓬勃發展。此時，危害風險管理與財務風險管理呈分流狀態，風險管理的實務操作，各自為政，零散處理。至 1990 年代末期，由於各類風險間的互動關係，與邏輯的必然，加上外部要求，全面性風險管理 (ERM/EWRM:

---

[11] 簡單說，布列敦森林制度是維持美元與黃金間兌換關係的一種制度。在該制度下，美元幣值極為穩定。直至1960年代末期，由於國際貨幣流動性不足，使得美元與黃金間的兌換關係難以維持，在1971年美國尼克森總統結束該制度，美元幣值乃隨市場浮動，從而使得利率與匯率大幅波動，金融業面臨空前的財務風險。

Enterprise-Wide Risk Management) 概念開始孕育。這項概念下的風險管理，採用整合式的操作手法，管理公司可能面臨了戰略風險、財務風險、作業風險與危害風險。同時，這項概念對風險管理人員在專業知識上也產生極大的衝擊。換言之，以 ERM 爲概念操作的年代，風險管理人員的專業知識極需擴張，舉凡保險、衍生性商品、風險溝通、安全管理、公司治理與風險管理文化等專業知識均需具備，始能應付 ERM 的重大挑戰。最後，IRM、TRM、ERM 可以時間爲軸觀察其演變，參閱第一章圖 1-2。

(四)「賽跑」與「拔河」型風險管理

依據如何管理，風險管理也可歸納爲兩大類別：一爲「賽跑」型風險管理；二爲「拔河」型風險管理。「賽跑」與「拔河」是個比方，因其涵義有助於解釋，故冠名之。如何管理涉及的議題相當多，包括管理哲學的思維與目標是什麼，如何解讀風險，管理上著重哪個面向，與採用何種管理方法等。這些議題是互爲關聯的。

依據當舍 (Dunsire, 1990) 的控制理論，「賽跑」型風險管理是在管理風險上，預先確立明確的目標，整合所有的資源完成之，也就是事先防範、預警式的思維。這個思維像吾人賽跑，在這個思維下，採用的管理方法可比方成「小海魚」(SPRAT: Social Pre-Commitment to Rational Acceptability Thresholds) 法。這是傳統上管理風險的思維與方法。「小海魚」的思維像室內調溫裝置，事先設定溫度下，室內溫度將調節至事先設定的水準。總體社會、公司或個人家庭風險管理在 1980 年代前，均以「賽跑」型風險管理思維爲主。這種思維的特質是：第一、它是理性預期的一種思維；第二、它強調社會資源有限，因此事先有效分配規劃是極其重要的 (Hood, 1996)。

「拔河」型風險管理是在管理風險上，並不預先確立明確的目標，而是像「拔河」追求競合下的平衡，拔河兩方力量平衡下就會靜止不動，靜止不動代表風險事件不發生，這也就是強化彈力、回應式的思維。具體言之，建構一套相生相剋的體系機制，強化管理主體抵抗威脅的能力即可。例如：兩岸戰爭風險的管理，可採恐怖平衡爲管理戰爭風險的手段之一，恐怖平衡就可能迴避戰爭風險，這就是「拔河」型風險管理的思維。在這個思維下，採用的管理方法可比方成「大鯊魚」(SHARK: Selective Handicapping of Adversarial Rationality and Knowledge) 法 (Hood, 1996)。

四、風險管理的兩種論調

風險的本體論不同，管理風險的論調也不同，兩種本體論引發的管理論調間，爭辯激烈 (Jones & Hood, 1996)。論調不同都不盡然完全代表實證論或後實證論的思維，也可說是不盡然完全以機會概念或價值概念看待風險。爭辯的層面極廣，茲就各個層面的爭辯所持的觀點，說明如後：

第一、關於管理思維方面：一種論調認爲應採事先防範，另一種論調認爲可採強化復原力 (Resilience) 的想法。前者認爲要做好風險管理，唯有將可能導致的因果關係釐清，防範在先，即使因果關係不明確也需事先防範。例如：無菸害環境的法制化就是採用這種思維。事先防範的思維就是含有事先預警 (Precaution) 的想法。此一思維最早源自德國（許惠棕，2003），後爲國際的里約宣言 (1992 Rio Declaration on Environment and Development) 採用。該種思維承認科學並非萬能，也承認科學知識有其不確定，也承認風險的評估與預測是不可能精準的。因此，爲降低危害，政府不能等到因果的科學證據確鑿時，才採取防範措施，而應在只要有可能產生危害時，就應斷然採取事先的防範，是爲**預警式風險管理**。

後者所持的觀點，其理由是科技的發展使社會系統越來越複雜，且糾纏一起。在這複雜又糾纏的系統下，任何系統的失靈根本無法事先預測。因此，在沒有確鑿的科學證據前，樣樣事先防範，只會引起社會各利害關係人間更大的爭辯，使事件更糟，甚或引發社會衝突。換言之，管理風險，樣樣預警、樣樣防範，只會讓事情更糟。因而後者主張風險管理的重點不在事先防範，而是如何強化吾人的復原力，是爲**回應式風險管理**。所謂強化復原力是在增強吾人面對風險威脅後的復原速度。

第二、關於追究災後責任的思維方面：災後或風暴後，社會輿論總會針對該負責的一方或個人掀起一片撻伐之聲，這種追究責任的思維稱之爲責難主義 (Blamism)。該思維背後的理由，無非是唯有透過責難才能使該負責的決策者對往後的決策更加留神。相對地，另類想法則持原諒赦免 (Absolution) 的思維，其理由是唯有原諒赦免才能促使該負責的決策者從中汲取教訓。進一步來說，也可避免決策者爲了卸責，謊報或故意扭曲眞實的訊息。爲了卸責，故意謊報或扭曲事實，是有違人類從錯誤中學習 (Trial and Error) 的自然法則。

第三、關於風險管理中量化與質化方面：風險管理過程中最需計量的階段，無非是風險評估 (Risk Assessment) 階段，理由無它，因不量化，無法計入經濟個體的經營成本中，反而變相地在補貼客戶與其他利害關係人 (Marshall, 2001)。其次，唯有量化才能管理。然而，上述理由，因無法做到所有風險均計量的目標，而遭受質疑。另類的主張則認爲無法量化的風險，給予適切權重即可，不必汲汲營營，追求所有風險均需量化。蓋因，質化過程中給予權重，仍可完成管理風險的目的。

第四、關於風險管理機制設計方面：所謂管理風險的機制，其含義可指企業的組織型態、政府監理風險的機制，或製造產品的流程或產品原料的構成方式等。這些機制如有安全上的瑕疵將是風險的重要來源。換言之，風險存在的結構性問題，或風險的本質能否透過設計而改變，從而控管風險。不管指涉何種，一種論調是認爲可利用人類既有的知識達成安全無虞的機制設計。換言之，風險管理機制的安全性是可被設計出來的。另一種論調則採設計不可知論 (Design Agnosticism) 的主張，持此種論調者認爲機制設計是否安全無虞，依人類既有的知識根本無從知道。

第五、關於風險管理的安全目標方面：設定風險管理的安全目標所採用的思維，有兩種流派 (Jones & Hood, 1996)：一種是採用互補主義 (Complementarism)；另一種採用權衡主義 (Trade-Offism)。互補主義認爲風險管理追求的安全目標可與其他目標相容並蓄；權衡主義認爲風險管理追求的安全目標無法與其他目標相容並蓄，兩難的處境中，必須權衡利弊，要追求安全必須犧牲其他目標。無論何種思維，風險管理就是以追求人類安全的永續發展爲宗旨。其次，所謂「安全」不是單一概念，而是綜合概念，它可指吾人對可接受風險的主觀判斷，也因此安不安全會因人、因時、因地而異。風險管理中安全的概念，不應只包括身體的健康安全與財產的保護，也包含財務經濟上的健全。再者，風險管理中的安全概念，對不同的管理主體言，其具體的含義會有些許的差別。個人家庭風險管理中，安全就是身體財產的健康安全與財務經濟的健全。就企業公司立場言，安全就是在追求企業價值 (Enterprise Value) 的極大化與員工身體的健康。站在國家社會的立場，安全就是追求公共價值 (Public Value) 的極大化。

第六、關於風險議題的解決與共識方面：風險是否成爲議題，受到攸關未來的知識是否確定與大家對最佳解決方案是否有共識或同意的影響。基此，風險議題可分四大類 (Douglas and Wildavsky, 1982)：第一類是攸關未來的知識很確定，同時大家對最佳解決方案有完全共識的風險議題。這一類的問題只是技術與計算問題，這完全交由風險科學專家即可解決；第二類是攸關未來的知識很不確定，但大家對最佳解決方案有完全共識的風險議題。這一類的問題在於知識訊息不足，解決的方法，唯有靠更多的研究；第三類是攸關未來的知識很確定，但大家對最佳解決方案有爭辯的風險議題。這一類的問題只在於對最佳解決方案要不要同意而已，解決

的方法，不是靠有權決策者單方獨斷，就是交由大家充分討論，進而形成共識，例如：辦公眾論壇；第四類是攸關未來的知識很不確定，但大家對最佳解決方案也有爭辯的風險議題。這類問題在於攸關未來的知識是否可確定與大家對最佳解決方案是否有共識上，這類問題暫時無解。所謂事緩則圓，或許時間是最好的解決方法。值得留意的是，對最佳解決方案是否有共識上，有一種論調主張，不用交由大眾討論，由少數精英風險專家討論決定即可。另一種論調主張必須擴大相關利害關係人參與的範圍，唯有如此，才能避免決策錯誤，形成共識，進而能順利推展各類風險管理決策。

第七、關於風險監理的重點方面：風險監理方面，尤其政府對風險的監理，一種論調認爲應著重在完成後的結果。例如：製造完成後的藥品是否符合檢驗要求？或經營的績效是否符合相關指標？或組織辦法是否符合法律要求？另一種論調認爲應著重在過程的監理上。例如：製造時藥品原料的組成是否符合要求？或經營過程是否符合要求？或制定組織辦法時是否有相關利害關係人參加？簡言之，一種監理重結果，另一種監理重過程。

五、風險管理的效益

(一) 對公司的效益

風險管理有助於降低現金流量分配的變異程度，進而增進公司價值，參閱圖3-4。

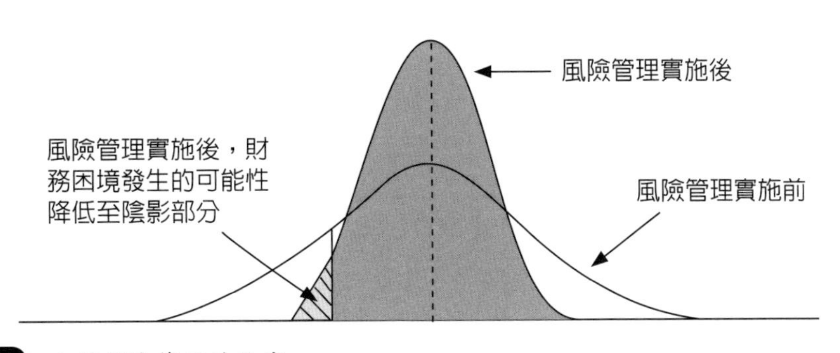

圖 3-4　公司風險管理的效應

上圖變異的降低來自風險管理對公司的效益。具體的說，包括三大類：第一類磨擦／交易成本的降低；第二類是投資失誤與延遲的避免；第三類是意外損失成本的減少。茲分別說明如後：

1. 可降低磨擦／交易成本

前曾提及，磨擦／交易成本的存在是公司必須管理風險的主因，它主要包括：賦稅成本、破產預期成本、代理成本、新投資計畫的資金排擠與管理上的無效率等。透過風險管理的手段有助於降低這些成本對公司價值的不利影響。整體而言，影響多大則繫於兩個因子：第一、公司如不管理風險，面對財務困境的可能性有多高。換言之，公司的財務結構對風險的承受力有多強；第二、萬一發生財務困境，連帶引發的成本有多大。以上這兩個因子越高，風險管理可增進的價值與降低的成本就越大。以賦稅成本為例，說明風險管理手段中的保險如何有助於降低賦稅的預期成本。一般而言，公司面對的是累進稅率，同時，假設公司未來不確定的收益，是來自火災事件可能引發的風險，那麼賦稅與公司未來不確定收益的關係，如圖3-5。

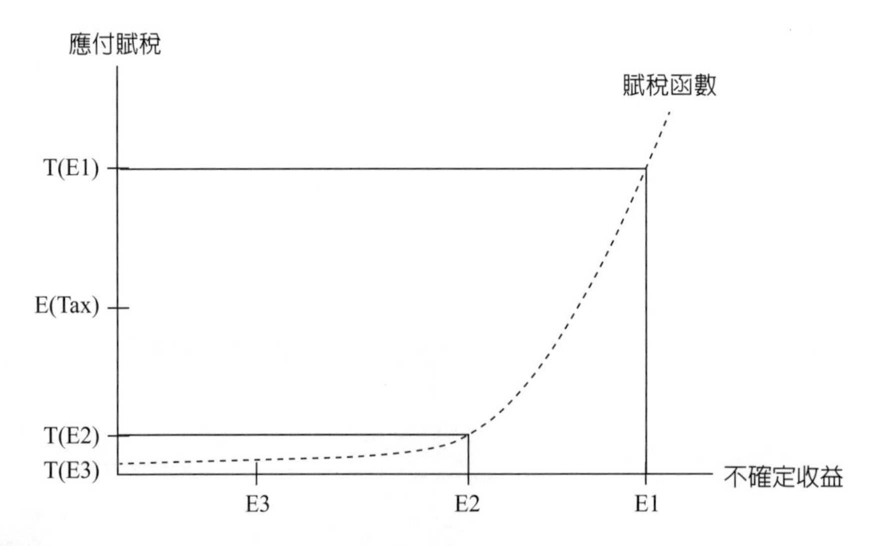

圖 3-5　賦稅與公司未來不確定收益的關係

上圖橫軸中的 E1 代表某公司沒有火災損失時的收益，E3 代表某公司遭受火災損失時的收益。假設火災發生機率是 50%，縱軸上的 T(E1) 與 T(E3) 分別代表 E1 與 E3 收益下的賦稅。在沒購買火災保險的情況下，預期的賦稅成本為縱軸上的

E(Tax)，但如購買火災保險後，可使預期的賦稅成本降至 T(E2)。因火災發生機率是 50%，在不考慮附加保費的情況下，以 E1、E2 購買火災保險換取公司未來確定的收益 E2。圖中顯示，T(E2) 比未購買火災保險前的 E(Tax) 降低許多。

2. 可降低投資的失誤與延遲

同樣，前曾提及 Modigliani-Miller 假說，該假說認爲公司於現實世界經營時，如完全無磨擦／交易成本，只有投資決策 (Investment Decision) 會影響公司價值。顯見，投資決策是否正確，對公司價值的提升極度重要。在 ERM 架構下，由於涉及的利害關係人比 TRM 廣泛許多，而重大投資計畫的成功或失敗，對不同的利害關係人就會有不同的影響。例如：觀察投資失敗對公司債券持有人的衝擊，公司重大投資如果失誤，將引發債券持有人的擠兌求償，公司就可能立即面臨債息支付的沉重壓力。再如，投資失敗，股票持有人可能拋售股票，公司股價則可能下滑。其次，有時某種投資被認爲風險過高，公司因延緩投資，而喪失可能獲利的機會。諸如這些不利的影響，均可藉由風險管理的事先評估，使公司在合理的風險胃納範圍內，進行安全的投資外，亦可藉由風險管理降低投資決策失誤，增加籌資能量，進而增進公司價值。

3. 意外損失成本的減少[12]

意外損失成本 (Cost of Accidental Loss)、風險成本[13](Cost of Risk) 與風險管理成本 (Cost of Risk Management) 是否爲同義詞？尤其風險成本與風險管理成本間，在內容上重疊甚多。因此，有時交換使用。然而，就嚴謹的用法言，這三個名詞，意外損失成本的概念範圍最寬，次爲風險成本的概念，最狹隘者爲風險管理成本的概念。換個說法，意外損失成本的概念包括風險成本與風險管理成本，風險成本的概念包括風險管理成本。根據文獻 (Baranoff et al., 2005) 顯示，意外損失成本包括三項：第一項是實際的損失，例如：財產的毀損、人員的傷亡等；第二項是因某種業務或經營活動風險過高，行動延遲時，可能導致的獲利損失；第三項是管理風險時，所耗用的資源，例如：保險費等。其中，第一項與第三項的加總，是爲風險

---

[12] 著者前版書，書名《現代風險管理》書中，以「風險成本減少」爲標題，但本版以「意外損失成本減少」爲標題，蓋因著者將風險成本概念加以調整，請參閱下一個附註。

[13] 1962年，在Toronto的Massey Ferguson公司的保險經理Douglas Barlow首先提出風險成本的概念。原始概念因在TRM架構下，並不包括財務風險的避險成本，著者認爲在ERM架構下，風險成本概念應調整，它需包括財務風險的避險成本。

成本，只有第三項是指風險管理成本。此外，由於風險溝通[14](Risk Communication)在 1980 年代後，已成新興的風險管理工具，同時，在現今 ERM 的操作架構下，著者認爲風險成本與風險管理成本的具體項目，可作必要的調整，這種調整仍屬前列所提的概念範圍，茲說明如後：

A. **風險成本：**(1) 屬於風險控制軟硬體的花費。例如：火災偵煙器、索賠管理成本、危機管理成本等；(2) 風險融資的成本，包括保險費、自保的花費、另類風險融資（ART: Alternative Risk Transfer，參閱第十章）的成本與財務風險的避險成本；(3) 風險溝通的花費，本項爲新增的成本項目；(4) 管理風險所需的行政費用與人員薪酬；(5) 未獲風險融資合約所彌補的實際損失。這其中的 (1) 至 (4) 項，是屬前列所提的第三項，而 (5) 是前列所提的第一項。未獲風險融資合約所彌補的實際損失，可包括因基差風險 (Basis Risk) 所導致的實際損失。基差風險有不同的意義[15]，此處指源自定型化契約，因非量身訂作，曝險額 (Loss Exposure) 與契約保障範圍間存有差異的風險。例如：保險契約與衍生性商品契約均可能存在基差風險。

B. **風險管理成本：**(1) 屬於風險控制軟硬體的花費；(2) 風險融資的成本，包括保險費、自我保險的花費、另類風險融資的成本與財務風險的避險成本；(3) 風險溝通的花費，本項也是新增的成本項目；(4) 管理風險所需的行政費用與人員薪酬。這四項正是屬前列所提的第三項。除以上有形的經濟成本外，風險管理成本也可包括管理決策人員無形的憂慮成本 (Worry Cost)。

(二) 對政府機構的效益

現代風險管理制度對政府機構而言，至少可產生四種效益，這些效益可提升民眾福祉，增進公共價值。這四種效益包括 (The Comptroller and Auditor General Report, 2004)：第一、可提供更優的民眾服務品質。例如：服務作業過程中，電腦系統的當機或作業資料輸入的錯誤等，均可藉助作業風險管理的再訓練，獲得因應與改進；第二、可改善政府機構的行政效率。因爲風險管理有助於減少不必要的作業

[14] 風險溝通指的是風險相關的訊息，在各利害關係人間有目的的流通過程而言。溝通的是風險相關的訊息，並非人際間的問題。溝通的目的在改變對方的風險態度(Attitudes Toward Risks)，這項風險溝通是以先了解受溝通對象(Recepients)的風險感知(Risk Perceptions)爲基礎。詳閱本書第十五章。

[15] 基差風險有不同定義。就保險言，是保險契約與曝險部位無法完全配適的基差風險，也有指兩種價格相關性發生變化時所造成的相關性風險(Correlation Risk)，在此，是指前者。

流程，提供另類更有效的行政作業方法；第三、可使政府的相關決策更具可靠性。因為風險管理是在合理的風險胃納量下，從事安全的冒險決策，使得任何決策更可靠安穩，不致產生不可靠且冒進的決策；第四、可提供政府為因應挑戰所需的創新基礎。因為服務的創新難免伴隨不穩定，然而，藉助於風險的事先評估，事先的規劃因應，有助於降低因創新伴隨的新風險。

(三) 對整體社會的效益

風險管理對公司與政府機構所提供的直接效益，間接的對整體社會也帶來效益。此外，對整體社會而言，風險管理可免除外在風險的威脅。例如：風災、水災等。其次，風險管理可減少社會資源的浪費與增進社會資源的有效分配。

六、風險管理的演變

(一) 第一階段：風險管理出現前

文獻 (Gallagher, 1956) 顯示，「風險管理」詞彙的出現，時約 1956 年間。因此，1956 年前，是風險管理出現前的時期，著者冠稱為第一階段。此階段雖無「風險管理」的詞彙，但人類對「風險」的研究，已於文藝復興時代開始 (Bernstein, 1996)。由於該階段，是人類啟蒙 (Enlightment) 時期的開端，一切以科學萬能為信念，理性 (Rationality) 假設為大前提，直至二十世紀中末期，這種信念與假設才開始受到質疑與動搖。

其次，遠古人類面對災變，全然訴諸神祇，人們的風險概念中，也只有自然神祇玩骰子的成分，全然無人為的成分。然而，人們的固有賭性，不但創造了機率論，推動科技文明的進展，也造就了現代風險管理。此階段雖無「風險管理」的詞彙，但與其功能極為相關的安全管理 (Safety Management) 與保險 (Insurance) 已有重大進展。

另一方面，在此時期面臨 1929 年經濟大蕭條，英、美等先進國家政府也留意到，對商業活動市場中企業公司監督管理的重要性，各種監理法規、新機構紛出籠。例如：1930 年的國際清算銀行 (BIS: Bank of International Settlements)、證券法與證券交易法 (Securities Act and Securities Exchange Act, 1933-1934) 等。其次，各專業團體於焉興起，例如：英國愛丁堡會計師學會 (Society of Accountants of Edinburgh)、美國公眾會計師協會（American Association of Public Accountants，嗣後，更名爲 AIA: American Institute of Accountants）、美國會計師協會 (AIA: American Institute of Accountants) 的稽核程序委員會（1939）、會計準則委員會 (Accounting Principles Board, 1950) 等。上述法律與會計方面的發展，對企業公司往後的內部控制、內部稽核 (Internal Auditing) 與風險管理功能均產生極爲明顯的影響。

(二) 第二階段：風險管理出現後迄1970年代前

這段時期，可說是風險管理實務開始發展的階段。文獻顯示（Kloman, 2010；段開齡，1996），風險管理緣起[16]於美國，緣起的遠因，是美國 1930 年代經濟不景氣與社會政治的變動以及科技的進步。近因則是 1948 年鋼鐵業大罷工與 1953 年通用汽車巨災事件。在此時空背景下，經由企業體中，保險主管們的自覺與努力，風險管理的觀念漸爲企業主所接受。企業界觀念的轉變，也影響到保險教育的方向。全球第一個風險管理課程，於 1960-1961 年間，華人旅美名學者段開齡博士與美國保險管理學會 (ASIM: The American Society of Insurance Management)（該學會前身爲 NIBA: National Insurance Buyer Association）聯合籌備開設。這個階段，風險管理的範圍，初期局限於保險／可保風險 (Insurance/Insurable Risk)，也就是保險風險管理，後擴大爲所有的危害風險，也就是傳統風險管理。該階段人類面對風險的思維仍局限在以機會觀點出發的個別概念。

另一方面，會計、法律監理上，要求企業公司對利害關係人有報告的責任，影響日後內部稽核、公司治理 (Corporate Governance) 的各重要機構、團體紛紛成立，例如：1965 年的一般公認會計準則 (GAAP: Generally Accepted Accounting Principles)、1973 年的財務會計標準委員會 (FASB: Financial Accounting Standards Board) 與國際會計準則委員會 (IASC: International Accounting Standards Committee)、1974 年的巴賽爾委員會 (Basel Committee) 等。

(三) 第三階段：1970年代後迄1990年代前

這個階段，有兩個事件值得注意：第一、1971 年布列敦森林制度 (Bretton Woods System) 正式結束。任何經濟個體均面臨了空前的財務風險，此後財務風

[16] 陳繼堯（1993）。《危險管理論》書中第6頁記載，德國的風險管理思想較美國爲早，時約第一次大戰後，通貨膨脹背景下，產生的風險政策，但從風險管理一詞的出現爲準，美國是風險管理理論與實務的緣起國，殆無疑義。

險管理日益蓬勃發展；第二、科技災難相繼發生。1970年代前，雖有科技災難發生（e.g. BASF工廠戴奧辛外洩事故，西德，1953），但對風險與風險管理思維的演變衝擊不大。1970年代後迄1990年代前，相繼所發生的科技災難 (Seveso, Itly, 1976; Three Mile Island, USA, 1979; Union Carbide Bhopal, India, 1984; Space Shuttle Challenger, USA, 1986; Chernobyl, Former USSR, 1986; King's Cross Fire, UK, 1987; Herald of Free Enterprise, Between Belgium and England,1987; Clapham Junction, UK, 1988; Piper Alpha, UK, 1988) 對風險與風險管理的思維造成極大的影響。創立於1980年的風險分析學會 (SRA: The Society for Risk Analysis) 與車諾比核災事故後，浮現的安全文化 (Safety Culture) 觀念顯示，管理風險不應只重技術與經濟財務，亦應注重人爲作業績效與文化社會背景的影響。這個階段可說是風險概念與風險管理思維變動最大的階段。在管理思維上，由於對風險是由文化社會所建構的解釋甚囂塵上，傳統風險管理面臨重大挑戰。英國道格拉斯 (Douglas, M.) 主張的風險文化理論 (The Cultural Theory of Risk)、德國貝克 (Beck, U.) 教授的風險社會理論 (The Social Theory of Risk)，與法國傅柯 (Foucault, M.) 的風險統治理論 (The Theory of Risk and Governmentality) 對風險概念與風險管理的傳統思維衝擊最大。此後，價值取向的群生概念與機會取向的個別概念並重。在管理風險的範圍上，財務風險與危害風險互爲影響，因此，在管理決策上已留意到，財務風險管理與危害風險管理不能再各行其是。這個階段可說是ERM形成的轉捩點，以及人本風險管理（參閱表3-1與拙著《風險心理學》一書）興起的階段。

另一方面，公共風險管理的發展亦值得留意。從「風險管理」詞彙 (Gallagher, 1956) 出現起算至今，風險管理的發展已六十多年，這其中，前約二十幾年是只有私部門風險管理的發展，後約三十多年才是公私部門風險管理共同發展的階段。公共風險管理正式的發展約在1980年代 (Fong and Young, 2000)，這年代約比1960年代就開始發展的私部門風險管理，晚約二十多年。考其主因，是國家免責概念使得政府可完全迴避施政與服務過程中，所產生的責任風險，以及政府機構保險的封閉性[17]。時至今日，公共風險管理不但深受英、美、加先進國家政府部門的重視，同時也存在著公共風險管理人員的專業組織與專業證照考試。專業組織方面，

[17] 每個國家公部門風險管理發展的比較晚，其理由可能不同。Fone and Young (2000)觀察英國公部門風險管理的發展比私部門晚的原因，是公部門政府機構採相互保險的方式購買政府機構本身所需的保險。這種方式是成員間互保，這些成員均是各政府機構，因此極爲封閉，這有別於向商業保險公司購買保險。

例如：英國的 ALARM(The Association of Local Authority Risk Managers) 與美國的 PRIMA(Public Risk and Insurance Management Association)；專業證照方面，例如：美國舉辦的 ARM-P 證照考試。

(四) 第四階段：1990年代迄2010年代前

這個階段，值得注意的有五點：第一、因衍生性金融商品 (Derivatives) 使用不當引發的金融風暴以及後續市場上的反應。例如：Baring Bank 風暴 (UK, 1995) 與股票指數期貨有關；Procter & Gamble 風暴 (USA, 1994) 與交換契約有關；Yakult Honsha 風暴 (Japan, 1998) 與股票指數衍生性商品有關。這些因衍生性金融商品使用不當，引發的金融風暴，促使財務風險管理有了進一步的發展。例如：G-30(The Group of Thirty) 報告的產生以及風險專業人員全球協會 (GARP: Global Association of Risk Professionals) 組織的成立；第二、保險與衍生性金融商品的整合。保險業本身的創新變革打破了保險市場與資本市場間的籓籬，財務再保險 (Financial Reinsurance) 與巨災選擇權等均是明顯的例證。新的財務風險評估工具——風險值 (VaR: Value-at-Risk) 使財務風險管理又邁向新的里程；第三、全新一代的風險管理操作概念 ERM，此時孕育完成，與 ERM 相關的新職稱風險長 (CRO: Chief Risk Officer)[18] 也首次出現於 1992 年。不論是 Basel II 或 Solvency II 均以 ERM 爲監理的觀念架構，但仍面臨眾多挑戰。ERM 直接的驅動力主要來自監理的力量，例如：美國 2002 年的 Sarbanes-Oxley Act、Basel Capital Accord II 與國際信評機構的要求，例如：S&P(Standard & Poor's) 等；第四、各國專業組織的風險管理標準陸續出現。例如：國際標準組織 (ISO: International Standard Organization) 的 ISO 31000 風險管理原則與指引、澳紐風險管理標準 (Australian and New Zealand Risk Management Standard AS/NZS4360: 2004)、英國風險管理標準、歐盟風險管理協會聯合會 (FERMA: Federation of European Risk Management Associations) 的風險管理準則等；第五、極端風險事件 (Extreme Risk Event) 的發生，例如：2008-2009 年的金融海嘯，使得風險模型遭受質疑，管理風險的傳統思維面臨挑戰 [19]。

另一方面，在此階段，由於發生許多著名作業風險詐欺事件，例如：前曾提及的 Baring 銀行事件、Enron 事件等，影響今日內部控制、公司治理與風險管

[18] CRO職稱首被GE Capital的James Lam使用。

[19] 參閱Taleb, N. N. (2010). *The Black Swan: The impact of the highly improbable* 一書。

理相當深遠的會計、法律規範相繼出籠，例如：國際財務報導準則（第一階段）(IFRSs: International Financial Reporting Standards)(2009)、COSO(the Committee of Sponsoring Organization of the Treadway Commission, USA) I 報告（1992，關於整合型內部控制架構）、COSO II 報告（2004，關於 ERM 架構）、Cadbury 報告 (1992, UK)、Hampel 報告 (1998, UK)、Combined 法案 (1998, UK)、SOX(Sarbanes-Oxley Act)(2002, USA)、Smith 報告 (2003, UK)、DCGC(Dutch Corporate Governance Code, Netherlands, 2008) 等。

(五) 第五階段：2010年代迄今

該階段發展有幾點最值得留意：第一、就是 IFRSs 後續對風險管理的影響，尤其來自公平價值 (Fair Value) 的衝擊；第二、Basel III 與 Solvency II 後續對銀行與保險業風險管理的衝擊；第三、巨災性質的改變，例如：2011 年 3 月的日本大地震所呈現的複合式巨災 (Synergistic Catastrophe)；第四、新式病毒與極端氣候對全球風險管理的挑戰，例如：發生在 2019-2020 年的 COVID-19。

(六) 重大風險管理事蹟或事件時程

依前述，風險管理的演變過程，在此，依年代時間先後，將有重大影響的風險管理事蹟，整理如圖 3-6。

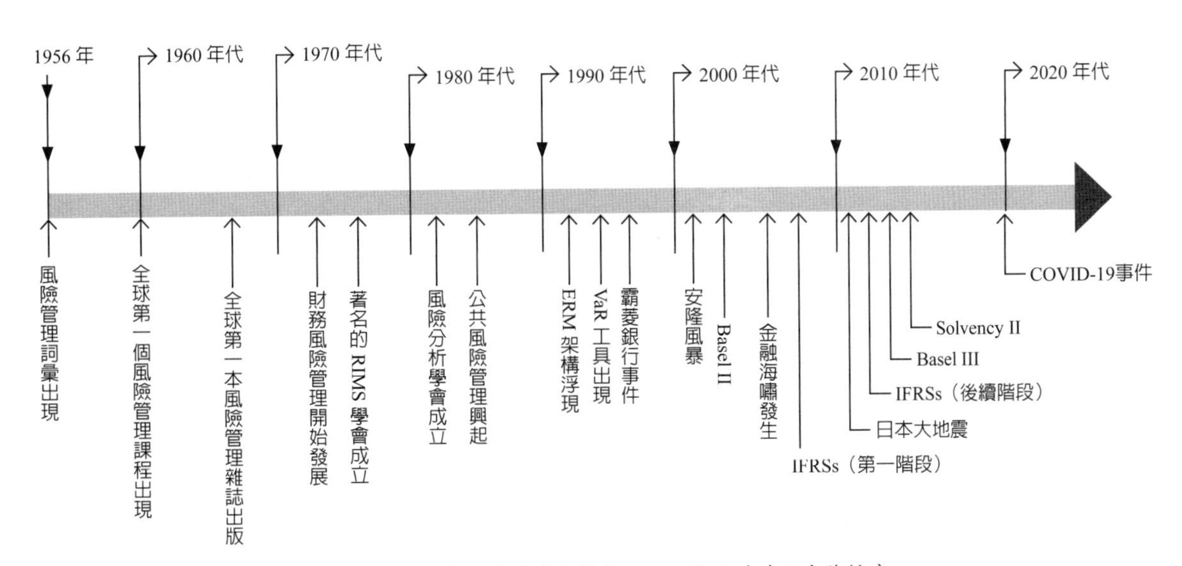

附註：上列事蹟或事件，只依每年代 10 年間發生的事情顯示，不依正確時點先後排序。

圖 3-6 重大風險管理事蹟或事件

(七) 歷史發展的省思

從以上風險管理的演變與發展來看，災難與金融風暴似乎與風險管理與時俱進。重大的災難與金融風暴似乎成爲轉變風險管理思維或操作手法的重要推手。從金融海嘯[20]到2011年日本大地震，不但引發人們對金融基本價值的重新評價，也讓人[21]質疑風險管理哲學根本性的問題。在當今風險社會的年代裡，人類應重新思考，在風險管理上，該堅持人定勝天的信念，還是該思考，如何與風險共榮共存 (Living with Risk)。

七、主要國家當前風險管理發展概況

國際風險與保險管理協會聯盟 (IFRIMA: International Federation of Risk and Insurance Management Associations, Inc.) 已有眾多國家的風險與保險管理組織（風險管理主要資訊網資源，參閱附錄 IV）加入。在此，僅介紹美國、英國、臺灣與中國發展的概況。發展概況以學校教育、企業、專業學會與刊物，以及書籍出版爲觀察的主軸。另外，由於風險管理極爲廣泛，舉凡保險、財務金融、心理學、公共衛生、安全管理、決策行爲、與公共政策等學科，均會涉及風險管理。此處，偏向風險財務與風險人文領域爲觀察的焦點。

(一) 美國

當前美國各大學風險管理教育課程爲數不少，例如：賓州大學 (University of Pennsylvania)、天普大學 (Temple University)、與喬治亞州立大學 (Georgia State University) 等較偏重風險管理財務面向的教育。財務風險管理除前列各大學外，現今也已成爲各大學財金系所財務理論課程中的重要部分。克拉克大學 (Clark University)、哥倫比亞大學 (Columbia University)、與美國大學 (American University) 等，則設有風險管理人文面向的研究中心 (Golding, 1992)。各大學中，相關學系的系名，有的大學將「風險管理」包含於系名中，例如：天普大學的風險管理、精

---

[20] 金融海嘯係指2007年7月美國次貸風暴發生以來，一連串所發生的金融風險事件導致全球的經濟衰退。例如：美國第五大投資銀行的貝爾斯登事件、雷曼兄弟事件、美林事件、與AIG事件等。

[21] 根據臺灣《經濟日報》97年11月28日A4版報導，美國有史以來最年輕的聯邦準備理事會(Fed)委員Kevin Warsh最近說：「我們正目睹全球每一角落，均在進行金融基本價值的重評價，重建全球金融機制平臺爲當代經濟的最大挑戰。」

算與保險學系 (The Department of Risk Management, Actuary and Insurance)。有的大學，雖非如此，但亦開授風險管理課程。

企業方面值得留意的是風險經理 (Risk Manager) 職稱或風險長 (CRO: Chief Risk Officer)，已取代了過時的保險經理 (Insurance Manager) 職稱。職責範圍擴大與位階的提升是目前的狀況。

專業學會與機構方面，例如：風險與保險管理學會 (RIMS: Risk and Insurance Management Society)、美國風險與保險協會 (ARIA: American Risk and Insurance Association)、公共風險與保險管理協會 (PRIMA: Public Risk and Insurance Management Association)，與風險分析學會 (SRA: The Society for Risk Analysis) 等，均對企業風險管理實務、學術理論、專業證照考試制度極具貢獻。例如：風險與保險管理學會 1983 年度大會揭櫫的 101 風險管理準則 (The Rules of Risk Management) 利於傳統風險管理實務運作，該學會也發行了全球第一本《風險管理雜誌》。再如，美國的副風險管理師 (ARM: Associate in Risk Management) 證照考試與正風險管理師 (FRM: Fellow in Risk Management) 證照考試。財務風險管理方面，則有 G-30 對衍生品處理最佳實務建議與全球風險專業人員協會 (GARP: Global Association of Risk Professionals) 的成立。該協會每年均舉辦財務風險管理人員專業證照考試。

另外，會計審計領域的相關機構，因內部稽核的需要，已將風險管理融入稽核過程裡。美國贊助組織委員會 (COSO) 於 2004 年，公布了新一代的風險管理架構 ERM，這使風險管理的實務操作起了極大的改變，嗣後，COSO 於 2017 年再公布了 ERM 修訂版（詳閱附錄 II）。

至於刊物方面，如《風險與保險期刊》(*Journal of Risk and Insurance*) 由美國風險與保險協會出版、《風險分析》(*Risk Analysis*) 期刊由風險分析學會出版，《風險管理雜誌》(*Risk Management Magazine*) 由風險與保險管理學會出版等，均爲備受矚目的刊物。書籍出版方面，財務風險管理與危害風險管理教科書爲數眾多。

(二) 英國

英國風險管理學校教育課程，最早係由授業恩師狄更斯博士 (G. C. A. Dickson) 於 1980 年代初期所引進 [22]。當前各大學風險管理相關課程，例如：亞斯敦大學

22 根據文獻(Farthing, 1992; Kolman, 2010)顯示，授業恩師Gordon, Dickson首創英國第一個風

(Aston University)、格林威治大學 (Greenwich University)、與伯尼茅斯大學 (Bournemouth University) 等以技術導向型風險管理爲主。格拉斯哥蘇格蘭大學 (Glasgow Caledonian University)、城市大學 (City University) 與諾丁漢大學 (University of Nottingham) 則較重風險管理的財務面向，其中，迄 1999 年止，格拉斯哥蘇格蘭大學是唯一頒授風險管理學位 (Risk Management Degree) 的大學。蘭徹斯特大學 (Leicester University) 等則設有風險管理人文面向的研究中心。

企業方面值得留意的也是風險經理 (Risk Manager) 職稱或風險長 (CRO: Chief Risk Officer)，已取代了過時的保險經理 (Insurance Manager) 職稱。此種改變積極的意義是職責範圍往擴大方向發展。

專業學會與機構方面，例如：工商業風險經理與保險協會 (AIRMIC: Association of Insurance and Risk Manager in Industry and Commerce)、風險管理研究機構 (IRM: Institute of Risk Management) 等均對英國企業風險管理實務、專業證照考試制度極具貢獻，例如：IRM 提供風險經理專業證照 FIRM(Fellow, Institute of Risk Management) 與 AIRM(Associate, Institute of Risk Management) 考試。在 2002 年，IRM、AIRMIC、ALARM 與公部門風險管理論壇 (The National Forum for Risk Management in the Public Sector) 共同公布了風險管理標準 (Risk Management Standard)，後稱爲 IRM 標準。之後，該標準被歐洲風險管理協會聯盟 (FERMA) 所採用。同屬大英國協 (Common Weal) 國家的澳洲與紐西蘭，在 1995 年亦首度公布紐、澳的風險管理標準，在 1999 年與 2004 年歷經兩次修訂，是爲 AS/NZS 4360(Australia/New Zealand Standard 4360)。另外，英國內部稽核師研究院 (IIA: Institute of Internal Auditors) 與皇家管理會計人員研究院 (CIMA: The Chartered Institute of Management Accountants) 亦對 ERM 的推展有重大影響。

至於刊物方面，例如：《風險管理：國際期刊》(*Risk Management: An International Journal*)、《企業風險雜誌》(*Business Risk Magazine*) 由工商業風險經理與保險協會出版，《遠見期刊》(*Foresight*) 由 IRM 出版。書籍出版方面，財務風險管理與危害風險管理教科書亦爲數不少。

險管理學位，在當時的格拉斯哥學院(Glasgow Colledge)，它是目前格拉斯哥蘇格蘭大學(Glasgow Caledonian University)的前身。授業恩師Gordon, Dickson著書甚多，保險專業人士引以爲傲的ACII證照，其考試用書「*Risk and Insurance*」就是其作品，恩師曾擔任格拉斯哥蘇格蘭大學的副校長，由於久未與恩師聯絡，或許目前仍擔任蘇格蘭牙醫師公會執行長。

(三) 臺灣

臺灣當前九所大學（臺灣大學、政治大學、銘傳大學、逢甲大學、淡江大學、實踐大學、高雄第一科技大學、開南大學、與中國醫藥大學）中之政治大學、銘傳大學、實踐大學、逢甲大學、淡江大學、與高雄第一科技大學設有風險管理與保險學系（所）。其中，截至目前，只有銘傳大學風險管理與保險學系（所）自創學術期刊《風險評論》(*Risk Review*)（現已停刊）。其他大學並非以「風險管理與保險」爲系／所名稱，但均於風險管理學系（開南大學與中國醫藥大學）與財務金融系／所（臺灣大學）名下，開授風險管理相關課程。風險管理課程在大學系統的開授，率先由授業恩師陽肇昌教授引進。風險管理相關文章最早則由已故孫堂福先生率先刊登（段開齡，1996）。風險管理課程在其他技術學院與專科學校，或大學其他系所亦有開授。

企業方面，長榮集團率先成立風險管理部門。之後，其他企業集團與銀行、保險、證券、投顧公司亦相繼成立風險管理部門。其中，臺灣銀行在 1994 年率先成立臺灣銀行界第一個風險管理部門。保險業方面，在政府頒布《保險業風險管理實務守則》後，已相繼成立風險管理部門。風險管理部門主管的職稱，在一般企業中，以「風險經理」爲大宗，在金融保險業以「風控長」居多。其次，公共風險管理在臺灣起步晚，但行政院研考會已著手推動風險管理在政府部門的發展事務，同時，行政院也已公布所屬各機關風險管理及危機處理作業基準。

專業學會與機構方面，除保險相關學會與機構外，中華民國風險管理學會 (RMST: Risk Management Society of Taiwan) 是首創的風險管理專業組織。著者受授業恩師陽肇昌與陳楚菊兩位教授啟蒙以及好友許沖河先生（現任基準企管公司董事長）的激勵下，鑑於風險管理有待推廣，乃毅然地與眾多同好（如陳繼堯教授、高榮富先生、鄭燦堂先生、邱展發先生、與徐廷榕先生等）共同發起籌組，並於民國 81 年 3 月 14 日正式成立中華民國風險管理學會。歷經多年，卓有成效。該組織除提供專業證照考試外，亦出版《風險管理》季刊與《風險管理學報》等刊物。其次，國際的風險分析學會 (SRA: Society for Risk Analysis) 在臺灣亦已成立臺灣分會，風險與保險學會民國 97 年成立，由逢甲大學劉純之教授（現已故）擔任首任會長。法律風險管理學會由前法務部長施茂林教授擔任首任理事長。書籍出版方面，財務風險管理與危害風險管理教科書亦日漸增多。由於 Basel II 與 Solvency II 的實施，在可預見的未來，風險管理在臺灣也將會更蓬勃發展。

(四) 中國

學校教育方面，1980 年代中期，華人旅美名學者段開齡博士應中華人民共和國教育部（現爲國家教育委員會）邀請，正式將風險管理知識引進中國（段開齡，1996）。武漢大學、黃河大學、與上海財經大學率先開辦研討會或風險管理課程。自此，中國各大學紛將保險學系更名爲風險管理與保險學系（或保險與風險管理學系），例如：北京大學、南開大學、中山大學、山東大學、湖南大學、天津理工大學、與湖北經濟學院等。風險管理的發展開始在中國萌芽並漸茁壯。另外，企業方面，經濟改革開放後，1990 年代初期，外商率先引進風險管理實務。1990 年代後期，眾多外國風險管理顧問公司進駐中國。查普 (Chubb) 保險公司率先投資設立查普保險學院 (The Chubb School of Insurance)(Li, 2000)。及至 2002 年，中國制定保險法，次年 SARS 爆發，風險管理受到政府高度重視。此後，中國陸續頒布商業銀行市場風險管理指引、中央企業全面風險管理（也就是整合型風險管理）指引、保險公司風險管理指引與商業銀行操作風險（也就是作業風險）管理指引等（呂多加，2009）。最後，在可預見的未來，風險管理於中國勢必蓬勃發展。

本章小結

掌控未來不確定的管理過程就是風險管理。然而，如何掌控會與吾人如何看待風險相關，會與我們如何掌控風險的想法有關，也會與我們想掌控什麼有關，從而就會產生各類型名稱的風險管理。其次，從風險管理歷史的演變過程裡，可觀察到時空轉換時，風險概念、管理思維、管理範圍、管理工具、與市場整合的變化過程。從過去的重大科技災難，到近年發生的 COVID-19、2008-2009 年金融海嘯、與 2011 年日本大海嘯，到底發展了超過五、六十年的風險管理，對人類在管理風險上產生了何種啟發？值得吾人深思。最後，將傳統風險管理與人本風險管理比較其內涵如後（如表 3-1）：

表 3-1　傳統與人本風險管理的比較

比較項目	傳統風險管理	人本風險管理
風險面向	實質與財務	心理人文
損失的認定	L = X（L損失；X結果）	L = Rf − X（L損失；X結果；Rf參考結果）
管理目標	提升價值	提升價值
達標的方式	透過安全控管與風險融資	透過風險認知與風險行為的改變
具體作為	安全工程、安全管理、衍生品與保險	風險溝通、框架、教育訓練
決策理論	效用理論	前景／展望理論
可靠度	重機械可靠度	重人因可靠度
風險哲學基礎	實證論	實證與後實證論
相關學科	安全工程科學、毒物流行病學、經濟財務、衍生品與保險學	心理學、社會學、文化人類學、哲學
風險概念	客觀風險	主觀風險與風險的建構

思考題

1. 每一行業老闆都說他（她）自己最懂風險管理，配合第二章的風險理論思維，說明老闆爲何這樣說？也配合本章的內容，說明風險管理是不是可有可無？
2. 從歷史來看，爲何華人社會中，風險管理發展較慢？
3. 學一門學科，有需要知道其歷史演變嗎？爲何？
4. 公司價值與公共價值間有何區別？一般企業公司與保險公司的公司價值爲何不同？
5. 從風險管理的兩種論調，配合COVID-19疫情對全球風險管理的挑戰，思考風險管理未來可能的走向（自由發表意見）。

參考文獻

1. 呂多加（2009）。*《中國大陸風險管理的發展》*，在2009年6月30日，銘傳大學風險管理與保險系以及中華民國風險管理學會合辦的風險管理學會年會與學術研討會的專題演講稿。
2. 段開齡（1996）。*《風險及保險理論之研討——向傳統的智慧挑戰》*。中國天津：南開大學出版社。
3. 蔡永銘（2003）。*《現代安全管理》*。臺北：揚智文化。
4. 許惠棕（2003）。*《風險評估與風險管理》*。臺北：新文京開發出版公司。
5. 葉長齡（2005）。*《企業風險管理》*。臺北：松德國際公司。
6. 陳繼堯（1993）。*《危險管理論》*。臺北：自行出版。
7. Baranoff, E. G. et al. (2005). *Risk assessment*. Pennsylvania: IIA.
8. Bernstein, P. L. (1996). *Against the Gods: The remarkable story of risk.* Chichester: John Wiley & Sons.
9. COSO (2004). *Enterprise Risk Management——Integrated Framework: Executive Summary*. p. 19. New York: AICPA Inc.
10. Doherty, N. A. (1985). *Corporate risk management: A financial exposition*. New York: McGraw-Hill.
11. Doherty, N. A. (2000). *Integrated risk management: Techniques and strategies for managing corporate risk*. New York: McGraw-Hill.
12. Douglas, M. and Wildavsky, A. (1982). *Risk and culture: An essay on the selection of technological and environmental dangers.* Los Angeles: University of California Press.
13. Dunsire, A. (1990). Holistic governance. *Public policy and administration, 5*(1), pp. 4-19.
14. Farthing, D. (1992). Risk management in the United Kindom-a personal retrospect. *The Geneva papers on risk and insurance, 17* (No. 64, July 1992), pp. 329-334.
15. Fone, M. and Young, P. C. (2000). *Public sector risk management.* Oxford: Butterworth-Heinemann.
16. Gallagher, R. B. (1956). Risk management: New phase of cost control. *Harvard business review*. Vol. 24. No. 5.
17. Golding, D. (1992). A social and programmatic history of risk research. In: Krimsky, S. and Golding, D. ed. *Social theories of risk*, pp. 23-53. London: Praeger.
18. Hood, C. (1996). Where extremes meet: “sprat” versus “shark” in public risk management. In: Hood, C. & Jones, D. K. C. ed. *Accident and design: Contemporary debates in risk management.* pp. 208-227. London: UCL Press.

19. Jones, D. K. C. and Hood, C. (1996). Introduction. In: Jones, D. K. C. and Hood, C. ed. *Accident and design: Contemporary debates in risk management*. pp. 1-9. London: UCL Press.
20. Kloman, H. F. (2010). A brief history of risk management. In: Fraser, J. and Simkins, B. J. ed. *Enterprise risk management*. pp. 19-29. New jersey: John Wiley & Sons.
21. Li, Y. (2000). *Risk management in China*. Geneva: The Geneva Association.
22. Marshall, C. (2001). *Measuring and managing operstional risks in financial institutions: Tools, techniques, and other resources*. New Jersey: John Wiley & Sons.
23. Strategy unit report (2002). *Risk: Improving government's capability to handle risk and uncertainty*. Strategy unit cabinet office, London, UK.
24. Taleb, N. N. (2010). *The Black Swan: The impact of the highly improbable*. USA: Brockman.
25. The comptroller and auditor general report (2004). *Managing risks to improve public services*. House of commons. London: The Stationary Office.

第 4 章

風險管理與其標準、成熟度及基礎建設

讀完本章可學到什麼？

1. 認識國際上風險管理的標準與風險管理的成熟指標。
2. 了解實施風險管理操作上，極為必要的五大基礎建設。
3. 認識ERM與TRM間的異同，與ERM情況調查。

實施風險管理過程前，了解與認識風險管理的國際標準、成熟度指標、與必要的基礎建設，是達成風險管理績效重要的前提。此外，本章也比較 ERM 與 TRM 間的異同，並說明 ERM 效益與相關調查。

一、風險管理國際標準與成熟度

(一) 風險管理國際標準

自 1983 年美國 RIMS(Risk and Insurance Management Society) 頒布 101 條風險管理準則以來，國際上陸續出現各種風險管理標準。此處簡單介紹四種風險管理國際標準：

1. ISO 31000：ISO 是國際標準組織英文 International Organization for Standardization 的縮寫。它主要由三部分構成：(1) 原則；(2) 架構；(3) 過程。

2. COSO 全面性風險管理標準：COSO 是美國贊助者委員會英文 The Committee of Sponsoring Organizations 的縮寫。2004 年 COSO 提出 ERM 架構，2017 年再改版全面性風險管理標準，並將風險管理提升至企業戰略層次與融入組織管理中，共五大要素與二十項原則（詳閱附錄 II），參閱圖 4-1 與圖 4-2。

3. BSI 31100：BSI 是英國標準研究機構英文 British Standards Institution 的縮寫。該標準提供風險管理模式、架構、過程、與執行的建議。

4. FERMA 2002：FERMA 是歐盟風險管理協會聯合會英文 Federation of European Risk Management Associations 的縮寫。該標準含括四項要素：(1) 要建立風險管理用語的一致性；(2) 風險管理過程要確實能執行；(3) 要有風險管理的組織架構；(4) 要有風險管理的目標。

全面性風險管理

使命、願景及核心價值觀　戰略發展　商業目標規劃　實施與績效　價值提升

治理&文化　戰略&目標設定　績效　審閱&修訂　訊息、溝通和報告

圖 4-1　COSO 的 ERM——風險管理融入整體戰略的表現

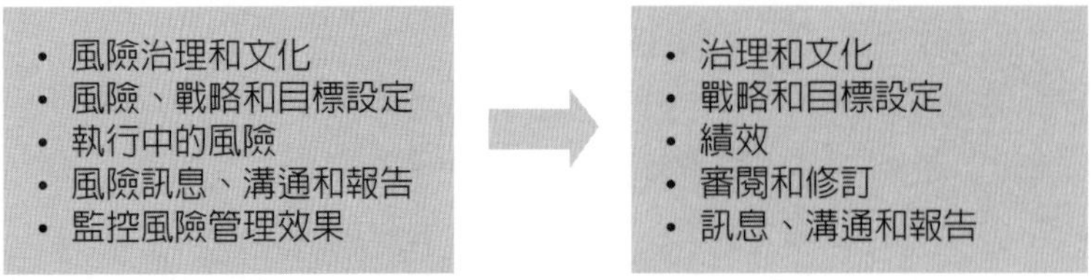

• 風險治理和文化
• 風險、戰略和目標設定
• 執行中的風險
• 風險訊息、溝通和報告
• 監控風險管理效果
• 治理和文化
• 戰略和目標設定
• 績效
• 審閱和修訂
• 訊息、溝通和報告

圖 4-2 COSO 2004 版 ERM 要素 → COSO 2017 版 ERM 要素

(二) 風險管理成熟度

AON（全球知名的外商跨國性保險經紀公司）風險管理成熟度的十大指標 (Risk Maturity Index) 分別是 (AON, 2014)：1. 董事會對風險管理理解與承諾的強度；2. 公司是否由專業有經驗的風險管理主管執行風險管理工作；3. 風險溝通／交流透明的程度；4. 風險管理文化是否優質；5. 是否善用內外部資訊資料識別風險；6. 利害關係人參與風險管理的程度；7. 公司治理與決策融合財務與業務資訊的程度；8. 風險管理與人力資源管理結合的程度；9. 風險管理價值的呈現是否善用資料；10. 善用風險間的取捨交換獲得價值的程度。

其次，英國風險管理專業機構 (IRM) 提出風險管理的成熟模型 (Hopkin, 2017)，參閱圖 4-3。該模型表示，左下方區塊往右下方區塊移動，意即從不想做風險管理或沒能力做風險管理，改變成有意圖做風險管理但能力不足，是有待學習的新手。右下方區塊往右上方區塊移動，表示已有能力實施風險管理且成常態現象，

很想
不想
渾然天成
呈常態
漠視風險
風險管理新手
自然
有意圖

*橫軸表資源投入，縱軸表行爲改變

圖 4-3 IRM 風險管理的成熟模型

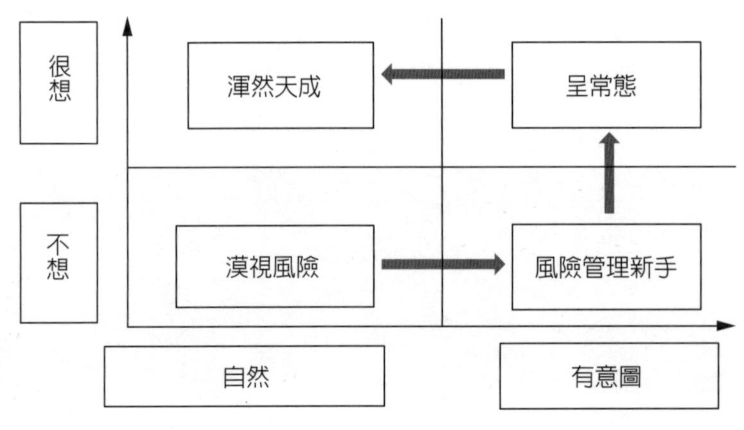

並很想做好。右上方區塊往左上方區塊移動，代表組織風險管理達到很成熟境界，完全融入組織經營管理中，所有成員的風險管理行爲均渾然天成，無須外力刺激或要求。

二、風險管理的基礎建設

所謂基礎建設，係指會影響風險管理實施過程品質的軟硬體要件而言。著者認爲包括風險管理文化、風險管理資訊系統、風險管理組織、大數據分析與數據庫、與人員的風險管理能力等五大項。其中**風險管理文化或簡稱風險文化**，是風險管理成熟與否的首要條件，沒有優質的風險文化，任何風險管理的實施均徒勞無功。此外，此五大基礎建設均適用於公私部門的風險管理。

(一) 風險管理文化

任何文化均涉及三要素，風險管理文化也不例外，它們就是信念、規範、與價值。其中信念涉及眞假；規範涉及對錯；價値則涉及好壞。英國風險管理專業研究機構IRM(Institute of Risk Management)提出風險文化架構(IRM, 2012)，參閱圖4-4。

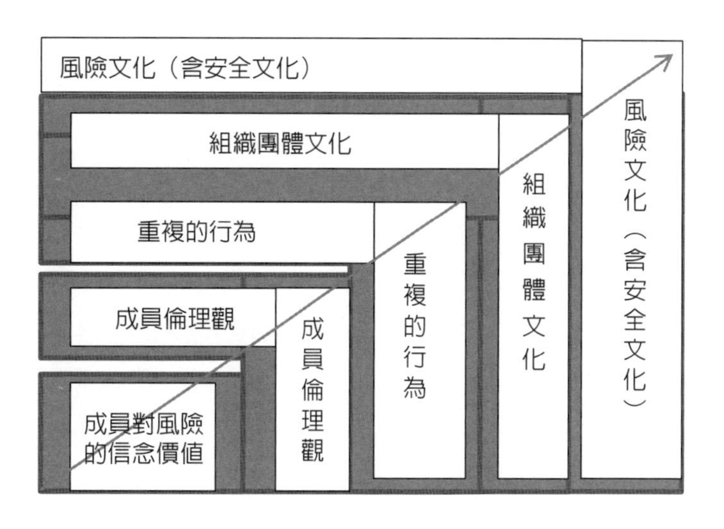

圖 4-4　IRM 風險文化架構（經本書調整）

1. IRM風險文化構面

英國 IRM 也提出風險文化可由四大構面、八大指標加以觀察。四大構面包括高層的風險論調、組織團體的風險治理（就是組織治理）、組織團體的風險管理能力、與風險管理決策。其中，高層的風險論調可透過兩項指標觀察，那就是風險領導力與處理負面消息的方式；組織團體的風險治理也有兩項指標，那就是責任與透明度；風險管理預算資源與風險管理技術則屬於組織團體的風險管理能力的兩項指標；最後，明智合理的決策與報酬是風險管理決策的兩項指標。參閱圖 4-5。

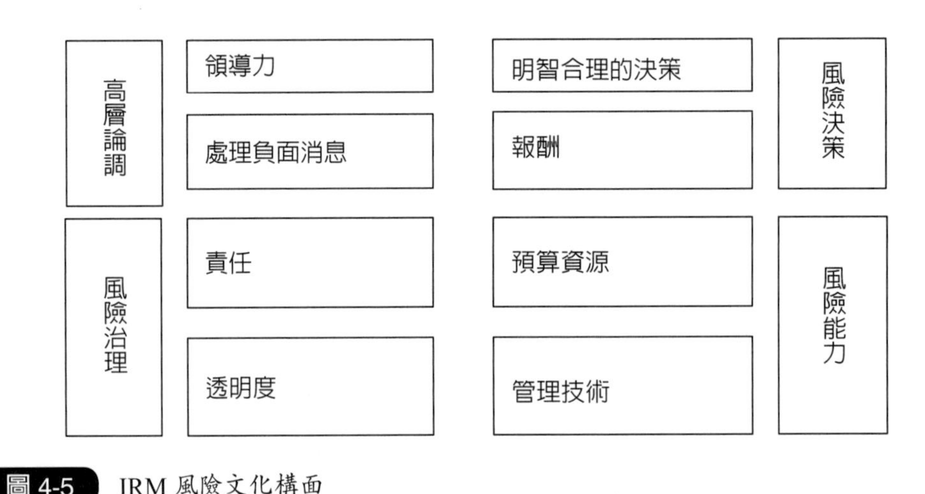

圖 4-5 IRM 風險文化構面

2. IRM優質的風險文化條件

英國風險管理專業研究機構 (IRM) 提出優質的風險文化應包括的條件如後：第一、應該要有清楚且一致性的風險管理決策行爲（冒險或保守）論調，這論調要普遍存在於最高層到組織的基層。第二、倫理原則的制約應該能反應組織成員的倫理觀，同時也需考慮廣泛利害關係人的情況。第三、對組織持續管理風險的重要性應該形成共識，這共識也包括明確的風險負責人與其負責的風險領域。第四、在不用擔心被責難氛圍下，風險資訊與壞消息應能及時且透明地流通在組織所有各階層。第五、組織應從風險事件或未遂事件的錯誤中記取教訓，且應鼓勵成員及時報告風險源與耳語散播的資訊。第六、對已經很清楚的風險，組織無須大動干戈。第七、應當鼓勵適當的冒險行爲，處罰不適當的冒險行爲。第八、組織應提供資源，鼓勵風險管理技能與知識的訓練與發展，同時應重視風險管理專業證照考試與外部專業

機構提供的培訓。第九、組織應有多元的觀點、價值與信念，以便能確保現狀並接受嚴酷挑戰。第十、爲了確保所有成員全力支持風險管理，組織文化要融入成員的工作與人力資源策略中。

3. 國際標準普爾(S&P)優質與劣質風險文化標準

優質文化效標總共十六項包括：(1) 風險管理與公司治理完全緊密結合，並獲得董事會堅實的支持；(2) 特定期間內，公司風險胃納水準，清楚明確且配合目標；(3) 風險管理的責任全在於有影響力的高層；(4) 董事會能清楚了解公司整體的風險部位，且對風險管理活動與訊息，能定期討論或收到回報；(5) 風險管理人員均具備專業證照或接受過風險管理的專業訓練且是專職；(6) 風險管理目標與業務單位目標完全契合；(7) 薪酬制度完全與風險管理績效契合；(8) 風險管理政策與實施程序，完全文件化且眾所周知；(9) 風險管理活動與訊息的內外部溝通程序，不只有效且完全順暢；(10) 公司將風險管理視爲競爭的利器；(11) 公司風險管理上，不只積極從錯誤或招損中學習，且針對政策與程序作積極的改變；(12) 當實際風險與預期有落差時，風險管理上允許作改變；(13) 公司管理層完全能了解風險評估的基礎與假設，也能完全溝通以及了解風險管理方案的優缺與其呈現的價值與過程；(14) 針對特定重大的風險，有特定的高層負完全責任；(15) 風險評估、監督考核與風險管理，各由不同的員工負責；(16) 海外分支機構或不同的關係企業，對風險管理的看法均與總公司或母公司一致。

另一方面，劣質文化效標同樣總計十六項，包括：(1) 風險管理在公司經營上，只是用來應付監理機構的要求；(2) 風險胃納水準不明確且隨狀況任意改變；(3) 風險管理的責任在於中低階層；(4) 董事會只有在損失發生後，才能了解公司整體的風險部位，也才討論相關訊息；(5) 風險管理工作是由其他部門員工擔任，且邊學邊做，或公司無人從事風險管理的工作；(6) 風險管理目標與業務單位目標不契合且有所衝突；(7) 薪酬制度與風險管理績效不契合；(8) 風險管理政策與實施程序，文件化不完全；(9) 風險管理的活動與訊息，只有必要人員才能獲悉；(10) 公司將風險管理視爲應付或化解外部制約的利器；(11) 公司風險管理上，忌諱提及錯誤或損失，且管理人員過分自信認爲，同樣的事件未來不會再發生；(12) 公司風險管理上，不允許意外，也不允許寬恕；(13) 公司裡只有風險技術人員了解風險評估的基礎，但這些技術人員無法與管理層人員進行有效的溝通；(14) 公司裡沒有特定的高層，針對特定重大的風險責任負責；(15) 風險評估、監督考核與風險管理的職能，由同樣的員工負責；(16) 海外分支機構或不同的關係企業，對風險管理的看法均與總公司或母公司不一致，且完全在地化。

4. 如何改變文化

ERM 是依組織量身訂作的，ERM 成功的首要條件，在於風險管理文化是否優質。因此，文化的改變極爲重要。任何風險管理文化的改變，均需組織最高層的極度重視與領導才可能成功。下列是文化改變的六項要訣 (Bowen, 2010)：

(1) 對組織現行文化類型[1]，進行全面性的檢視評估。

(2) 決定應從何處開始改變，其理由是什麼。

(3) 描繪出組織未來文化的圖像，並要能確定它是最有利的文化類型。

(4) 檢視現行文化與描繪未來文化的過程中，均需組織成員的參與，並執行需要的改變。

(5) 將組織想要的行爲模式，融入績效評估與所有管理過程中。

(6) 文化改變過程中，需持續進行評估，且要能獲得利害關係人的回饋，進行必要的調整。

(二) 風險管理資訊系統

風險管理要有安全、快速、可靠的資訊系統支撐，資訊科技 (IT: Information Technology) 系統的良窳與其安全的保護，對 ERM 是否成功而言，是極爲重要的條件。因此，公司除要有良好且安全的資訊系統外，也需更重視建置極優且極安全的風險管理資訊系統 (RMIS: Risk Management Information System)。

RMIS 的目的有：第一、提供風險管理成本分攤所需的資訊；第二、便於風險預算書的編製；第三、便於持續分析風險與損失記錄，了解公司未來損失趨勢，有助於各類風險融資方案與風險控制的規劃；第四、可及時提供磋商談判的資訊；第五、可及時滿足政府相關法令所需。其次，風險管理資訊系統在架構上，應涵蓋應用面、資料面與技術面三部分。應用面應提供風險管理所需相關功能。資料面應定義應用系統所需資料及存取介面，並考慮資料庫的建置與資料的完整性與精確性。技術面應定義系統運作之軟硬體環境，並注意系統安全性。

---

[1] 文化的分類有多種。依照第二章所提及的風險文化理論(The Cultural Theory of Risk)的分類，可分爲宿命型文化、市場型文化、官僚型文化與平等型文化四種。詳細內容參閱本書第十五章。

1. 資訊安全

國際上資訊安全的標準，例如：ISO 27001，都是以風險爲基礎，提供資訊安全上最完整的指引。IT 治理就是將公司治理的概念，應用到資訊安全管理中。資訊系統稽核與控制協會 (ISACA: Information Systems Audit and Control Association) 下的研究單位，IT 治理學會[2](IT Governance Institute) 已出版《沙賓一奧斯雷法案 IT 控制目標》(*IT Control Objectives for Sarbanes-Oxley*) 一書。該書旨在彌補營業風險、績效衡量、內部控制與技術議題間的缺口，強調資訊科技在資訊揭露與財務報告系統的設計與執行。其次，IT 治理的重要手段，是 CobiT(Control Objectives for Information and Related Technology)。CobiT 是由 ISACA 發展而成，幫助管理層在不可預測的 IT 環境中，平衡風險與控制投資，同時，CobiT 也關注績效衡量、IT 控制、IT 自覺與標竿。CobiT 將 IT 過程分成四個階段，那就是資訊的計畫與組織、資訊的獲得與執行、資訊的傳輸與支援，與資訊的監督評估。參閱圖 4-6。

2. 資訊安全要素

(1) 要建立資訊安全政策；(2) 要有資訊安全組織；(3) 要建置資訊軟硬體的記錄與資料庫所有人的目錄；(4) 資訊安全人員應負責任，確保系統的安全運作，並降低作業風險；(5) 注意電腦設備的實體安全防護；(6) 注意網路駭客與病毒的入侵，並採安全措施；(7) 注意進入系統密碼與終端機的安全管理；(8) 注意系統發展、測試與使用期間的隔離措施；(9) 注意營運持續計畫，重大危機管理與適當保險的安排；(10) 遵守資訊安全的相關法令，例如：資料保護法與電腦誤用法等。

3. SAC與eSAC

內部稽核研究基金學會 (Institute of Internal Auditors Research Foundation) 結合資訊系統稽核與控制 (SAC: Systems Auditability and Control) 以及電子商務，發展成電子系統的確保與控制 (eSAC: Electronic Systems Assurance and Control)，其目的是在了解、監督、評估、與減緩資訊科技風險。同時，強調內部控制是人員、系統、次系統與一組功能間的聯結。eSAC 中的風險包括詐欺、失誤、營運中斷、與資源無效率、無效能的使用。eSAC 控制的目標則在於降低這些風險，並確保資訊的正確、資訊安全、與各項標準的遵循。

---

2 網址http://www.itgovernance.co.uk/
http://www.itgi.org/

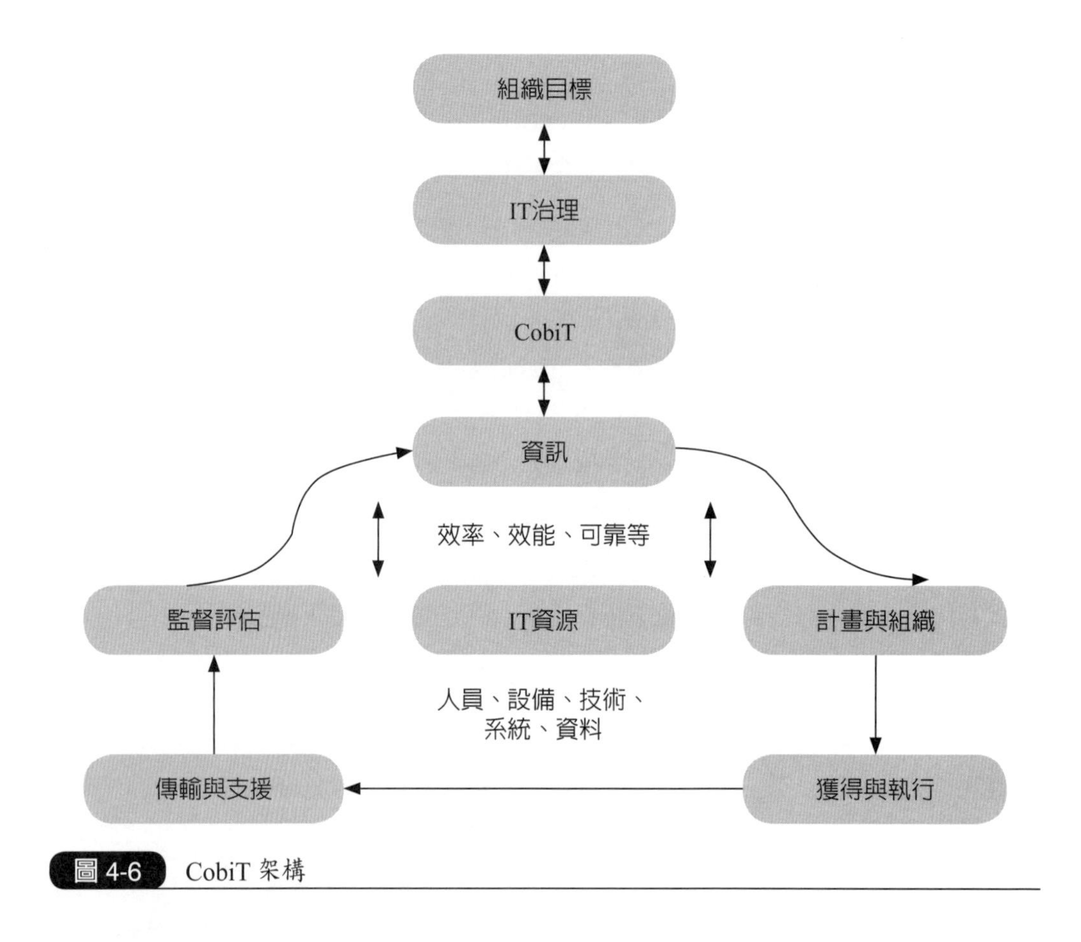

圖 4-6 CobiT 架構

(三) 風險管理組織架構與職責

實施風險管理流程，要設置組織與配置人員去推動，參閱圖 4-7。組織的設置，可量身訂作，依各公司組織團體的需求，可以是龐大的組織體系，例如：跨國公司集團組織，也可以是簡單小型組織甚或單獨一人負責，例如：中小型公司組織團體或商店。此處說明一般具規模的公司組織團體的風險管理組織架構與一般職責。

1. 集中性或分散性組織

在組織團體架構中，風險管理單位集中單獨設置，抑或是分散至各分支機構或組織團體各部門內，主要視組織團體面臨的風險複雜度與風險間的互動程度而定 (Andersen and Schroder, 2010)。當風險簡單、易預測，但互動程度強時，宜集中單獨設置；當風險複雜、難預測，但互動程度弱時，宜分散設置。

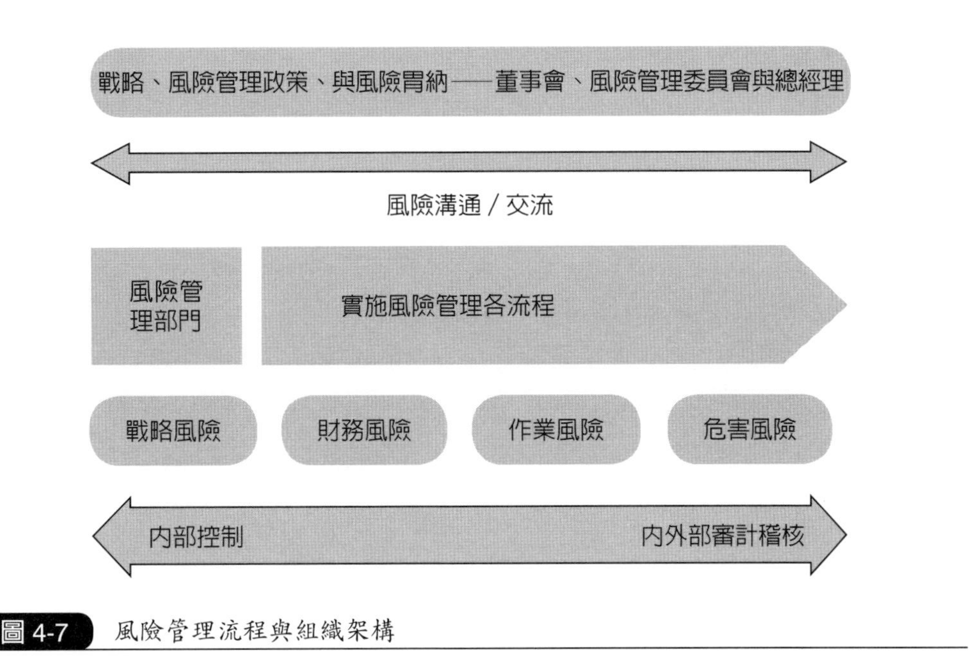

圖 4-7　風險管理流程與組織架構

2. 風險管理部門組織

過去，獨立設置的風險管理部門通常隸屬於財務系統，由組織團體最高財務負責人，也就是 CFO 兼管或指揮。現在由於組織治理與 ERM 的要求，獨立的風險管理部門由 CRO 掌管，其位階也提升，直屬董事會。其組織及人員可參考圖 4-8。

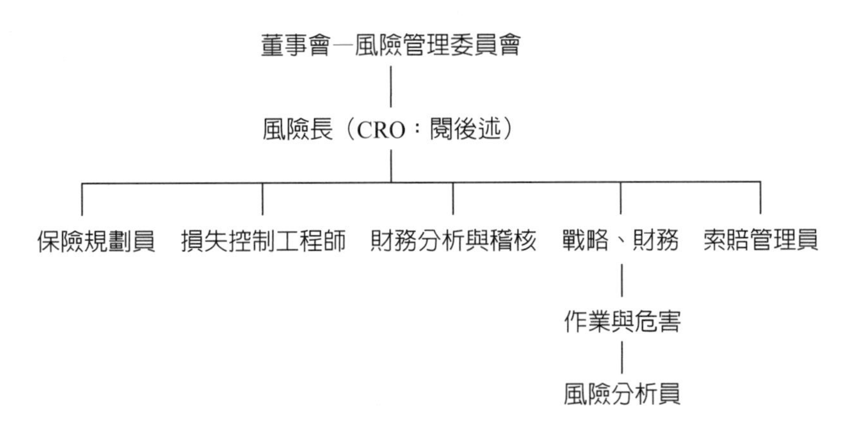

圖 4-8　風險管理部門內部人員（科技製造業）（金融保險業與政府部門風險管理可依不同需求配置不同的人員，例如：損失控制工程師可與證券分析師置換。）

3. 風險管理委員會的職責

風險管理終極責任在董事會或理事會，公司董事會對風險管理的職責主要有三：第一、應認知公司營運所需面對的風險，確保風險管理的有效性並負最終責任；第二、必須建立風險管理機制與文化，核定適當的風險管理政策且定期審視，並將資源做最有效的配置；第三、應注意公司各單位面臨的風險外，更應從整體考量風險管理的效益以及資本配置對財務業務的影響。

董事會或理事會須設置風險管理委員會，**風險管理委員會**主要職責有五：第一、擬定風險管理政策、架構、組織功能，建立質化與量化的管理標準，定期向董事會提出報告並適時向董事會反應風險管理執行情形，提出必要的改善建議；第二、執行董事會風險管理決策，並定期檢視整體風險管理機制之發展、建置及執行效能；第三、協助與監督各部門進行風險管理活動；第四、視環境改變調整風險類別、風險限額配置與承擔方式；第五、協調風險管理功能跨部門的互動與溝通。

4. 風險管理部門的職責

組織團體風險管理部門的主要職責可分三大類：第一類是負責日常風險之監控、衡量及評估等執行層面的事務且應獨立於業務單位外行使職權；第二類是依業務種類執行下列職權：(1) 協助擬定並執行風險管理政策；(2) 依據風險胃納 (Risk Appetite) 或稱風險容忍度 (Risk Tolerance)，協助擬定風險限額；(3) 彙集各單位所提供的風險資訊，協調及溝通各單位以執行政策與限額；(4) 定期提出風險管理相關報告；(5) 定期監控各業務單位之風險限額及運用狀況；(6) 協助進行壓力測試；(7) 必要時進行回溯測試；(8) 其他風險管理相關事項；第三類是應董事會或風險管理委員會的授權，負責處理其他單位違反風險限額時之事宜。

其次，由於風險管理非僅是風險管理部門的職責，公司各業務單位也有其相對應的職責，主要包括：第一、應在單位內設置負責風險管理業務的人員，執行單位間訊息的聯結與傳遞；第二、單位主管負責所屬風險管理的執行與報告，並督導與採行必要的因應措施；第三、依風險辨識、評估、回應、與績效評估程序，實際執行日常風險管理相關業務。

(四) 大數據與資料分析

建置資料數據庫與購置分析軟體，是另外極重要的基礎建設，這也與前提及的風險管理資訊系統有關。大數據 (Big Data) 出現後，數據資料的性質已產生變化，

而且分析數據資料的工具也須應用不同於分析傳統數據資料的工具。此外，須購置各種分析軟體幫助決策，例如：資料與文字探勘軟體等。

1. 大數據與傳統數據的不同

(1) 量大：傳統數據比方成地球，那麼大數據就是宇宙且變化無限；(2) 型態多元：傳統數據庫收集的是結構性資料 (Structured Data)，大數據庫不只結構性資料比傳統數據庫多，非結構性資料(Unstructured Data)儲存不但快且形態多樣，例如：影片語音；(3) 時刻增加：量與形態時刻增加；(4) 完整眞實；(5) 使用價值提升。

2. 大數據資料類型

資料科學對資料的分類，依不同的分類基礎，大數據資料庫可分四種：(1) 結構型外部資料，例如：遠程資訊、財務資料、勞動統計等；(2) 結構型內部資料，例如：保險保單資訊、賠款歷史記錄、客戶資料等；(3) 非結構型外部資料，例如：媒體資訊、新聞報導、網路影片等；(2) 非結構型內部資料，例如：保險理算報告、客戶語音記錄、監控影片等。

3. 資料科學與決策

藉由大數據資料庫，有兩種方式幫助風險管理決策：一種是描述性方式，這是針對特定問題的解決，例如：增加市場占有率，保險公司改變核保規則，大數據資料庫可提供非結構型內部資料幫助決策；另一種是預測性方式，例如：保險公司對汽車的自動承保作業，可藉助電腦軟體中大數據提供的資料，做出決定，同時電腦軟體可在下次再做自動承保的決定。

4. 大數據分析工具

大數據的資料分析方式可分監督式學習 (Supervised Learning) 與非監督式學習 (Unsupervised Learning) 兩種。前者是爲解決某問題，測試資料組成模型的好壞，例如：個人汽車保險保費的決定。後者是分析某問題背後影響的變數，例如：設計新產品利用社會網路資料尋找影響的變數。在發展模型前可使用探索性分析，了解資料的走勢與相關性。探索性分析後，須選擇採用何種適當的分析工具使產生的模型能吻合實況。這些分析工具有兩大類，一類是傳統資料分析工具：(1) 分類樹，類似決策樹，由結點、箭頭、葉結點組成（參閱圖 4-9）；(2) 群聚分析，適用於非監督式學習方式；(3) 迴歸模型。另一類是新的資料分析工具：(1) 文本探勘或文字探勘，有別於資料探勘；(2) 社會網路分析，從網路上人們間的互動，探索其間的連結與關係；(3) 類神經網路分析，這分析技術由投入層、非線性隱藏層、與產出層構成。參閱圖 4-10。

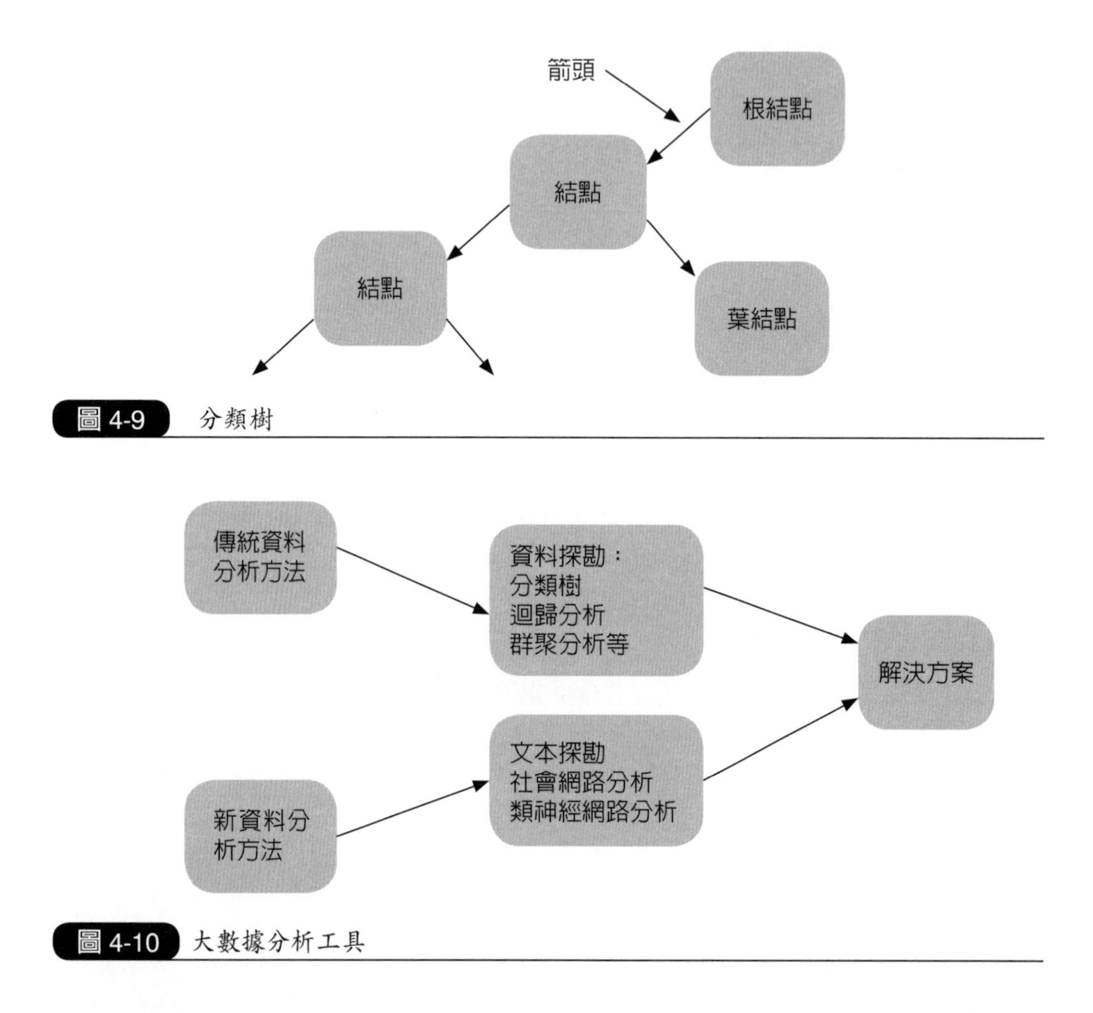

圖 4-9 分類樹

圖 4-10 大數據分析工具

分類樹是傳統資料探勘分析中常見的方法，屬於監督式資料探勘，主要在處理類別型變數，比較分析其屬性，建立預測模型（可參閱坊間各類資料探勘教材）。

(五) 人員的風險管理能力

有了前提及的四大基礎建設，組織團體如缺乏合適的風險管理人才管理風險，那麼一切都徒勞。人員具備專業的風險管理能力，是成功實施風險管理的首要條件。組織團體中風險管理領軍人物當推風險長 (CRO: Chief Risk Officer)。此處以風險長為代表，說明人員該具備的風險管理能力。

1. 風險長的由來

從風險管理發展的歷史來看，組織內負責風險管理事務的人員，最早被冠稱爲「風險經理」。但自 1970 年代，財務風險管理興起以來，負責銀行所有風險事務的風險長 (CRO: Chief Risk Officer) 新職稱，在金融業開始醞釀，初期不了了之，之後，在 1993 年，通用資本風險管理部門 (GE Capital's Risk Management Unit)，任命詹姆士．藍 (James Lam) 擔任 CRO，這是歷史上第一位 CRO(Lam, 2000)。從此，在金融保險業與非金融保險業也陸續將負責所有風險事務的主管，更換稱呼爲風險長。根據國際著名顧問公司麥肯錫 (McKinsey) 2008 年的一項調查顯示 (Winokur, 2009)，保險業中有 CRO 職稱的公司比例占 43%，比 2002 年增加許多，其他產業，例如：能源產業（占 50%）、健康與金屬礦業（占 20%-25%）等。

2. 風險長的職責

以科技製造業爲例，風險長的職責可包括：購買保險、辨認風險、風險控制、風險管理文件設計、風險管理教育訓練、確保滿足法令要求、規劃另類風險融資方案、索賠管理、員工福利規劃。職責範圍由傳統的職責，已擴展到財務風險的避險（或謂套購）(Hedging)、公關與遊說工作。在風險管理越受重視的潮流下，CRO 的功能角色，已提升至戰略發展[3]的層次。在可預見的未來，風險管理專業人員的職業生涯，是充滿挑戰性的，且可與執行長 (CEO: Chief Executive Officer) 及財務長 (CFO: Chief Financial Officer) 並駕齊驅。

3. 風險長應具備的能力與條件

從前面說明的風險長職責中，可知道風險長應具備的能力條件多元。具體言，風險長應具備科技心、人文情，畢竟風險管理是以財務爲導向的交叉跨領域學科，風險長腦袋應能綜合各類知識，手腳多走動且能整合各方與溝通。合適的風險長要有穩重的性格，具備風險中立的態度（風險迴避態度可能會過於保守，不利於抓住機會；尋求風險的態度可能會過於冒險，忽略風險容忍的程度）（可利用問卷測試風險態度）。其次，應擁有相關的專業證照（e.g. IRM、ARM、FRM 或安全工程師、精算師、證券分析師等）。風險長只懂風險數量模型，缺乏風險溝通能力，仍將一事無成。除了風險長以外，組織團體其他成員應透過在職訓練，使其具備基本的風險管理知識與技能。

---

[3] CRO可扮演戰略控管者(Strategic Controller)與戰略顧問(Strategic Advisor)的角色。

三、ERM/EWRM與TRM

第一章的風險管理過去與現在中，曾提及，過去的風險管理是屬於傳統風險管理 (TRM)，且財務風險與危害風險是分別管理，各自發展。現今的風險管理是全面性風險管理 (ERM/EWRM)。在進入實施風險管理過程前，就 ERM 與 TRM 間具體的差異，有必要進一步說明。

(一) 全面性風險管理的特性

ERM 的創新孕育自 1990 年代，約完成於二十一世紀初期，其力量來自邏輯[4]的必然與外部的監理，例如：安隆[5](Enron) 風暴後，美國通過的沙賓—奧斯雷法案 (SOX: Sarbanes-Oxley Act)。全面性風險管理與傳統風險管理比較，有其異同，而其不同處即爲 ERM 的特性。

1. ERM與TRM共同點

ERM 與 TRM 兩者都是管理風險的過程與觀念架構。其次，兩者管理的目標均與公司價值或公共價值有關。最後，ERM 與 TRM 兩者都是管理科學的一部分。

2. ERM與TRM相異處

總體而言，ERM 與 TRM 不同的地方，在於它們管理的深度與廣度、所需知識的廣狹、操作技術的繁簡，以及觀點與管理意旨的轉換。詳細的不同點說明如下：

第一、過去傳統的 TRM，一直將「風險」看待成負面或威脅的概念，這主要是因 TRM 只限縮在危害風險的管理。然而，隨著時空的轉換，「風險」已被擴張看待成有機會獲利的字眼。換言之，在 ERM 架構裡，至少「風險」是被看待成有威脅與機會的成分。此種看法對風險管理的操作極度重要。著者以爲 ERM 架構裡，更需有群生價值的風險概念，尤其針對公共風險的管理。其次，ERM 強調風

---

[4] 有些風險只有損失，有些風險不是損失就是獲利。試想全部風險一起考量在管理範圍時，就有（獲利；獲利）、（獲利；損失）、（損失；獲利）、（損失；損失）四種結果，但只有（損失；損失）的情況需要管理，（獲利；獲利）、（獲利；損失）、（損失；獲利）的三種情況無須管理，因獲利與損失相互抵銷，這就是ERM的邏輯。

[5] 2001年11月，美國安隆公司承認會計上的錯誤，重新調降高估6億美元的財測。這項舉動導致其股價大跌。之後，不到一個月內宣布破產。這是美國華爾街有史以來，最大的商業醜聞。安隆公司一群絕頂聰明的高階經理人，輕輕鬆鬆捲走10億美元，讓投資人血本無歸，上萬員工失業。

險管理過程中，關於用語的內涵必須統一。例如：風險事件 (Risk Event) 的內涵與定義。TRM 不強調這點，常常是名詞相同，但大家有不同的解讀。

第二、ERM 是持續流通於經濟個體各個管理層面的過程。TRM 則僅限縮於特定管理層面的過程，例如：只著重損害防阻與企業購買保險的功能。值得留意的是 ERM 的「Enterprise」是包括所有公私部門的經濟個體 (Spencer Pickett, 2005)，某部分人士將「Enterprise-Wide Risk Management」譯成「企業風險管理」值得商榷，因如此譯法，無法眞正體現 ERM 的眞諦。

第三、ERM 受到經濟個體每一層次人員的影響。換言之，不管是外部利害關係人層次、戰略制定層次、與營運管理層次的人員均會影響 ERM 的過程。顯然 ERM 是量身訂作的一種管理過程，蓋因每一經濟個體在外部利害關係人 (Stakeholders) 層次、戰略制定層次、與營運管理層次的人員均會不同。TRM 則限縮於某管理層面的人員，且通常不涉及戰略管理層次，不涉及所有的內外部利害關係人。

第四、ERM 可應用在經濟個體戰略的制定，但這種戰略的制定必須配合經濟個體風險胃納[6](Risk Appetite) 的水準，風險胃納是 ERM 最核心的課題，唯有在考慮眾多變項決定經濟個體本身的風險胃納後，戰略管理的目標才能制定，而經濟個體需冒險到何種程度才算安全，也才能判斷精準，但 TRM 都跟這些層次的戰略思考無關。

第五、ERM 可確保經濟個體管理層與董事會能合理達成目標，它可說是完成經濟個體目標的引擎。它涉及經濟個體所有的風險，這包括戰略風險、財務風險、作業風險、與危害風險。同時 ERM 也涉及所有管理風險工具之整合，實務操作上更複雜。簡單來說，ERM 是人員、風險科技、與管理過程的整合。TRM 不只局限於危害風險的管理，且不強調所有風險間的互動，與所有管理工具的整合。換言之，TRM 是零散式的風險管理，「Silo」by「Silo」或「Case」by「Case」。

第六、ERM 是宏觀積極的，重風險管理文化的孕育與改變。TRM 是微觀消極的，風險管理文化的孕育與改變不是太重要。進一步說，ERM 是積極提升所有經濟個體的價值，同時也著重提升所有內外部利害關係人的價值。TRM 只是在意外事故發生後，消極地回復所有經濟個體的價值，同時 TRM 只提升經濟個體所有人

6　簡單說，風險胃納(Risk Appetite)就是經濟個體對風險的承受能力。本書將風險胃納、風險接受度(Risk Acceptability)與風險容忍度(Risk Tolerance)等名詞交互使用。如何決定風險胃納，參閱本書第五章。

的價值，例如：就公司言，所有人即股東 (Shareholders)。最後，參閱圖 4-11、圖 4-12、與圖 4-13 所顯示的內容，就是 TRM 與 ERM 不同的操作方式，以及 ERM 架構下風險的彙集。

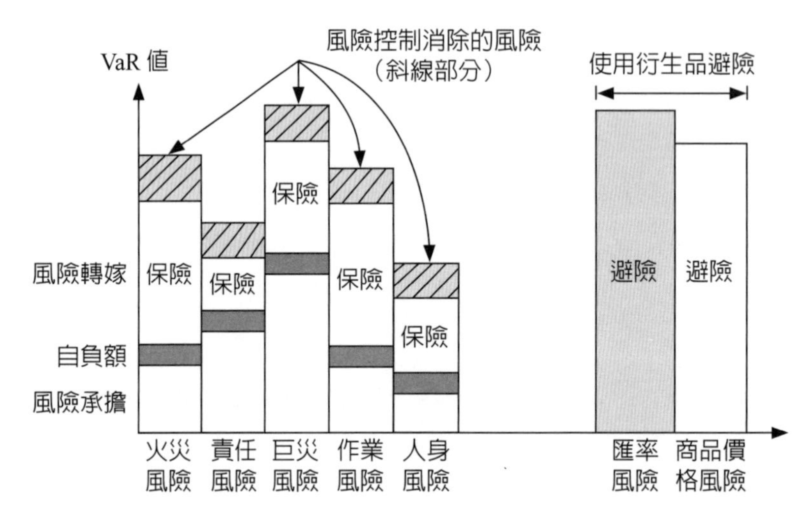

附註：VaR 值參閱本書第八章

圖 4-11 TRM 的零散操作

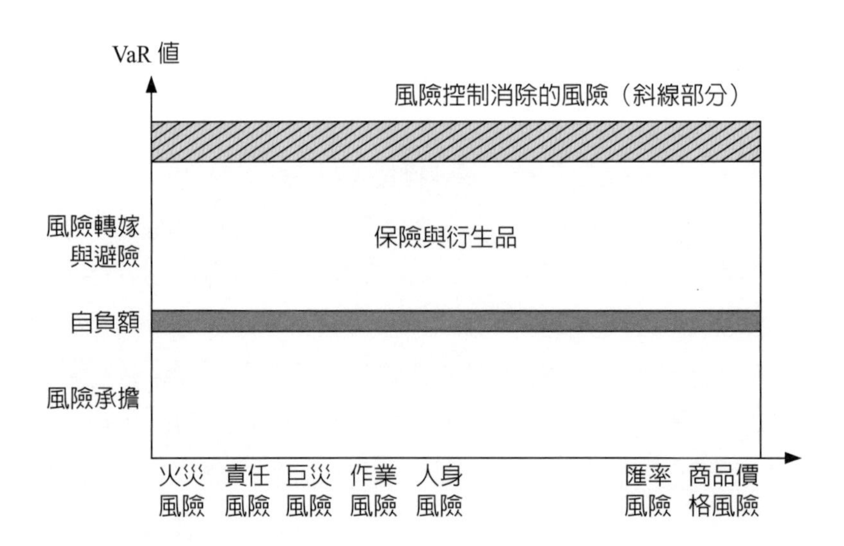

附註：VaR 值參閱本書第八章

圖 4-12 ERM 的整合操作

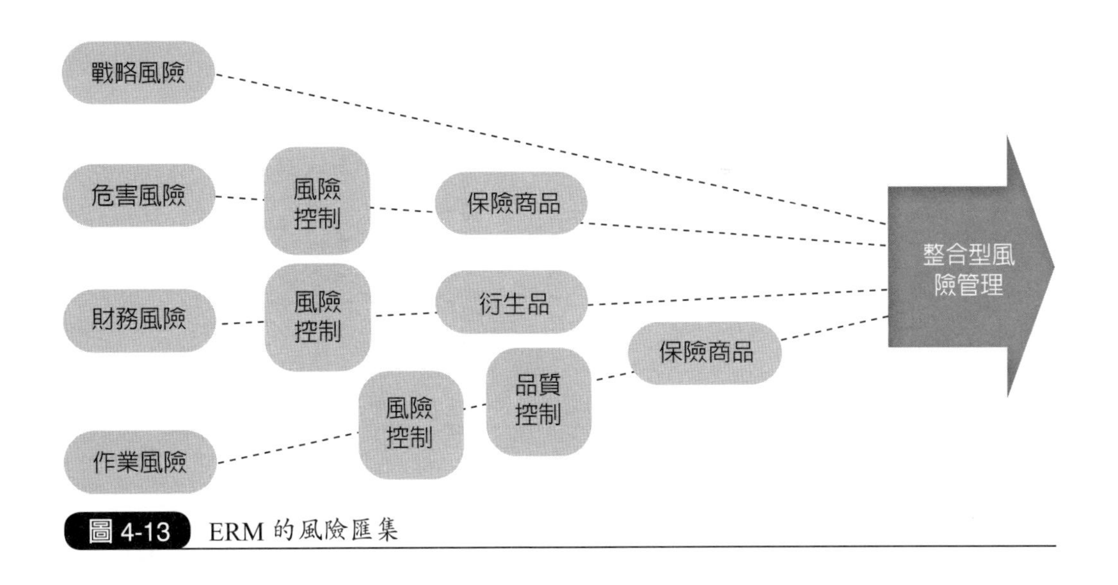

圖 4-13　ERM 的風險匯集

3. 全面性風險管理的重要性

根據前項所述，ERM 與 TRM 間有其異同。最值得留意的是 ERM 的基本宗旨是追求所有利害關係人 (Stakeholders) 價值的極大化，並非只局限於股東 (Shareholders) 價值的極大化。同時，ERM 力求成長、報酬、與風險間的適切平衡。在完成目標過程中，需有效率也應有效能的配置資源。其次，理論上已證明，涉及所有風險的全面性風險管理才能達成最適的決策。都郝狄 (Doherty, 2000) 也顯示，將風險分開各別管理可能有其危險性：第一、公司無法控制風險的總體水平，也無法留意到風險互動的效應；第二、財務與危害風險管理如各行其是，經濟效率不高。

ERM 的重要性可先從其可能產生的效益說明。ERM 可能產生的效益如下 (The Committee of Sponsoring Organizations of the Treadway Commission, 2004)：

第一、透過 ERM 經濟個體的發展戰略，可配合風險胃納的高低制定。在以風險爲基礎的發展戰略下，從而能選擇適當的管理風險的方法。TRM 由於比較微觀消極，不重發展戰略與風險胃納的配合。因此，在完成目標過程中，資源配置的效率與效能易遭質疑。

第二、ERM 有助於提升成本效能，增進風險管理決策的品質。ERM 強調所有風險的組合與所有管理風險工具的整合，因此，確切可提升成本效能，增進風險管理決策的品質。TRM 不同，TRM 是零散式的 (Segmented) 或稱選擇式的 (Selective)，因此，不論效率與效能均不如 ERM。

第三、ERM 由於是宏觀的，由於是考量所有的利害關係人，因此，透過 ERM 的觀念操作風險管理比以 TRM 的觀念操作風險管理，更不會令經營者訝異。

第四、理論上，雖能將風險切割與分類，但事實上風險是很難切割與分類的。ERM 正符合風險是很難切割與分類的概念，蓋因 ERM 是整合的概念。TRM 則硬生生地將風險切割與分類，進行管理，其弊就是忽略不同風險的相關性與互動。

第五、ERM 是積極的，是想掌握獲利機會的。不像 TRM 消極的管理風險，忽略冒險是獲利的重要關鍵。

第六、ERM 有助於資本有效率也有效能的配置，蓋因如有遺漏的風險就無法提列對應的經濟資本，就公司言，無非補貼客戶。TRM 由於是零散式的或稱選擇式的，因此，遺漏風險與補貼客戶是必然。

其次，從金融風暴說明 ERM 的重要性。法國興業銀行 (Societe Generale) 被交易員虧空約 72 億美元，與美國次貸風暴[7]讓保險業損失約近 380 億美元等事件，均是忽略作業風險管理的重要性。ERM 不像 TRM，ERM 是將作業風險也納入管控，因此，ERM 至少可提供預警，雖然也無法完全消除類似金融風暴的發生。

最後，從國際信評機構、國際金融保險監理的規範與公共風險管理，說明 ERM 的重要性。國際信評機構，例如：標準普爾 (S&P: Standard & Poor's)，已將 ERM 列為金融保險業的信評項目。臺灣的銀行業與保險業的監理規範，離不開巴賽爾協定 (The Basel Accord) 與歐盟清償能力 II(Solvency II) 協定，不論巴賽爾協定或歐盟清償能力協定 II 均以 ERM 為架構，顯示國際金融保險監理機構對 ERM 的重視。此外，各國政府部門的風險管理亦紛採用 ERM。例如：加拿大政府在 2003 年即開始實施以 ERM 為架構的風險管理。綜合以上所述，ERM 在現代管理中極度重要。

四、國際標準普爾(S&P)ERM的等級標準

國際標準普爾信評機構以五類效標，評估保險公司（含再保險公司）的 ERM 等級。這五類效標分別是風險管理文化、風險控制（此處指的是風險管理所有的過程而言，並非指風險實質面狹義的風險控制）、極端事件管理、風險與資本模型以

[7] 根據段錦泉（2009）文獻顯示，次貸違約率上升的風暴是這次2008-2009年金融海嘯的第一幕。2007年7月國際三大評級公司，也就是Moody's、S&P與Fitch調降了與房貸相關的抵押債權評級導致市場恐慌。

及戰略風險管理。根據這些效標，標準普爾將保險公司 ERM 等級分為四級，分別是優越級 (Excellent)、強勢級 (Strong)、允當級 (Adequate)、與弱勢級 (Weak)。其中允當級又分為允當、允當且風險控制強勢 (Adequate with Strong Risk Control)、與允當且展望正向 (Adequate with Positive Trend) 等三級。茲就每一層級的定義說明如後：

A. 優越級：係指該公司在合理風險胃納標準內有極優能力，且能在一致性基礎下，辨識風險事件、評估風險、管理風險與損失。風險管理上，首重風險控制過程，過程中有其一致性，且執行極有效率。其次，該公司為因應改變的環境，持續深化風險控制過程，並融合新的管理技術於過程中。再者，優越級公司的風險調整後報酬有其一致性的作法，這種一致性的作法使得公司的財務結構更優於同業。同時，風險管理對該公司任何決策均具嚴重的影響。

B. 強勢級：係指該公司在合理風險胃納標準內有相當強的能力，且在一致性基礎下，辨識風險事件、評估風險、管理風險與損失。強勢級的公司比優越級公司稍有可能遭受超過風險胃納標準外的不可預期損失。其次，強勢級的公司風險調整後報酬也有其一致性的作法，但不像優越級公司那麼優。同時，風險管理是該公司任何決策的重要考量。

C. 允當級：係指該公司有能力，辨識、評估、與管理大部分的風險與損失，但其過程並沒有很完整地包括公司所面對的重大風險。公司風險胃納標準的訂定不盡理想，雖然該公司的風險管理比優越級與強勢級公司稍欠完整，但在執行上仍算充分。對該公司言，在超過 ERM 管理範圍外的不可預期損失，比前兩級的公司更可能發生。風險管理時常也是該公司任何決策的重要考量。

D. 弱勢級：係指該公司在一致性基礎下，辨識風險事件、評估風險、管理風險與損失能力有限，而且只局限於風險的威脅面。風險管理採零散式的方式，而且無法預期損失的發生是在風險胃納標準範圍內。風險管理只偶而是該公司決策的考量。各階層管理人員雖有風險管理的架構，但只是用來滿足監理機構的最低要求，並沒有將風險管理落實在業務決策中，或近期想將風險管理系統落實在業務決策中，但仍在實驗階段。

E. 允當且風險控制強勢級：一般而言，歸類於該等級的公司採用的是傳統零散式的風險管理。這些公司針對一些重大風險均有極強或極優的風險控制方法，但尚未能採用經濟資本模型或其他方式，完整發展全面性風險管理。極強或極優的風險控制方法，是這些公司能控制風險在風險胃納標準範圍內的主要原因。因此，歸類於這層級的公司，不僅證明它們有能力辨識與評估重大風險，同時也具極優的減緩風險與控制風險的能力，這使得這類公司有高度自信在風險胃納標準範圍內管理風險。

F. 允當且展望正向級：係指歸類於該等級的公司在未來兩年內，有可能提升至強勢級的公司。這類公司除具備允當且風險控制強勢級的特性外，它們也具有強勢級公司風險管理文化與戰略風險管理的特性，而且持續增強它們 ERM 的能力。

五、ERM功效與使用情況調查

任何組織的成立與運作均有風險，風險是否納入決策的考量，今昔與未來不同。根據一項調查 (Collier et al., 2007) 顯示，過去部分組織在管理決策上，完全不考慮風險。大部分的組織也僅當作經營決策的運用。現在大部分組織則以較有系統的方式考慮風險，而在未來，更多組織會將風險列入所有管理層決策的考慮中，參閱圖 4-14。

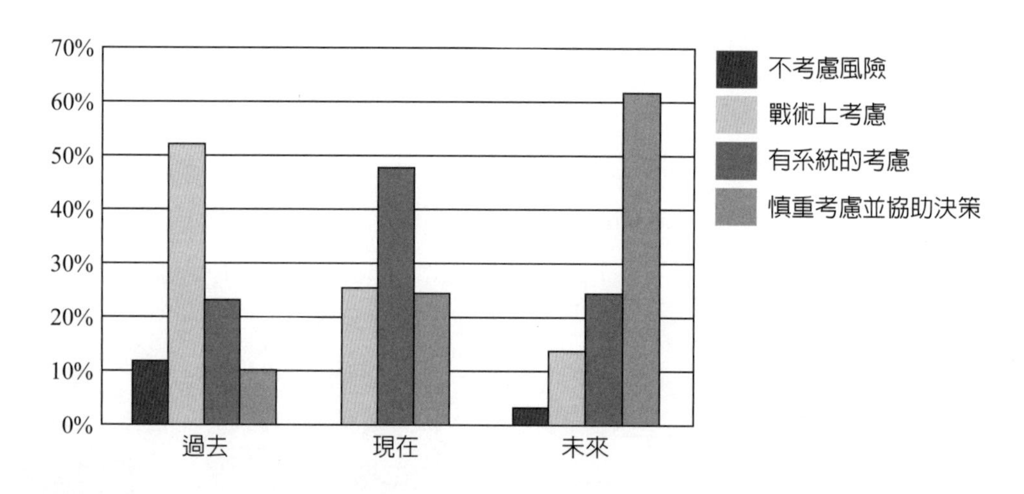

圖 4-14 決策中考量風險的趨勢

其次，根據 2008 年國際信評機構標準普爾[8](S&P) 對保險業股價走勢（2008，1 月 1 日至 11 月 14 日）的研究顯示，具優質 ERM 的企業在遭受風險事件衝擊時，其股價降幅最小，參閱圖 4-15。

[8] S&P網站www.spglobal.com/ratings

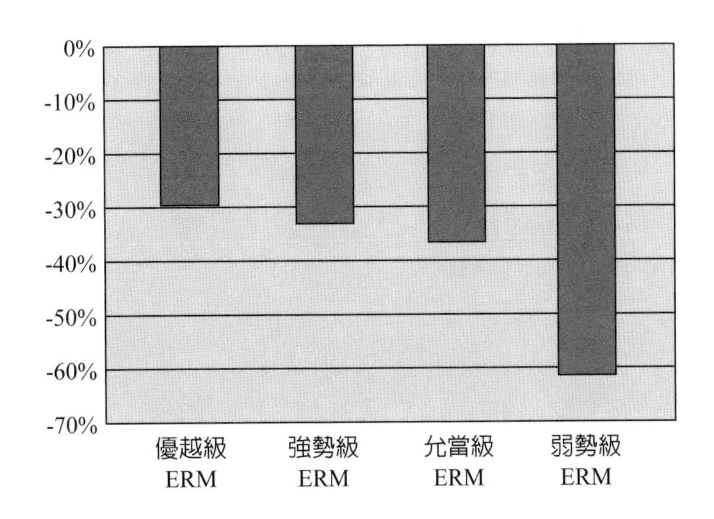

圖 4-15　ERM 與股價

然而，何種風險事件發生對股價影響最大。根據一項調查 (Miccolis et al., 2001)，排名第一的是戰略風險事件（占 58%），也就是影響股價的風險事件中，有近六成是戰略風險事件。其次，是作業風險事件（占 31%）。最後，是財務風險事件（占 6%）。而危害風險事件的發生，由於管理技術成熟，因應得當反而對股價幾乎無影響[9]（占 0%）。很顯然，戰略風險與作業風險管理是目前較不成熟的領域，風險管理上更需特別留意。

根據前述同樣調查，使用 ERM 架構從事風險管理活動的企業，公開上市公司占五至六成。如依產業別來看，能源產業占最高（20%），其次爲保險業（15%）、製造業（14%）、其他金融服務業（12%）、電信資訊業（9%）、與公共部門政府機構（9%）。

最後，雖然 ERM 有其功效，但 ERM 也有其成本與難度。例如：組織架構與文化的改變並非易事，會花費不少。再如，整合風險的計量亦極待克服，蓋因有些風險很難計量。展望未來，雖然有份調查報告[10]顯示，許多企業願意採用 ERM，同時也有學術文獻[11]顯示，有些 ERM 的困難是可以克服的，但 ERM 最大的挑戰不

[9] 這些百分比合計才95%主要是因該調查中，有五家資料缺乏。

[10] 這項調查報告稱爲*Enterprise risk management: Trends and emerging practices* (2001)，版權屬於IIA(Institute of Internal Auditors)，由Tillinghast-Towers Perrin 邀集主要作者Miccolis, J. A. et al.所著。

[11] 參閱Wang, S. (2002)與Zenios, S. (2001)兩篇文章。

在理論，而是在更多實務上的實證，可證明 ERM 確實比 TRM 更可以提升經濟個體的價值。這點可能需要更多努力、更多量化與質化的實證。

本章小結

從 IRM/TRM 到 ERM，從無到 CRO 的新職稱，這些在在顯示，風險管理的實務操作要奠基在完善的五大基礎建設上，並參考國際標準，逐漸往更成熟、品質更好的方向發展。其次，有人說「唯一不變的就是變」，這句話用來形容風險管理的理論思維的改變也好，還是實務操作的改變也好，可說是最貼切不過。

思考題

1. 本章有提及，ERM的興起，其原因有一項是邏輯推理的必然。那請問爲何風險管理剛興起時，不是以ERM爲架構，而是從IRM開始，再演變成ERM？
2. 在網路時代，最大的風險是什麼？想一想。
3. 用手機付錢，變成無現金社會，再也不擔心有「第三隻手」（意即扒手），但可能發生何種新風險？
4. 資訊安全能做到絕對安全嗎？
5. 上網查一查，資訊不安全有保險可購買嗎？
6. 上網查一查，歐盟通用資料保護規則(EU general data protection regulation, GDPR)是什麼？
7. 互聯網與大數據科技正顚覆傳統生活，超透明社會最大風險是什麼？想一想。
8. 行業別不同，風險結構不同，風險管理委員會不一定要設置，對嗎？請依ERM的要求說明其必要性。
9. 風險管理單位設置，要考慮什麼？想一想。
10. 組織的董事會或理事會，負風險管理的終極責任，爲何？

參考文獻

1. 段錦泉（2009）。*《危機中的轉機：2008-2009金融海嘯的啟示》*。新加坡：八方文化創作室。
2. Andersen, T. J. and Schroder, P. W. (2010). *Strategic risk management practices: How to deal effectively with corporate exposures*. Cambridge: Cambridge University Press.
3. Aon (2014). *Aon risk maturity index*. Insight Report.
4. Bowen, R. B. (2010). Cultural alignment and risk management: Developing the right culture. In: Bloomsbury Information Ltd. *Approaches to enterprise risk management*. pp. 51-54. London: Bloomsbury Information Ltd.
5. Collier, P. M. et al. (2007). *Risk and management accounting: Best practice guidelines for enterprise-wide internal control procedures*. Oxford: Elesvier.
6. Doherty, N. A. (2000). I*ntergrated risk management: Techniques and strategies for managing corporate risk*. New York: McGraw-Hill.
7. Hopkin, P. (2017). *Fundamentals of risk management: Understanding, evaluating and implementing effective risk management*. London: IRM.
8. IRM (2012). *Risk culture-under the microscope guidance for boards*. London: IRM.
9. Lam, J. (2000). *Enterprise-Wide risk management and the role of the chief risk officer.* Accessed on www.erisk.com on May 14, 2004.
10. Miccolis, J. A. et al. (2001). *Enterprise risk management: Trends and emerging practices.* Prepared by Tillinghast-Towers Perrin. Florida: IIA research foundation.
11. Spencer Pickett, K. H. (2005). *Auditing the risk management process*. New Jersey: John Wiley & Sons.
12. The committee of sponsoring organizations of the treadway commission. *Enterprise risk management——Integrated framework: Executive summary.* Sep. 2004. USA: COSO.
13. Wang, S. (2002). A set of new methods and tools for enterprise risk capital management and portfolio optimization. *Paper presented at the casualty actuarial society forum.*
14. Winokur, L. A. (2009). The rise of the risk executive. *Risk Professional.* Feb. pp. 10-17.
15. Zenios, S. (2001). *Managing risk, reaping rewards: Changing financial world turns to operations research*. OR/MS Today, Oct. 2001.

網站資訊

1. http://www.standardpoors.com/ratingsdirect
2. http://www.itgovernance.co.uk/
3. http://www.itgi.org/.

第5章

風險管理的實施（一）——戰略環境、治理、目標與政策

讀完本章可學到什麼？

1. 認識戰略環境與戰略地圖的形成。
2. 了解公司治理的問題如何產生，如何解決與如何評估其優劣。
3. 了解如何制定公司合理的風險胃納量。
4. 認識目標與如何制定公司風險管理政策。

風險管理是任何組織機構的戰略競爭利器，因此，風險管理的實施，除要同時完善前章所提的五大基礎建設外，成功的全面性風險管理重在知己知彼。知己就是要了解自我的能耐（屬於內部環境，包括自我的各類資源與條件），知彼就是要了解競爭對手與自我所處的大環境（屬於外部環境，包括政治、經濟、社會、文化環境等），如此才能爲自我，量身打造合適的風險管理機制。其次，外部環境會影響內部環境，本章開始所說明的風險管理實施流程，如無特別說明，基本上均適合企業公司或政府機構或其他非營利組織爲管理的主體，且假設外部環境是常態（非黑天鵝）的環境。

一、戰略環境與戰略地圖

(一) 內外部環境分析

首先，政治環境須檢視政治是否穩定。經濟環境檢視經濟成長、GDP、利率匯率等相關經濟政策。社會環境則須檢視社會人口統計變項與是否爲高齡化社會。文化環境檢視各種文化類型與人民不同的世界觀。各類檢視的因子，除了是可能的風險來源外，也是提供 SWOT 分析擬定戰略的重要依據。

其次，常見的內部環境分析模型分別是：Galbraith 模型與 McKinsey 7S 模型。前者指組織內部的工作、結構、過程、薪酬與人員均會不同；後者指組織內部的結構 (Structure)、制度 (Systems)、方式 (Style)、職員 (Staff)、技能 (Skills)、戰略 (Strategy) 與分享的價值 (Shared Values)，各組織間均不同。不管何種模型，這些內部環境要素，均是組織團體內部風險的可能來源。

另外，任何組織的創立或存在均有其使命、願景、與價值，如何在檢視內外部環境後，轉化成組織的戰略地圖 (Strategy Maps)。對營利組織言，將使命與願景，透過財務、顧客、內部管理與學習成長等構面，完成願景使命，進而創造價值。對政府機構與非營利組織言，將使命與願景，透過信任或信託、顧客、內部管理與學習成長等構面，完成願景使命，進而創造價值，參閱圖 5-1。

(二) 風險、資本、價值鏈

在完全考慮內外部互動環境因素後，則可進一步制定適合的戰略地圖與戰略風險管理政策，以及合適的內部風險管理機制。內外部環境均是風險的重要來源。組織經營所面臨的風險，需有相對的報酬。風險與所追求的報酬間，最好能達成效率前緣的境界，而當承擔風險的報酬高過資金成本時，就會創造組織價值。爲能創造組織價值，風險管理與資本管理的融合就極爲重要。參閱圖 5-2。

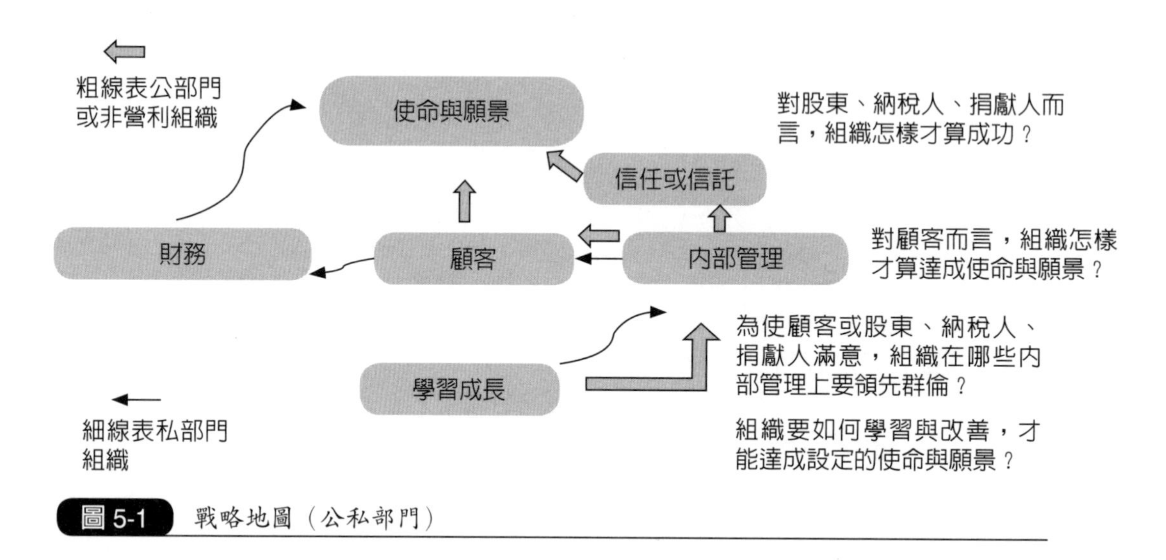

圖 5-1　戰略地圖（公私部門）

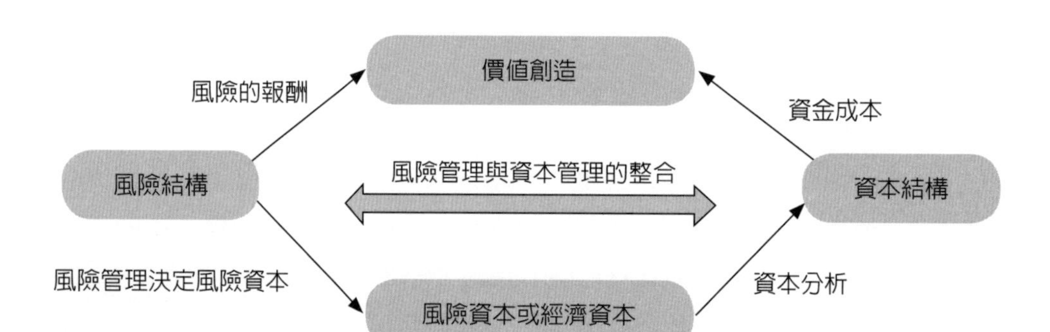

圖 5-2　風險、資本、價值鏈

二、組織治理

除政府機構與非營利組織機構治理在第十五章說明外，在此的組織治理以企業公司爲主。公司 ERM 的兩個核心，是公司治理與內稽內控，內稽內控參閱第十二章與第十三章。至於公司治理議題則源自公司結構與公司所有人及管理層間的代理問題 (Agency Problem)。

根據文獻 (Dallas and Patel, 2004) 顯示，早在 1930 年代，代理問題即正式出現

在經濟學領域的相關文獻裡，但「公司治理」一詞[1]在1970年代，才發軔於美國（廖大穎，1999）。近幾年，公司治理之所以成爲獨立的研究領域，甚或屬於風險研究領域，英國在1990年代初期公布的「Cadbury」法案[2]，是重要的里程碑(Dallas and Patel, 2004)。

其次，2001年美國安隆醜聞爆發以來，國際上也陸續發生與公司治理相關的掏空公司資產[3]醜聞，因此，公司治理再度引發關注，它更是驅動ERM成功的要素之一。目前主要有兩種治理模式 (Collier, 2009)：一爲股東價值模式或稱代理模式 (Shareholder Value or Agency Model)；另一爲利害關係人模式 (Stakeholder Model)。前者較爲普遍，以達成股東利益爲治理的唯一基準，英、美是該模式的代表；後者範圍極廣，除達成股東利益外，還涉及公司活動需完成社會、環境與經濟利益，此模式以南非[4]爲主。本節主要說明，股東價值模式或稱代理模式。

最後，各國對公司治理的法制也有兩種建置方式（丁文城，2007/01）：一爲單軌制；另一爲雙軌制。前者由董事會集業務執行與監督於一身，得分設各功能委員會（包括審計委員會等），該建置以美國爲代表；後者則在董事會上，設置監察人會，監察人會不直接管理公司，但有批准董事會重大決議的權力，此種建置以德國爲代表。目前，臺灣的公司治理法制趨向單軌制。

(一) 公司治理的定義與內涵

臺灣中華治理協會對公司治理定義[5]如後：「公司治理是一種指導及管理的機制，並落實公司經營者責任的過程，藉由加強公司績效且兼顧其他利害關係人利

1　在臺灣，英文「Corproate Governance」譯爲公司治理，可以說始自2001年6月18日，台積電董事長張忠謀先生在知識經濟社會推動委員會所主辦的研討會上的建議。之後，行政院金融監督管理委員會統一譯爲公司治理。

2　1992年的Cadbury Code之後，英國倫敦證交所將之前Greenbury與Hampel委員會所提的公司治理報告與Cadbury法案，合併成整合性法案(The Combined Code)。這項新法案於2000年12月23日生效，要求經理人應建立有效的內控並報告給股東們。其中，所謂內控具體包括作業與遵循的內控與風險管理，這不同於1999年9月Turnbull委員會所發行指引中之要求。參閱Miccolis et al. (2001). *Enterprise risk management: Trends and emerging practices*. pp. xxiv. Florida: The Institute of Internal Auditors Research Foundation.

3　例如：WorldCom, Tyco and Arthur Andersen等醜聞事件。

4　南非公司治理的King Report(King Committee on Corporate Governance, 2002)提供整合所有利害關係人的公司治理架構，這包括股東與跟公司活動相關的社會、環境及經濟的利害關係人，這是目前最爲廣義的公司治理架構。

5　該定義是中華治理學會在參照其他國家之規範後，於2002年7月的準則委員會的決議。

益，以保障股東權益。」公司治理的內涵主要包括兩個面向的平衡：一是確保面 (Confirmance Dimension)；另一為績效面 (Performance Dimension)(Chartered Institute of Management Accountants, 2004)。

確保面的公司治理係指董事會各委員會與高階管理層透過法令遵循、風險管理與內稽內控，要能確保公司風險的有效管理，並達成公司治理的一致性。同時，在公司治理的一致性基礎上，完成管理責任的目的。績效面的公司治理，重心不在法令遵循與內控，而是在公司價值的創造與資源的有效利用，這涉及公司戰略管理層為達成總體經營目標，該如何採取冒險活動，這方面包括公司風險胃納的制定與戰略規劃，同時需將風險管理融入所有不同管理層的決策中。最後，影響公司治理成敗的因素，不外是董事會與公司上下管理層是否存在優質的風險管理文化，以及公司是否存在有效的內稽內控機制。茲以圖 5-3 顯示，公司治理的兩個面向。

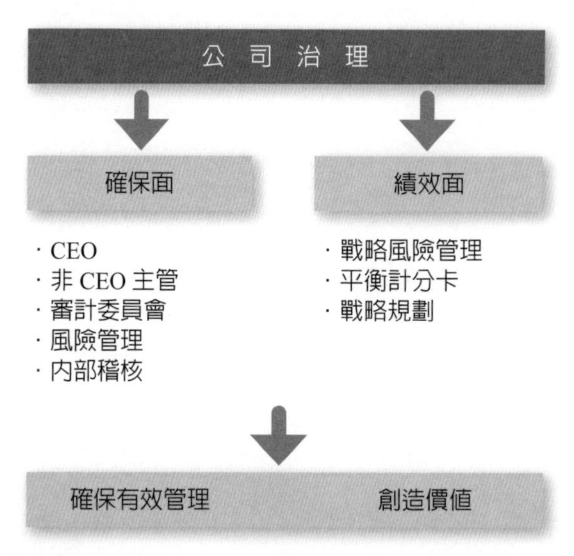

圖 5-3 公司治理的兩個面向

(二) OECD公司治理原則

聯合國經濟合作開發組織 (OECD: Organization for Economic Cooperation and Development) 下屬的企業顧問群 (Business Sector Advisory Group)，在 1990 年代末，訂定公司治理的四大指引原則：第一、公平原則，該原則是指對公司所有利害關係人必須同等對待，尤其經營管理層不能有詐欺或內線交易等損及利害關係人的

行為；第二、透明化原則，該原則是指公司應定期提供重大訊息給所有利害關係人，以便他們可做出明智的決定；第三、管理責任原則，該原則是指公司應有一套經營管理控制機制，並且明確課予管理層人員的責任；第四、法律責任原則，該原則是指管理層人員均應遵守相關法令規章，增進公司的永續發展。嗣後，OECD 於 2004 年修正頒布 OECD 公司治理的六大原則如後（丁文城，2007/01）：

第一、確保有效率的公司治理基礎 (Ensuring the basis for an effective corporate governance) 原則，該原則是指有效率的公司治理必須依賴透明且有效率的市場，以及監理、立法、執法間適法的一致性與責任明確的劃分為基礎。

第二、股東權利與主要所有權功能 (The rights of shareholders and key ownership functions) 原則，該原則係指公司治理應能確保與促進股東權利的實現。

第三、公平對待股東 (The equitable treatment of shareholders) 原則，該原則主要確保所有股東均應得到公平的對待，這不論是少數股東抑或是外國股東。同時，當股東們權利受侵犯時，應獲得同樣機會的救濟。

第四、公司治理中利害關係人的角色 (The role of stakeholders in corporate governance) 原則，該原則主要強調公司治理應承認，因法律或契約所確立的利害關係人的權利，且鼓勵公司與利害關係人間能積極合作。

第五、資訊揭露與透明度 (Disclosure and transparency) 原則，該原則是指公司應及時且正確地提供重大訊息給所有利害關係人，以便他們可作出明智的決定。

第六、董事會的責任 (The responsibilities of the board) 原則，該原則是指公司治理應確保董事會能對公司戰略與經營，進行有效的監督。同時，對公司與股東負責。

(三) 代理模式／股東價值模式

簡單來說，公司治理是為了確保股東的最佳利益，決定公司該如何經營所採用的機制與程序。要能確保股東的最佳利益，也就是要達成股東價值 [6](Shareholder Value) 極大化，經營上採用的機制與程序必須透明化外，也需從事價值基礎管理 (VBM: Value-Based Management)。

---

[6] 通常股東價值就是公司的股價，股東價值極大化與利潤極大化(Profit Maximization)概念，是可相容的，參閱Doherty (1985). *Corporate risk management: A financial exposition.* New York: McGraw-Hill。

價值基礎管理或稱股東價值分析，它是爲達成股東價值極大化所採用的過程而言。在這過程中，可採用的手段包括重新設計商品或服務內容，或成本管理，或改善決策品質，或採用績效衡量制度等方式。股東價值是否達成的衡量方式包括採用股東總報酬法[7](TSR: Total Shareholder Return)、市價加成法[8](MVA: Market Value Added)、股東價值加成法[9](SVA: Shareholder Value Added)、與採用經濟價值加成法[10](EVA: Economic Value Added) 達成。

其次，針對上市上櫃的公司治理，臺灣證券交易所與櫃買中心根據證期會的函示[11]，於2002年制定一套「上市上櫃公司治理實務守則」。影響所及，銀行業與保險業也相繼制定，但與英、美等先進國家相比，臺灣公司治理的實務發展，反應仍慢半拍。對上市上櫃公司來說，公司董事會結構及公司股東與管理層間的代理問題顯得特別重要。換言之，公司治理關注的不只是股東與管理層間的問題，也關注董事會監督結構與管理層間的問題。

1. 所有權與經營權的區隔

股東與管理層間屬於所有權與經營權區隔以及利益衝突的問題，參閱圖 5-4。

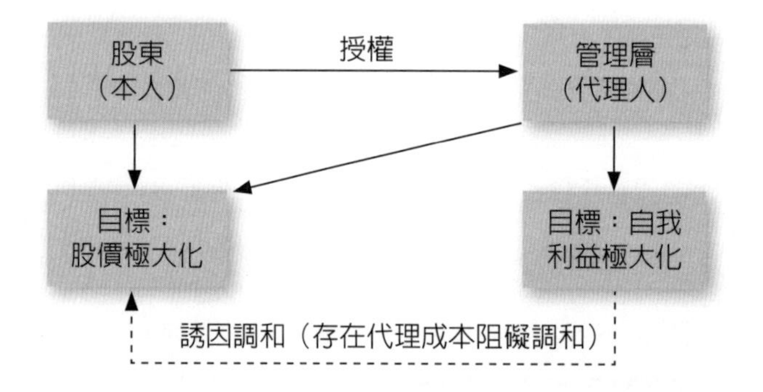

圖 5-4 所有權與經營權區隔

從上圖中，很清楚得知股東被視爲本人 (Principal)，公司管理層被視爲經營上

7 TSR是指股東紅利與股價增值/股東初始投資的百分比。

8 MVA是指權益與負債總市值與權益及負債資本的差額。

9 SVA是公司未來EVA的淨現值，亦即SVA = ΣNPV(EVAt)。

10 EVA是扣除資金機會成本後的淨營業利益，亦即EVA = Net result-(Risk capital×required interest rate)。

11 臺灣證期會民國90年9月13日函。

的代理人 (Agent)。公司經營管理由擁有所有權的股東授權給專業經理人經營，也因為如此，兩者因目標不同容易產生利益衝突，蓋因，擁有所有權的股東是以公司股價極大化為目標，專業經理人則以自我利益極大化為目標，也因此兩者利益必須調和。

其次，兩者利益衝突的過程中，容易發生一些成本，這稱為代理成本 (Agency Costs)。這代理成本可分三種 (Baranoff et al., 2005)：第一種稱為監督成本 (Monitoring Costs)，例如：由股東們共同負擔的會計師財報簽證費就是其中之一；第二種稱為保證成本 (Bonding Costs)，例如：專業經理人為了保證會追求股東的利益，同意接受股票選擇權[12](Stock Option) 等非現金當作其報酬的一部分；最後一種稱為調和成本 (Incentive Alignment Costs)，例如：專業經理人在經營上，放棄風險太高的投資機會，一來為顧及可能的失敗，損及股東利益，二來深恐投資失敗，本身工作可能不保。這種本身利益與股東利益同時顧及的可能花費即為調和成本。

最後，這種因代理可能引發的問題，可以四種方式解決 (Baranoff et al., 2005)：第一、專業經理人的薪資報酬的設計要與經營公司的績效掛勾。換言之，經營公司的績效越佳，薪資報酬就應水漲船高；第二、課予專業經理人因決策錯誤損及股東利益時的法律責任；第三、公布不良專業經理人名單，專業經理人經營績效不彰，同樣損及股東利益，也損及其專業形象；第四、製造專業經理人經營績效不彰時，公司可能被另一家公司購併的氛圍。

2. 董事會監督結構與管理層間的問題

董事會結構與管理層間，關乎監督與管理區隔的問題。要完成此目標，依公司治理的精神，漸漸要求董事會成員最好都是公司管理層外人員所組成。蓋因，董事會旨在監督管理層的決策與保障股東利益，獨立董監事也基於此精神而設，另依 ERM 的主張更要求獨立董監事最好過半。董事會通常下設薪酬委員會、審計委員會與提名委員會或其他功能性委員會，其成員的組成與相關責任義務，各國法令規定有所差別。大體而言，董事會成員的責任包括四種：第一、負監督管理層的責任；第二、對公司忠誠的責任，也就是說，公司利益應置於個人利益之上；第三、揭露重大訊息的責任；第四、遵循法令規章的責任。

---

[12] 股票選擇權是選擇權商品的一種，選擇權是衍生性商品的基本型態之一，參閱第十章。

(四) 公司治理與風險管理

1. 公司治理與ERM

公司治理的進展，是 ERM 興起與政府監理法令制定的重要推手。以美國爲例，公司治理中，有三項主要的進展，驅動 ERM 的興起。

第一就是 COSO 的整合架構下的內部控制報告。該報告主張內部控制應以更廣泛的方式提出報告，以合理確保公司目標的達成；第二就是 AICPA(American Institute of Certified Public Accountants) 的以顧客爲基礎改善企業報告的內容。在此要求下，公司應報告經營上所面臨的風險與機會；第三就是法人投資機構更強烈要求公司應有更透明的公司治理程序，這包括公司的風險管理。

這三項進展均開始於 1990 年代。嗣後，隨著安隆醜聞的爆發，最終產生了美國公司治理史上，最新[13]也極爲重要的沙賓－奧斯雷法案 (SOX: Sarbanes-Oxley Act)。很明顯地，從美國的經驗看，公司治理與 ERM 有不可分割的關係。同時，公司治理的董監事如何看待風險與 ERM，將顯著影響公司風險管理哲學與政策、風險管理文化的良窳、與誠信正直的價值觀。

公司治理旨在確保 ERM 的適當性，ERM 的管理流程則在調解與平衡公司治理的確保與績效兩個面向，兩者可說是一體的兩面。茲以圖 5-5 說明公司治理與 ERM 的關聯。

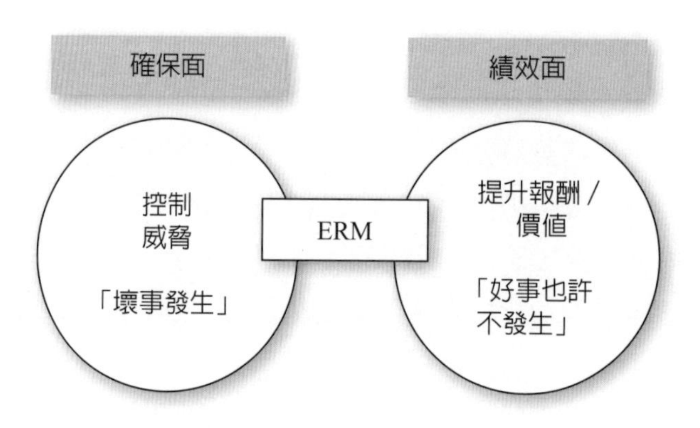

圖 5-5 公司治理與 ERM 的關聯

[13] 目前在美國與公司治理相關的主要法案有四種：Securities Act (1933); Securities Exchange Act (1934); Private Securities Litigation Reform Act (1995); Sarbanes-Oxley Act (2002)。其中，以 Sarbanes-Oxley Act 爲最近制定的重要法案。

圖中左右兩邊，為公司治理的確保面與績效面，均需依賴ERM管理流程的實施才能得到調節與平衡。左邊的確保面，風險管理流程重風險威脅面的控制，完成管理責任的目的。右邊績效面，風險管理流程重風險機會面如何獲利，達成公司價值的創造與資源的有效利用。

2. 公司治理實務守則與風險管理

臺灣已訂有《上市上櫃公司治理實務守則》，整體而言，列示了公司治理與風險管理的關係。無論未來如何再修訂，在此僅列示相關要旨如後：

(1) 上市上櫃公司在處理與關係企業的公司治理關係時，應對人員、資產、與財務管理的權責，確實辦理風險評估。同時，對與其關係企業往來的主要銀行、客戶及供應商，妥適辦理綜合的風險評估，降低信用風險。

(2) 上市上櫃公司董事會得設置審計、提名、薪酬、風險管理或其他各類功能性委員會。上市上櫃公司薪酬政策不應引導董事及經理人為追求報酬，而從事逾越公司風險胃納之行為。

(3) 上市上櫃公司得於董事任期內，為其購買責任保險。

(4) 董事會成員宜持續參加涵蓋公司治理相關之財務、風險管理、業務、商務、會計或法律等進修課程。

(5) 公司應選任適當之監察人，以加強公司風險管理及財務、營運之控制。

(6) 監察人應關注公司內部控制制度之執行情形，俾降低公司財務危機及經營風險。

(7) 監察人宜持續參加涵蓋公司治理相關之財務、風險管理、業務、商務、會計或法律等進修課程。

(五) 公司治理與資訊揭露

臺灣《上市上櫃公司治理實務守則》中，有屬於資訊揭露的專屬規定。資訊揭露是公司治理中重要的要素。公司治理既然要求透明，資訊的揭露當然不可或缺，國際公司治理評等也將資訊揭露列為重要的評等項目。其次，文獻也顯示（沈榮芳，2005）資訊揭露程度與公司價值的提升息息相關。因此，資訊揭露問題極為重要。然而，資訊揭露目的雖在消除資訊不對稱的問題，但也伴隨相關成本。因此，哪些項目該揭露？同時，每一項目該揭露至何種程度？可能仍具爭議。

臺灣《上市上櫃公司治理實務守則》，就資訊揭露相關部分摘要如後：該守則以提升資訊透明度為資訊揭露的原則，以股東知的權利為資訊揭露的哲學基礎，以落實發言人制度為統一發言的程序，以及應建立資訊的網路申報作業系統與網站的架設。此外，該守則規定公司治理相關架構規則與訊息、法人說明會訊息、董事會之議決事項、董監事及大股東持股與質押情形與管理階層收購 (MBO: Management Buyout)[14]資訊等皆應公開揭露。最後，資訊揭露不論是法規要求下的強制揭露，抑或是自願揭露，均應注意品質的可靠性與內容的合理性及正確性。

(六) 公司治理評等

根據聯合國經濟合作開發組織的公司治理指引原則，標準普爾 (S&P: Standard & Poor's) 發展出分析評估公司治理的架構。該分析架構包括兩大類：一類用於受評公司；一類用於受評公司所在國家的環境。用於受評公司的評等項目總計有四大項，每一大項再分成三小項。這四大項與每大項的三小項分別是：

第一大項是，公司所有權結構與外部影響。該項再細分為：1. 所有權結構的透明度；2. 所有權的集中程度與其影響；3. 外部利害關係人的影響力。

第二大項是，股東權利及其與利害關係人的關係。該項又細分為：1. 股東會議與投票程序；2. 所有權的權利與被接管的防衛機制；3. 與非財務利害關係人的關係。

第三大項是，透明度、揭露與稽核。該項再細分為：1. 對外揭露的內容；2. 對外揭露的時機與獲取；3. 稽核過程。

最後一項是，董事會結構與其效能。該項又細分為：1. 董事會結構與獨立性；2. 董事會的角色與其效能；3. 董監事與高階主管的酬勞。

另一方面，用於受評公司所在國家的環境也包括四大項，分別是：

第一、市場環境：這大項主要指國家主權結構、金融市場的角色、政府或銀行的角色，以及市場實務操作的演變過程；第二、法律環境：這大項主要指國家法律結構與其效力；第三、監理環境：這大項主要指監理規範與其效能；最後，資訊環境：這大項主要指國家會計標準、公布時機、公平性與持續揭露以及稽核專業水準。

針對以上，公司治理的評等項目如何計分，則分兩種：一為模型化法 (Model-

---

14 管理階層收購(MBO)是併購實務中常用的方式之一。它通常是管理階層獲得外界（例如：私募基金）支持後，對方自公開市場收購公司高比例股權，甚至全部股權。由於利弊互見，且確實影響股東權益。因此，守則以利弊中立的態度要求揭露。

ing Approach)；一爲診斷／互動法 (Clinical/Interactive Approach)。簡單說，模型化法是種量化的方式，診斷／互動法是質化的方式。模型化法可用必要的數據，以及使用問卷調查收集數據，統計分析公司治理的程度。主要優點就是較具客觀性，亦可提供不同公司治理程度的比較，主要缺點是彈性不足，可能缺乏情境的實際了解，容易造成誤導。這主要是因公司治理評等的項目，僅以數據爲準不易窺出眞相。其次，診斷／互動法主要是透過深度訪談公司內部主要人員，或檢視各種會議記錄等方式獲取實際資訊。主要優點是彈性與深度充足，眞相較清楚，主要缺點是來自評等人員的主觀風險。最後，這兩種方法在實施過程中，均必須留意如何賦予每一評等項目的權重。綜合考慮，受評公司所在國家的環境與受評公司本身兩大評等項目後，每一公司的治理程度可歸類於如圖 5-6 中的某一類別。

國家評等

程度不足的公司（例如：美國安隆公司）	符合預期的公司
符合預期的公司	程度過足的公司（例如：俄羅斯移動通訊）

0　　公司評等

圖 5-6　公司治理程度象限圖

圖 5-6 縱軸代表受評公司所在國家的評等，橫軸代表受評公司本身的評等。一般而言，受評公司所在國家的評等越高，受評公司本身的評等也會越高；反之，越低。落入這兩象限的公司可稱呼爲符合預期的公司 (Expected Company)。然而，實際上，會出現受評公司所在國家的評等高，受評公司本身的評等反而低的情形，這稱呼爲程度不足的公司 (Underachiever)。例如：美國安隆 (Aron) 公司。反之，可能出現受評公司所在國家的評等低，受評公司本身的評等反而高的情形，這稱呼爲程度過足的公司 (Overachiever)。例如：俄羅斯的行動通訊 (Mobile Telesystems) 公司。最後，公司治理已有國際 CG6004 的認證。

三、風險胃納與風險限額

公司如何決定可接受的風險程度 (Acceptable Risk Level) 是組織治理中，最爲重要的決策議題，蓋因這是公司如何安全冒險的問題。表示可接受風險程度的用語，包括**風險胃納／風險胃口** (Risk Appetite)、**風險限額** (Risk Limit)、**風險接受度** (Risk Acceptability) 與**風險容忍度** (Risk Tolerance) 等。寬鬆地說，這些名詞間可交互使用，也與第十章所提的風險承擔 (Risk Retention) 有關，但這些名詞如嚴格區分，則有其語意與應用的差別。風險胃納是指願意且能承受的概念，這會涉及風險間的交換 (Trade-Off)，常用於公司最高層與董事會。風險限額、風險承受度與風險容忍度的概念，是僅指有能力承受的概念，常見於公司各單位部門為完成業務目標時。

(一) 風險胃納的涵義

公司跟人一樣，以個人投資股市來說，個人在股市跌至幾點時，會認賠出場，就是個人對股市風險的胃納量，也就是風險容忍度。顯然，每個人均不相同，因每個人風險態度 (Risk Attitude) 的屬性不同。換另種話說，風險胃納 (Risk Appetite) 就是停損點。常聽的一句話「高風險，高報酬」，這話的眞確性，在風險胃納範圍內是正確的，超過風險胃納範圍時，投資人就可能必須將過去賺的全部吐回。

上述針對個人投資股市所說的，轉移至公司本身也是正確的。依臺灣上市上櫃公司守則的規定意旨指出，上市上櫃公司薪酬政策不應引導董事及經理人為追求報酬而從事逾越公司風險胃納之行為。顯然，風險胃納的概念不論是個人投資或公司經營均是極為重要的概念，尤其 ERM 的核心就是風險胃納。

風險胃納就是在極端情況下，公司願意且能容忍損失的程度，為何願意容忍？主要原因是，雖然風險可能帶來公司的損失，但也能帶來獲利。其次，可控制與能容忍的風險值得冒險，不值得轉嫁給別人（例如：保險公司），這其間就可進行風險間的交換。此處，以公司可能面對的戰略風險、財務風險、作業風險與危害風險來看，各類風險值高低與風險胃納間的關聯，參閱圖 5-7。

圖 5-7 顯示的，只是風險胃納的概念。如何決定風險胃納，是董事會戰略層次核心的決策問題，也是 ERM 流程的核心，它會牽動所有 ERM 的過程。例如：優質的風險管理文化與風險胃納是互動的，文化優質，胃納可高，胃納能高，文化須優質，如此可進一步，設定更高的 ERM 目標。同時，它也是動態的觀念，但並非任意變動，且變動時要有一致的基礎。其次，決定風險胃納需要理性計算與感性的結合，才能使該胃納制定得合情合理，管理決策者唯有知道合情合理的胃納，才能安心冒險。

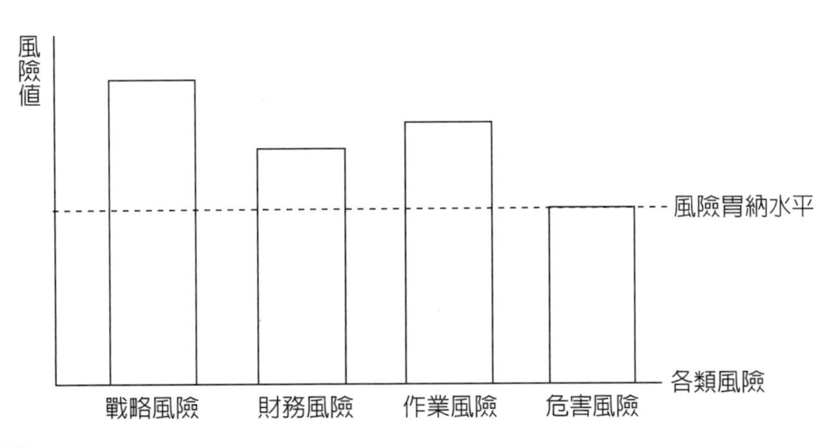

圖 5-7　各類風險值高低與風險胃納間的關聯

(二) 影響風險胃納的變數與概念式

在說明決定風險胃納的步驟前，先說明影響風險胃納決策的變數是必要的。綜合各類文獻 (e.g. Chicken and Posner, 1998; Fischhoff et al., 1993)，影響風險胃納的變數，以下列風險胃納的概念公式最具一致性。同時，這概念式可適用於各類風險與各種決策位階，決策位階包括總體社會、政府機構、公司整體、公司各單位與個人家庭。這概念式如後：

$$A = K1*T + K2*E + K3*SP$$

A(Appetite) 表風險胃納；T(Technical Dimension) 表影響風險胃納的技術面變數，也就是，是否有控制風險的技術？E(Economic Dimension) 表影響風險胃納的財務面變數，也就是控制風險的技術，需花多少成本，產生多少效益，或風險可透過何種理財／融資方式避險或轉嫁，理財成本需花多少；SP(Social and Political Dimension) 表影響風險胃納的人文感性面變數，也就是會涉及在最後決定風險胃納過程的討論中，董事會與高階管理人員對風險的不同認知 (Cognition)；K1、K2、K3 爲各面向的權重。

在決定風險胃納時，三面向的變數是互動的，互動最後的淨結果，才是風險胃納量。決定過程中，所需考慮的主要問題如下：第一、哪些風險或組合是公司不想要或不想承擔的？第二、哪些機會被錯過？第三、哪些風險可額外承擔？第四、要承受這些風險要多少資本？每一主要問題均會涉及全部或部分前述三個面向變數。例如：第一個問題的「不想要或不想承擔」，就涉及公司的意願、偏好、態度與能力問題，進而衍生出對風險有沒有控制力的問題（涉及技術面變數），夠不夠資本承擔風險的問題（涉及財務面變數），對風險性質了不了解的問題（涉及人文面變數）等。

上述的考慮，舉例說明如後。就公司的應收帳款信用風險而言，首先，考慮想不想要這項風險？或想不想承擔？能主動承擔嗎？此時，可進行評估影響呆帳的所有因子（涉及技術面變數），並分析公司可採何種控制方法控制呆帳率的發生？在不同控制技術下，公司可容忍的呆帳發生機率是多少？同時，做一評比。其次，評估控制呆帳方法的成本與效益（涉及財務面變數），資本可承擔嗎？以及考慮是否有應收帳款保險（涉及財務面變數）轉嫁風險，保險費需多少？最後，由董事會與管理層權衡決定（涉及人文面變數）。

(三) 決定風險胃納與風險限額的具體步驟

不論是公司整體的風險胃納或各類業務與各單位部門的風險限額，均要考慮前列概念變數，依循下列步驟，分別訂定常態時與非常態時的整體風險胃納或各類業務與各單位部門的風險限額。風險胃納與風險限額可以量化方式或質化等級呈現，量化可用多少資本數量或利潤率是多少百分比等方式表達，而質化則以等級，劃分爲最高、次高、中度與低度四級。

1. 整體風險胃納的決定步驟

就量化步驟上，首先，由公司風險管理部或委員會確認公司的長短期戰略目標，例如：短期獲利率、資本的風險調整報酬率 (RAROC: Risk Adjusted Return on Capital) 或長期成長率等。其次，針對公司現況，在了解個別風險對戰略目標的衝擊與公司可採用的各類應對 / 回應方式後，可選擇參考國際信評機構制定的各信評等級違約機率，以某等級的機率作爲公司最大願意忍受的破產機率，進而收集過去公司報酬的歷史數據，檢視其屬於何種統計分配，再依統計方法求出公司所需的資本總量，該總量可當作公司整體風險胃納量決定的參考。最後，將公司營運項目計畫與資本需求配套（這均會涉及前提的三項變數），交由董事會討論決定。此外，在數據不足時，量化步驟亦可參閱第十一章決定風險承擔（風險胃納與風險承擔有關）水準的經驗法則。另一方面，就質化步驟上，公司整體風險胃納可參考下一頁中所述過程，採質化表示法討論公司整體風險胃納。

2. 單位／部門風險限額的決定步驟

各單位／部門風險限額，在量化步驟上，首先，公司整體風險胃納數量經由董事會討論決定後，可選擇一安全係數乘上整體風險胃納量，即為公司整體風險限額。其次，公司各單位／部門（例如：投資部或客服部等）依所屬業務的目標屬性與營運計畫，採比例計算或試驗方式，經由討論將整體風險限額，配置至各單位／部門即可。

另一方面，就質化步驟，其決定過程如後：

首先，將所屬業務依其對不同層次目標的影響，善加歸類。例如：會影響戰略層次目標的業務為何？會影響經營層次目標的業務為何？會影響基層目標的業務為何？嗣後，在考量前概念式變數後，區分成最高、次高、中度與低度四種等級。換言之，針對所屬業務的目標屬性，考量是否可控制？所需代價與效益如何？最後，經由單位／部門人員討論後，決定每種業務的風險限額等級。以客戶服務部門為例，客戶的抱怨，尤其新客戶，可能影響公司戰略目標，因此，在考量概念式變數後，將該業務活動列為低度風險限額項目。其次，依同樣概念式可將寄給客戶的帳單，可能出錯的風險事件，因會影響經營目標，因此，列入中度風險限額項目。將客戶額外需要的服務，列入次高風險限額項目。最後，將會影響基層目標的客戶服務業務列入最高風險限額項目。

其次，依據各單位／部門所屬業務的風險屬性，決定風險限額。公司各單位／部門每項業務均有其風險屬性，依照不同的風險屬性與同樣的概念式，決定不同等級的風險限額。例如：對行銷部門言，產品行銷會與品牌名譽風險有關，這種業務風險屬性可能最無法容忍。因此，風險限額程度最低。財務與遵循法令風險屬中度風險限額。行銷作業風險屬次高風險限額。其他風險可歸屬最高的風險限額。

接著，決定所屬業務風險屬性所伴隨的影響，這影響到底是正面的抑或是負面的？如為正面的，風險限額可高，反之，越來越低。通常，依同樣概念式，對有獲利商機的專案或業務可歸屬高風險限額的項目。可能發生威脅的業務，可歸屬次高或中度風險限額。突發的危機事件風險限額最低。

緊接著，因各單位／部門所屬業務均有不同層次的授權管理，依不同授權層次與同一概念式，決定風險限額。業務如屬日常業務，基層管理員負責決策，那該業務可列風險限額高項目。其次，依業務所屬管理層級的升高，風險限額越來越低。與董事會授權管理相關的業務，風險限額最低。

進而，依據風險限額等級決定業務被監控的性質。屬於風險限額低的業務應由更高階主管負責監控。其次，隨著風險限額等級的提升，負責監控的管理階層可越來越低階。最後，依風險限額等級決定風險應對的啟動水準，風險限額最低的業務應作風險迴避，其他程度的風險限額業務均應搭配適切的風險應對／回應措施。

上述步驟，從公司總風險胃納開始至各單位／部門所屬業務風險限額等級的決定，以及業務監控與風險應對的啟動，均屬於決定風險胃納／風險限額的過程，參閱表 5-1(Spencer Pickett, 2005)。表中的每一風險胃納等級，盡可能搭配相關數據，則效果更佳。例如：投資部門針對投資對象的國際信評等級，在哪種級數才無法容忍。

表 5-1　公司各單位／部門風險限額工作表

單位名稱＿＿＿＿＿＿　風險負責人＿＿＿＿＿＿　日期＿＿＿＿＿＿

風險描述	最高限額	次高限額	中度限額	低度限額
1. 業務對不同層次目標的影響	基層營運作業	顯著影響營運目標	顯著影響戰略目標	嚴重影響戰略目標
2. 分派業務的風險屬性決定限額	其他風險	作業風險	財務或法令遵循風險	商譽風險
3. 業務風險屬性的影響	產生獲利機會	產生營運威脅	產生戰略威脅	產生戰略危機
4. 授權監控等級	基層員工	單位主管	CEO	董事會
5. 評估效果的負責人員	由基層主管定期評估	由單位主管每月評估	由高階主管持續監控	由 CEO 持續監督
6. 風險回應	合理冒險	些許冒險	謹慎回應	風險迴避

(四) 風險胃納與內部稽核

公司內部稽核應以 ERM 全流程為基礎，針對內部環境，內部稽核的重點就是稽核風險胃納的制定。內部稽核人員針對風險胃納，主要留意公司風險胃納制定的過程，是否有適當的溝通，同時，是否能合情合理地反應所有內外部利害關係人的期待？具體的稽核點，例如：制定風險胃納過程中，是否有考慮公司的核心價值、風險管理文化、所有內外部利害關係人的期待，以及所有員工管理風險的能力？再如，風險容忍的標準是否上下管理層次均一致？制定標準的方法是否也一致？風險

胃納的制定是否考慮業務的目標屬性、業務的風險屬性，以及正負面的影響？每家公司風險胃納均不相同，但內部稽核的原則相同。

(五) 風險胃納決策的困難

前所提，制定風險胃納的概念公式兼顧風險的三個面向，也就是風險的實質面向、財務面向與人文面向。費雪耳等 (Fischhoff et al., 1993) 認爲全面向風險胃納的決策是相當困難的，其困難主要來自五方面：

第一、來自界定風險胃納問題的不確定性。例如：公司在決定某公共工程投資專案風險的風險胃納時，專案風險影響的層面需界定至何種層面，在決定時可能會有不同的看法。公共工程投資專案風險影響層面，可包括公共工程成本 / 效益層面、公共工程風險對民眾可能造成傷害的層面、公共工程風險可能對生態環境的破壞、公共工程帶來的政治與社會效應層面、與公共工程完工時程的掌控。

第二、來自風險事件眞相的認定。這項認定問題可包括：什麼是一個風險事件？怎樣認定它是一個風險事件？風險事件眞實性與影響爲何？例如：公司甲廠斷電機率較乙廠高，那麼甲、乙廠斷電事件，視同爲一個風險事件？抑或是兩個風險事件？決策人員意見可能不同。有些風險事件認定過程簡單，有些事件較複雜。風險事件的眞實性，有些容易認定，有些極爲困難，這跟公司風險管理是否具責難文化 (Blame Culture) 有關。至於風險事件的影響又該考慮至何種層面？

第三、來自決策過程的人爲因素。例如：價值觀每人雖不同，但會嚴重影響風險胃納的決策與執行。這與公司風險管理文化的良窳息息相關，有優質文化的公司，風險價值觀較爲一致，這種公司會較有一致性的風險胃納決策，反之，不然。

第四、來自評估相關因素價值的困難。完整的風險胃納相關決策變數甚多，有些決策變數的價值容易決定，有些極爲困難。例如：公司自願曝險的額度有多少？這不難決定，但評估風險事件後續影響層面的重要性，有時面臨兩難。

第五、來自評估決策品質的困難。評估決策品質的一般方法有：敏感度分析、錯誤理論、融合效度與記錄追蹤。事實上，好的決策結果，並不意味使用了好方法，使用了好方法，並不意味一定產生好結果。對風險胃納的決策而言，事實與價值間，是很難完全釐清的，但任何決策方法都假設事實與價值間，是可完全釐清的。

四、風險管理哲學與政策

(一) 正直與倫理

前曾提及，風險管理文化是重要的基礎建設之一，而風險管理人員風險倫理的價值觀與正直的品德、誠信的信念，更是影響風險管理文化良窳的重要變數。例如：因倫理道德敗壞的霸菱銀行與 AIG 風暴即爲明證。

其次，風險倫理的價值觀則應從負責任的風險評估開始。孫治本（2001）提出負責任的風險評估四大原則[15]，其中「原則一」提到，「如做某種事情可能獲利，也可能產生無法承受的損失；但如不做某種事情，就不會產生無法承受的損失；如果我們的決定是不做某種事情，那就是一種負責任的風險評估。」孫治本的風險評估四大原則，同時考慮了機率原則與後果原則，從技術觀點言，負責任的風險評估應奠基在合理的風險胃納 (Risk Appetite) 內。其次，孫治本（2001）在〈風險抉擇與形而上倫理學〉一文中提及，約拿斯 (Jonas, H.) 的風險倫理學是不同於傳統倫理學的「未來倫理學」概念。傳統倫理學強調人們只需爲現在的行爲產生的直接後果負責，未來倫理學則強調人們需爲現在行爲所產生後果的遠程效應負責。換言之，風險倫理的概念不局限在行爲的直接後果，也包括間接後果，不局限於現時後果也包括長期的影響。

(二) 風險管理的哲學

風險管理的哲學對管理思維上有兩種論調，這項管理思維上的兩種論調分別是事先防範的思維與強化彈力的思維。採用前者的，即預警式風險管理，採用後者的，屬回應式風險管理（參閱第三章）。這兩種不同的管理哲學，將顯著影響公司資源在風險管理上的配置戰略。事先防範的思維下，預防重於治療，因此，公司在風險控制上，會配置較多資源。強化彈力的思維下，公司資源在風險融資／理財或其他有助於改善公司體質的措施上，會配置較多。此外，公司內部管理規範辦法

---

[15] 孫治本（2001）〈風險抉擇與形而上倫理學〉一文中指出，負責任的風險評估有四大原則，原則一除外，其他三個原則分別是原則二「如做某種事情，可能獲利，也可能產生無法承受的損失；然而不做某種事情，也可能產生無法承受的損失，則可參考各自發生的機率」；原則三「若做某事有可能獲利，且可能產生的損失在容忍範圍內，則可參考損失、獲利的大小及其各自發生的機率做出決定」；原則四「若做某事可能產生無法承擔的損失，不做該事則目前看不出會產生無法承擔的損失，但放棄做該事，可能會在未來某種情況下造成無法承擔的損失，則目前不應做該事，但應保留做該事的潛能，以備不時之需。」

上，呈現的想法也是風險管理哲學的範疇。最後，風險管理文化也與哲學思維以及其他規範辦法上呈現的想法有關。

(三) 風險管理政策

ERM 架構下的風險管理政策，其考量因素遠比 TRM 架構下的複雜。政策的考量，首先受風險管理哲學的影響。其次，受到整體風險胃納影響。風險胃納決定後，公司即應形成風險管理政策，其文書稱作風險管理政策說明書 (Risk Management Policy Statement)。風險管理人員草擬政策說明書時，除內部環境因素於決定風險胃納時已考量外，尚應考慮三大外部要素如後：

第一、公司經營大環境：經營環境包括政治、經濟、社會、文化、法律等環境。經營大環境變動的資訊，例如：兩岸緊張、COVID-19 蔓延全球、限水限電、核四廠停建等，均會深深影響企業的經營。大環境變動可能產生的新風險，風險管理人員草擬政策說明書時，應仔細分析和謹愼因應的。

第二、公司所屬產業的競爭狀況：這個因素是考慮公司與顧客、同業、以及供應商的互動關係。就公司與顧客的關係而言，如果公司大客戶突然停止下訂單，造成公司的連帶生產中斷，風險管理上要能事先因應。如果公司與同業間的競爭激烈且產品間的替代性高，風險管理上可要特別留意生產中斷與連帶生產中斷的可能性，以免占有的市場迅速被同行替代。最後，公司對供應商要留意供料中斷的可能，愼選供應商爲風險管理上重要課題。

第三、公司所在地保險市場與資本外匯市場的狀況：保險是風險管理中，重要的風險融資工具。公司所在地保險市場的狀況，要能影響公司風險管理上對保險的依賴度。如果當地保險市場是較爲軟性（或稱疲軟）的市場 (Soft Market)，則公司對保險的依賴度可增加。軟性的市場有幾個特徵，如費率較自由、保險資訊較透明、保單條款磋商空間大等。反之，如果當地保險市場是較爲硬性（或稱艱困）的市場 (Hard Market)，則公司對保險的依賴度可減少。另外，資本外匯市場是否自由與健全會影響財務風險管理的運作。

其次，在風險管理政策說明書中，應涵蓋風險管理組織，且要釐清董事會、風險管理委員會、風險管理部門、營運單位、內部稽核與風險長的風險管理相關職責。同時，也應載明不同管理層級的核准權限與訂定簽名原則 (Signature Principle)。此處，試圖以一家高科技公司爲例，草擬風險管理政策說明書如後，參閱表 5-2。

表 5-2 風險管理政策說明書

○○科技公司
風險管理政策說明書
2021年

一、風險管理政策

1. 本公司風險管理基本政策除配合公司總體目標外，應以維持公司生存，以合理成本保障公司資產，維護員工與社會大眾安全為最高目標。
2. 風險控制與風險融資並重，並重有效的風險溝通。風險控制方面尤應著重COVID-19疫情下可能產生的晶片供應鏈風險，並須做好緊急應變與營運持續計畫。風險融資應權衡國內外保險市場與資本市場情況，適度安排各項風險融資計畫。
3. 公司本年度可承受的風險水平，最高以過去三年平均營業額的1%為限。
4. 針對戰略風險、財務風險、作業風險與危害風險，宜個別另訂適合本公司的風險管理政策。
5. 鑑於科技創新的快速變化，本年度風險管理上，尤應重視供應商供料、客戶訂單、與市場占有率保持的風險。

二、風險管理組織與職責（內容除風險管理相關職責外，需含括核准授權與簽名原則）

1. 董事會
2. 風險管理委員會
3. 風險管理部門
4. 執行長
5. 內部稽核
6. 風險長
7. 財務長
8. 損防工程師

風險管理政策說明書的內容，基本上分爲兩部分：一爲風險管理政策的基本陳述；二爲風險管理職責。草擬時也應注意幾個要點：(1) 明確宣示公司風險管理的目的；(2) 既稱爲政策，故宜以原則性語句表示；(3) 草擬各風險管理職責時，宜注意彈性授權 (Williams, Jr and Heins, 1981)。

其次，制定書面的風險管理政策說明書，除可完成宣示與溝通目的外，對公司風險管理工作的順暢亦提供眾多好處。最重要的，例如：對風險管理主管言，位階明確，與其他部門主管溝通協調較無障礙。同時，既爲公司政策，風險管理工作的一致性不受風險管理主管更換時的影響 (Williams, Jr and Heins, 1981)。最後，要留意的是當考慮因素有顯著變動時，風險管理政策說明書宜重新草擬（原則上一年一次）。

五、設立目標

廣義目標的涵義可包括 MGO 三個層次，那就是公司經營宗旨 (Mission)、一般目標 (Goals)、與特定目標 (Objectives)。這三個層次是環環相扣的，也分別對應公司的戰略管理層次（宗旨）與戰術／經營管理層次（一般目標與特定目標）。目標的設定應配合公司的風險胃納，簡單說，風險胃納額度高，目標可高。反之，要低。公司經營的宗旨與公司的核心價值有極大關聯，公司的核心價值對 ERM 的全面流程均有顯著深遠的影響。例如：風險胃納的制定也受核心價值的影響。在經營宗旨的戰略目標下，制定一般目標與特定目標。一般目標即各部門／單位經營目標，各部門／單位特定目標則依經營目標制定。至於報告正確目標與法令遵循目標，則與公司所有管理流程有關。

就戰略目標言，如果公司是屬穩定能獲利的事業，那麼戰略目標就是追求效率。如果公司是屬新創事業，那麼戰略目標就是追求成長。如果公司是屬問題事業，那麼戰略目標就是追求資本管理。其次，就經營目標言，例如：行銷部門可制定產品責任風險事件發生機率為 5% 或 3% 的目標。最後，所謂的報告正確目標意即要將正確的訊息，報告給正確該負責的人。法令遵循目標除有積極防範的特性外，就是恪守法令規定，不鑽法令漏洞。報告正確的目標與法令遵循目標均與倫理正直的價值觀有關，也是 ERM 能成功的軟性要素之一。

此外，風險管理目標亦可分為：第一、損失前 (Pre-Loss) 目標，包括節省經營成本、減少焦慮、滿足法令要求、與完成社會責任；第二、損失後 (Post-Loss) 目標，包括維持生存、繼續營業、收入穩定、繼續成長、與完成社會責任。就損失後目標而言，公司可用資源與這些目標的關聯，可參閱圖 5-8。

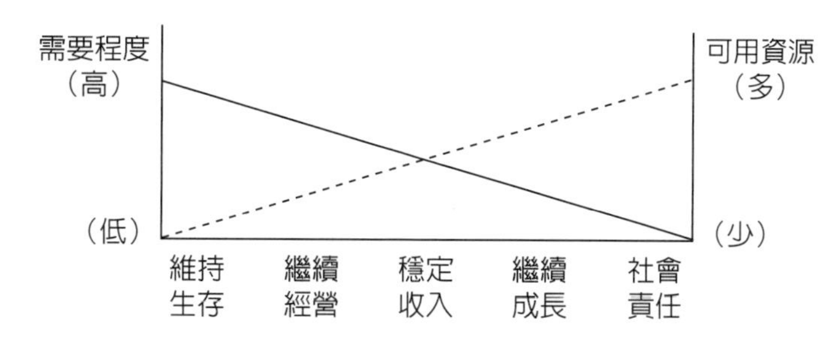

圖 5-8　可用資源與損失後目標的關聯

本章小結

風險胃納是 ERM 的核心問題，公司治理、風險管理文化與哲學等均會影響風險胃納的決定，而風險胃納必須配合目標。此外，留意員工的正直與具備正確的風險倫理觀，才是眞正影響 ERM 成敗的主因。

思考題

1. 有句成語，好高騖遠，其含義與本章有何關聯？不滿意但可接受，其意涵與風險胃納有何相通處？
2. 風險管理與戰略管理融爲一體，所以所有組織團體的管理都是風險管理？對或不對？爲何？
3. 資本管理與風險管理的搭配，爲何重要？
4. 組織願景如何轉化成戰略地圖？
5. 何謂McKinsey 7S模型？

參考文獻

1. 丁文成（2007/1/15）。從公司治理談董監事責任。*《風險與保險雜誌》*。No. 12. pp. 19-24。中央再保險公司。
2. 沈榮芳（2005）。*《資訊揭露透明度對公司價值影響之研究：以臺灣上市上櫃公司為例》*。中華大學經營管理研究所碩士論文。
3. 孫治本（2001）。〈風險抉擇與形而上倫理學〉。顧忠華主編，*《第二現代：風險社會的出路？》*。pp. 77-97。臺北：巨流圖書公司。
4. 廖大穎（1999）。*《證券市場與股份制度論》*。臺北：元照出版社。
5. Baranoff, E. G. et al. (2005). *Risk assessment*. USA: IIA.
6. Chicken, J. C. and Posner, T. (1998). *The philosophy of risk*. London: Thomas Telford.
7. Collier, P. M. (2009). *Fundamentals of risk management for accountants and managers: Tools and techniques.* Oxford: Butterworth-Heinemann.
8. Dallas, G. S. and Patel, S. A. (2004). Corporate governance as a risk factor. In: Dallas, G. S. ed. *Governance and risk: An analytical handbook for investors, managers, directors, and stakeholders.* pp. 2-19. New York: McGraw-Hill.

9. Doherty N. A. (1985). *Corporate risk management: A financial exposition.* New York: McGraw-Hill.
10. Fischhoff B. et al. (1993). *Acceptable risk.* Cambridge: Cambridge University Press.
11. Miccolis et al. (2001). *Enterprise risk management: Trends and emerging practices.* pp. xxiv. Florida: The Institute of Internal Auditors Research Foundation.
12. Spencer Pickett, K. H. (2005). *Auditing the risk management process*. New Jersey: John Wiley & Sons, Inc.
13. Williams, Jr. and Heins (1981). *Risk management and insurance.* New York: McGraw-Hill.

第6章

風險管理的實施（二）——識別各類風險

讀完本章可學到什麼？

1. 知道有哪些方法可用來辨識風險。
2. 認識到不同學科領域對風險的分類。
3. 了解到與風險用語相關的名詞。

組織機構完善五大基礎建設後，從戰略、治理、目標、與政策出發，風險管理人員開始執行管理流程。風險管理的過程是周而復始的，且須有系統地持續性進行。風險來源與事件的辨識 (Identification) 是管理流程的開始。本章首先說明風險事件辨識的架構，其次，說明在戰略管理及經營管理層次，常用的識別方法。最後，進一步說明各類風險與相關名詞。

一、風險事件辨識的架構

(一) 風險的終極根源

天、地、與人是所有風險的終極根源。天就是自然宇宙，地就是地球環境，人就是居住於地球與其所構成的社會。自然宇宙過去被視爲神祕的，這個神祕的力量影響了地球的生態環境，也影響了人們對事物的心理認知 (Cognition)，從而有不同的政治、社會、文化制度。現在人們拜科技之賜，探索自然宇宙，自然宇宙也不再如過去神祕，人們的認知也因而改變。同時，科技也使吾人進一步體認到，自然宇宙是如何成爲重要的風險根源。著者將風險的終極根源，歸納爲兩大類：第一類爲自然環境，純與自然宇宙有關，全無人爲因子在內的風險根源；第二類爲人爲環境，只要與人爲因子有關的，均屬此類。

1. 自然環境

人類對大自然，一直想了解其奧祕，並想駕馭它。有些奧祕，拜科技之賜，對其成因已有相當了解，但要改變它，進而加以控制，有些可以，有些以人類目前的科技仍無能爲力。例如：人類仍無法控制，地球板塊推擠產生的地震。在科技有極限的情況下，浩瀚的自然宇宙，自古至今，雖有新發現，但依然神祕。這些神祕自然的力量，對地球生態與人類社會均可能產生危害與破壞。因此，神祕的自然宇宙是風險的終極根源之一。

2. 人為環境

事實上，風險的終極根源有極大部分與人類有關。過去認爲旱災、水災、天寒地凍是神的傑作。然而，已有人認爲許多天災其實是人禍 (Jones, 1996)。「大地反撲」即含此意。科技固然帶給人類文明，科技本身也可能成爲災難的根源。例如：基因生化科技可治絕症，但將來也可能帶給人類災難。另一方面，人類自己創設了各種政治、經濟、社會、文化、與法律制度，這些制度本身就是風險的根源。例如：民主體制與共產體制就會衍生不同的政治風險 (Political Risk)。最後，人類自己本身如何知道與看待周遭的事物將會影響其行為，行為有可能製造危害。這種對事物心理認知的不同，也是風險重要的根源。威廉斯等 (Williams, Jr. et al., 1998) 將此種對事物心理認知的不同，稱之為認知環境 (Cognition Environment)。

(二) 風險辨識的架構與前置概念

1. 風險辨識的架構

風險與時間是銅板的兩面，換言之，有未來就有風險。同時，風險的特性也會隨時間改變。是故，辨識風險須持續、須建立制度、與建立風險管理資訊系統[1](RMIS: Risk Management Information System)（重要的基礎建設之一）。不論產業特質為何，公司內外部環境分析（也屬於戰略環境的檢視）是辨識風險時，最重要的開始。在此，經由調整套用管理大師波特 (Porter, M. E.) 環境分析的五力[2]模型 (Five Forces Model) 概念 (Porter, 1980)，作為確立辨識風險的觀念架構，參閱圖 6-1。

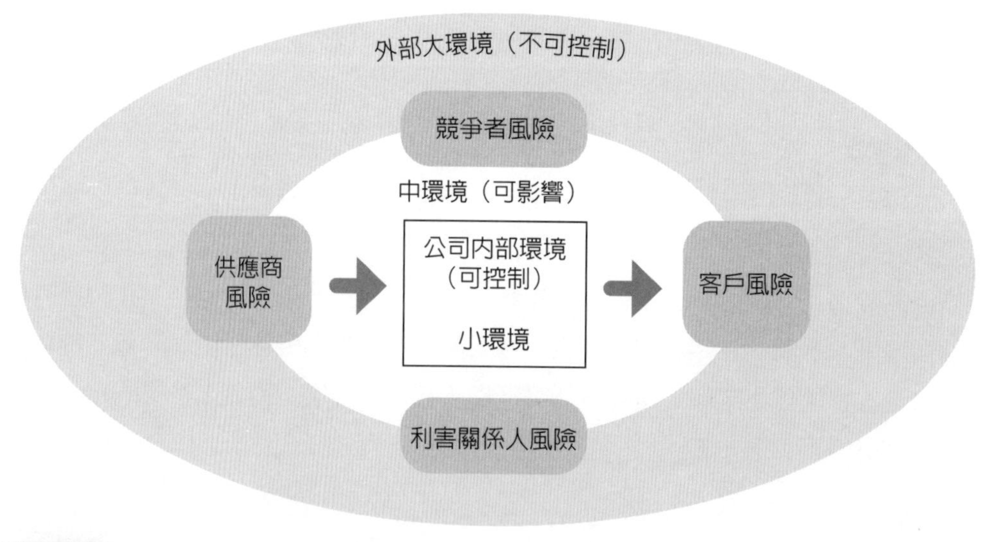

圖 6-1　風險辨識工作的觀念架構

[1] 參閱第四章。

[2] 管理大師波特(Porter, M. E.)的五力係指新競爭者的威脅、客户的議價能力、供應商的議價能力、替代商品或服務的威脅與產業競爭程度。

圖中顯示，大、中、小的環境。大、中環境可說屬於戰略管理層所面對的環境，小環境可說屬於戰術或經營管理層所面對的環境。屬最外圍的大環境風險通常爲公司無法控制的風險，這是指公司對風險的來源，完全無法控制與影響的風險，這類風險因子通常來自系統環境。例如：COVID-19 的蔓延、極端氣候、金融海嘯的發生等各類型系統風險事件。針對這類型風險事件，公司雖無力控制其來源，但可根據過往國內外經驗，事先妥爲因應。

其次，中環境屬中間層。中環境的風險是公司對風險的來源，能夠具有影響力度且可部分控制其來源的風險，這類風險因子主要來自競爭者、客戶、上下游供應商、與內外部利害關係人。來自競爭者的風險因子主要包括進入／退出市場與產品的創新。例如：電子代工業需留意，來自中國電子代工業低價搶單的價格風險競爭，因爲中國電子代工業年複合成長率比臺灣 ODM 成長率高。來自競爭者的風險，公司可影響的力度可能不強但能事先規劃因應。針對來自客戶、上下游供應商、與內外部利害關係人的風險，公司能影響的力度就強許多。對客戶言，公司除注意滿意度外，更應強化其忠誠度，尤其是大客戶，且需注意分散客源。對上下游供應商言，公司除加強對其協助輔導外，更應留意供應商太過集中的風險，尤其應採多重異地供應商的對策。對內外部利害關係人言，善用政商關係、風險溝通術、與 EAP[3](Employee Assistance Program) 計畫，影響員工、債權銀行、投資大眾、與立法委員。

最後，圖中內層，屬小環境的風險。這層風險屬於公司最可控制的風險，這是指公司對風險的來源，完全可控制的風險。這類風險因子主要來自公司內部的製造、研發、與營運管理活動。不論是資產、產品製程、行銷、財務投資、法務遵循、招募新人、制度辦法、溝通協調、與員工行爲等每一環節，均可能是風險的來源，也均有跡可循，也能事先加以控制。這類風險因子的控制唯有眞正落實 ERM，才能實現，即使像過去富士康員工跳樓事件，透過 EAP 計畫與良好的防範措施，應可降低事件的發生。此外，針對供應鏈與銷售鏈風險，更要留意供應鏈與

3　EAP是員工協助方案，主要包括員工諮商服務、生涯發展服務與健康福祉服務，EAP員工協助的面向則包括員工的健康面、工作面與生活面。以卡特皮拉牽引機公司(Caterpillar Tractor)爲例，其EAP範圍包括：心理治療與新進人員的心理測驗；與主管人員諮商員工問題的管理；提供心理測驗資料與解釋；協助有情緒困擾的員工安排調職、轉換工作或接受治療；協助情緒嚴重失調員工轉介至醫院或社區中心；與醫生及主管人員協商那些遭遇嚴重精神或情緒困擾的員工在完成治療後，進行復健與心理調適；保存個案紀錄。EAP詳細訊息與案例，可參閱蔡永銘所編著的《現代安全管理》第三版（民國92年）第306至315頁所揭示的內容。

銷售鏈中所有的違約責任與罰款等合約風險。

2. 風險辨識的前置概念

辨識風險工作開始時，需具備三點前置概念：第一、應善用柏拉圖法則[4](Pareto Principle)，或俗稱的 80/20 法則。柏拉圖法則可應用在許多事務的解釋上，應用在風險事件辨識工作上，就可說公司可能面對的風險來源約有 80%，來自 20% 關鍵性常見的事件或流程。該法則提醒風險管理人員可將重點擺在幾個少數關鍵的事件上，進而節省辨識風險時，所花的時間成本；第二、應先了解同業最佳的實務標竿或作業流程 (SOP: Standards of Operational Procedures)，依據同業最佳的實務標竿或作業流程，有助於了解公司管理的問題所在，這些問題就是風險的來源；第三、應了解風險來源與風險事件的關聯。了解風險來源與風險事件的關聯，是獨立還是相依，有助於對公司衝擊的認識。其次，對「風險事件」(Risk Event) 的定義要明確，這在辨識風險上極為重要，當定義不明確時會影響後續的評估與管理。

二、辨識風險事件的方法

除前述三點前置概念外，公司辨識風險時，先對公司現況作詳細的檢視極為重要。檢視的重點主要有三 (Conrow, 2000)：第一、檢視現行經營業務的範圍與項目。這有助於了解何種外部風險來源與事件會衝擊所經營的業務與項目，檢視過程中，也特別留意新的業務，因新業務可能帶來新的風險；第二、檢視現行所有營運作業流程的純熟度，並與同業實務標竿或作業流程 (SOP) 比較；第三、檢視現行人員的專業訓練與相關資源是否足夠。第二與第三點的檢視有助於了解來自內部風險來源與事件的衝擊。此處說明找出風險常見的方法。

(一) 戰略管理層次使用的方法

1. SWOT分析法

SWOT 分析就是透過對公司內部的優勢 (Strength) 與劣勢 (Weakness) 分析，以及公司外部的機會 (Opportunity) 與威脅 (Threat) 分析，進而檢視找出風險。透過此

---

[4] 義大利經濟學家維佛多．柏拉圖(Vilfredo Pareto)指出，社會財富約80%掌握在少數20%人手上，類似概念可用在辨識風險上。

法，可知公司與同業相比，競爭優勢何在？進而依外部環境擬定戰略方針。

2. 平衡計分卡法

平衡計分卡[5](BSC: The Balanced Scorecard) 是新的戰略管理工具，是辨識戰略層風險的方法，也是戰略風險控制的手段，它結合財務、顧客、內部流程、學習與成長等四個構面，完成未來的願景與戰略。每一構面的每一問項，均與風險的辨識與分析相關。例如：顧客構面問項，爲了達到願景我們對顧客應如何表現？如沒滿意的表現，就可能存在風險。

3. 政策分析法

政策分析法 (Policy Analysis Method) 是針對國內外政府可能或既成的政策，深度分析對公司不利的風險來源與風險事件對公司的可能衝擊。就跨國公司而言，針對各國的貨幣政策、財政政策、經貿政策、環保政策、農業政策等財經或非財經政策的分析，可辨識出可能的各類風險來源與政策風險事件對公司的衝擊。針對本國政策的分析，也有類似的功能。例如：人民幣匯率對美元是否升值的財經決策，可能是匯率風險的來源。萬一決定升值的政策事件發生，對公司的直接與間接衝擊或機會成本爲何。再如，颱風的農作物損失，政府是否補助的決策可能是農產運銷公司的風險來源，也須了解該政策事件的衝擊。透過此法顯示的風險，大部分是公司無法控制的外部風險來源與事件。

(二) 經營管理層次使用的方法

1. 制式表格法

制式表格法 (Standardization Statements) 是採用相關機構團體，例如：保險公司、專業學會、產業公會等設計的標準表格，辨識風險來源與事件。這些制式表格適合新公司或初次想要建置風險管理機制的老公司使用。主要的制式表格有保險相關團體所制定的，例如：風險分析調查表 (Risk Analysis Questionnaire)、保單檢視表 (Insurance Checklist)、與資產曝險分析表 (Asset-Exposure Analysis)。這些制式表格的優點是經濟方便且適合管理風險初期使用，缺點則是缺乏彈性，無法滿足公司的特殊需求。

---

[5] 可詳閱 Kaplan and Norton (1996). *The balanced scorecard: Translating strategy into action*. Harvard business school press.

其次，各類不同產業公會或團體也會設計該產業的標準表格，提供會員或其成員使用。由於針對產業特性設計而成，因此，對會員或其成員適用性高。例如：美國陸軍發展的初期危害分析表 (PHA: Preliminary Hazard Analysis) 制式表格，有助於在製程概念與設計初期，提早辨識風險的來源。

2. 風險列舉法（一）：財報分析法

風險列舉法 (The Risk-Enumeration Approach) 有財報分析法 (Financial Statement Method) 與流程圖分析法 (Flow-Chart Method)。所謂風險列舉法係站在消費者的立場 (Consumer-Oriented)，根據公司財務報表與其他財務資料以及生產過程或管理流程，辨識可能的風險，它又稱爲邏輯分類法。首先，說明財報分析法，財務報表可說是企業所有經營活動的縮影。是故，分析財務報表有助於認識經營風險可能的來源與事件。

公司重要的財務報表有三：一爲資產負債表 (Balance Sheet)；二爲損益表 (Income Statement)；三爲財務狀況變動表 (The Statement of Changes in Financial Position)。從資產負債表可辨識公司的資產與負債風險的類型。例如：公司曝險的種類、存貨價格變動風險、存貨存量控制不當的風險等。從損益表可了解公司業務盈虧風險的來源，從財務狀況變動表可認識現金流量風險的來源。此外，也需留意各項財務明細表、財務相關的重大會議記錄與憑證資料。

風險管理人員也可根據各種財務比率運算的結果，進一步，以其他相關資料爲佐證追蹤可能的風險來源。例如：「Z Score」値、流動比率等各類財務比率。根據比率的運算結果，追蹤風險可能的來源。以「Z Score」値爲例，「Z Score」値的計算公式爲 (Chicken and Posner, 1998)：$Z = 1.2X1 + 1.4X2 + 3.3X3 + 0.6X4 + X5$。其中，X1 = 流動資產減流動負債 / 總資產；X2 = 保留盈餘 / 總資產；X3 = 利息與稅前盈餘 / 總資產；X4 = 特別股與普通股市値 / 總債務；X5 = 銷貨收入 / 總資產。根據計算結果，吾人將有九成的把握，判定公司未來財務的健全度。例如：「Z」値如低於 1.8，表示公司未來可能破產的機會有九成。知道運算結果後，則可追蹤風險的來源。此外，臺灣企業會計制度接軌 IFRS，公司可能面對稅務或法律風險。

3. 風險列舉法（二）：流程圖分析法

流程圖分析法是以生產製造過程或作業管理流程，辨識可能的風險來源與事件。認識常用的流程符號是運用流程圖分析法的首步。常用的流程符號與含義，參

閱圖 6-2。

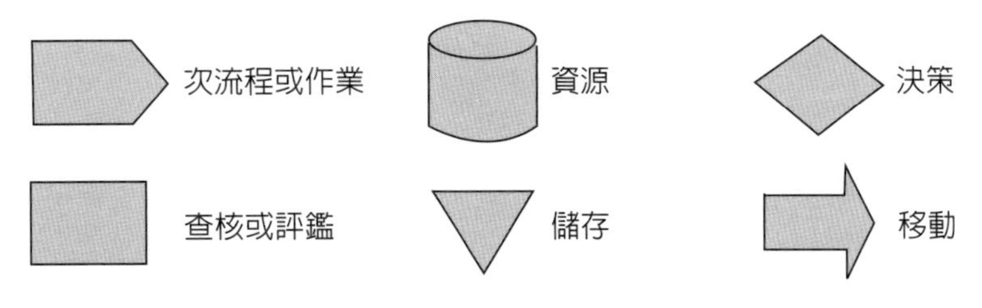

圖 6-2　流程符號與含義

繪製流程圖時，頂多繪製 2 至 3 個層次即可。其次，流程圖有內外流程圖之分。例如：圖 6-3 的內部流程、圖 6-4 的外部流程 (External Flow)。如將經濟學家發展的投入產出分析 (Input-Output Analysis) 融入，則有助於評估風險。例如：圖 6-4 中的數據，有助於最大可能損失的評估。流程圖分析法對營業中斷 (Business Interruption) 與連帶營業中斷 (Contingent Business Interruption) 風險來源的辨識更顯

依鞋狀裁斷 PVC 板 → 裁縫鞋樣 → 鞋品整理 → 包裝出貨

圖 6-3　某鞋廠海灘鞋製造內部流程圖

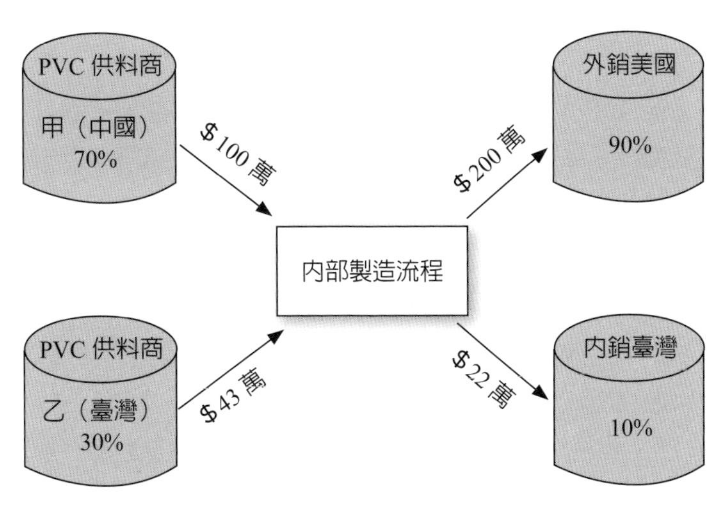

圖 6-4　某鞋廠製銷外部流程圖

適用。以連帶營業中斷風險爲例，如公司九成原料均來自中國的供應商。那麼，可能引發該供應商財務不穩的風險來源，均是連帶營業中斷風險的來源。

此種風險來源稱爲「供應商」風險 (“Contributing” Exposure)。另外，如公司九成產品均外銷美國。那麼，影響美國拒買臺灣貨的所有因素也均是連帶營業中斷風險的來源。此種風險來源稱爲「客戶」風險 (“Recipient” Exposure)。

最後，運用流程圖分析法辨識風險來源與風險事件，至少需留意下列五點：第一、注意流程在組織中，扮演何種角色？第二、注意流程在決策時的變化程度？第三、注意不同流程間的關聯性？第四、找出關鍵流程與所需資源，並且描述相關問題。例如：公司能忍受關鍵流程中斷多久？關鍵流程涉及哪些員工？這些員工專業技能成熟嗎？第五、作業風險流程須以標竿作業作適當的評估。

4. 實地檢視法

俗諺「坐而言，不如起而行」。前項幾種辨識風險的方法，大部分可以說是較爲靜態，且是紙上談兵 (Paper Work)「坐而言」的階段。要能更完整地辨識風險，必須「起而行」，始能克竟其功。實地檢視法更有助於了解風險來源的實情。另外，此法提供了風險管理人員與實際操作人員間，面對面溝通的機會，此對風險管理工作的順暢與績效的提升大有幫助。

(三) 其他特殊方法

風險辨識上，還可考慮採用其他比較不一樣的方法，來思考與辨識。這些不一樣，可能來自過程不同，可能來自各類可用的訊息，也可能針對特殊的風險。這些特殊的方法包括：

第一、專家深度訪談法：針對各類風險，可深度訪談各領域的專家，或辦座談會。例如：政治風險可訪談政治專家學者，財務風險可訪談財經專家學者，法律風險可訪談法律專家學者等。

第二、觀察各類排名及指標法：負責檢視風險的人員必須善於觀察分析國內外組織或報章雜誌對公司經營的各類排名，從觀察排名升或降中，檢視可能的風險。例如：國際信評機構標準普爾 (S&P)、國內中華徵信機構等對公司各類經營的排名與指標。

第三、COCAs 檢視法：它就是從檢視公司各類持有的合約、非正式協議、承諾的義務與制約，發現可能存在的風險。

第四、腦力激盪法：負責採用腦力激盪法檢視風險的人員可以遴選 3-6 名點子王，利用腦力激盪與討論方式，尋求可能遭受的風險，並排列大小的順序。

第五、公共論壇或公聽會法：就公司言，此法可用在外部化風險的辨識上，因外部化風險會涉及一般民眾的權益。例如：環境汙染風險。民眾的想法有可能是重要的風險來源。

三、風險事件的編碼與風險登錄簿

(一) 風險事件的編碼

實務上，找出各種風險後，風險事件須更具體詳細，且容易了解。同時，要很清楚的告訴所有人員。風險事件的命名應該統一，且其名稱除了能描述事件外，還應能代表發生點或其他代表性的意涵。例如：證券交割錯誤事件代表交易交割不正確。再如，斷電事件代表電源中斷。或許如此命名已能滿足分析所需，但有時，可能需進一步命名。例如：臺北地區辦公室斷電機率比高雄地區辦公室低很多，那麼此時，斷電事件的命名，應區分爲兩個事件命名：斷電事件 1／表電源中斷／臺北；斷電事件 2／表電源中斷／高雄。根據這些要點，給予每事件類別代號並編碼。其次，風險事件依需要，選擇分類基礎。通常，還需留意風險來源與風險事件是否有關，也就是兩者是獨立的，還是相依的關係。

(二) 風險登錄簿

識別風險後，在 ERM 架構下，可將風險適當歸類爲戰略風險、財務風險、作業風險、與危害風險等四大類，並依其類別編碼，完整登錄在風險登錄簿 (Risk Registers) 中。風險登錄簿主要在描述可能的風險事件，發生的機率、發生的後果，與對組織目標的衝擊。其格式（參閱表 6-1）可依組織需要設計。風險登錄簿除設置組織總風險登錄簿外，亦可依各項專案、各類風險、組織各部門、各類業務單位、各類管理過程等，分別設置。風險登錄簿中，對每一風險事件要採用適當的編碼。例如：同樣是火災事件，但發生在不同地理位置的廠區，那麼要採用可區分其不同的號碼編製。對風險登錄簿中，發生的機率、發生的後果，與對組織目標的衝擊等，均須做初步的判斷與描述，同時對每一風險事件也要標註登錄日期，方便日後檢視與定期更新。風險登錄簿的所有資訊，可提供初步評估風險性質與大小的依據，進而提供組織應對／回應風險的參考。

表 6-1 風險登錄簿樣本

號碼	風險事件	描述	風險負責人	發生機率	後果	風險等級初判	改善方案	登錄日期

四、風險在學科上的分類

(一) 保險學領域

保險學領域（例如：Dorfman, 1978; Williams, Jr. et al., 1998）中，常見的風險分類，整理如下：

第一、依可能的後果區分：風險可分爲純風險 (Pure Risk) 與投機風險 (Speculative Risk)。純風險指的是只有受損後果可能的風險。典型者，例如：火災或電腦當機引發的作業風險。投機風險是指有獲利可能，也有受損後果可能的風險。典型者，例如：投資股票或戰略風險。此種分法，值得留意的有兩點：1. 所謂「後果」可分初次、兩次或三次以上。換言之，「後果」有種漣漪效應 (Ripple Effect) 或連鎖反應現象。例如：火災發生後，對屋主言，不只蒙受經濟損失，也會遭受心理的打擊。所以所謂可能的「後果」如只考慮經濟損失，不考慮心理的打擊，實也低估後果的嚴重程度。保險學領域中，由於損失補償原則的關係，所謂可能的後果則局限在經濟損失的後果。

2. 以相同或不同立場來觀察後果時，純風險與投機風險間，有時甚難區分，有時也產生所謂的共同存在 (Co-Existence) 現象。例如：火災風險就個別屋主的立場，它是純風險，但就總體社會立場來觀察時，它是投機風險。蓋因屋主住屋遭受火災的毀損，日後要重建時，營建商有可能獲利，俗云「發災難財」即指此。因此，同樣的風險擺在不同立場來觀察時，風險的歸類也可能產生變化。再如，爲了創業開公司，需資本與人力及物料，則公司會面對純風險與投機風險，而兩者共同存在的現象更明顯。例如：物料除可能面臨純風險的毀損外，也可能遭受價格波動的投機風險。此外，所謂的危害風險 (Hazard Risk) 一詞，類似純風險的特質。財務風險 (Financial Risk) 一詞，則類似投機風險的特質。

第二、依起因與損失波及的範圍區分：風險可分爲基本風險 (Fundamental Risk) 與特定風險 (Particular Risk)。基本風險的起因無法歸諸特定對象，而是來自體制環境、市場環境、生態、社會、經濟、文化、與政治環境的變動，其損失波及

的範圍不限特定個體，而是社會群體。典型者，例如：政黨輪替與地球暖化可能引發的風險。特定風險的起因可歸諸特定對象，其損失波及的範圍可局限在特定範圍或個體。典型者，例如：車禍或火災風險，通常可歸諸駕駛人或屋主個人因素所引發，損失波及的也局限在特定的範圍或個體。

第三、依曝險[6]的性質區分：風險可分爲實質資產的風險 (Physical Asset or Real Asset to Risk)、財務資產的風險 (Financial Asset or Financial Instrument to Risk)、責任風險 (Liability Exposure to Risk)、與人力資產的風險 (Human Asset to Risk)。實質資產與財務資產併稱，即一般所言的財產 (Property)。人力資產即人力資源 (Human Resources)。**實質資產的風險**係指不動產與非財務動產（例如：商譽、著作權等）可能遭受的風險。風險來源有可能來自資產的實質毀損（例如：火災導致的建築物毀損等）與資產價值的增值或貶值（例如：來自經濟不景氣所致的資產增貶值等）。**財務資產的風險**係指財務資產（例如：持有的債券、股票、與期貨等）可能遭受的風險。風險來源可能來自財務資產本身的毀損，但此種毀損並不損其持有權價值，此點與實質資產的毀損不盡相同。蓋因有形的實質資產毀損時，其持有權價值也會蒙受損失。另外，財務資產風險的來源可能來自於金融市場波動，引發的持有權價值的增減。例如：利率波動所致等。責任風險係指個人、公司、國家可能因法律上的侵權或違約，導致第三人蒙受損失的風險。例如：臺灣核四違約的可能賠償等。人力資產的風險係指人們因傷、病、死亡導致公司生產力的衰退或個人家庭經濟不安定的風險。前列四項風險亦可縮減爲三項，亦即財產風險 (Property Risk)、責任風險 (Liability Risk)、與人身風險 (Personnel Risk)。

第四、依科技水準或各項體制的變動區分：風險可分爲靜態風險 (Statistic Risk) 與動態風險 (Dynamic Risk)。科技水準或各項體制不變的情況下，所存在的風險稱爲靜態風險 (Static Risk)。換言之，這類風險的存在與科技或各項體制變動無關。例如：火災、地震風險自古皆然。來自科技水準或各項體制變動所引發的風險稱爲動態風險 (Dynamic Risk)。例如：產業革命時期，機器代替人工所引發的各種新風險，或蘇聯帝國瓦解導致政經社體制動盪所引發的新風險，均稱爲動態風險。其次，動態風險多屬基本風險，靜態風險多屬特定風險。

6　曝險並不意謂遭受損失的金額。例如：資產值1,000萬，那麼曝險額是1,000萬，但遭受火災的損失可能只有100萬。

(二) 財務理論領域

財務理論（例如：Doherty, 2000; Banks, 2004）中，常見的分類，整理如下：

第一、依風險效應可否抵銷區分：依據組合理論 (Portfolio Theory)，個別風險間，如相關性低或負相關經由組合後的總風險，通常會低於個別風險的總和。考其原因，在於風險的效應相互間被抵銷所致。例如：投資某公司股票，公司股價因某種因素下跌。此時，投資人可進行投資分散，投資在相關性低或負相關的股票，達到個別股價風險間相互抵銷的效果。這種可以抵銷分散的風險稱爲非系統風險 (Non-Systematic Risk)、或謂可分散的風險 (Diversifiable Risk)、或謂公司風險 (Firm's Risk)。反之，股市崩盤時，所有上市股票價格均受波及無一倖免。此時，投資人所持有的所有股票，無法達到相互抵銷分散的效果。這種無法抵銷分散的風險稱爲系統風險 (Systematic Risk)、或謂不可分散的風險 (Non-Diversifiable Risk)、或謂市場風險 (Market Risk)。其次，個別風險間，可相互抵銷分散的現象，不只股市投資人可享有，所有的保險公司亦可透過大數法則 (The Law of Large Number) 的運用，達到類似效果，最好的前提是保單間，是同質 (Homogenous) 且獨立的 (Independent)。

第二、依是否起因於財務活動區分：風險分爲財務風險 (Financial Risk) 與非財務風險 (Non-Financial Risk)。無論是金融保險機構或一般企業公司的經營活動，均可大別爲財務活動與實質經營活動。起因於前者所引發的風險稱爲財務風險，這多屬於價格或價值的波動；起因於後者所引發的風險，大多爲非財務風險。財務風險可進一步區分爲：市場風險 (Market Risk)，例如：股市可能的崩盤；信用風險 (Credit Risk)，例如：違約風險；流動性風險 (Liquidity Risk)，例如：資產因市場不夠活絡，導致可能無法以現行市價變現的風險；模型風險 (Model Risk)，例如：財務模型評價的風險。每一種財務風險亦可進一步劃分，例如：市場風險又可進一步區分成數種，例如：方向風險 (Directional Risk)、基差風險 (Basis Risk) 等。非財務風險亦可稱爲營運作業風險 (Operating Risk)，它亦可進一步區分成許多類別，例如：因產品的瑕疵可能引發的責任風險 (Liability Risk)，或例如：因未經授權的決策可能引發的作業風險 (Operational Risk)。

第三、依比較利益區分：創設公司就是個冒險行爲，既面臨風險也追求報酬。可能的報酬與風險的比例是爲比較利益 (Comparative Advantage)。公司具有的特殊專業技術，在處理因專業活動引發的風險上，有較高的比較利益。反之，在處理其

他經營風險時，公司具有的特殊專業技術可能無能爲力。換言之，比較利益低。以某一石油探勘公司爲例，探勘過程會面臨的風險，具有較高的比較利益，這種風險稱爲核心風險 (Core Risk)。蓋因，這家公司擁有極特殊的探勘技術，探勘成功的機會與可能報酬極高。相反的，公司這種特殊探勘技術，對工程師死亡的風險根本無比較利益，甚至公司利潤會因工程師死亡而流失，這種風險稱爲附屬風險 (Incidental Risk)。對附屬風險，公司在管理上應尋求轉嫁，使公司更有能力承受核心風險。

(三) 安全科學領域

就安全科學領域（例如：蔡永銘，2003；黃清賢，1996）中，主要的分類是依個人或群體承受的風險區分：風險分爲個別風險 (IR: Individual Risk) 與社會或社區風險 (SR: Societal Risk or Community Risk)。個別風險指的是大眾個別人員，一年期間遭受某一事故風險的機率或頻率。社會或社區風險指的是大眾群體，一年期間遭受某一事故風險的機率或頻率。以核能風險爲例，英國 1988 年，個人可接受來自核能風險引發的死亡機會是每年少於十萬分之一。總體社會可接受的風險程度是平均一年超過一百人的死亡機會爲百萬分之五。兩者表示方法各有不同，個別風險以工廠內員工個別風險爲例，它常以 FAR(Fatal Accident Rate) 表示。FAR 係指工人死亡人數與曝露十的八次方工時的比例。FN 累積曲線則是社會或社區風險，常見的表達方式。FN 累積曲線，參閱圖 6-5。

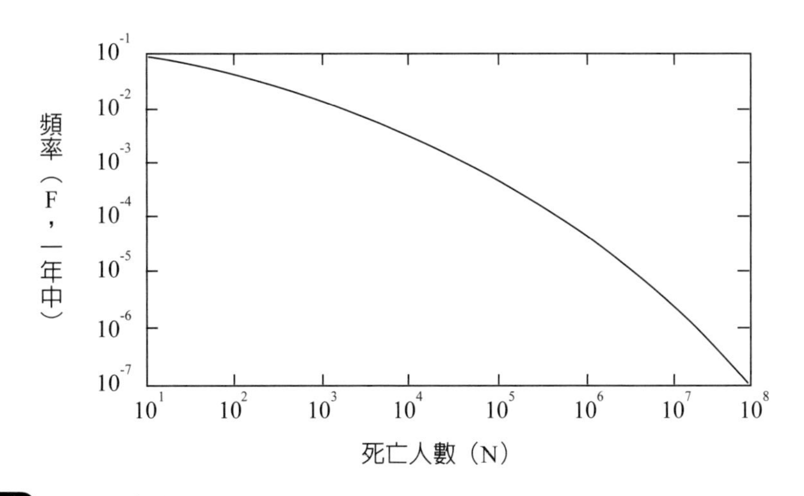

圖 6-5　FN 累積曲線

(四) 經濟學領域

就經濟學（例如：Segerson, 1992）領域言，風險常見的分類是依風險可能伴隨的成本是否包含於自由市場決策機制中區分：風險分為外部化風險 (Externalized Risk)、內部化風險 (Internalized Risk)、與市場基礎風險 (Market-Based Risk)。水汙染是典型的外部化風險，水汙染造成的社會成本，除非政府公權力涉入，否則在完全自由的市場決策機制下，廠商均不願意將該成本吸收於所製造的商品成本中，此類情形下的風險是為外部化風險。與外部化風險相對應的是市場基礎風險，而非內部化風險。例如：產品責任風險是為市場基礎風險。內部化風險指的是無外在的制約，完全由人們自由決定，因而可能引發的風險，典型者如高空彈跳。

(五) 心理學領域

就心理學（例如：Adams, 1999）領域，風險常見的分類是：

第一、依人們對風險的感知是否需藉助於科技區分：風險分為可直接感知到的風險、需藉助科技始能鑑識的風險、與專家完全不清楚或專家間無共識的虛擬風險 (Virtual Risk)。可直接感知到的風險，典型者如車禍。需藉助科技始能鑑識的風險，典型者如霍亂病。專家完全不清楚或專家間無共識的虛擬風險，典型者如過去 SARS(Severe Acute Respiratory Syndrome) 剛爆發時。

第二、依風險感知區分：風險可分為感知風險 (Perceived Risk) 與實際風險 (Real or Actual Risk)。風險感知 (Risk Perception) 是人們對風險的解讀與認知過程。感知風險則是將人們的風險感知以某種計量的方式所呈現的認知程度。感知風險與實際風險是相對名詞，後者是統計數據呈現的風險程度。

第三、依風險的承受是否為自願區分：風險分為自願風險 (Voluntary Risk) 與非自願風險 (Involuntary Risk)。前者可能基於各類不同的動機，而自甘接受的風險；後者則是非預期且無法控制的風險。自願或非自願，則有個人與社會團體立場之別。換言之，對個人言，某種風險或許是自願風險，但對社會團體言，不見得是自願風險。反之，也有可能。

五、與風險相關的名詞

(一) 風險鏈

在 ERM 架構下，風險鏈 (The Risk Chain) 是風險來源 (Risk Source)、風險事件 (Risk Event)、與後果 (Consequence) 間，連續影響的概念用語[7]。相對的，在 TRM 架構下，習慣稱呼風險鏈是危險因素 (Hazard)、危險事故 (Peril)、與損失 (Loss) 間，連續影響的概念用語。蓋因，TRM 只管理危害風險。此處，以車禍過程爲例，說明上述三個概念，圖 6-6 稱之爲風險鏈。

文化、社會、經濟、政治，與路況天氣環境

人的需求 養家糊口 → 上班工具 選擇開車 → 車禍發生 車子失控 → 後果一 嚴重受傷 → 後果二 住院診斷 → 後果三 不治死亡

曝露過程

後果發展

人們對風險的認知與評價過程

時間的過程

圖 6-6　風險鏈

(二) 風險來源

風險來源可能導致風險事件的發生，風險事件發生後，其後果可能是正面的，也可能是負面的。例如：天雨路滑不一定會發生車禍，但如車禍發生，對駕駛人言，其後果必然是負面的。再如，國際經濟因素可能導致人民幣升值或貶值，對持有人民幣的人而言，升值或貶值的風險事件發生，其後果可能是正面的，但也可能是負面的。

風險來源是個情境概念，觀察圖 6-6。風險的來源極爲廣泛，它可以包括文

[7] 由於ERM架構下，管理的風險不若TRM架構下，僅管理危害風險。在ERM架構下，所管理的風險，還包括戰略風險、財務風險與作業風險。因此，風險鏈中的相關用語轉換成風險來源、風險事件與後果爲宜。

化社會價值、路況、車況、駕駛人的情緒、與身體狀況等。其次，留意曝險過程 (Exposure Process) 的演變，這個過程會因人、路段、與時段等因素而變。如果開車上班是唯一的選擇，那麼此種曝險的情境，稱爲確定性的曝險 (Deterministic Exposure)。如果可以有好幾種選擇，則稱爲可能性的曝險 (Probabilistic Exposure)。

風險來源可分爲來自物質因素與人爲因素兩種：來自物質的包括路況、車況、駕駛人體況、與天候等；來自人爲的包括駕駛人的文化社會價值觀、駕駛人的心理情緒、與駕駛人遵守交通規則的品德等。來自人爲的又可進一步劃分爲與道德有關的，例如：駕駛人遵守法規的素養等，以及與心理有關的，例如：駕駛人的心理情緒等。

其次，人們對風險鏈中，各種可能的情境與後果，均會有不同的感受。簡單說，這種不同的感受就是風險感知 (Risk Perception)，這包括對上班路況的認知判斷，對該地段車禍發生記錄的認知判斷等。如果人們對車禍風險感知的程度低，那麼人們選擇開車上班的機會高；反之，機會低。

(三) 風險事件與後果

以圖 6-6 言，車禍就是風險事件，重傷、住院、與死亡是爲後果。後果也可分爲直接的與間接的兩種。例如：重傷就是直接的，因重傷住院所花的住院費用與診療費用；進而可能傷重死亡，要花的喪葬費用以及可能引發的責任訴訟費用，都是間接後果。換言之，風險事件導致的初次效應是直接後果，其後續效應是爲間接後果。值得留意的是後果包括哪些範圍，與各種風險理論的主張有關，詳閱第二章。

(四) 風險的可變性

風險是會改變的，其意係指風險的類別會變，風險的特性會變。改變的主因就是來自時間這個變項。隨著時間的經過，不確定會演變爲確定，風險來源也會改變，科技也會快速發展，人的價值觀也會產生變化，這些都會影響風險的變化。例如：房屋面臨的火災風險程度，與往昔迥異，就是拜現代科技之賜。再如，車禍早期視爲特定風險，如今有人視爲基本風險。

本章小結

辨識風險越完整越佳，風險的分析歸類需清楚明確，有助於進一步的風險評估。其次，持續注意風險的變化，同時記住由於人類科技知識永遠有極限，因此，未知的未知風險 (Unk-Unks Risks: Unknown-Unknowns Risks) 永遠都是存在的。

思考題

1. 運用流程符號，描繪大學迎新活動的流程圖外，並依保險學領域中的分類基礎，詳列大學系學會可能面臨的迎新活動風險。
2. 網路發達，用搜尋引擎可使我們知道全球所有風險訊息，所以風險辨識絕對能完整無缺，是嗎？
3. 80/20法則在識別風險上怎麼說？用SWOT分析你（妳）的就業戰略風險。

參考文獻

1. 蔡永銘（2003）。*《現代安全管理》*。臺北：揚智文化公司。
2. 黃清賢（1996）。*《危害分析與風險評估》*。臺北：三民書局。
3. John Adams (1999). Cars, cholera, cows and contaminated land: Virtual risk and the management of uncertainty. In: Bate, R. ed. *What risk?* pp. 285-315. Oxford: Butterworth/Heinemann.
4. Banks, E. (2004). *Alternative risk transfer: Integrated risk management through insurance, reinsurance, and the capital markets.* Chichester: John Wiley & Sons Ltd.
5. Conrow, E. H. (2000). *Effective risk management: Some keys to success.* Virginia: American Institute of Aeronautics and Astronautics, Inc.
6. Doherty, N. A. (2000). *Integrated risk management: Techniques and strategies for managing corporate risk*. New York: McGraw-Hill.
7. Dorfman, M. S. (1978). *Introduction to insurance.* New Jersey: Prentice-Hall.
8. Jones, D. K. C. (1996). Anticipating the risks posed by natural perils. In: Hood, C. & Jones, D. K. C. ed. *Accident and design: Contemporary debates in risk management.* pp. 14-30. London: UCL Press.

9. Kaplan, R. S., & Norton, D. P. (1996). *The balanced scorecard: Translating strategy into action.* Harvard business school press.
10. Porter, M. E. (1980). *Competitive structure.* New York: Free Press.
11. Segerson, K. (1992). The policy response to risk and risk perceptions. In: Bromley, D. W. and Segerson, K. ed. *The social response to environmental risk: Policy formulation in an age of uncertainty.* pp. 101-131. London: Kluwer Academic Publishers.
12. Williams, Jr. C. A. et al. (1998). *Risk management and insurance*. 8th ed. New York: Irwin/ McGraw-Hill.

第 1 章

風險管理的實施（三）——風險分析與評估(I)

讀完本章可學到什麼？

1. 了解戰略風險的來源與高低。
2. 認識公司經營層各風險的性質。
3. 了解商譽風險的評估。
4. 了解如何利用風險點數公式描繪風險圖像與風險如何得到最後排序。

風險識別後，應評估風險的高低，供選擇應對的風險工具外，還須了解風險是否可接受，評定其重要性與排序。因此，風險評估過程會涉及風險評價 (Risk Evaluation) 的問題。員工與風險管理人員對風險的評價，不盡然會相同，對風險是否可接受，意見也會不同，也因此，風險感知／知覺 (Risk Perception) 分析，就顯得格外重要。本章與下一章說明評估風險高低的質化與量化方法，至於風險評價則列入第十五章說明。

一、戰略管理層次的風險分析

(一) 戰略風險分析

經由前提及的戰略環境檢視與戰略地圖（參閱第五章），在識別戰略風險的方法下，已很清楚戰略風險的各種來源，這就成爲組織必須面對的戰略風險。戰略風險的性質屬於投機風險，因爲同一戰略，有可能成功獲利，也有可能失敗受損。公司戰略管理上，不論進行何種戰略，均會與公司長期目標、外部競爭環境、與內部經營的彈性相關。這些變項的改變可能引發的不確定即爲**戰略風險**，這可包括競爭風險 (Competitive Risk)、創新風險 (Innovation Risk)、與經濟風險 (Economic Risk)。戰略風險不是新的風險，不論任何組織機構均須發展戰略，面對戰略風險，在管理戰略風險時，只採用風險管理無法竟其功，這須配合其他戰略管理方法。

(二) 戰略風險評估

正如前述，戰略風險的產生包括兩大來源：一爲外部競爭環境；另一爲內部經營的彈性（也就是公司對外部競爭環境，適應的快慢）。這兩變項各自的強度，互動的最後淨結果，影響公司戰略風險程度的高低 (Doff, 2007)，參閱圖 7-1。

		適應的彈性	
		快速反應	反應緩慢
競爭環境	動態	中度戰略風險	戰略風險極高
	穩定	戰略風險低	中度戰略風險

圖 7-1　戰略風險程度

從上圖可知，當一家公司面臨動態的外部競爭環境，同時，內部經營上無法快速適應時，那麼，公司可能面對高度的戰略風險。相反的，公司如能快速適應外部動態的競爭環境，那麼，公司面對的戰略風險程度可能降低。同樣，只要公司內部經營上能快速適應，即使屬於靜態的外部競爭環境，那麼，公司可能面對的戰略風險就會低。反之，就會高。也就是說，公司內部經營的彈性是決定公司戰略風險程度的最重要變項。

二、經營管理層次的風險分析

經營管理層次的風險，在此以曝險[1](Exposure)主體，分析所面臨的各類風險。曝險主體包括實質資產(Physical/Real Asset)、財務資產(Financial Asset/Financial Instrument)、人力資產(Human Asset)與責任曝險（或稱責任風險）(Liability Exposure)。此層次的風險種類繁多，本節就主要常見的風險，作摘要性的分析。

(一) 實質資產風險分析

實質資產是任何公司重要的曝險主體，規模越大可能損失越嚴重。所謂實質資產是指除有價證券等財務資產外，所有有形與無形（商譽另外分析，閱後述）的財產而言。這些資產均可能面臨危害風險、作業風險與財務風險。以公司廠房爲例，它可能遭受的危害風險，例如：火災與地震等；它可能遭受的財務風險，例如：房地產價值的增貶；它可能遭受的作業風險，例如：廠房建設期間，監工人員管控不當可能引發的損失。

1. 危害風險分析

(1) 實質毀損可能引發的損失型態

危害風險事件對實質資產造成的後果，有第一次效應的實質毀損，也就是直接後果(Direct Consequences)，以及之後連鎖產生的各類效應（例如：自用住屋遭火焚毀後，可能另行租屋的費用，或可能承擔的法律責任等），這些後續的各類效應可概稱間接後果(Indirect Consequences)。其次，實質資產的損失型態也可依損失原因劃分，分爲火災損失、爆炸損失、颱風損失、竊盜損失、地震損失、與洪水損失

---

[1] 曝險即曝露於風險中的簡稱，但不代表等於損失，例如：某公司持有200萬的建築物，那曝險額是200萬。火災發生時，可能損失額度只有10萬。其次，任何人、事、物都是曝險主體。

等。各種損失原因間，有可能互爲獨立或互爲因果。例如：颱風與洪水間，有可能是連續因果關係，而竊盜與爆炸間，有可能互爲獨立。

(2) 直接後果原因分析——火災

火災發生會直接導致實質資產的毀損或人員的傷亡，但火災的發生有其基本條件，這基本條件是可燃性氣體和空氣的混合，再加上充分的熱能。保險學中，習用善火 (Friendly Fire) 與惡火 (Hostile Fire) 區分火的類別。前者當然不是火災，後者是。因前者發生於適當處，且人們能控制，後者反之。其次，根據過去統計（臺灣內政部消防署，2010）顯示，火災發生的原因來自電氣設備最多，次爲菸蒂造成，再次就是人爲縱火。再進一步分析，火災事件原因中，除自燃外，其他原因均多多少少與人們的行爲有關。例如：爆炸引發的火災事件，除完全是機件因素外，多少均與人員維修執行不力有關。

(3) 直接後果原因分析——地震、颱風、洪水

地震發生的原因是大陸板塊推擠的結果，再者，地震的震級與震度是不同的。震級表地震規模，以震波的運動量計算；震度則表地震時，人們感受的激烈程度。地震規模現都採用芮氏規模 (Richter Scale)，芮氏規模是由美國地震學家芮氏，於1935 年制定，其等級從零級到無限大，級數越高，震度越強。每一級顯示的地震威力，幾乎均是以幾何級數增加。震度是根據地表變化現象，建築物的破壞程度與人的主觀感覺來劃分。震度與震源距離有關，但與震級是不成比例的（李逸民，1988）。

其次，颱風、洪水的產生則與地球氣候的變動有關，極端氣候是近年來最値得留意的氣候變動現象。臺灣位於颱風路徑的要衝，每年幾乎均會有颱風過境或登陸，造成無數的損失與人員傷亡。颱風通常挾帶暴雨，是造成洪水的原因。通常，東臺灣是颱風的登陸點，每年 6 月至 10 月是颱風、洪水侵襲臺灣的季節。但近年來，颱風登臺地段與侵襲月分，似乎有點改變，有謂乃全球氣候異常所致。

最後，巨災 (Catastrophes or Disasters) 主要分爲天然巨災 (Natural Catastrophes) 與人爲巨災 (Man-Made Catastrophes)。颱風、洪水、與地震造成者，通屬天然巨災，而人爲巨災，例如：美國的 911 恐怖攻擊與全球金融海嘯均是。通常巨災的發生導致的直接與間接後果極爲廣泛。構成巨災的要件[2]不一，根據聯合國標準，通

---

[2] 保險業常以損失金額爲要件。1997年前，巨災損失的定義是500萬美元以上，1998年後，2,500萬美元以上。

常所謂巨災須滿足三要件：第一、死亡人數高達一百人以上；第二、經濟損失金額占年度國民生產毛額的 1% 以上；第三、受影響人口（即災區人口）達全國人口的 1% 以上（CRED: Centre for Research on the Epidemiology of Disasters 的標準）。例如：臺灣1999年9月21日與日本2011年3月31日發生的大地震均符合前述三要件。

(4) 直接後果分析——爆炸

爆炸 (Explosion) 可在瞬間發生巨大力量，造成資產毀損與人員傷亡。爆炸係指儲存在密閉容器內的可燃性混合氣體，部分著火時，火陷造成容器內的溫度，急劇上升，壓力增加，當容器無法承受壓力時，即引起爆裂，此現象稱為爆炸。爆炸可分為：(1) 物理爆炸：壓力容器、鍋爐、眞空空氣的破裂及電線爆炸等；(2) 化學爆炸：氣體、粉塵、液滴、火藥及其他爆裂物所產生，或二種以上之物質聚合所引起的爆炸等；(3) 核子爆炸：如核子分裂、核融合等產生的爆炸。如依形式分，爆炸又可大別為如下幾類：(1) 單獨爆炸、複合爆炸、繼起爆炸；(2) 開放下爆炸、密閉下爆炸；(3) 弱爆炸、猛烈爆炸。以塵爆 (Dust Explosion) 為例，它可以是物理與化學混合型的爆炸。飼料廠容易造成塵爆，其原因可能有四：(1) 靜電引燃飼料生產時，產生的粉塵；(2) 機械磨擦發生的塵爆；(3) 電線走火引致塵爆；(4) 菸蒂引燃塵爆。

(5) 直接後果原因分析——竊盜

竊盜 (Theft)、強盜 (Robbery)、與侵入住宅 (Burglary) 間不同（王衛恥，1981）。竊盜係指基於奪取故意，非法侵犯他（她）人，奪去或取去他（她）人的動產而言，竊盜主要是指違反財產的犯罪行為。強盜係指基於奪取的故意，違反他（她）人意志，藉暴力或恐嚇，自他（她）人身體或面前，奪去他（她）人占有的動產而言，它屬於違反人身的犯罪行為。侵入住宅則係基於犯罪的故意，破壞且進入他（她）人的住宅而言。竊盜與強盜以及侵入住宅的行為，除了個人因素外，社會與經濟等的外在因素影響是不容忽視的。

(6) 直接經濟損失評價

計算實質資產損失的方法與基礎，直接與間接損失各有不同。方法與基礎的不同，計得的損失金額也不同。此種不同對未來損失幅度的預估有影響。計算實質資產直接損失的基礎有：原始成本 (Original Cost) 基礎、帳面價值 (Book Value) 基礎、市價 (Market Value) 基礎、收益資本 (Earning Capitalization) 基礎、重置成

本 (Replacement Cost) 基礎、與重置成本扣除實際折舊 (Replacement Cost Less Physical Depreciation) 基礎（或謂**實際現金價值基礎**，也就是 ACV 基礎：Actual Cash Value）。其中，原始成本與帳面價值基礎，就風險管理與保險的目的言，不太適用外，其餘基礎可依不同目的使用。其中，重置成本基礎與重置成本扣除實際折舊基礎，是實質資產經濟損失評價中常用的基礎。

重置成本等同市價，它意謂原有財產喪失時，重新購置〔有別於重製成本 (Reproduction Cost)〕的支出。重新購置指購買規格條件與原有財產大致相同的財產而言，此基礎並非沒有爭議。其次，說明重置成本扣除實際折舊基礎，也就是實際現金價值基礎下的計算方式。例如：一部電視機購價為 $20,000。用了幾年後，僅值 $12,000 並遭火焚毀。同樣規格全新電視機，公平市價為 $24,000。那麼，該電視機的實際現金價值是 $24,000 – [$24,000×($20,000 – $12,000)/$20,000] = $14,400。此外，實質資產中，存貨損失的計算基礎，在風險分析中，以 NIFO(Next-In, First-Out) 為基礎，並不採用 FIFO(First-In, First-Out) 與 LIFO(Last-In, First-Out)。蓋因，NIFO 即下次進貨價。換言之，它是為市價。市價基礎吻合風險事件發生時，損失評價的時點。

(7) 間接經濟損失評價——營運收入的減少

間接損失或稱從屬的損失 (Consequential Loss)，採保險觀點，它主要包括營運收入的減少和額外費用的增加兩項。至於，因直接損失可能導致的法律責任，參閱本節後述。其他因直接損失連鎖產生的非財務影響，例如：心理痛苦的感受不列入分析。

營運收入的減少主要包括：第一、**營業中斷損失** (Loss of Business Interruption)，公司因自有財產遭受直接損失，導致無法繼續營業，在未回復正常營業前，所蒙受的損失。營業中斷損失計算考慮的因素為：(1) 營運正常下，賺取的淨利；(2) 繼續費用；(3) 營業中斷期間 (Period of Shutdown)。換言之，營業中斷損失是中斷期間淨利與繼續費用的總計；第二、**連帶營業中斷損失** (Loss of Contingent Business Interruption)。連帶營業中斷損失係指公司營業中斷，不是自有財產毀損導致，而是供應商或客戶因素導致公司連帶暫停營業的損失，此種損失計算與營業中斷損失雷同；第三、成品利潤損失 (Loss of Profits on Finished Goods)。此為製造業特有的損失。蓋因，對製造業言，營業中斷並非指銷售的中斷，而是指生產製造的中斷。是故，成品存貨遭毀損時，將喪失含於售價中的利潤；第四、應收帳款減少

的損失 (Smaller Net Collections on Accounts Receivable)。應收帳款相關的會計記錄和文件遭受焚毀，債務人如拒絕履行清償，將使公司蒙受損失。

(8) 間接經濟損失評價——額外費用的增加

額外費用的增加主要包括：第一、租賃價值損失 (Rental Value Loss)。租賃價值係指自用房屋所有人，房屋遭受毀損時，在回復期間不得不另行租屋，此時，另行負擔的租金稱爲租賃價值；第二、額外費用損失 (Extra Expense Loss)。公司因財產毀損，但仍需繼續營業必須支出的額外費用，是爲額外費用損失。此種損失涵蓋前述的租賃價值損失；第三、租權利益損失 (Leasehold Interest Loss)。租權利益係指承租人基於租賃契約對某建物享有使用權，此種對建築物的使用權可能因營業情況良好及各種因素的配合，導致該建築物的租賃價值增高，且超出原有租金，超出的部分稱爲租權利益。顯然，此種利益可能會因建築物的毀損而喪失。

2. 財務與作業風險分析

實質資產除遭受危害風險事件的實質毀損外，也可能因財務風險事件導致其價值有所增貶。例如：利率波動對房價的影響。其次，實質資產也可能因作業風險事件導致損失。例如：來自管理不當造成電腦設備的毀損。因財務風險導致價值波動的原因變項，以及因作業風險導致實質資產損失的原因，可參閱本節後述。

(二) 財務資產風險分析

財務資產是代表承諾於未來某時點，分配現金流量的資產而言。舉凡，各種有價證券或保險單均是。不同的證券財務風險高低有別，例如：公債的財務風險就比股票低。一般而言，金融保險機構持有財務資產的比重高過一般企業公司。財務資產同樣面臨危害風險、財務風險、與作業風險。

1. 危害與作業風險分析

不論實質資產或財務資產均會面臨實質毀損的危害風險，但這種風險，一般而言，實質資產比財務資產嚴重。蓋因，財務資產毀損後，依一定程序，可能負擔少許費用，即可重新取得，但實質資產的重建或重購花費龐大。其次，財務資產實質毀損的原因可參閱前述。財務資產同樣面臨作業風險事件，可能導致的損失。例如：發行公司債作業疏失，導致的糾紛與損失。尤其對負責財務資產訂價的金融保險機構言，財務資產的作業風險事件更要留意。例如：作業風險之一的模型風險

(Model Risk)，訂價模式如有偏差，輸入模式中的資料或參數如有錯誤，均會使金融保險機構陷入極高的危險。

2. 財務風險分析

通常，財務風險屬投機風險，常見的財務風險類別包括：市場風險 (Market Risk)、信用風險 (Credit Risk) 與流動性風險 (Liquidity Risk)。

(1) 市場風險

市場風險屬於系統風險／不可分散風險。這種風險的來源，對金融保險機構或一般企業公司均屬相同，但衝擊程度不同。市場風險的來源主要來自各類金融資本市場變數的改變。這種改變將導致公司資產與負債價值的波動。市場風險的具體來源，主要有利率、匯率、權益資本（例如：股票價格）、與商品價格（例如：石油價格）的波動。同時，這些變數爲何改變？則各成爲利率風險、匯率風險、權益風險、與商品風險的重要來源。例如：政府對利率的調降或調升，是受到資金市場供需所影響。影響資金供需的變數，即爲利率風險的來源。這些變數的改變對公司不利的衝擊，還需依據公司資產與負債曝險的情況而定。例如：在固定收益市場中，利率改變時，公司可能獲利或受損的程度均還需依公司資產或負債的存續期間長短而定。該存續期間的長短即爲曝險程度。

(2) 信用風險

信用或抵押借貸的交易，債權人的一方總會面臨來自債務人違約或信評被降級，可能引發信用風險。因此，不論金融保險機構或一般企業公司均可能面臨信用風險。就銀行本身，信用風險來自貸款客戶的違約或信評被降級或衍生性商品交易的對方。就銀行存款客戶言，信用風險來自銀行信評被降級或經營不良違約。就保險公司言，信用風險除來自貸款客戶的違約或信評被降級或衍生性商品交易的對方外，還有來自再保險合約交易的對方。一般企業公司的應收帳款風險，也是一般企業公司面臨的信用風險。違約或信評被降級主要來自債務人財務結構不健全或非財務的變數。

(3) 流動性風險

公司持有的資產無法在合理的價位迅速賣出或轉移，以致無法償還債務時，即會面臨流動性風險。例如：股市交易清淡時，持有大量股票的公司須留意此種風險。通常，實質資產面臨的流動性風險高過財務資產面臨的流動性風險。

(三) 人力資產風險分析

1. 人力資產對公司的重要性

公司員工的傷、病、死亡，不僅影響其工作能力，也影響家庭生計。另外，員工對屆齡退休與可能失業的憂慮，在沒有妥善的準備前，對其工作績效不可謂全無影響。是故，公司如能善加爲員工著想，不僅員工獲益，公司也能獲致下列好處 (Williams, Jr. and Heins, 1981)：第一、可改善勞資關係，並增強生產力；第二、可滿足有社會責任感的雇主；第三、可減少政府可能的干預。蓋因，公司完善的人力資產保護計畫，可減少因社會保險擴張，政府對公司的干涉。然而，此種無形的效益是否存在，每個國家不盡相同。

2. 危害風險分析

員工面臨的危害風險，任何公司必須特別留意。員工受到這些危害時，影響的不是只有員工本身，對公司價值的影響更不言可喻，尤其重要員工。

(1) 人力喪失原因──傷、病、死亡

死亡又謂往生。何時往生，個人無法確知。造成死亡的原因，可以是意外傷害，可以是重病，可以是時間。造成傷、病的原因，可以是意外事故，可以是個人體質，也可以是文化因子。文獻（胡幼慧，1993）已顯示，疾病與文化因子極有關聯。例如：臺灣 B 型肝炎猖獗與國人「合吃共享」的飲食文化有關。傷、病、死亡對員工家庭生計的財務影響，有兩種型態：一爲因傷、病導致的收入中斷或減少，此稱爲收入能力損失 (Earning Power Loss)；另一種爲因傷、病、死亡所增加的額外開銷，此稱爲額外費用損失 (Extra Expenses Loss)，這含括喪葬費用、醫療費用、與住院費用等。

進一步言，衡量人們死亡機會的指標稱爲死亡率 (Mortality Rate)，影響死亡率的因子眾多。例如：年齡（也就是時間）、性別、身高、與體重等。依各年齡層死亡率，人們製成生命表 (Mortality Table)，生命表又分成國民普通生命表與壽險經驗生命表。當員工個人想要作死亡保險規劃時，生命表顯示的資訊（例如：平均餘命）可被參考。美國保險教育之父索羅門博士 (Dr. Solomon S. Huebner) 提出生命價值觀念 (Human Life Value Concept)。此種觀念可被用來評估，個人死亡或傷病時，可能導致的收入能力損失。評估個人死亡導致的收入能力損失時，其計算方式是考慮個人的年收入扣除生活費用與所得稅的餘額後，依平均餘命，每年以一定利率折

算成現値的總計。這個總計數可爲投保死亡保額的參考。評估個人傷、病導致的收入能力損失時，其計算方式則爲個人的年收入扣除所得稅的餘額後，依平均餘命，每年以一定利率折算成現値的總計。另外一種方法稱爲需求法 (Needs Approach)，可參閱本書第十四章。

其次，傷、病導致的工作能力喪失可分兩種型態：一稱全殘，即爲全部或永久工作能力喪失 (Total or Permanent Disability)；另稱分殘，即爲暫時工作能力喪失 (Temporary Disability)。全殘理論上的說法有三種：第一種是人們如完全不能夠從事其本身原有的職務者；第二種是人們如完全無法從事與其學經歷相關的工作者；第三種是人們根本無法從事任何工作者。上述三種說法，以第三種最爲嚴格。導致員工傷殘的原因，主要是員工的職業與工作環境，而非員工的年齡。

(2) 人力喪失原因——年老與失業

員工對屆齡退休與可能失業的憂慮，在沒有妥善的準備前，對其工作績效不可謂無影響。此兩種因子非公司所能控制。但公司如果能視財力而爲員工們妥善規劃或準備，當可減少員工們的憂慮心情，進而有助於生產力的提高。員工失業[3]風險，則全然與總體經濟因子有關。該類風險應由政府負責管理。至於員工退休的財務風險，則公司應負責管理部分風險。退休的財務風險除由個人負責外，最重要是來自公司與政府的照顧，尤其在超高齡社會的臺灣，長壽風險[4](Longevity Risk) 更是政府不可漠視的迫切課題。

(3) 公司本身特有的人員風險

公司員工的傷、病、死亡固對公司產生不利衝擊，但衝擊度因員工職階高低與工作性質以及狀況而異。除員工一般傷、病、死亡外的風險，其他特殊狀況的人員風險歸此處，擇要說明。爲因應風險分析的需要，可把員工區分爲四類：第一類是，普通單一員工；第二類是，主管人員；第三類是，研發技術人員；最後一類是，員工群體。第一類單一員工不像第二與第三類人員的傷、病、死亡，對公司不利衝擊度大。第二與第三類人員可稱爲重要人員 (Key Man)。蓋因，這些人員的傷、病、死亡將導致公司銷售業績減少，增加不必要的成本和公司信用大打折扣。換言之，重要人員的傷、病、死亡對公司價値的不利衝擊度大。最後一類的員工群

[3] 自願性失業除外。
[4] 實際壽命高過平均壽命。

體對公司不利的衝擊度，依狀況而異。例如：群體搭飛機旅遊發生空難，對公司就會產生相當大的衝擊，這也是公司特別須留意的。其次，有些公司會面臨顧客，因傷、病、死亡所致的信用損失。例如：貸款給客戶或辦理分期付款等信用交易，如該客戶傷、病、死亡可能將影響未付款項的支付，此種潛在的可能損失，亦歸屬公司本身特有的人員風險。最後，當公司經營失敗時，需清算債務，其商譽將因資產的變賣而喪失價值。此時，員工可能受影響而有不利於公司的行為。此種情形，同樣歸屬公司本身特有的人員風險。另外，來自股東的傷、病、死亡是為未上市公司特有的人員風險。

3. 員工與作業風險分析

作業風險絕大部分來自人為的疏失與管理的不當，公司任何型態的作業風險都跟員工脫離不了關係，員工的人格特質與身心狀態均是作業風險的根源，更進一步言，也會與危害風險及財務風險產生關聯。員工心理上對風險的認知與感知／知覺如有偏差，那麼，對公司風險管理影響的範圍不亞於危害風險與財務風險，有時可能更寬、更嚴重。

4. 員工與財務風險分析

公司員工面對的財務風險有兩類：一為公司財務風險，另一為員工個人或家庭的財務風險。前者參閱前述，後者參閱本書第十四章。

(四) 責任風險分析

責任主要來自法令的規定與契約的安排，公司的法令遵循目標，即與此有關。違法或法令解讀不同，契約訂定不當，或疏漏與爭訟技巧失當等均會引發各種責任風險。例如：證券交易契約因不適當的法律解釋等因素，導致交易對手蒙受損失的風險或因內線交易觸法的風險。

其次，一旦責任訴訟發生，有些需長達數十年始結案，其賠償金額也可能使公司破產。例如：1982 年美國最大石棉 (Asbestos) 廠商 Manville 公司因巨大賠償申請破產。在法理基礎方面，傳統過失侵權責任不再是唯一基礎，對某些特定責任採用特定法理基礎。責任風險的這些特質與法理基礎的改變，使得現代公司在經營上對責任風險更應謹慎因應。另一方面，責任訴訟發生的頻率與一個國家的司法制度、社會文化背景也有關聯。例如：美國一直以來，是侵權行為成本占國民生產毛

額比例最高[5]的國家，此種結果與美國的司法制度及社會文化背景均有關聯。

1. 責任與侵權行為的涵義

責任係指因未履行某項義務而發生的後果，風險管理中指的是民事責任 (Civil Liability)，而非刑事責任。侵權行爲 (Tort Act) 係指因故意或過失，不法侵害他人權利的行爲，此種行爲所致的法律責任簡稱爲侵權責任 (Tort Liability)。侵權責任的成立要件包括：第一、須自己的行爲；第二、必須行爲不合法；第三、須行爲出於故意或過失。故意係指行爲人對於構成犯罪的事實，明知並有意使其發生者。過失係指行爲人雖非故意，但按其情節應注意並能注意而不注意者視爲過失；第四、須行爲已導致他人蒙受損害。此處所言損害一詞則包括財產及精神上的損害而言；第五、行爲與損害間，需有因果關係。此種因果關係，通說採「相當因果關係」說。此種因果關係的決定，通常以「如非」測驗法 (「But For」Test) 予以推斷。例如：甲車駕駛人因駕駛不愼阻礙乙車的通行，而使乙車撞及丙車。此時，甲車雖未接觸丙車，但丙車可主張甲車有過失責任。其理由即，如非甲車有過失，乙、丙兩車不致會發生碰撞。但此種測驗法應以客觀情事爲依據，加以判斷始可；第六、須行爲人有責任能力。

2. 過失侵權責任的抗辯

加害人對被害人的請求損害賠償，可以下列兩項理由提出抗辯：第一、自甘冒險 (Assumption of Risk)。例如：被害人如有下列兩種情形之一，自不能提出賠償請求：(1) 明知會有風險存在或 (2) 自己甘願曝露於風險中；第二、與有過失 (Contributory Negligence)。在侵權責任第三個構成要件中，指出加害人的行爲必須有過失，然被害人必須能證明始可，但是被害人常常自己亦有過失。換言之，雙方均有過失，此時加害人可以「與有過失」爲由減輕責任。

3. 與有過失抗辯效果的減弱

在與有過失的原則 (Contributory Negligence Rule) 下，只要加害人（被告）能證明損害的發生，被害人（原告）亦有過失，則法院的判決對原告可能不利。換言之，被告可以不負責任，原告無法請求賠償。然而，此種與有過失原則並非說被告完全沒有過失，因而可以不必負責任，而是說雙方均有過失，雙方均無法從對

---

[5] 參閱金光良美（1994）。《美國的保險危機》。臺北：財團法人保險事業發展中心。

方獲得任何賠償之意。此種觀念已有若干修正：第一、為最後避免機會原則 (Last Clear Chance Rule)的採用。在此原則下，有最後機會避免損害的人應對損害負責。例如：原告把車停在禁止停車處，被告如有最後機會避免撞及該車，則被告不能以「與有過失」理由進行抗辯；第二、為比較過失原則 (Comparative Negligence Rule)。在此原則下，原告及被告互相負擔不同的過失程度。例如：原告遭受 1 萬元的損害，但此損害的發生，原告應負 30% 的過失責任，而被告應負 70% 的過失責任。原告可從被告獲取 $\$10,000 \times 70\% = \$7,000$ 的賠償。相反的，在與有過失原則下，原告無從獲取任何賠償。由於此兩項修正原則使得被告以「與有過失」為理由抗辯的效果減弱。

4. 替代責任之立法

替代責任 (Vicarious Liability) 係指本人因他人過失須負侵權責任之意。例如：醫師在診療時，因受其指導的其他工作人員，發生過失行為導致病人傷害時，該醫師應負賠償之責。其理由，無非係指工作人員不能善盡職責，乃係醫師不當指派的結果。是故，該醫師對病人的傷害應予負責。同樣，汽車所有人有可能對駕駛人的過失行為負責。

5. 過失主義與結果主義

過失侵權責任觀念有新的發展，也有重新重視過失侵權責任觀念的呼聲。新的發展方面，例如：「大眾侵權」觀念的產生 (Fenske, 1983)。再如，結果主義替代了過失主義。以產品責任為例，**嚴格責任** (Strict Liability)（或稱無過失責任）是以產品缺陷造成損害時，才產生賠償責任。之後，演變成只要有損害，即產生賠償責任的絕對責任 (Absolute Liability)。此種只要受害人有損害結果的事實，不問加害人是否有過失的觀念，稱作結果主義。

6. 特定責任與結果主義

幾個特定責任的法理基礎已改採結果主義。第一、雇主責任。早期雇主對員工的責任是以「無過失，即無責任」為原則，但自 1897 年美國首創勞工補償法 (Worker's Compensation) 之後，上項原則即有些改變。在此法律下，員工因工作所致的傷害，不論雇主有無過失皆應獲得賠償。雇主對於員工安全須具備某種程度的注意。如有違反，應負賠償之責。這些要點包括：(1) 雇主必須提供安全的工作場所；(2) 雇主必須僱用適任工作的人；(3) 雇主必須提示危險的警告；(4) 雇主必須

提供適當與安全的工具；(5) 雇主必須訂立並實施適當的工作規則。雇主如違反上述要點，導致員工蒙受傷害則雇主自當負損害賠償之責。

第二、產品責任。**產品責任** (Product Liability) 係指廠商對其生產製造或經銷的產品，因有瑕疵導致消費者蒙受身體傷害 (Bodily Injury) 或財物損失 (Physical Damage) 時，依法應負的損害賠償責任。廠商應對產品負責係基於兩大理由：一爲從契約行爲觀點言，產品對消費者構成體傷 (BI) 或財損 (PD) 係因廠商違反契約上的保證關係，屬於違約行爲，故應負賠償之責。另一爲從侵權行爲觀點言，又分兩種：一以傳統過失侵權爲要件。換言之，廠商對其產品未能盡到其應有之注意，顯有過失故應負賠償之責。另一以絕對責任爲標準，依此觀點，認爲廠商之產品只要對消費者有所損害，即應負絕對之責。

第三、專業責任。專業係謂應有專門技術或知識的職業。例如：律師、會計師、醫師、保險代理人、美容師、理髮師，甚至牧師、教師等。專業人員有其標準的職業規範。專業人員由於處置失當及缺乏應有的專門技術或知識，導致人們蒙受損傷應負的賠償責任，稱作**專業責任** (Professional Liability)；第四、汽車責任。早期的汽車責任保險適用過失主義。此種過失侵權制度易產生如下缺點（施文森，1983）：(1) 過失證明不易；(2) 訴訟期間過長及費用過巨；(3) 賠償金額取決於訴訟技巧的運用。爲了克服上述缺失，無過失保險 (No-Fault Insurance) 乃應運而生。此種解決汽車責任問題的新保險制度係指汽車駕駛人對於車禍的損失，可直接向自己的保險人求償，而在求償過程中，無須證明何人的過失所引起，故稱爲無過失保險。

7. 責任經濟損失原因與賠償計算基礎

以汽車責任爲例，汽車責任損失的原因以人爲因素居多。人爲因素不外有下列幾項：(1) 駕駛人的過失；(2) 行人的過失；(3) 交通安全觀念的錯誤；(4) 交通管理法令不夠完善；(5) 交通執行太過鬆懈等五項。至於物質因素亦有：(1) 路面品質太差；(2) 交通安全標誌故障；(3) 汽車機件失靈或不良；(4) 道路環境過於複雜等四項。另外，不論是雇主責任、汽車責任、專業責任、及產品責任導致的損失型態均有兩種：一爲體傷責任：因過失侵權行爲導致他（她）人身體傷害或死亡的責任；另一爲財損責任：因過失侵權行爲導致他（她）人財產毀損的責任。最後，責任賠償計算基礎，各國或有異。除責任的經濟補償外，美國的懲罰性賠償 (Punitive Damage) 概念值得留意。懲罰性賠償係指對加害人的故意或基於道義應予以譴責時，爲使此種侵權行爲不再發生而實施的制裁金。此種金額的計算與被害人蒙受的經濟損失金額無關。

三、公司整體商譽風險分析

戰略管理與經營管理層次的風險之外，公司風險管理上極度重要的風險，是商譽／名譽風險 (Reputation Risk)。這項風險常被低估或輕忽，是極度危險的。因爲公司經營最需要掛心的兩件事，就是員工與商譽 (Diermeier, 2011)。商譽是無形資產，是公司過去經營績效與未來願景的重要指標。商譽之所以產生主要是公司經營績效是否能滿足公司所有利害關係人的預期，所以商譽概念上可如下表示 (Rayner, 2010)：商譽 = 經營成果 + 願景的期望。

其次，影響商譽風險的因素如下：(1) 公司治理與領導力的好壞；(2) 公司對社會責任感的強度；(3) 公司文化與員工是否優質；(4) 兌現對顧客承諾的強度；(5) 對政府監理法令遵守的強度；(6) 溝通與危機管理的能力；(7) 財務績效好壞與被長期投資的價値。

最後，良好的商譽是奠基在公司所有利害關係人對公司的信任與信心。商譽的破壞對公司絕對有負面的衝擊。依衝擊程度可評估商譽風險的高低，請參閱表 7-1(Rayner, 2010)。

茲以某科技公司，藉由各辨識風險的方法，找出的二十七項主要風險爲例，說明每一風險對公司商譽衝擊的程度。這二十七項主要風險與對商譽的衝擊，參閱表 7-1 。

(1) 資產的實質毀損：需估計其最大可能損失。

(2) 營業或製造中斷與額外費用：這項風險隨利潤的增加，曝險範圍越大，須重視營運持續管理 (BCM)（參閱第九章）。

(3) 員工偷竊：透過良好的偵防降低損失。

(4) 展示品展示與運送：隨著展示收入增加，曝險範圍越大。

(5) 綁架勒索：重視在外出差安全管理。

(6) 汽車責任：注意開車打手機的判決增加。

(7) 員工職業傷害：注意職災給付與醫療費用增加。

(8) 第三人體傷與財損責任：利用商業一般責任保險。

(9) 作業失誤：注意財務求償問題。

表 7-1　商譽衝擊評估標準

低度	中度	高度	極高度
* 客戶抱怨 * 利害關係人的信心些許動搖 * 對公司商譽的衝擊不到一個月	* 遭地方性媒體披露報導 * 利害關係人的信心動搖增強 * 對公司商譽的衝擊持續一個月至三個月	* 登上全國性媒體版面 * 利害關係人的信心明顯動搖 * 對公司商譽的衝擊超過三個月 * 引起監理機關的注意	* 登上全國性媒體頭條，甚或成為國際媒體焦點 * 利害關係人失去信心 * 對公司商譽的衝擊超過一年，甚或無法挽回 * 監理機關開始調查
(4) (14) (15) (16) (19)	(1)　(26) (5)　(20) (6) (7) (10) (12) (23) (25)	(2)　(18) (3)　(21) (8)　(22) (9)　(24) (11) (13) (17)	(27)

(10) 信託責任：注意員工福利信託。

(11) 侵犯員工隱私：注意網路線上活動風險。

(12) 董監遭求償：注意內線交易與違反法令。

(13) 航空責任：注意員工駕駛飛機的第三人責任。

(14) 地震：注意巨災損失。

(15) 應收帳款信用：經濟繁榮景氣，風險會減少。

(16) 契約責任：注意契約管理。

(17) 會計詐欺：注意遠距離分支機構與購併時的會計處理。

(18) 電子商務網路：越依賴 IT 網路，風險越高。

(19) 新商品研發：研發成果趕不上市場需求。

(20) 員工失業：經濟繁榮景氣，失業減少。

(21) 處理危機不當：重視營運持續管理與危機管理。

(22) 商標等責任：注意著作權、商標權等。

(23) 智財權—公司本身：公司本身智財權遭侵犯。

(24) 智財權—第三人：可能侵犯第三人智財權，注意這類法律訴訟案件增加。

(25) 海上搶劫：注意國際海上搶劫。

(26) 重要員工：注意 CEO、CFO、CRO、主要研發人員與銷售高手的傷、殘、死亡。

(27) 購併：注意購併進行中的實地查核、交易價、評價，與整合時面臨的風險。

四、風險間相關性、圖像與程度評比

在數據不充分下，此處說明的風險點數半定量公式，是評估風險高低，簡單又實用的方法。經由前述分析風險來源之後，了解各風險來源間的相關性是必要的，因風險是否分散，對風險評估有影響，風險評估則提供應對風險的基礎。

(一) 風險間的相關性

風險來源又可分爲兩種層次的類別，一爲淺層的風險因子，另一爲深層的政經社文化價值。風險事件的爆發，就是受到不同層次風險來源的驅動。事件發生後，其結果不外是負面的損失或正面的獲利。風險來源的驅動間則有獨立、相依、互爲因果、互相有關但沒因果等幾種現象。這些不同現象對風險評估有不同影響。其次，分析風險間相關性，常用的統計方法有失誤樹與事件樹分析、魚骨分析、貝氏理念網 (BBNs: Bayesian Belief Networks) 等，而質化判斷法常用影響矩陣來判斷風險間的相關性。

(二) 風險點數

在不考慮風險間的相關性下，將識別的各個風險依下列半定量點數公式（適用於私部門組織），求得的點數大小代表各個風險的高低。計算風險點數的公式如下：

風險點數 =（損失頻率點數 + 距離衝擊的時間點數）× 損失幅度點數

上列各因素的點數依組織需要可劃分3-5級，但距離衝擊的時間點數只分3級。如劃分爲 3 級，1 級點數爲 1 點（低）、2 級點數爲 2 點、3 級點數爲 3 點

（高）。依此類推 4 級或 5 級。其次，損失頻率點數依組織需要以損失發生機率或某期間發生次數劃分，例如：將 2% 以下視爲最低，20% 以上視爲最高，中間再依所需級數分割。損失幅度點數通常依損失金額占營收比劃分。但須留意這些並非鐵則，例如：2% 以下是最低，但對某些組織不見得這麼認爲。距離衝擊的時間點數則以無反應時間爲最高級 3 點（e.g. 爆炸）、有數天反應時間爲次級 2 點（e.g. 颱風）、有數月反應時間爲最低級 1 點（e.g. 法條修改）來劃分。至於公部門政府組織的點數公式，參閱第十五章。

(三) 風險圖像與評比

根據風險點數公式以損失幅度點數爲橫軸，其他爲縱軸，製作矩陣表並繪製風險圖像 (Risk Profile)。因風險會隨時間改變，各個風險在圖像的落點會產生位移現象。

依風險點數公式所作的風險高低排序評比，並不考慮各風險間的相關性。因此，需再運用影響矩陣 (Influence Matrix) 進一步判讀重新評比排序。分數的點數，分別是「0」表無影響；「1」表中度影響；「2」表高度影響。

各個風險會有各自的風險點數，分別落入右圖高、中、低三區

		損失幅度點數		
		1	2	3
損失頻率點數 + 反應時間點數	6	6	12	18
	5	5	10	15
	4	4	8	12
	3	3	6	9
	2	2	4	6

2-6 點=低度風險；8-10 點=中度風險；12-18 點=高度風險

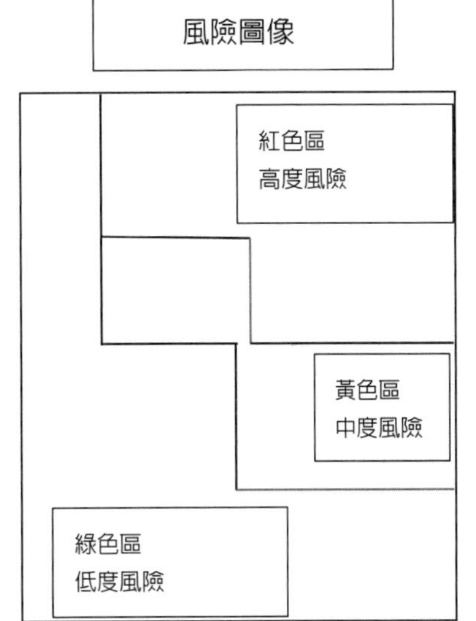

圖 7-2　風險點數與風險圖像

風險編號	風險點數	排序
001 戰略	14	1
002 財務	10	3
003 作業	9	4
004 危害	12	2

影響矩陣表

	戰	財	作	危	和
戰		2	0	0	2
財	1		0	0	1
作	0	1		2	3
危	0	2	2		4
和	1	5	2	2	10

原序	淨分數	新排序
1	+1	2
3	-4	3
4	+1	2
2	+2	1

「0」表無影響；「1」表中度影響；「2」表高度影響

圖 7-3 影響矩陣

影響矩陣表中，戰、財、作、危，分別代表最左邊表中的風險類別，也就是戰略風險、財務風險、作業風險、與危害風險。「和」字代表縱列與橫列的總和。左端風險影響上端風險的分數，在橫列。左端風險被上端風險影響的分數，在縱列。淨影響分數＝橫列分數減縱列分數，例如：危害風險淨影響分數 = 4 – 2 = +2。根據淨影響分數大小，重新將風險排序。

本章小結

風險的定性分析是量化風險的前部曲。對風險來源與風險事件，沒有清楚明確的深入了解，風險計量可能產生極大偏誤。其次，除了戰略風險外，不論是實質資產、財務資產、責任曝險、與人力資產，大部分會涉及相關的財務風險、作業風險、與危害風險。最後，公司利用內部模型量化風險前或未有充足損失資料時，依半定量的風險點數公式得出的風險圖像，除提供風險應對的初步基礎外，更有助於風險計量的精確性。

思考題

1.有人說風險的質化評估比量化重要，爲何？也有人說風險不量化就無法管理，這又爲何？

2.公司老闆該如何因應可能導致鉅額賠償的產品責任風險？

3.COVID-19疫情下，公司老闆該如何因應可能的連帶營業中斷風險？

4.公司辦旅遊爲避免重要人員同時傷亡，該如何舉辦？

5.公司財務資產風險與實質資產風險間有何差異？

參考文獻

1. 王衛恥（1981）。*《實用保險法》*。臺北：文笙書局。
2. 李逸民（1988）。*《危急應變指南》*。香港：讀者文摘。
3. 臺灣內政部消防署（2010）。中華民國99年消防統計年報。
4. 金光良美（1994）。*《美國的保險危機》*。臺北：財團法人保險事業發展中心。
5. 施文森（1983）。〈汽車保險的改革〉。*《華僑產物保險雙月刊》*，*29*，pp. 22-23。
6. 胡幼慧（1993）。*《社會流行病學》*。臺北：巨流圖書公司。
7. Diermeier, D. (2011). *Reputation rules: Strategies for building your company's most valuable asset.* Singapore: McGraw-Hill.
8. Doff, R. (2007). *Risk management for insurers: Risk control, economic capital and Solvency II.* London: Risk Books.
9. Fenske, D. (1983). Don't think about it late at night. *Best Review.* Aug. 1983.
10. Rayner, J. (2010). Understanding reputation risk and its importance. In: Bloomsbury. *Approaches to enterprise risk management.* pp. 65-71. Bloomsbury Information Ltd.
11. Williams, Jr. C. A. and Heins, R. M. (1981). *Risk management and insurance*. New York: McGraw-Hill.

第 8 章

風險管理的實施（四）——風險分析與評估(II)

讀完本章可學到什麼？

1. 認識最新計量工具VaR的意義、種類、用途與限制。
2. 了解各類風險的風險值計算。
3. 認識風險值與經濟資本的關聯。
4. 了解經濟資本模型建立的原則與考慮因素。

對新公司或老公司剛要實施風險管理，損失資料是缺乏的。在此情況下，前一章所提的風險點數、圖像與評比，對評估風險與選擇應對風險工具上，既簡單又實用。本章則在有充分資料庫前提下，說明風險的客觀計算，這項計算則應注意客觀、一致、相關、透明、整體、與完整的原則 (Crouhy et al., 2003)。

一、創新的風險計量工具——VaR

此處，除簡要陳述傳統計量指標與風險值 (VaR: Value-at-Risk) 外，ERM 下的四大類風險，除戰略風險外，其他的財務風險、作業風險、與危害風險，則一律以風險值為衡量尺規。

(一) 傳統風險計量尺規與風險值

傳統風險計量尺規，常見的包括：發生機率、標準差、變異數、半變異數、波動度[1](Volatility)、β 值、變異係數、MPL 等。這其中，β 值見本書附錄 I，其餘傳統尺規依需要不同而使用，但不在此進一步贅言。值得留意的是，MPL 與 VaR 的比較。其實，這兩項尺規可轉換使用。根據文獻 (Harrington and Niehaus, 2003) 顯示，MPL 與 VaR 意義相同，只是 MPL[2] 用在危害風險損失機率分配的情境，而

1　波動度、標準差等與VaR值計算極相關，樣本波動度的計算是下式的開根號：[(相對報酬自然對數與平均報酬間之差額的平方根之和)/n-1]。

2　MPL是兩個英文用語的縮寫，一個是「Maximum Possible Loss」；另一個是「Maximum Probable Loss」，縮寫相同但含意不同，前者觀察單一曝險體在公司存續期間，每一事件發生(Per Occurrence)下，可達的最大損失；後者用來觀察單一曝險體在每一事件發生下，可能產生的最大損失。前者通常會高於後者。其次，Richard Prouty對MPL的原文定義是「The maximum possible loss is the worst loss that could possibly happen in the lifetime of the business; The maximum probable loss is the worst loss that is likely to happen.」。此外，傳統上對火災引起的損失幅度估計，Alan Friedlander則依火災防護等級的不同，進一步採用四種尺規：(1)正常損失預期值(NLE: Normal Loss Expectancy)觀念；(2)可能最大損失(PML: Probable Maximum Loss)觀念；(3)最大可預期損失(MFL: Maximum Foreseeable Loss)觀念；(4)最大可能損失(MPL: Maximum Possible Loss)觀念。Alan Friedlander 觀念下的MPL與Richard Prouty觀念下的MPL名詞雖同，但涵義不同。Alan Friedlander認為MPL係指建物本身自有的防護系統和外在公共消防設施，均無法正常操作而沒有發揮預期功能下的最大損失。此MPL含意有別於Richard Prouty的觀念。依Alan Friedlander的意見，此四種尺規就發生機率言NLE > PML > MFL > MPL。就損失金額而言，應是MPL > MFL > PML > NLE。最後，David Cummins與Leonard Freifelder則提出「年度最大可能總損失」(Maximum Probable Yearly Aggregate Dollar Loss: MPY)的觀念。所謂年度最大可能總損失係指在一特定年度中，單一風險單位或多數風險單位可能遭受的最大總損失而言。

VaR 是用在資產價值組合機率分配的情境，且 VaR 也關聯到風險的損失面。MPL 如圖 8-1，VaR 如圖 8-2。

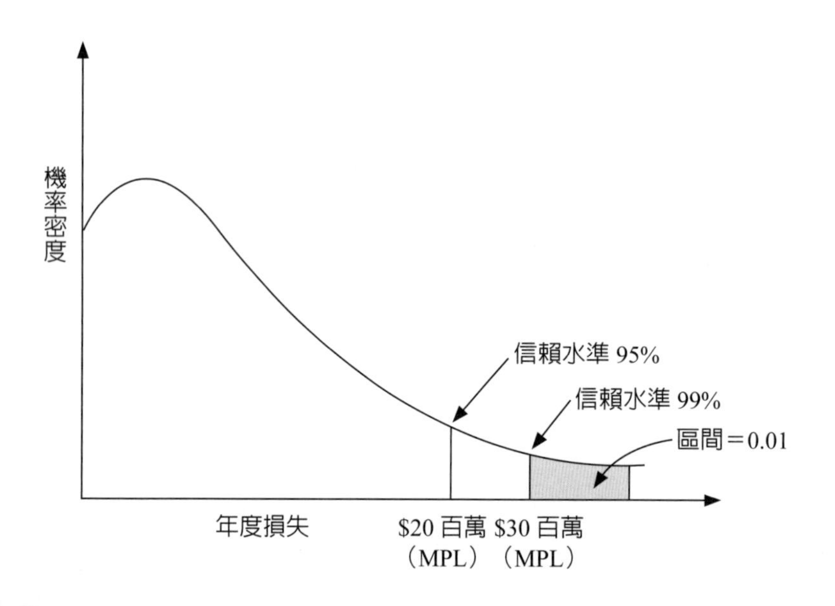

圖 8-1 MPL

(二) 風險值的涵義、用途與限制

1. 風險值的涵義

風險值是最新的風險評估工具，出現在 1993 年。這項工具背後的想法，其實源自 1950 年代馬可維茲 (Markowitz, H.) 的投資組合理論。開始時，這項工具是為財務風險中的市場風險而設計的，VaR 關心的是價值的損失，而非會計上的盈餘。因此，嗣後也應用在其他各類風險的衡量，但細節上與市場風險值的衡量有差別。

其次，所謂風險值係指在特定信賴水準下，特定期間內，某一組合最壞情況下的損失。信賴水準 / 信賴區間是個統計術語，亦即人們對所計量的值之精確性有多少把握，這與機會或可能性的概念有關。就一般企業公司言，信賴水準的選定可參考金融證券業國際 Basel II 資本規範，訂定 99.9% 為計算風險值的依據，或參考未來歐盟保險業國際 Solvency II 清償能力規範，訂定 99.5% 為計算風險值的依據。特定期間指的是某一組合持有的時間，時間越長風險越難測準。在同一信賴水準下，持有期間與風險高低成正向關係。茲以數學符號表示風險值如下：

$$\text{Prob}\,(Xt < -\text{VaR}) = \alpha\,\%$$

Xt 表隨機變數 X 於未來 t 天的損益金額，1 – α% 表信賴水準。該公式意即未來 t 天，損失金額高於 VaR 的機率是 α%，或意即未來 t 天，有 1 – α% 的把握，損失金額不會高於 VaR。下圖 8-2 則表示市場風險值的分配情形。

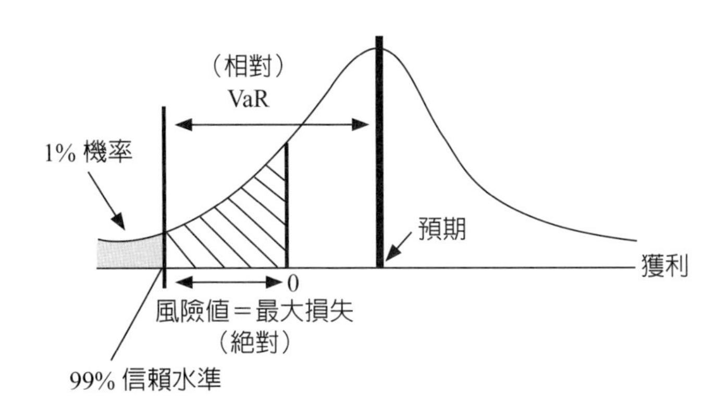

圖 8-2　市場風險值

2. 風險值的用途與限制

創新的風險值概念，至少有兩點迷人處，七項可能的用途 (Dowd, 2004)。首先，第一個迷人處是，它可提供不同風險部位與不同風險因子，在風險計量上共同一致的基礎。例如：固定收益部位的風險，在風險值一致基礎下，可與其他權益部位的風險，相互比較。第二個迷人處是，風險值的計算考慮不同風險因子間的相關性與其分散程度，因此，它可提供較爲正確的總風險程度。

其次，風險值的用途至少有七項：第一、公司可利用風險值，設定風險胃納水準；第二、可用來作資本配置的依據；第三、可作爲年度報告中，公司風險揭露與風險報告的基礎；第四、利用風險值的訊息，可用來評估各類投資方案，作爲決策的基礎；第五、利用風險值可用來執行組合方案的避險策略；第六、風險值訊息可被公司各單位部門，用來作風險與報酬間的決定；第七、以風險值衡量其他風險，比較基礎較有一致性。

最後，風險值雖有其迷人處與用途，但也有其限制，這些限制至少有四項：

第一、在公司破產平均值 (ES: Expected Shortfall) 或條件尾端期望值[3](CTE: Conditional Tail Expectation) 衡量方面，VaR 並非最佳[4]的風險衡量工具；第二、VaR 在滿足一致性風險衡量工具 (Coherent Risk Measure) 的標準上，也有其限制；第三、風險值有時可能低估風險程度，且不見得有效；第四、塔雷伯 (Taleb, 1997) 指出假如投資避險市場中，每人都用風險值避險，可能使得不相關的風險變得相關，不利市場的穩定。

(三) 風險值估算方法與種類

1. 風險值估算方法

風險值估算方法有三種 (Jorion, 2001)：

第一、變異數—共變異法 (Variance-Covariance Method)：此法也稱 Delta-Normal 法。其主要假設是，資產報酬是常態分配，且主要適用線性損益商品，例如：股票等。對非線性損益商品，例如：選擇權等，誤差大。

第二、歷史模擬法 (Historical Simulation Method)：其主要假設，是過去價格變化，會在未來重現。根據歷史資料，模擬重建未來資產損益分配，進而估算 VaR。此法對線性損益商品與非線性損益商品均適用。

第三、蒙地卡羅模擬法 (Monte Carlo Simulation Method)：其主要假設，是價格變化符合特定隨機程序，利用模擬方式估算不同情境下的資產損益分配，進而估算 VaR。此法對線性損益商品與非線性損益商品均適用。

2. 風險值種類

風險值可依損失是絕對的，還是相對的，分爲絕對風險值與相對風險值。絕對風險值是以絕對損失金額表示，是圖 8-2 中 VaR 值與零間的距離。相對風險值是 VaR 值與期望損失間的距離，也參閱圖 8-2 市場風險值。

---

3 就保險業言，CTE(65)，也就是65百分位的條件尾端期望值，如爲正數代表準備金提存足夠，也就是符合準備金適足性的要求。

4 根據文獻(Artzner et al., 1999)顯示，一致性的風險衡量尺規(Coherent Risk Measure)要滿足四項條件：(1)次加性(Sub-Additivity)；(2)單調性(Monotonicity)；(3)齊一性(Positive Homogeneity)；(4)轉換不變性(Translation Invariance)。每一條件均有數學關係，例如：次加性指的是任何隨機損失X與Y，要符合$\rho(X+Y) \leqq \rho(X)+\rho(Y)$。所有風險衡量尺規以尾端風險值(Tail VaR)與王轉換式(Wang Transform)符合前四項條件，包括標準差、半標準差與風險值均不符合，其中風險值尺規違反前述的次加性，參閱van Lelyveld主編(2006). *Economic capital modeling: Concepts, measurement and implementation* 一書Annex A。

其次，也可依改變何種部位，達成調整 VaR 的目的分，可分爲增量風險值 (IVaR: Incremental VaR)、邊際風險值 (Δ VaR: Marginal VaR)、與成分風險值 (CVaR: Component VaR)(Jorion, 2001)。增量風險值是指組合中，新部位的增加所造成組合風險值的改變而言。邊際風險值是指在既定組合的成分下，增加 1 元的曝險，組合風險值的改變。最後，成分風險值是指當組合中，某一給定成分被刪除時，組合風險值的改變。

二、財務風險計量——市場風險

一般企業公司與金融保險業面對的風險，在 ERM 架構下，同樣可分成戰略風險、財務風險、作業風險、與危害風險四大類。這其中，兩種產業間，最雷同的就是財務風險。危害風險對兩種產業言，性質上則差異大，尤其科技製造業對比金融保險業。作業風險在人爲疏失上，兩種產業間也雷同，但來自作業流程與管理的風險，差異就大。戰略風險由於產業環境各不相同，差異自然大。以上話雖如此，計量風險的基本方法均可互相借鏡。同時，目前市場上對財務風險與危害風險的計量技術成熟度最高，有許多計量軟體[5] 可供使用。

(一) 單一資產

公司持有的財務資產，例如：外幣、股票、期貨、債券、與選擇權等，這些資產均會受到市場風險所影響。市場風險值計算須得知相關資產損益報酬的頻率與幅度分配，進而導出市場風險分配。市場風險分配通常是常態分配，如圖 8-2。茲採用變異數一共變異法估算某公司持有美元 300 萬，在未來兩週的風險值多少爲例，估算該美元部位的市場風險值。在估算前，選定信賴水準爲 95%，查外匯市場統計，得知平均每週匯率變動的標準差爲 0.3%，同時也得知 1 美元相當於 30 元臺幣，那麼該公司美元 300 萬部位的 VaR 值，如下式：

$$\text{VaR} = \$3,000,000 \times 30 \times 0.003 \times \sqrt{2} \times 1.645 \fallingdotseq \$513,000$$

上式中的$\sqrt{2}$是兩週時間平方根[6]。1.645 是 95% 信賴水準下的標準差倍數（如果

[5] 例如：RiskMetrics軟體等，坊間相當多不同軟體且昂貴。

[6] 時間平方根規則

$$\sigma_{月} = \sqrt{\sigma_{週}^2 \times 4} = \sqrt{\sigma_{週}^2} \times \sqrt{4} = \sigma_{週} \times \sqrt{4}$$

是 90% 信賴水準下標準差倍數則是 1.28）（拙著《風險管理新論：全方位與整合》229 頁與本書初版《新風險管理精要》187 頁，因疏於校對，未將尾端機率值字樣刪除，特此向讀者致歉）。

上式得出的 VaR 值 $513,000，意即未來兩週，損失金額高於 $513,000 的機率頂多是 5%，或意即未來兩週，有 95% 的把握，損失金額不會高於 $513,000。

其次，再以公司轉投資持有另一家公司股票兩千張爲例，同樣採變異數—共變異法估算該公司股票風險值。假設昨日股票收盤價爲每股 20 元，那麼這兩千張股票市價就是 4 萬元。假設轉投資持有股票的風險以總風險來衡量，總風險就是系統風險與非系統風險之和。同時，得知轉投資的公司股票價格，平均每週標準差爲 1%，那麼未來兩週，在 95% 信賴水準下，持有轉投資公司股票的風險值如下式：

$$\text{VaR} = 40{,}000 \times 0.01 \times \sqrt{2} \times 1.645 \doteqdot \$752$$

上式得出的 VaR 值 $752，也意即未來兩週，損失金額高於 $752 的機率頂多是 5%，或意即未來兩週，有 95% 的把握，損失金額不會高於 $752。

(二) 兩種資產

如需得知該公司持有前列兩種財務資產的組合風險值，則僅需得知兩種財務資產間的相關係數，透過組合理論[7]，即可計算得知兩種財務資產的組合風險值。假設匯率與股票報酬率間的相關係數爲 0.4，那麼兩種財務資產的組合風險值爲：

$$\text{VaR} = (513{,}000^2 + 752^2 + 2 \times 0.4 \times 513{,}000 \times 752)^{0.5} = \$513{,}301.26$$

顯然，資產組合風險值小於美元風險值與股票風險值的加總，主要是兩種資產間風險分散效果所致。

(三) 流動性風險與資產負債配合風險

流動性風險又可分爲資金流動性風險與市場流動性風險兩種。前者係指無法將資產變現或取得資金以致無法履行到期責任的風險；後者係指由於市場因素以致

該簡單的規則前提是，不同時間的變項間是相互獨立的。因此，一週的變異數乘以4，就是一個月的變異數。如果前提有變化，該規則就變複雜。

[7] 組合理論的一般式如下：

$$\sigma^2_{(1......n)} = \sum_{i=1}^{n} \sigma_i^2 + \sum_{i \neq j}\sum \sigma_{ij}$$

處理或抵銷所持部位時，面臨市價顯著變動的風險。針對這類風險衡量可用現金流量模型。至於，資產負債配合的風險，同樣也包括市場風險與流動性風險，其計量的方法，除風險值外，也可用存續期間(Duration)[8]、凸性分析(Convexity)[9]、情境分析、比率分析、現金流量分析、壓力測試等。

三、財務風險計量——信用風險

一般企業公司面對的信用風險，例如：應收帳款信用風險、持衍生品的對手信用風險、或涉及交易合約對手違反合約的情事等。有許多衡量信用風險的方法[10]，同樣，此處說明信用風險值的計算過程，其計算與市場風險值的計算有別。市場風險通常遵循常態分配或遵循 Student-t 分配[11]，但信用風險其損失分配型態，雖受許多因素影響，往往不是常態分配，而常是長尾分配。

信用風險值的估計不同於市場風險值，交易對手的信用評等是信用風險值估計的核心，信用評等可對應交易對手可能的違約率(PD: Probability of Default)。例如：標準普爾(S&P)評定爲 AAA 級的公司，對應的違約率是 0.01%。評定爲 CCC 級的公司，對應的違約率是 16%。下表 8-1 爲國際信評機構信評等級與違約率對應表。

表 8-1　信評等級與違約率對應表

信評機構		評　級						
穆迪	Moody's	Aaa	Aa	A	Baa	Ba	B	Caa
標準普爾	S&P	AAA	AA	A	BBB	BB	B	CCC
違約率	PD（in %）	0.01	0.03	0.07	0.20	1.10	3.50	16.00

其次，估計信用風險值還需考慮違約損失(LGD: Loss Given Default)與違約曝險額(EAD: Exposure at Default)，也就是在特定信賴水準下，特定期間，信用風險

8　存續期間是現金流量現值的加權平均，可用來衡量商品價格對利率變動的反應。
9　凸性分析是進一步衡量利率敏感度，較大的凸性資產較有風險免疫力。
10　例如：信用風險矩陣法、精算技術法等極多方式，可參閱 Crouhy et al. (2003). *Risk management*. New York: McGraw-Hill.
11　VaR源於Student-t 分配的機會可能高於常態分配，可參閱 Crouhy et al. (2003). *Risk management*. New York: McGraw-Hill.

値 (Credit VaR) = LGD×EAD× $\sqrt{PD*(1-PD)}$。

四、作業風險與危害風險計量

作業風險主要起源於公司的人員疏失、管理過程與制度的不當，本書是將災害等風險列入危害風險類別中。這有別於銀行 Basel 協定將災害等風險納入作業風險中。作業風險可用損失分配法[12](LDA: Loss Distribution Approach) 產生風險値，然作業風險資料不足時，其衡量可採用第七章的風險點數公式。至於危害風險源自災害事故或人員傷害等，它與作業風險相同的地方，就是均爲只導致損失後果的純風險，有別於可能有獲利後果的市場與信用風險（留意，作業風險與市場及信用風險間，也有重疊處）。這兩種風險其單一損失分配，依資料特質可有眾多不同形式的損失分配 (Marshall, 2001)。不同類型的分配，平均數、標準差、與變異數，各有不同的計算方法。限於篇幅，本節假設兩種風險遵循同樣的損失分配，以危害風險爲例，說明風險値計算過程，也就是過去傳統稱呼的最大可能損失 (MPL: Maximum Possible Loss)。這項過程，同樣也適合作業損失風險値的計算。

(一) 財產損失風險値

財產損失風險値的推估，基本上要建構三種機率分配：第一、是關於每年損失次數的機率分配 (The Number of Occurrences Per Year)，亦即損失頻率分配；第二、是關於每次損失金額大小的機率分配 (The Dollar Losses Per Occurrence)，亦即損失幅度分配；如能建構前兩種分配，則第三種的總損失分配即可完成。估計風險値可採直接法，意即利用損失資料庫的資料，依物價指數調整總損失金額後，即可直接作成總損失分配。此法不必另行建構損失頻率與幅度分配。如損失資料有限，則風險値的估算，首先，損失次數要依每年資產價値的成長調整。調整的公式爲第 T 年資產價値除以調整年度的資產價値後，乘以調整年度的損失次數。損失金額則依物價指數調整。調整的公式爲第 T 年物價指數除以調整年度的物價指數後，乘以調整年度的損失金額。其次，再循迂迴法 (Convolution)，以列表分析 (Analytical Tabulation) 的方式，即可計得風險値。

---

[12] LDA法可直接評估非預期損失，可參閱 Franzetti (2011). *Operational risk modeling and management*. Zurich: CRC Press.

假設某高科技公司經由調整後的損失次數與金額的機率分配如後，閱表 8-2。透過列表分析計得總損失分配，閱表 8-3。根據表 8-3，風險管理人員可從總損失分配中，計算標準差，而以標準差爲基礎，依統計技巧可計算出，來年度 VaR 值。也就是可知，最壞損失超過某一 VaR 值的機率。換言之，也可得知，風險管理人員有多少把握說，來年度最壞損失不會超過 VaR 值。

表 8-2　損失次數與金額分配

損失次數分配		損失金額（百萬元）分配	
損失次數	機率	損失金額	機率
0	0.6	2	0.8
1	0.3		
2	0.1	4	0.2

表 8-3　總損失分配

損失次數	總損失結果	每一結果的機率計算	總損失（小→大）（百萬元）	機率
0	—	—	0	0.6
1	(2)；(4)	(0.3×0.8)；(0.3×0.2)	2	0.24
2	(2;2)	(0.1×0.8×0.8)	4	0.124
	(4;2) (2;4)	(0.1×0.2×0.8) (0.1×0.8×0.2)	6	0.032
	(4;4)	(0.1×0.2×0.2)	8	0.004
				1.000

(二) 責任損失風險值

公司經營難免會發生法律賠償責任，責任損失不同於財產損失。責任損失金額的最終確定，常在評估風險值時，尚未結案，稱爲長尾風險，這有別於短尾的財產損失。也因此，責任損失風險值的推估，需採損失發展三角形法。該法推估的過程如下：

第一、將過去責任損失資料，依意外事故發生的年度，建構成損失三角形 (Loss Triangle)。

第二、求算各期間的損失發展因子 (Loss Development Factor)。

第三、求算各期至最終結案的損失發展因子。

第四、求算各年度最終推估的責任損失金額（可分最壞損失推估與平均損失推估兩種）。

例如：某公司依過去資料建構成責任損失三角形，如表 8-4。

表 8-4 責任損失三角形

意外年度	經過期間（月數）				
	12	24	36	48	60
1	$1,000	$1,230	$1,204	$1,212	$1,212
2	$1,100	$1,320	$1,412	$1,398	
3	$1,200	$1,488	$1,562		
4	$1,300	$1,756			
5	$1,400				

依上表分別計算各期間的損失發展因子，如表 8-5，以及各期至最終結案（假設平均五年即可結案）的損失發展因子，如表 8-6。最後，採用最壞情況下的損失發展因子與損失發展因子的平均數，分別可計得最壞的責任損失推估值（也就是風險值）與平均損失推估值，參閱表 8-7。

表 8-5 損失發展因子

意外年度	經過期間（月數）			
	12-24	24-36	36-48	48-60
1	1.23	0.98	1.01	1.00
2	1.20	1.07	0.97	
3	1.24	1.05		
4	1.35			
平均	1.26	1.03	0.99	1.00
四年中最大因子	1.35	1.07	1.01	1.00

表 8-6 各期至最終結案的損失發展因子

	各期至最終	最終損失發展因子
最佳估計	12 月至最終 24 月至最終 36 月至最終 48 月至最終	1.00×0.99×1.03×1.26＝1.28 1.00×0.99×1.03＝1.02 1.00×0.99＝0.99 1.00
最壞情況	12 月至最終 24 月至最終 36 月至最終 48 月至最終	1.00×1.01×1.07×1.35＝1.46 1.00×1.01×1.07＝1.08 1.00×1.01＝1.01 1.00

表 8-7 最大責任損失推估值與平均損失推估值

意外年度	經過期間（月數）					平均損失推估值	最大責任損失推估值
	12	24	36	48	60		
1	$1,000	$1,230	$1,204	$1,212	$1,212	$1,212	$1,212
2	$1,100	$1,320	$1,412	$1,398		$1,398	$1,398
3	$1,200	$1,488	$1,562			$1,546	$1,578
4	$1,300	$1,756				$1,791	$1,896
5	$1,400					$1,792	$2,044
					最終推估值總計	$7,739	$8,128

五、風險分散效應與風險的累計

簡單說，將所有風險經由 VaR 值的加總所得的總風險值，就是公司所面臨的總風險程度。然而，這種簡單的加總並不符合經濟資本 (Economic Capital) 的立論基礎。蓋因，以簡單加總計得的 VaR 總值扣除預期損失後，應提列的經濟資本或風險資本會被高估，造成公司資金的不適當配置與浪費。也因此，VaR 值的加總必須考慮各風險間相關性，所帶來的分散效應 (Diversification Effect) 使經濟資本的提列更精確、更實際與適當。經由分散效應所導致的公司總風險值，將少於簡單加總所得的總風險值，而兩者間的差額就是風險分散效應值。

風險分散效應會受到兩種變項的影響，也就是風險集中度 (Concentration) 與風險類別因素分層的廣度 (Granularity)(Everts and Liersch, 2006)。風險如越集中，風險分散效應越小。風險類別因素分層的廣度越廣，風險分散效應越大。其次，衡量風險分散效應的方法有兩種方式，也就是統計上的相關係數與Copulas函數[13]，以及質化方式的影響矩陣 (Influence Matrix)（參閱第七章）。相關係數與 Copulas 函數間各有優劣。例如：相關係數優點是簡單易懂，其缺點是它使用的是過去資料，也許無法得知目前相關性的情況，而 Copulas 函數也有優缺點，例如：缺點是複雜難懂，優點是無須假設遵循何種特定分配。

最後，如果一般企業公司屬於跨領域事業集團，則風險累計有兩種途徑：第一、先就各事業單位下的各類風險累計，之後就集團所有風險累計；第二、先就跨各事業單位的同類風險加以累計，之後才將集團所有風險累計。這兩種不同途徑累計風險的過程中，涉及兩種不同的分散效應值的估計：第一、就是同一風險在不同事業單位間的分散，是為跨風險分散 (Intra-Risk) 效應估計；第二、就是不同風險間 (Inter-Risk) 的分散，之後才估計跨事業分散。

六、回溯測試與壓力測試

VaR 值無法估算極端風險的情境，因此需以壓力測試 (Stress Testing) 補足。各類風險的壓力測試有不同的考量因素。同時，它可配合情境模擬進行，參閱圖 8-3。

至於回溯測試 (Back Testing) 為監理機關檢驗 VaR 模型可靠度的機制，並以穿透次數為監理標準，穿透次數越高，資本提列乘數越大，因穿透意即公司可能面臨災難損失，從而影響經濟資本，參閱圖 8-4。

---

[13] 參閱Melnick and Tenenbein (2008). Copulas and other measures of dependency. In: Melnick, E. L. and Everitt, B. S. ed. *Encyclopedia of quantitative risk analysis and assessment*. Vol. I. pp. 372-374. Chichester: John Wiley & Sons Ltd.

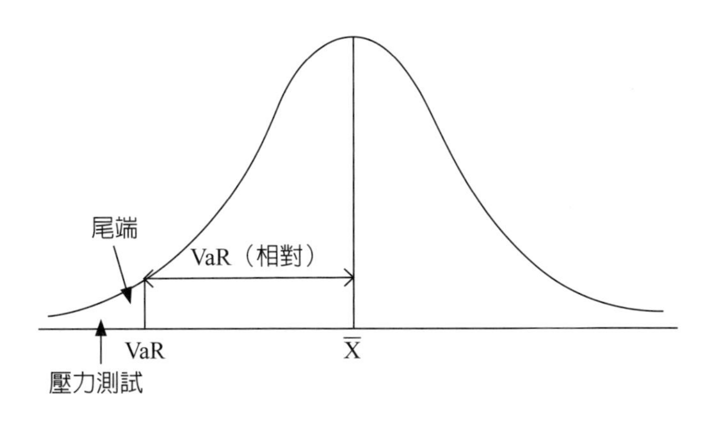

圖 8-3　壓力測試

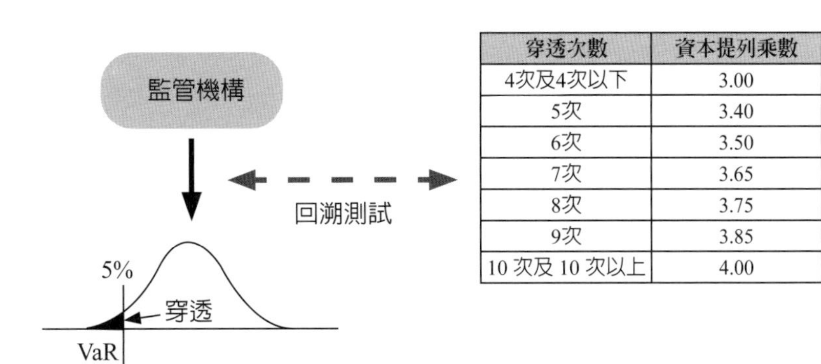

穿透次數	資本提列乘數
4次及4次以下	3.00
5次	3.40
6次	3.50
7次	3.65
8次	3.75
9次	3.85
10 次及 10 次以上	4.00

圖 8-4　回溯測試

七、風險值與經濟資本

金融保險業早已熟悉經濟資本在風險管理與資本配置的重要性，但對非金融保險業的一般企業應用經濟資本在風險管理與資本配置上則是近年的事。經濟資本與風險資本間，概念可交互使用，只是前者重商業價值的概念，後者重風險管理的概念，兩者也都用來支應非預期損失的資本。

公司總風險值扣除預期損失後的餘額，即爲公司所需要的風險資本。經濟資本是資本管理的問題，風險值是風險管理的問題。兩種管理是創造公司價值的重要槓桿，唯有兩者整合，公司價值才得以提升，風險管理績效才能顯著。經濟資本其實也是風險管理工具，經濟資本模型就是內部模型，公司如何建置經濟資本模型有其考量因素與原則。

(一) 經濟資本模型

建置經濟資本模型的原則如下：第一、認清建置經濟資本模型是公司的責任；第二、經濟資本模型應配合公司業務特性、規模、風險組合、與複雜度；第三、經濟資本模型應納入公司所有的重大風險；第四、經濟資本模型應納入公司的正式流程並有書面文件；第五、經濟資本模型應盡可能成為管理程序的一環與公司文化的一部分；第六、經濟資本模型應定期檢討改進，每年至少一次請外部機構檢視；第七、經濟資本模型應完整且具代表性；第八、經濟資本模型應盡可能具前瞻性；第九、經濟資本模型應能產出合理的結果。

其次，說明建置經濟資本模型的考量因素包括（林永和，2008/10/15；Siegelaer and Wanders, 2006）：第一、內部模型的方法論、參數、工具、與程序；第二、公司資本適足性要兼顧政府與信評機構的要求；第三、資產與負債各別評價基礎要一致；第四、內部模型的風險變數及其相依性；第五、資本的匯集、配置、與替代；第六、風險值衡量方法；第七、風險管理政策指導與資本配置；第八、模型建置實務與基礎平臺。此外，建置經濟資本模型主要的決策項目包括：第一、評估期間與信賴水準的選定；第二、資本的界定與觀點；第三、採用何種風險量值；第四、要包括哪些風險；第五、採用何種內部模型法；第六、風險彙集方式；第七、未來現金流量折現方法；第八、是否包括新業務。

最後，政府監理機構對經濟資本模型的規範包括：第一、內部模型的目的；第二、內部模型的功能；第三、內部模型準則；第四、內部模型的設計；第五、統計品質測試；第六、模型校準測試；第七、模型使用測試；第八、事先核准；第九、監理官責任；第十、監理報告與揭露。

(二) 各類風險的經濟資本

首先，針對市場風險的經濟資本，即市場風險值扣除最佳估計值的餘額，參閱圖 8-5。其次，信用風險的經濟資本，$EC = [LGD \times EAD \times \sqrt{PD*(1-PD)}] - (LGD \times EAD \times PD)$(Doff, 2007)。其中，LGD×EAD×PD 就是預期信用損失。至於，作業與危害風險的經濟資本，也就是風險值扣除平均損失，參閱圖 8-6。

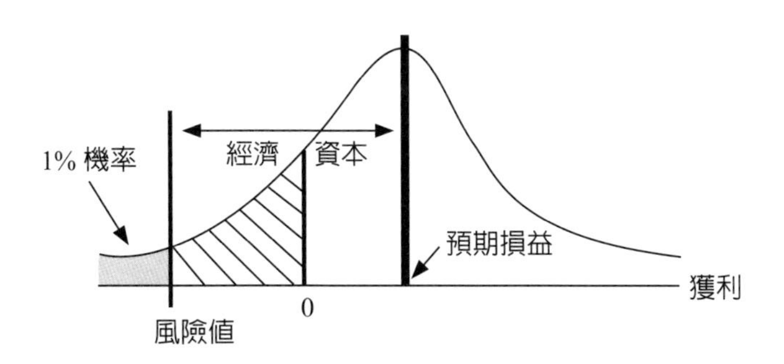

圖 8-5　市場風險的經濟資本

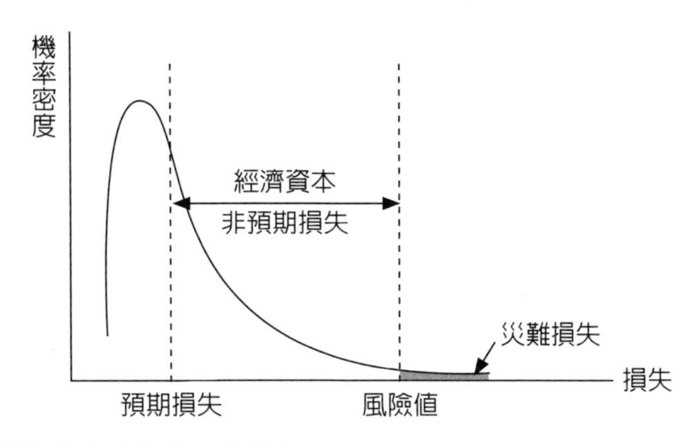

圖 8-6　作業或危害風險的經濟資本

最後，責任風險的經濟資本是最壞的責任損失推估值（也就是風險值）與平均損失推估值間的差額，見表 8-7，也就是經濟資本需計提 $389($8,128 – $7,739)。

本章小結

公司老闆總想知道，面對風險的威脅時，最糟糕的損失會是多少。這時風險值的計算就有助於解決這項問題。同時，扣除正常營運資本後，也能了解公司現有的資本，夠不夠因應最糟糕的損失可能帶給公司的衝擊。因此，風險資本或經濟資本模型的應用就很重要。最後，不同類的風險對公司的威脅、性質、與結果均不相同，這時需考慮產業性質與公司風險結構比重及內部情況，適當配置資本。

思考題

1. 某公司持有500萬日幣部位，與200萬台積電股票，請實際搜尋相關數據，分別計算各該部位未來一個月的風險值？同時，也計算兩種資產組合未來一個月的風險值？（設定的信賴水準，是95%）。
2. 信賴水準的設定，會影響風險值的計算。請思考，設定信賴水準是項遊戲嗎？爲何？這與產業及公司有關嗎？爲何？
3. 經濟資本、風險資本、會計資本、與法定資本間，有何不同？爲何經濟資本對風險管理與資本管理的整合很重要？

參考文獻

1. 林永和（2008/10/15）。〈建置經濟模型之實務考量〉。*《風險與保險雜誌》*，第19期，第28頁至第39頁。臺北：中央再保險公司。
2. Artzner, P. et al. (1999). Coherent measures of risk. *Mathematical finance, 9*(3). pp. 203-228.
3. Crouhy, M. et al. (2003). *Risk management.* New York: McGraw-Hill.
4. Everts, H. and Liersch, H. (2006). Diversification and aggregation of risks in financial conglomerates. In: van Lelyveld, I. ed. *Economic capital modelling: Concepts, measurement and implementation.* pp. 79-113. London: Risk Books.
5. Franzetti, C. (2011). *Operational risk modeling and management.* Zurich: CRC Press.
6. Harrington, S. E. and Niehaus, G. R. (2003). *Risk management and insurance.* New York: McGraw-Hill.
7. Jorion, P. (2001). *Value at Risk: The new benchmark for managing financial risk.* New York: McGraw-Hill.
8. Marshall, C. (2001). *Measuring and managing operational risks in financial institutions: Tools, techniques and other resources.* Chichester: John Wiley & Sons Ltd.
9. Melnick E. and Tenenbein, A. (2008). Copulas and other measures of dependency. In: Melnick, E. L. and Everitt, B. S. ed. *Encyclopedia of quantitative risk analysis and assessment.* Vol. I. pp. 372-374. Chichester: John Wiley & Sons Ltd.
10. Siegelaer, G. and Wanders, H. (2006). Appropriate risk measures, time horizon and valuation principles in economic capital models. In: van Lelyveld, I. ed. *Economic capital modeling: Concepts, measurement and implementation.* pp. 59-79. London: Risk Books.
11. van Lelyveld ed. (2006). *Economic capital modeling: Concepts, measurement and implementation. Annex A.*

第 9 章

風險管理的實施（五）——應對風險(I)

讀完本章可學到什麼？

1. 認識所有應對風險方式的簡略內容。
2. 了解風險控制的涵義、理論、學理分類與風險控制的成本及效益。
3. 認識索賠管理、危機管理與營運持續管理／計畫的目的與內容。

風險管理重中之重，是在如何應對風險。知道有風險，風險有多大，但不知道如何應對風險，那麼，一切都將白費。本章先簡略說明所有應對風險的方法。其次，說明風險控制的內容以及索賠管理、危機管理、與營運持續管理等特殊支流。

一、應對風險概論

(一) 利用風險

過去風險管理很少談及如何利用風險 (Exploit Risk)，主要是過去重在如何應對風險的虧損面，但風險同時可能存在獲利機會，所以如何利用風險，創造價值，成為重要課題。

(二) 風險控制

簡單說，風險控制主要針對風險的實質面，它是指任何可以直接降低風險事件發生的可能性或縮小其嚴重性的措施。例如：戰略風險控制採用的眞實選擇權。財務風險控制中，採用的風險限額。再如，火災風險控制採用的滅火器等。風險管理上，只有風險控制是很危險的，只有風險融資則融資成本會高，兩者間應透過成本效益分析作財務的連結，參閱圖 9-1。

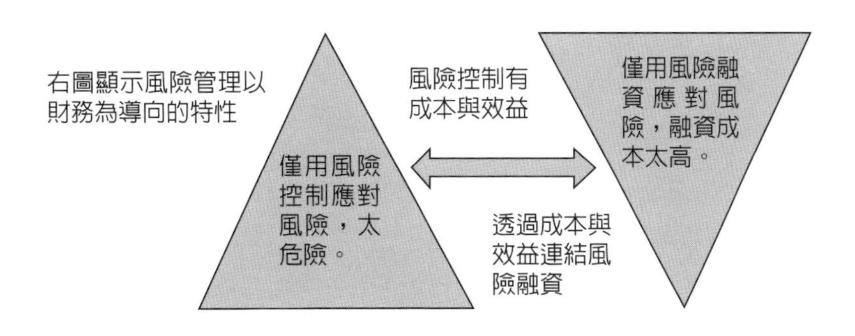

圖 9-1 風險控制與風險融資的財務關聯性

(三) 風險融資

風險融資主要針對風險的財務面，它是為了籌集彌補損失資金的財務管理規劃。這主要包括針對財務風險融資的衍生品，針對作業風險與危害風險融資的保險，以及涉及資本與保險特質的另類風險融資 (ART: Alternative Risk Transfer) 商品，例如：巨災債券等。

(四) 風險溝通

風險感知會影響風險態度，針對此種風險心理人文面的應對，就須靠風險溝通。這應對風險的工具，詳閱第十五章。

(五) 風險決策

風險管理須做決策，效用理論與前景理論的了解以及決策工具的應用就極為重要。

(六) 索賠管理、危機管理、營運持續管理、與資產負債管理

索賠管理、危機管理、營運持續管理、與資產負債管理是風險管理的特殊支流。在損失索賠時，風險變成危機時，與危機解決後，如何快速復原，維持正常營運以及整體從組織的資產負債面做風險管理時，就成為風險管理的特殊課題。其次，依性質分，索賠管理、危機管理、與營運持續管理列入本章進一步說明，資產負債管理則列入第十章說明。

(七) 非正式應對風險心法

前面談的都是正式應對風險的手法，但搭配非正式應對的心法，也相當重要。例如：「別認為不會倒楣」、「眼不見風險，也不能淨」、「了解獲利比了解虧損重要」。

表 9-1 非正式應對風險的九大心法

心法	非正式原則
心法1	深入了解組織的獲利，比了解虧損重要。
心法2	避談風險管理責任，也就是少責難。
心法3	別認為不是自己的問題。
心法4	記住眼不見也不能淨，強調實地檢視對識別風險的重要性。
心法5	別隱瞞要揭露。
心法6	務必要鼓勵員工休假，這可降低作業風險。
心法7	一枝草一點露。
心法8	小兵立大功，也就是小處著手，可解決大災難。
心法9	別想我會這麼倒楣嗎？

二、利用風險

應對某些風險可加以利用，但要用對時機與方法才行。利用的目的當然是獲取利潤，不像其他應對風險的方法，目的是在降低風險或轉嫁風險。可利用的風險絕大部分含有投機風險的性質，這種風險有獲利機會，當然利用不當，就有虧損可能。

(一) 可利用的風險

1. 政治風險

(1) 政局不穩時：政局不穩通常對組織經營不利，也就因爲不利才有機可乘；(2) 對外關係緊張時：組織可利用某國對外關係緊張時，例如：遭貿易制裁，某些貨物被禁運，組織此時如冒險購買被禁運貨物可能就獲利；(3) 政府部門受賄成風時：組織可花些錢獲取賺錢的機會；(4) 內亂與騷擾時：組織可藉機擴大索賠獲利；(5) 法治不完全時：組織可利用法律漏洞獲利。

2. 經濟風險

(1) 國家外貿實力弱時：外貿實力弱，容易產生逆差，債權人有充分的機會利用風險；(2) 貨幣貶值時：貨幣貶值對債權人雖是重大風險，但並非無可利用處，例如：須以兩種貨幣支付的工程計畫；(3) 商品內外差價懸殊時：出口商品價格遠比國內價格低廉時，利用差價獲利機會大；(4) 企業普遍破產時：藉由企業普遍破產時購併，擴充組織實力。

3. 商務風險

(1) 借貸投機：利用貨幣升貶值借貸投機獲利；(2) 衍生品交易：利用期貨或選擇權獲利；(3) 契約條款不嚴謹：鑽條款漏洞獲利；(4) 無商業慣例意識：在無商業慣例意識的國家，利用投其所好獲利。

(二) 如何利用風險

第一、分析利用風險的可能與價值：這要分析是否可行、是否有價值、與是否有必要等問題。這些都有答案，就可伺機行事。例如：利用匯率風險時，要分析官價與市場價的差異，是否有調劑獲利的可能，同時考慮政府管制是否嚴格，再行利用。

第二、計算利用風險的代價：計算風險的代價當然是指萬一利用失敗時的損失。計算這些損失時，要包括直接損失、間接損失、與隱藏損失。

第三、評估組織對風險的承受能力：這與組織財力有關，要承擔可承受的風險，否則得不償失。換言之，要冒合理可容忍的風險。

第四、制定方法與實施步驟：要制定執行的方法與步驟，監測執行期間的干擾活動並想好因應之道。

第五、選擇時機因勢利導：風險是會變化的，何時可利用風險要慎選並因勢利導。

(三) 風險利用守則

(1) 要當機立斷；(2) 決策要慎重；(3) 嚴密監測風險的變化；(4) 要量力而為；(5) 要應變有方。

三、風險控制的意義、性質與功效

俗諺「預防重於治療」，風險控制即屬前者，風險融資可說是後者。因此，應對風險首重控制風險，直接改變風險分配。風險控制有許多方法，有屬預防性質的財務預警、裝設火災偵煙器、與禁止抽菸等措施，有屬風險隔離的檔案備份等作法，有屬風險轉嫁的手術同意書等作法，也有屬遞延投資避險的眞實選擇權等。無論採用何種方法，所謂風險控制指的就是爲了降低風險程度的任何軟性與硬體措施而言。這些措施不是可降低損失頻率，就是可縮小損失幅度，或兩者兼具。針對不同的風險，風險控制的具體措施也會不同，在學理的分類也不同。

其次，在風險控制的性質上，須留意三點：第一、它能直接改變曝險的特性。經由實質的改變使吾人更能控制損失頻率與幅度（參閱圖 9-2）。例如：汽車加裝安全氣囊、打預防疫苗增強抵抗力、與限制高速公路的車速等；第二、風險控制措施的效應會因經濟個體不同而異。例如：天橋的設立對行人言，主要可降低意外傷害的風險，但對汽車駕駛人而言，可降低汽車責任風險；第三、任何風險控制措施均有其專屬功能。例如：財務預警重在預防財務惡化，自動灑水系統重在縮小火災毀損範圍，但啟動後連帶的水漬損失則非其功能。最後，整體來說，風險控制效應與功能上是積極的。因此，它有保持資源免於受損及維持生產力的功效。

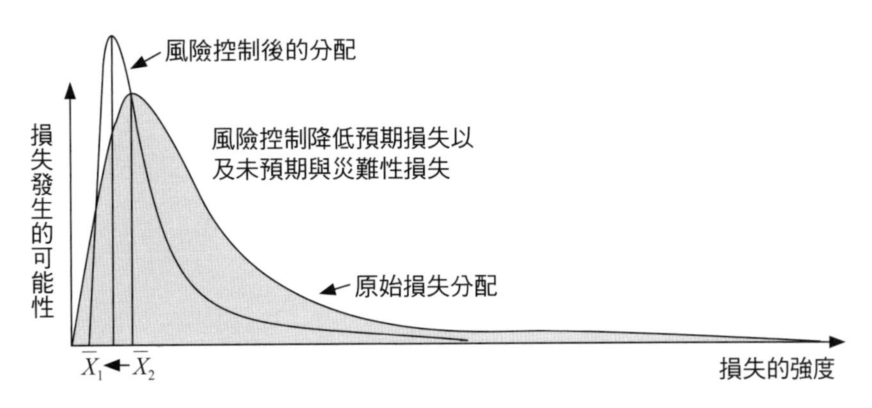

圖 9-2　風險控制與風險分配的改變（$\overline{X}_1$ 表原始分配的預期損失；$\overline{X}_2$ 表風險控制後的預算損失）

四、風險控制理論

損失的發生有其遠因和近因。遠因就是危險因素 (Hazard)，即是風險源。近因可稱危險事故 (Peril)／風險事件 (Risk Event)／損失事件 (Loss Event)。存在風險源，風險事件就有可能發生，進而導致損失。因此，風險源、風險事件、及損失間具有關聯性。要達成控制風險的目的，可從風險源、風險事件、及損失三方面著手。自 1900 年代以來，有五種不同的風險控制理論。這五種理論各從不同的觀點，解釋意外事故發生的原因，進而提出控制風險的各項措施，是爲從事控制風險的理論基礎。

(一) 骨牌理論

骨牌理論 (The Domino Theory)(Head, 1986) 係於 1920 年代間，由著名的工業安全工程師亨利屈 (Heinrich, H. W.) 發展而成。這個理論主張意外事故的發生與人因 (Human Factor) 有關係。意外事故的發生，依其因果由五張骨牌構成。這五張骨牌分別的稱謂是：第一張謂爲先天遺傳的個性與社會環境 (Ancestry and Social Environment)；第二張謂爲個人的失誤 (The Fault of a Person)；第三張謂爲危險的動作或機械上的缺陷 (Unsafe Act and/or Mechnical or Physical Hazard)；第四張謂爲意外事故本身 (Accident Itself)；最後一張謂爲傷害 (Injury)。這五張骨牌，參閱圖 9-3。

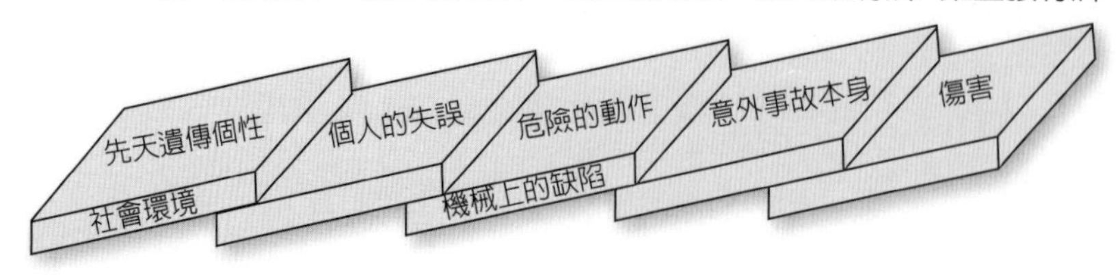

圖 9-3 骨牌理論

骨牌理論特別強調三項重點：第一、每個意外事故始於先天遺傳的個性及不良的社會環境，終於傷害；第二、移走前四張骨牌的任何一張，均可防止傷害的產生；第三、移走第三張骨牌──「危險的動作」，是預防傷害產生的最佳方法。對於第三張骨牌，亨利屈 (Heinrich, H. W.) 更進一步補充說明，危險的動作在事故產生的原因上，比危險的物質條件更爲重要。換言之，亨利屈 (Heinrich, H. W.) 強調教導人們正確地操作機器遠比改善缺陷機器，更能有效防止傷害的產生。因此，人員的安全教育訓練是此種理論著重的風險控制措施。

(二) 一般控制理論

在亨利屈 (Heinrich, H. W.) 骨牌理論發表後，僅數十年間工業衛生專家和安全工程師也發展了一般控制理論 (The General Methods of Control Approach)。該理論強調意外發生的原因，危險的物質條件或因素 (Unsafe Physical Condition) 比危險的人爲操作更爲重要。該理論主張採用十一種控制風險的措施 (Head, 1986)：(1) 應以對人體健康損傷較少的材料，替代損傷大的材料；(2) 改變操作程序，降低工人接觸危險機械設備的機會；(3) 確立工作操作程序的範圍並作適當的隔離，藉以減少曝露於風險中的員工人數；(4) 對易於產生灰塵的工作場所適時灑水減少灰塵；(5) 阻絕汙染源和其擴散的途徑；(6) 改善通風設備，提供新鮮空氣；(7) 工作時應穿戴防護裝備，例如：護目鏡等；(8) 制定良好的維護計畫；(9) 對特殊的危險因素，應有特殊的控制措施；(10) 對有毒物質應備有醫療偵測設備；(11) 制定適當的工程安全教育訓練計畫。

(三) 能量釋放理論

1970 年代，美國著名的大眾健康專家和第一任高速公路安全保險研究中心總

經理哈頓 (Haddon Jr. W.) 提出了能量釋放理論 (Energy-Release Theory)。該理論主張意外事故發生的基本原因爲能量失去控制。該理論主張採取十種控制風險的措施 (Head, 1986)：(1) 防止能量的集中。例如：禁止核子武器的發展，禁止高動力車輛的生產等；(2) 降低能量集中的數量。例如：限制炸彈或爆竹的規格，限制車輛行駛的速度等；(3) 防止能量的釋放。例如：防止鍋爐爆炸等；(4) 調整能量釋放的速率和空間的分配。例如：降低滑雪道斜坡的斜度，對蒸氣鍋爐加裝安全閥門，要求深海潛水夫慢速潛入海中以減少水壓的影響等；(5) 以不同的時空區隔能量的釋放。例如：設置不同的巷道供行人和汽車使用，區隔飛機起降時間等；(6) 在能量與實物間設置障礙物。例如：汽車駕駛座加裝安全帶，要求工人穿上防護衣，建築物加裝防火門等；(7) 對會受到能量釋放衝擊的物體，調整其接觸面和修改基本結構。例如：鋒利的剪刀改成較鈍的安全剪刀以供兒童使用等；(8) 加強物體的結構品質。例如：對地震區要求建築物應有防震設計，對從事危險工作的員工應加強訓練等；(9) 快速偵測並評估毀損，以反制其擴散或持續發生。例如：緊急救難，加強防火偵測等；(10) 實施長期救護行動以降低毀損程度。例如：對受傷員工實施復健計畫，對受損財物實施維修計畫等。另一方面，梅爾與海齊 (Mehr & Hedge) 則將十項措施簡化爲五項措施 (Head, 1986)：(1) 能量的產生或形成應加以控制；(2) 控制傷害性能量的釋放；(3) 在能量和實物間設置障礙；(4) 建構可降低能量傷害性的環境或條件；(5) 防阻能量傷害的後果。最後，一般控制理論、能量釋放理論、與梅爾與海齊 (Mehr & Hedge) 主張的風險控制措施間的關聯，參閱圖 9-4。

(四) TOR系統理論

所謂 TOR 系統全稱爲作業評估技術系統 (Technique of Operations Review System)。該理論主張組織管理方面的缺失是導致意外事故發生的原因。TOR 系統理論由韋福 (Weaver, D. A.) 首創 (Head, 1986)，贊同此理論的皮特森 (Petersen, D.) 發展出五項風險控制的基本原則，並將管理方面的缺失歸納爲八類。五項基本原則分別是：第一、危險的動作、危險的條件、和意外事故是組織管理系統存有缺失的徵兆；第二、會產生嚴重損害的情況應澈底辨認和控制；第三、安全管理應像其他管理功能一樣，設定目標並藉著計畫、組織、領導、和控制來達成目標；第四、有效的安全管理關鍵在於賦予管理會計責任；第五、安全的功能係在規範操作錯誤導致意外發生在可容許的範圍。此項安全的功能可透過兩項途徑達成：(1) 了解意外事故發生的根本原因；(2) 尋求有效的風險控制措施。至於管理方面的缺失可歸納爲

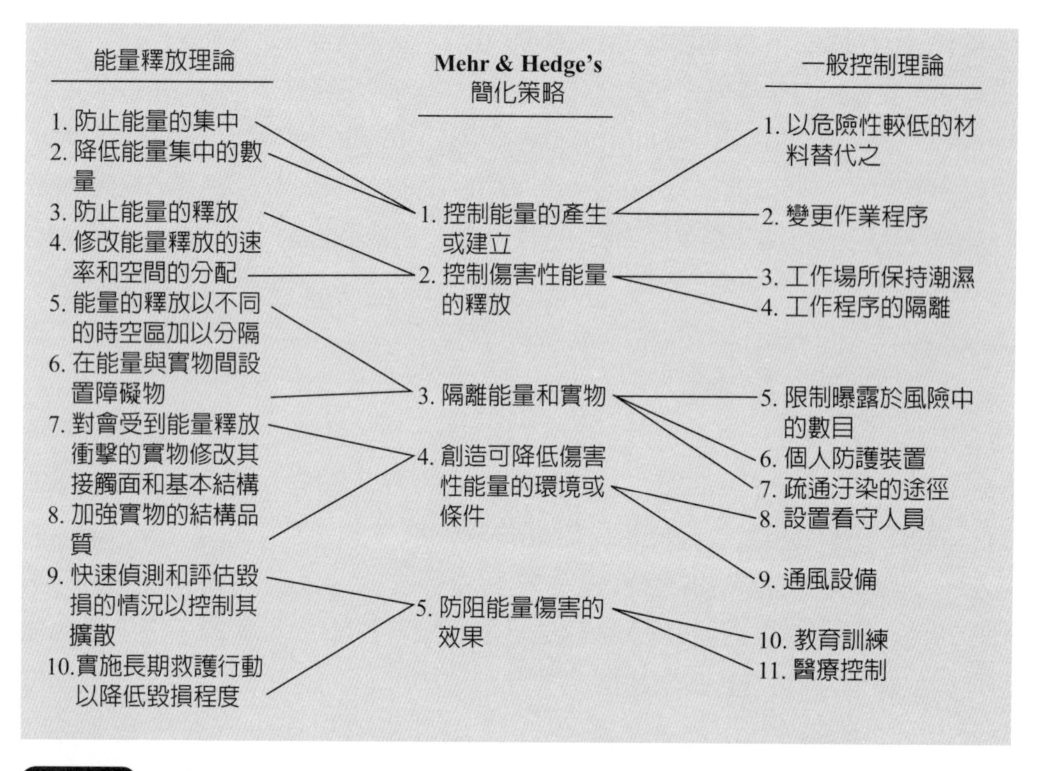

圖 9-4 一般控制理論、能量釋放理論、與梅爾和海齊控制措施的關聯

八大類別：第一類，是不適切的教導及訓練；第二類，是責任的賦予不夠明確；第三類，是權責不當；第四類，是監督不周；第五類，是工作環境紊亂；第六類，是不適當的計畫；第七類，是個人的缺失；第八類，是不良的組織結構和設計。

(五) 系統安全理論

系統安全係導源於下列的觀念：萬物均可視爲系統，而每系統均由較小和相關的系統組合而成。根據此觀念，當系統中人爲或物質因素失卻其應有功能時，意外事故就會發生。系統安全理論 (System Safety Approach) 的目的係在企圖預測意外事故如何發生，並尋求預防和抑制之道。根據該項理論，風險控制的措施有下列四項 (Head, 1986)：第一、辨認潛在的危險因素；第二、對安全方面相關的方案、規範、條款、和標準，應妥適地規劃與設計；第三、爲配合安全規範和辦法，應設立早期評估系統；第四、建立安全監視系統。系統安全理論提供了如何分析意外事故發生和如何預防的綜合性觀念。最後，五種風險控制理論的差異，基本上是對意外

事故產生的原因採取不同觀點所致。是故，不同的理論就會採用不同的風險控制措施。然而，所有的理論無非均想達成，降低意外損失發生的頻率，縮小損失幅度的目標，進而降低風險對人們生命財產安全的威脅。

五、風險控制的學理分類

風險控制在學理上可分五種：一爲風險迴避 (Avoidance)；二爲損失預防 (Loss Prevention)；三爲損失抑制 (Loss Reduction)，損失預防與抑制併稱爲損失控制 (Loss Control)；四爲風險隔離 (Segregation)，隔離又分爲分離 (Separation) 與儲備 (Duplication)；五爲風險轉嫁—控制型 (Risk Transfer-Control Type)。

(一) 風險迴避

風險迴避也可簡稱避險，但這與財務風險管理 (Financial Risk Management) 領域中，所俗稱的避險在性質上不同。財務風險管理中的避險，屬於損失與利益對沖的性質，英文用「Hedging」，或稱中和 (Neutralization)，這種性質屬於風險融資的特性。此處，稱呼的避險是著重損失發生的零機率。爲完成此目的，它通常採取兩種方式 (Head, 1986)：第一、根本不從事某種風險活動。例如：爲了免除爆炸的風險，工廠根本不從事爆竹的製造。或爲了免除責任風險，學校徹底禁止學生從事郊遊活動等；第二、中途放棄或延遲某種風險活動。例如：某企業戰略上，原欲至伊朗投資設廠，後因兩伊戰爭爆發，臨時中止或延遲該項戰略投資設廠計畫。

其次，避險有其一定的條件和限制，運用上必須注意下列幾點：第一、當風險可能導致的損失頻率和損失幅度極高時，迴避風險可說是適切的；第二、當採取其他風險管理措施所花的代價甚高時，可考慮迴避風險；第三、某些風險是無可避免的。例如：死亡風險或全球性能源危機的基本風險；第四、風險一昧地以迴避處理，則人類生活必定了無情趣，而對公司言，賺錢機會等於零；第五、風險迴避的效應有其一定範圍。換言之，迴避了某風險可能需面對另外的風險。例如：企業主覺得近來高速公路上車禍頻繁，因此決定貨物的運送不走高速公路，改走省公路。這個決定固然避免了走高速公路可能導致的貨物、人員、及責任風險。然而，這種決定卻面對了走省公路可能帶來的貨物延遲與其他風險。再如，將工廠存貨由 A 倉庫運往 B 倉庫儲存，固然避免了因儲存於 A 倉庫可能產生的風險，然亦同時面對了 B 倉庫可能帶來的風險。

(二) 損失預防與抑制

損失預防和抑制併稱爲損失控制。損失控制是風險控制中最重要且積極的措施，不像風險迴避消極地面對風險，它是積極改變風險特性，進而直接改變風險分配的措施，參閱圖 9-2。例如：大樓建物在施工前，設計時考慮耐震與防震的問題即是。

損失預防和抑制的區分可見諸於損失控制的分類。損失控制類別的劃分有三 (Williams, Jr. et al., 1981)：第一、依目的分：損失控制可分爲損失預防和損失抑制。前者以降低損失頻率爲目的，要注意的是預防只求「降低」並不強調降低至零，故有別於規避風險；後者以縮小損失幅度爲目的。是故，預防與抑制在目的上有別；第二、依風險控制理論分：風險控制理論有好幾種，其中最具代表性的當推骨牌理論和能量釋放理論。骨牌理論主張採取改變人們行爲的方法 (Human Behavior Approach) 控制損失。能量釋放理論則主張採取工程物理法 (Engineering Approach) 控制損失。換言之，損失控制依此分類基礎可分爲人們行爲法與工程物理法；第三、依損失控制措施實施的時間分：損失控制可分爲損失發生前 (Pre-Event) 的控制、損失發生時 (Event) 的控制，與損失發生後 (Post-Event) 的控制。損失發生前的控制即爲損失預防，損失發生時和發生後的控制是爲損失抑制。

概念上，明確區分預防和抑制是屬必要，但實際上兩者關聯密切甚難區分。例如：某公司安全手冊中規定，公務車不得超速行駛，此安全規定產生的效應很難區隔爲預防或是抑制。限速固可減少車禍的發生，然而如不幸發生，傷亡損失也得以縮小。如著眼前者該屬預防，如著眼後者該屬抑制。再如，爲了防止火災廠房內禁止吸菸，表面上言，應屬預防。蓋因，禁止吸菸可降低火災發生機會，然而從某特定期間累積的總損失來觀察，禁止吸菸措施卻有縮小累積總損失的功效。是故，禁止吸菸也可被視爲抑制。基於以上兩例，預防和抑制在實務上無須明確區分。其次，公司管理活動上與硬體安全設備上，有許多均屬於損失控制的風險控制作爲。例如：平衡計分卡、財務預警、流程再造、內外部稽核、品質控管、存貨管理、與裝置自動灑水設備等。

(三) 風險隔離與組合

風險的隔離與組合可說是一體兩面。風險隔離就是風險分散，風險隔離奠基於簡單的哲理「不要把所有的雞蛋，放在同一個籃子裡」。**風險隔離** (Risk Segrega-

tion) 的目的是企圖降低經濟個體對特定事物或人的依賴程度，它可衍生成分離和儲備。分離係將某事物或作業程序區分成好幾個部分。例如：將某倉庫的貨物在成本的許可下，分存於兩地。或將資金投資在不同的股票或基金。分離的效應在於風險得以分散，降低每一曝險額。另外，儲備係指備用財產 (Stand-by Asset) 或備用人力，或重要文件檔案的複製，或備援計畫的準備而言。當原有財產、人員、資料、及計畫失效時，這些備用措施即可派上用場。

其次，分離、儲備、和損失抑制對損失頻率和幅度以及預期值的影響各有不同 (Head, 1986)：第一、分離和儲備並不像抑制，特別強調以縮小損失幅度爲目的；第二、分離和儲備雖不以縮小損失爲目的，但仍有縮小損失幅度的功效。在影響損失頻率的效果上，兩者並不相同。分離可能增加損失頻率，但儲備對損失頻率毫無影響。分離雖將曝險面縮小，但數目增加可能增加發生損失的次數；第三、儲備不影響損失頻率，但能縮小損失幅度。因此，損失預期值可能降低；第四、分離對損失頻率和幅度均有影響，因此分離是否會降低損失預期值，端賴分離對頻率和幅度影響程度而定。

最後，風險組合 (Risk Combination or Risk Pooling) 係指集合許多曝險體，達成平均風險預測損失的目的。保險公司承保風險的手段就是典型的風險組合。組合會增加曝險數目，但其增加的方式與分離不同。分離是拆散，組合是集合。因此，風險隔離與風險組合是同種異體，兩者均有助於損失的預測。例如：公司購併、公司的跨國經營、與公司的聯營等，均是風險組合的明證。

(四) 風險轉嫁——控制型

風險轉嫁的途徑可分爲二：一爲透過保險契約轉嫁；另一爲透過非保險契約轉嫁。不管何種途徑，不外牽涉兩位當事人：一爲轉嫁者 (Transferor)；另一爲承受者 (Transferee)。透過保險契約轉嫁是爲保險融資（參閱第十章），承受者則爲保險人。透過非保險契約轉嫁，依轉嫁重點的不同，可分爲控制型與融資型兩種（非保險契約的融資型轉嫁，參閱第十章）。

風險轉嫁——非保險契約控制型 (Non-Insurance Contractual Transfer-Control Type) 係指轉嫁者將風險活動的法律責任轉嫁給非保險人。該承受者不但承接了風險活動的法律責任，也承受因而導致的財務損失。此種轉嫁契約，轉嫁者並不是企圖從承受者中獲得財務損失的補償。是故，轉嫁者不具補償契約 (Indemnity Contract) 中，受補償者 (Indemnitee) 的角色。明顯地，承受者自非補償者 (Indemnitor)。

前述定義顯示出幾種特性：第一、此種轉嫁契約的對象並非保險人；第二、此種轉嫁契約的目的並非尋求財務損失的補償，而是尋求願意承接法律責任的承受者。因此，轉嫁的重點係在可能產生的法律責任，而非可能的財務損失。

此種契約具體常見的型態有下列四種 (Head, 1986)：第一種是買賣契約。例如：爆竹工廠的出讓；第二種是出租契約 (Lease Arrangement)。透過出租契約的協議，出租者可將某財產的法律責任或財務損失歸由承租者承受，視協議要旨它亦可以是融資型；第三種是分包契約 (Sub-Contract)。透過分包契約，主承包人可將某類工程或計畫轉給次承包人，該承包人需承受可能的一切責任。例如：某公司行政大樓的承包商承攬該工程後，藉由分包將可能產生的交貨遲延或公共意外責任等風險轉嫁給分包商即是；第四種是辯護（或免責）協議 (Exculpatory Agreements)。藉著此種契約，可能承受法律責任的一方免除了被追訴的風險。例如：醫生對病人執行開刀手術前，往往要求病人簽字同意，如手術不成功，醫生並不負責的契約即是。

六、風險控制的具體措施

具體來說，軟性措施可包括：針對戰略風險的平衡計分卡與眞實選擇權；針對財務風險的財務預警、投資政策、與資產負債管理以及風險隔離／分散等；針對作業風險的內部控制、營運持續計畫、標準作業程序、KRIs 指標、與四眼原則等。此外，軟性措施還可包括租售合約等的控制型轉嫁合約。硬體措施主要針對危害風險，這可包括火警偵煙器、自動灑水系統、監視器等消防與安全設備。

(一) 戰略層次的具體措施

1. 平衡計分卡

戰略層次管理人員面對的競爭風險、創新風險、與經濟風險，常是很難計量的系統環境風險。系統環境如較穩定，公司面對較可預測的未來，則選擇調適戰略，願景可較明確。如果是混沌未明或變動巨大的環境，未來難測，則可選擇保留戰略，靜以待變。不論何種戰略的選擇均應轉換成具體的戰略計畫，而從戰略計畫，經由戰略執行至戰略成果獲得的過程，就需運用平衡計分卡與眞實選擇權實施戰略風險的控制。

平衡計分卡是重要的戰略管理工具，它可提供戰略行動的完整架構，有助於控制戰略計畫，經由戰略執行至戰略成果獲得過程的風險。以平衡計分卡的觀點

言，公司初步選擇戰略後，需將公司願景與戰略加以澄清與詮釋以便獲得共識。如無共識而執行這項戰略的風險會高。取得絕大共識後，必須加強溝通與聯結，這包括制定目標、獎勵、與績效間的量度聯結。嗣後，藉由指標設定與規劃，校準戰略行動與分配資源建立里程碑。最後，經由回饋與學習完成公司願景與戰略的制定。這項流程藉由溝通再溝通、教育再教育、校準再校準的落實，完成戰略風險的最佳控制。其次，平衡計分卡將戰略轉化爲行動過程中，會涉及財務、顧客、公司內部流程、與學習及成長等四個面向。每一面向爲了完成公司整體宗旨與願景的戰略目標，均應進一步設定各自的目標、量度、指標、與行動，才有助於戰略風險的控制(Kaplan and Norton, 1996)。

2. 眞實選擇權

戰略管理上常需決定重大的投資行動戰略，然而，系統外部環境因素陰晴極難掌控，運用眞實選擇權有助於避開不利情境降低風險，而在最有利時機進行戰略性的重大投資。眞實選擇權是公司的權利不是義務，是爲了在未來執行某專案行動的權利。權利可行使，可不行使。寬鬆地說，所有會影響公司未來前景發展的資源設定與分配的決策，均可視爲眞實選擇權 (Real Option)。這項選擇權因在有利時機執行，因此，會增進公司價值。然而，它與財務風險的衍生性商品選擇權極爲不同。眞實選擇權與財務選擇權（財務選擇權，參閱第十章選擇權）間，至少有下列幾點不同 (Andersen and Schroder, 2010; Alizadeh and Nomikos, 2009)：第一、財務選擇權是奠基在公開市場買賣的實體資產與金融資產。然而，眞實選擇權則奠基在與投資機會可能相關的現金流量；第二、財務選擇權是項某方會受約制的法律合約。然而，眞實選擇權只是公司可能投資機會的辨識與規劃；第三、眞實選擇權的執行價格，就是它的投資價值。然而，財務選擇權的執行價格是合約中標的資產的價格；第四、財務選擇權可在市場流通，但眞實選擇權無法流通；第五、透過決策的彈性可改變眞實選擇權的價值，但對財務選擇權無影響。茲以數學函數，比較兩者的不同如後：

財務選擇權：O = f[P, S, v, t, rf]：P = 標的資產市價；S = 合約中標的資產執行價格；v = 價格波動；t = 距到期日時間；rf = 無風險利率。

眞實選擇權：O = f[I, C, V, T, R]：I = 投資市值；C = 資金成本；V = 投資市值波動；T = 投資遞延時間；R = 市場利率。

(二) 經營層次的具體措施

第一、預警系統：預警系統 (EWSs: Early Warning Systems) 旨在事先提醒管理者有風險事件發生的徵兆。它可針對公司財務風險作預警。例如：利用總體經濟指標、資本流動指標、金融市場指標、或其他財務預警指標。財務預警的建置有許多方法，大體可分 (Yung, 2008) 三種方法：(1) 訊息法 (Signal Approach)；(2) 有限相依迴歸法 (Limited Dependent Regression Approach)；(3) 馬可維茲轉換法 (Markov-Switching Model)。其他另類方式，如分類及迴歸樹技術 (CART: Classification and Regression Tree)。其次，預警系統亦可針對非財務風險的災變作預警。例如：氣象局的颱風警報等。

第二、**動態財務分析** (DFAs: Dynamic Financial Analysis)：動態財務分析可作爲公司財務風險預警的重要工具。同時，其分析結果亦可作爲公司經營績效評估的一種手段。它包括三部分：(1) 隨機情境產生器；(2) 輸入總體經濟與其他歷史數據或模型參數；(3) 產出財務狀況的數據與分配。

第三、內部控制與內部稽核（可詳閱第十二章與第十三章）：內控與內稽（內部控制與內部稽核的簡稱）可說相輔相成。內部控制 (Internal Control) 是在合理確保公司可達成營運效率與效能、財務報表可靠性、與法令遵循等目標下的一種管理控制過程，這涉及公司所有風險的控制。其次，內部稽核 (Internal Auditing) 旨在消極的揭弊與積極的興利，它必須獨立、客觀、與專業始能克竟其功。透過內部稽核可提供專業意見給內部控制人員裨益改進。內部稽核也必須以 ERM 流程爲稽核對象，實施風險基礎的內部稽核 (Risk-Based Internal Auditing)。

第四、風險自覺與四眼原則：風險自覺 (Risk Awareness) 就是公司員工既有的風險意識，例如：電腦密碼是不能隨意給同事。公司員工風險自覺強，自然是作業風險控制最好的方式。這種自覺可採用「控制風險自我評估」(CRSA: Control Risk Self-Assessment) 表，來檢核測定每位員工風險自覺的強度。嗣後，根據分析結果，改善風險管理文化的品質。其次，在行政單位 / 內部控制 (AO/IC: Administrative Organization/Internal Control) 作業中，常用的作業風險控制手段就是四眼原則 (Four Eye Principle)。換言之，每項作業的關鍵過程，例如：核准重大工程或現金支付等，最好有兩位員工四隻眼睛，共同互相監控處理。

第五、KPIs、KRIs 與 KCIs：關鍵績效指標 (KPIs: Key Performance Indicators)、關鍵風險指標 (KRIs: Key Risk Indicators)、與關鍵控制指標 (KCIs: Key Con-

trol Indicators) 等既可用來作預警指標，也可用來作爲衡量作業風險的數據資料。三者不同處是，KPIs 是落後指標，KRIs 是領先指標，至於 KCIs 是指風險被控制的程度。KRIs 能與 KCIs 連動，會是很好的作業風險控制方式。

第六、委外服務：委外服務 (Outsourcing) 應屬於學理上的風險隔離，是公司在成本效益考量下，很常見的風險控制手段。委外服務是指公司將特定的工作與責任，藉由契約或其他方式委由外部專業服務者提供與擔責。根據文獻（王馨逸，2006/10/15）公司委外服務的需求越來越高，委外在地化已轉變爲委外全球化。委外產生的效益，以降低成本居多（49%），次爲能強化公司核心能力（17%）。

第七、品質控制與實體安全管理：品質控制 (Quality Control) 涉及可靠度分析 (Reliability Analysis)（柯煇耀，2000）。安全管理則自成一套獨立的專業領域，包括其教育、課程訓練、證照、法令、與在公司內的組織系統 (Fischer and Green, 1998)。就風險管理的觀點言，它是屬於風險控制的領域。安全管理上需要眾多硬體設備，舉凡自動灑水系統、火災偵煙器、動作偵測警報器、監視設備、滅火器等均是。同時，它也需要各類安全組織與安全作業系統。這些軟硬體措施均有助於公司的風險控制。其中，實體安全設備的購置是風險管理中重要的投資決策議題。

第八、ISO 標準：ISO 是國際標準組織 (International Organization for Standardization) 的簡稱。這個組織創設的國際品管與環境標準，已成爲重要的風險控制標準。自 1987 年始，ISO 9000 已成爲歐盟各國組織遵循的品管標準，該標準適合製造業，也適合服務業，它分成 ISO 9001、9002、與 9003 三部分。其次，ISO 14000 則是自 1996 年始，陸續被各國採用的公司環境管理標準。該標準搭配聯合國環境發展會議 (UNCED: The United Nations Conference on Environment and Development) 揭櫫的 21 號議程 (Agenda 21) 已是目前國際公認的環境管理準則 (UNCTAD, 1996)。公司風險控制上如能滿足這些國際標準，對公司形象與控制風險的績效上均大有助益。

七、風險控制成本與效益

公司風險管理以提升公司價值爲目標，其風險管理以財務爲導向，因此，風險控制涉及的成本與效益是決策的重點。控制風險的作業內容涉及兩個面向：一爲作業相關的技術層面。例如：財務預警技術、密閉空間危害偵測、或壓力試驗等；二爲安全設備的投資與安全人員的訓練層面。例如：購置監測錄影設備等。風險控制的成本與效益須與風險融資的資金流向與用途聯結一起，形成風險管理中財務現金流量的主要決策議題。是故，風險控制有哪些經濟成本與經濟效益是除了實質技術層面外，風險管理人員必須分析的事項。就風險控制成本面分析，有兩類成本即直接成本與間接成本。直接成本包括資本支出與收益支出。資本支出包括：第一、安全設備或財務預警電腦軟體系統的購置。例如：自動灑水設備、警報系統等；第二、安全設備改良成本。例如：建築物防火材料改良施工成本等。收益成本包括：第一、安全設備或電腦軟體系統的保養維護費；第二、安全人員的薪資；第三、安全訓練講習費。間接成本係指必須花費的機會成本或其他間接的花費。例如：安全設備維修時，部分生產活動停頓的花費。再如，為趕時效加發給安裝人員的加班津貼。另外，就風險控制效益面分析，有直接效益與間接效益。直接效益包括：第一、保險費因損失控制加強，得以節省的支出；第二、來自政府的優惠與可以抵免的賦稅。間接收益包括：第一、未來平均損失的減少；第二、追溯費率[1](Retrospective Rating) 帶來的當期保費節省數；第三、勞資關係、生產力、與公司形象的改善。間接收益項目中，有些容易量化，有些量化困難。

八、索賠管理

(一) 索賠管理的範圍

索賠[2]管理包含三方面 (Tiller et al., 1988)：第一、公司組織行為的失誤導致他人遭受損失，公司應負的法律賠償責任。如果公司將此種可能的賠償責任或引發的財務負擔轉嫁他人時，那麼賠償的處理涉及公司、受害者、和風險承受者三方面。例如：透過責任保險轉嫁者。其次，如果公司自我承擔責任，那麼所涉及的僅是公司與受害者。此時，公司負責提供賠償金予受害者。換言之，前列兩種情形均屬公司責任理賠業務；第二、公司將各類財務損失轉嫁他人，當公司蒙受損失時的索賠活動。此時，公司為賠償金的接受者（或稱索賠者），亦即賠償請求權人。例如：投保火災保險等；第三、公司自我承擔財產損失，當公司蒙受損失時的理賠處理。此時，公司既是賠償金的提供者，亦是接受者。換言之，即以自身的資源補償自身

---

1 就是以當期損失經驗決定當期費率作法。這有別於其他費率作法，例如：以過去損失經驗決定當期費率。

2 英文「Claim Management」，涉及求償方時，著者稱索賠管理。涉及賠償方時，著者用理賠管理。其實，只是一體兩面，為求分辨採用不同詞彙。

的損失。例如：自負額範圍內的損失。

(二) 索賠處理的過程與步驟

任何損失的基本處理過程包括下列六項基本步驟 (Tiller et al., 1988)：第一、損失眞相的調查與賠償責任的確定；第二、所有涉及損失的相關單位和人員，對損失金額的評估；第三、各相關單位和人員間，對損失賠償金額和支付時間的磋商；第四、透過法律和其他程序解決爭議；第五、賠償金額的支付；第六、上述各項步驟執行績效的評估。

(三) 理算組織團體

損失處理過程中，風險管理人員了解相關理算組織團體是有需要的。財產責任保險理算較人身保險複雜，因此理算組織團體較多。一般而言，損失理算人 (Loss Adjusters) 可分爲四種 (Tiller et al., 1988)：第一、保險人的理算職員 (Staff Adjusters)，此種理算人是保險人支薪的職員；第二、獨立理算師 (Independent Adjusters)，此種理算人是收取服務費，獨立營業的理算人員，通常係代表保險人的立場與被保人進行損失理賠工作。它可以個人名義單獨營業，亦可以合組公司共同營業。例如：美國的獨立理算公司、GAB 公司 (General Adjustment Bureau, Inc.) 即是。獨立理算師的全國性組織稱爲全國獨立理算師協會 (NAIIA: National Association of Independent Insurance Adjusters)；第三、損失理算局 (Adjustment Bureaus)，它爲地位超然的損失理算機構；第四、公共理算師 (Public Adjusters)，此種理算人亦爲收取服務費，獨立營業的理算人員。它與獨立理算師不同，它是代表被保人的立場與保險人進行損失索賠處理工作。美國全國性的組織團體稱爲全美公共理算師協會 (NAPIA: National Association of Public Insurance Adjusters)。另外，風險管理人員於處理損失時，與相關團體合作，至少可獲得下列幾種好處：(1) 可獲得保險理賠專業的服務；(2) 可使索賠工作確實迅速；(3) 有助於損失談判；(4) 可獲取承保範圍的建議。

(四) 理賠成本控制

損失發生後，處理損失需要花一些費用。然而，處理失當可能使損失擴大，費用加劇。這些額外增加的成本，如是自我承擔的損失，則會反應在損益表上。如是被保損失，最終亦可能影響追溯費率的波動。是故，損失發生後，不管被保或未保損失，控制理賠成本是風險管理人員的工作職責。理賠成本的控制可視爲風險控制的一環。經驗法則告訴我們，在處理損失時，最好視損失均未投保。如此，對理賠成本的控制是有幫助的。控制理賠成本的方法主要有四種 (Tiller et al., 1988)：第一種是預付賠款 (Advance Payment)；第二種是代位求償 (Subrogation) 的行使；第三種是復健計畫管理 (Rehabilitation Management)；第四種是特殊架構給付 (Structured Settlements)。

1. 預付賠款

風險管理損失發生後的目標，係使損失有滿意的復原。復原損失必須花一筆費用。例如：將傷亡人員送醫急救需花醫療費用，修理毀損的財產或保護未損的財產亦需一筆費用，爲了加速恢復正常營業亦需支付加速費用 (Expediting Expense) 等。這些費用所需的資金，如能迅速適切的獲得，不但有助於降低損失，亦可使營業盡快恢復。是故，如果賠償者能預先支付部分賠款予受害人，不但可能有助於最後賠款的減少，亦有助於受害者盡快恢復營業。基此，預付賠款是對賠償者和受害者均有利的一種理賠成本控制方法。

2. 代位求償

代位求償在一般公司（非保險公司）理賠成本控制上有三層含意：第一、損失是由他（她）人導致者，在與保險索賠競合時，最好讓渡對他人要求賠償的權利，事先獲得保險公司的賠償對公司是有利的。茲舉一例說明如下：某公司投保房屋火險保額 6 萬元，因某乙過失使其房屋失火，實際損失 10 萬元。保險公司理賠某甲 6 萬元後，取得代位求償權並對乙進行控訴。最後，法院判決某乙應賠償某甲 7 萬元。那麼此 7 萬元，一般處理的方式是，某公司應分得 4 萬元補足其損失 10 萬元，另 3 萬元則歸保險人所得。是故，眞正保險人賠付某公司的只有 3 萬元，即 6 萬元扣除 3 萬元。顯然，保險人的賠款成本因代位求償權的行使而降低，而被保公司亦獲得了十足的補償；第二、公司如爲抵押權人，當抵押物滅失，公司要能實施物上代位向抵押人求償。如此，可降低公司的損失；第三、如果公司是非保險轉嫁——融資型合約的賠償者身分，轉嫁者的損失係由第三人造成時，公司依情況得行使代位求償權以圖降低成本。

3. 復健計畫管理

復健管理是控制人身風險成本的一種特殊手段。由於復健係在公司員工喪失

生產力之後，控制其因而產生的直接、間接成本，故視爲理賠成本控制的一種方法。所謂復健 (Rehabilitation) 係指針對受傷和殘廢之人員，以身心輔導和職業輔導的方式使其恢復傷殘前，原有的自信、能力、和獨立性。復健有三種方式 (Head, 1986)：一爲物理復健 (Physical Rehabilitation)；二爲心理復健 (Psychological Rehabilitation)；三爲職業復健 (Vocational Rehabilitation)。**物理復健**的目的係在回復傷殘者身體的各項物理機能。心理復健係恢復傷殘者原有的自信心和獨立自主。**職業復健**係使傷殘者重新就業工作，新的工作可以是原來的工作，也可以是類似的工作。三種復健的方式並非獨立無關的，而是密切相關相輔相成。

其次，**復健訓練** (Rehabilitation Training) 係指訓練與教育傷殘者有關各種復健方式的知識和訊息，這些通常屬心理專家、醫療人員、職業復健人員的主要職能。最後，**復健管理**係指透過與有關人員的溝通、磋商與控制，執行管理所擬的復健計畫而言。傷殘人員如係公司員工，那麼復健管理必須透過風險管理人員、人事部門人員、傷殘員工所屬單位主管、醫療人員、工會代表和保險理賠人員等，共同努力使其於最短時間內，重新恢復工作。如果傷殘人員並非公司員工，而公司對傷殘人員有法律責任時，亦同樣需與外界有關人員合作執行復健計畫，使傷殘人員恢復工作。實施復健管理，公司必須要有準備金預算，始可維持理賠成本的控制。換言之，復健管理可控制醫療成本，消除不必要的身體機能障礙，從而縮短恢復工作前所花的時間。爲達此目的，復健管理工作的重點有四：(1) 盡量避免爭訟的發生；(2) 注意醫療品質；(3) 回復工作過程應妥爲安排；(4) 著重職業復健。

4. 特殊架構給付

傳統上，對人員的傷殘、死亡實施一次的現金給付，但就理賠成本的控制觀點言，不見得此種方式是有利的。簡言之，一次現金給付的缺點有三：(1) 未考慮金錢的時間價值；(2) 忽略了免稅的有利因素；(3) 對社會整體言，一次給付現金對缺乏投資理財專業的人民言，不見得有利。然而，風險管理人員如能實施定期金額支付計畫，將有利於費用成本的控制。此種定期金額支付計畫是屬特殊架構給付 (Structured Settlement) 方式之一。它可以年金方式爲之，亦可以信託和投資組合計畫方式爲之。此種方式就理賠成本控制上所帶來的優點，至少有四點：(1) 獲得金錢的時間價值所帶來的好處；(2) 可有免稅的優惠；(3) 提供請求賠償人員穩定的現金流量；(4) 提升整體社會福利水準。

九、危機管理

公司風險管理人員對危機管理的基本責任是：第一、完成危機來臨前，人員及任務的編組；第二、指揮所屬及有關人員執行對危機發生時的所有應變工作。危機管理 (Crisis Management) 又稱之為緊急應變計畫 (Emergency Planning)。近年來，不論國內外，不論政府或公司，面臨危機的情況，時有所聞。例如：2019-2020 年突發的 COVID-19 疫情等。由於危機來臨時幾乎一瞬間，公司平時如無準備，危機來臨時將措手不及導致損失嚴重是可預期的。另一方面，危機也是轉機，危機通常均有事先徵兆。因此，公司平時做好完善的危機管理規劃將可使其損失程度降至最低。

(一) 危機、危機管理及其目標

簡言之，危機 (Crisis) 就是「危險與轉機」。換言之，就是生死存亡的關頭，生死間機率可看成各半，處理危機得宜，公司得以存活。否則，可能萬劫不復。危機管理就是針對危機事件的一種管理過程。危機可分為四個不同的階段 (Fink, 1986)：第一個階段稱為潛伏期 (Prodromal Crisis Stage)，亦即警告期，這段期間會有某些徵兆出現；第二個階段稱為爆發期 (Acuate Crisis Stage)，此一時期危機已發生；第三個階段為後遺症期 (Chronic Crisis Stage)；最後階段稱為解決期 (Crisis Resolution Stage)。上述四個階段，只為解說的方便，事實上，每個階段並不一定有時間先後之分，參閱圖 9-5。如果您是一位有先見之明的人，發生警兆即解決了問題，那危機就不至於爆發產生後遺症了。最後，危機管理可定義為經濟個體如何利用有限資源，透過危機的辨認分析及評估而使危機轉化為轉機的一種管理過程。

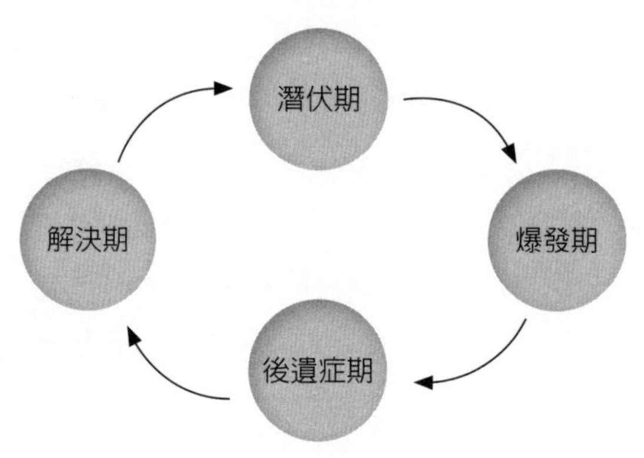

圖 9-5 危機走向圖

上述定義，其實也顯示了危機管理的目標就是求生存（危機化爲轉機），此目標與風險管理損失後的目標是一致的。

(二) 危機管理過程

危機管理過程可以分爲五個步驟（張加恩，1989）：第一是危機的辨認。危機發生前的徵兆常爲吾人所忽略，「後見之明」(Hindsight) 正說明了人們的通病。危機發生是一瞬間，令人難預料的。因此，危機的認定必須保持警覺，正確判斷各類徵兆。另外，邀集公司各部門的主管，以腦力激盪思考的方式假設各種可能的危機，用這個方法吾人可列出一張冗長的清單，然後過濾評比可能性；第二是危機管理小組的成立，參閱表 9-2。該小組成員的權責要明確避免混淆；第三是資源的調查。公司內外各有哪些資源可以運用要加以調查。調查後，發現某些弱點則需事先補強；第四是危機處理計畫的制定；第五是危機處理的演練與執行。配合危機發生的階段，危機管理的動態模式，參閱圖 9-6。

表 9-2　CMT 小組成員的權責

CMT 組織成員 ××公司的員工部分	
CMT 成員及原有職責	**成爲 CMT 成員的職責**
風險管理主管 管理及協調風險管理部門。	CMT 的協調者和管理者 當接到危機通知時，決定受損範圍及評估所需的反應，通常此種評估是詢問當地主管來決定的（例如：商店經理和城市領導），聯絡 CMT 成員盡快地到達偶發事件現場，在偶發事件現場以廣播通訊與領導聯絡，可以用來評估在 CMT 成員到達前危機狀況。
索賠經理 向風險管理部門主管提出報告，負責員工補償、汽車、一般責任及財產損失的理賠。	負責督導搶救工作及評估損失的範圍，此評估包括對於受損財產的拍照，對於可以搶救的產品做適當的安排，與搶救人員聯繫，並登錄存貨清單。
損失控制服務經理 向風險管理部門主管提出報告，負責維修火災防護及偵測設備，維護風險管理資訊系統的資料檔案。	詢問地方領導，評估、調查導致危機事件的一連串原因（例如：火災的原因），撰寫可能發生的原因及尋求可以用來減少再度發生相同意外事件對策的書面報告。

表 9-2 CMT 小組成員的權責（續）

CMT 成員及原有職責	成爲 CMT 成員的職責
安全部經理 向風險管理部門主管提出報告，運用來自損失控制服務部經理的資訊，盡量減少顧客及員工的傷害。	建立防護系統以減少在意外事故現場工作人員的傷害程度，同時協助索賠經理及 CMT 協調者督導的工作。
公共衛生主管（區域性） 公共衛生人員（地方性） 把食品的適當處置及衛生方法提供給商店經理（如維持溫度和避免受鼠咬侵襲及感染的方法）。	與地方衛生安全領導及商店經理評估，決定食品的情形及其對消費人們的適合性。
工程部主管（區域性） 工程人員（地方性） 負責設備的維護，督導新工程及增建物。	督導在意外現場所需工程及修護工作，如有必要，安排殘餘物的處理及投運。
區域性副代表（區域性） 地方經理（地方性） 負責一區域中商店的營運，訂購商品及分配人員給各商店。	督導受毀損的商店員工進行清除工作並採用適當的方法處理毀損的設備，同時也決定回復設備所需的人力資源水準，如有必要，不需要的人員可以暫時指派至其他地方，或可從其他分店借調其他員工至受損處支援，至受損分店全部恢復為止，向公共媒體發布消息。

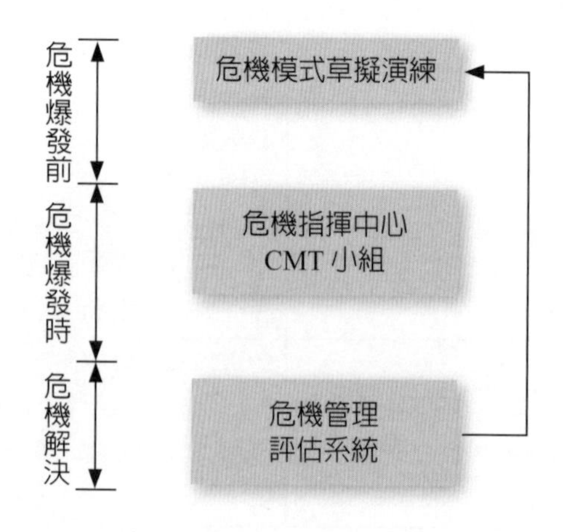

圖 9-6 危機管理的動態模式

危機不同，危機管理計畫（或簡稱應變計畫）也不同，參閱表 9-3，它可大別爲如下幾類：(1) 火災和爆炸應變計畫；(2) 洪水應變計畫；(3) 颱風應變計畫；(4) 地震應變計畫；(5) 有毒物質外洩應變計畫；(6) 工業意外應變計畫；(7) 暴動騷擾應變計畫；(8) 戰爭應變計畫；(9) 綁架勒索應變計畫；(10) 其他重大應變計畫等。綜合可歸納爲四類：一爲與生產科技瑕疵有關的；二爲大自然造成的；三爲經營環境造成的；四爲人爲破壞造成的。一般危機管理計畫要點應包括：(1) 指揮系統和權責的釐清；(2) 對外發言人的設置；(3) 危機處理中心的所在地；(4) 救災計畫；(5) 送醫計畫；(6) 受害人家屬之通知程序；(7) 災後重建要點。

表 9-3　危機管理計畫樣本

××公司危機管理計畫

1.一般的通知及報告事項

當接到損失通知時，風險管理部主管：

(1) 取得足夠資訊，以決定損失的嚴重性。

(2) 評估災難場地管理人員。

(3) 通知 CMT 成員及建立行動計畫。

(4) 通知公司管理人員。

2. 與危機有關的行動

A. 非嚴重的損失（為在 24 小時內，設備可以恢復運作）

(1) 通知房產主（若房產主對建築物有修復的責任）。

(2) 與監理官員聯絡（如衛生安全官員），此項需要由衛生部門主管決定。

(3) 安排運走殘餘物的器具。

(4) 如果是火災，安排去除臭味的設備，此種設備的利用可來自地區辦公室或地方火災部門，在受損商店裡以過濾設備清除汙染的空氣。

(5) 若是公司的責任，通知公司有關修護的工程人員。

(6) 登錄受損商品的清單。

(7) 如果需要的話，為受損設備安排安全系統。

B. 嚴重損失（在 24 小時內，設備無法恢復正常運作）

(1) 通知房產主（若房產主對建築物有修復責任）。

(2) 與監理官員聯絡（如衛生安全官員），此項需要是由衛生部門主管決定。

(3) 在受損設備處建立通訊中心。

(4) 派遣公司工程師到受損設備處。

(5) 停止運送商品至毀損處。

(6) 對現金及有價項目提供安全系統。

(7) 如果需要，安排施救作業。

(8) 通知員工受損設備的情形及責任。

表 9-3 危機管理計畫樣本（續）

××公司危機管理計畫
(9) 準備發布消息。 (10) 決定天氣狀況是否會影響計畫。
3. 通訊中心（只限於嚴重的損失） 受損設備處的員工與其他員工間的通訊，可通過通訊中心加以整合，在設備附近的公用電話或緊急電話可與通訊中心聯繫，此通訊中心必須配備收音機與電話，所有設備及供給的要求皆可通過通訊中心整合，所有要求必須如實記錄，為避免重複，需謹慎評估需求。
4. 商店員工 受損處的員工，以正常程序提出報告及負責清掃、施救的行動，發給員工防護手套及要求其穿厚重的衣物及靴子，盡快開始施救的運作，所有全職或兼職職員都必須參加，一般而言，員工按照正常工作時間工作而不必加班。 工作安排的變化，僅在正常的工作時間中，避免影響施救的進行，適當地運用全職、兼職及夜間人員可以加速施救運作而無需加班運作。
5. 工作小組 每個員工被指派到某一小組，肉類、零售商及生產員工需指派到他原部門的小組，5 或 6 個組員的小組通常是最具效率的，每個小組中指定一組員為組長，並向商店主管負責，對每一小組的指示必須盡可能具體明確。 必須依據清潔及衛生要求清理所有的地板、棚架及設備，所有的金屬表面（如棚架及收銀櫃檯）必須立刻清洗，以避免留下汙痕；所有與食物接觸的表面，必須以塑料布覆蓋，以減少水及灰塵的損害。
6. 清除煙燻及臭味 如果火災發生於通風口，此設備的通風系統就必須停止運作，但如果通風系統能夠用於排盡臭氣，則此系統就必須讓它繼續運作；如有可能，地方的火災部門的風扇，也可用來清除商店的煙霧。 通風設備的過濾器必須更換，通風系統須用清潔劑（非松油）清洗，除臭化學藥品及設備須用於通風系統及煙臭區，食物接觸的表面須用消毒水清洗，所有其他的表面以清潔劑清洗，聯絡專家協助解決嚴重的煙燻問題。
7. 商品處理 所有的商品處理，由衛生部門主管與監理官員合作監督，廢物承包商可以作為簽約卡車的來源，如果損害是嚴重的，用卡車或大型垃圾車是必須的，通常是就地處置，如果滿載的卡車需要過夜，則必須在附近住宿，安全防護以免被掠奪。 被焚及受水浸泡而無法施救的商品，必須在監理官的監督下，盡快地處理掉。
8. 登錄存貨清單 受損商品處理後及賣給施救者前，應打包運出商店，存貨清單必須在監理官員到達後數小時內完成，但需在商品包裝前。 銷售或移轉給其他公司分店的商品，必須分別登錄，並計算被接受的合計數。

表 9-3　危機管理計畫樣本（續）

××公司危機管理計畫
9. 救護 A. 救護原則 (1) 由公司再銷售一些沒有受水浸泡、煙燻或損害的商品，可以考慮由公司零售商再次銷售，這種商品在銷售給大眾之前，必須由監理官員及衛生部門主管檢驗及批准。 (2) 銷售給施救承包商任何與煙或水接觸的商品，或其他認為不適合賣給施救承包商的商品，須先由適當的監理官員及衛生部門主管加以檢視及批准。 (3) 設備或商品的施救是索賠經理及風險管理部主管的責任。
10. 發布消息 一般而言，發布消息無須提供有關受損金額、員工數、重新營業的特別日期，或甚至公司是否重新使用設備等特殊資訊。消息中可包括下列資訊： (1) 火災地點。 (2) 火災發現時間。 (3) 遭受火災的公司名稱。 (4) 受損公司負責主管，即消防部門主管名稱。 (5) 陳述公司對於提供社區服務的關心。 (6) 公司對員工的關係。 (7) 對於在現場協助的地方警察、消防人員及救助單位的感謝。 (8) 最近一家商店的位置。
11. 設備的核對 箱子及膠帶與膠帶機；掃帚；除臭劑；電風扇；堆高機與充電器及移動運送臺；發電機（如電力中斷）；長柄拖把、水桶及絞扭機器；拖把；移動輸送臺；收音機通訊設備；安全設備；鏟子；真空清潔器（清除煙霧）；橡膠清潔器；高壓或蒸氣清潔器；冷藏或冷凍卡車及拖車；水管及水管管口；獨輪手推車；暖氣加壓；其他卡車。
12. 對管理階層的報告 風險管理主管以摘要式的書面報告說明危機處理小組（CMT）處理的情況。此報告包括反映 CMT 處理危機效率的評估，介紹防止類似損失的方法及用來改進 CMT 效率的任何步驟。此報告也包括損失的日期、時間、損害原因及總金額的估計，及對公司最終成本的估計等資訊。

(三) 商譽危機與信任雷達

前提及的各類危機，公司如處理不當，最終均將嚴重影響公司商譽。商譽已成爲經濟學界[3]與管理學界獨立研究的議題。任何公司執行長最掛心的兩件事，就

[3] 世界經濟論壇(World Economic Forum)於2004年即發布商譽管理已遠超越財務績效管理，成爲成功企業首要課題，參閱 Power (2007). *Organized uncertainty: Designing a world of risk management*. New York: Oxford University Press。

是人與商譽。顯然，商譽危機管理應是所有危機管理之首。商譽風險的評估與衝擊可參閱第七章。圖 9-7 則以時間爲橫軸，觀察商譽風險轉化爲危機時的動態變化 (Diermeier, 2011)。同時，該圖也顯示商譽危機處理的最佳時機。

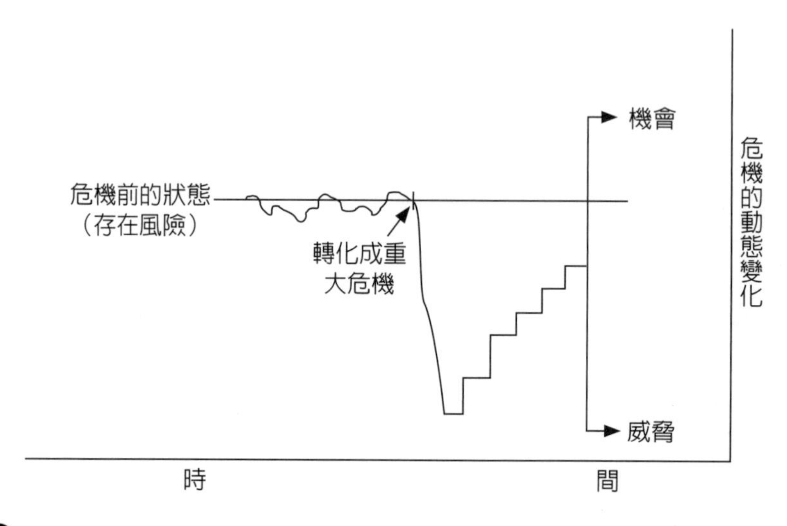

圖 9-7　風險轉化爲危機時的動態圖

商譽危機也好，其他各類危機也好，所有利害關係人對公司的信任是所有危機化爲轉機的首要變項。影響公司的信任程度有四種變項 (Diermeier, 2011)，參閱圖 9-8。

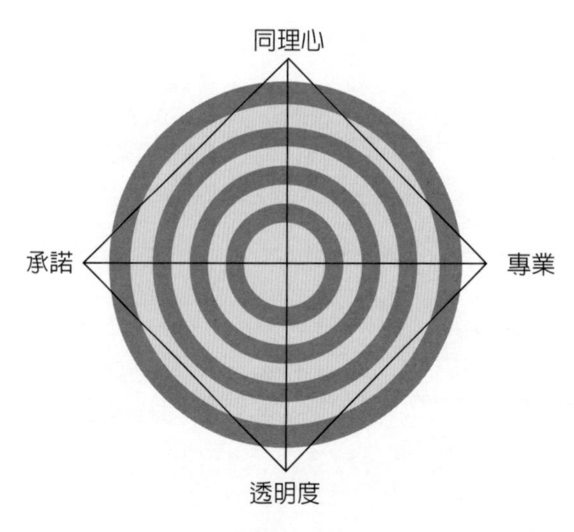

圖 9-8　信任雷達

從圖中的透明度 (Transparency) 開始，透明度不是完全揭露 (Full Disclosur) 的概念，但揭露的部分一定要作到完全透明，才能贏得信任。換言之，危機眞相可吐露部分一定要透明。如此，可增強信任程度。其次，說明專業度 (Expertise)。專業度也是贏得信任的重要變項，公司本身如無對各種危機處理的專業團隊，那麼可引進外部第三者專家團隊提升專業度獲得信任。接下來，是承諾保證 (Commitment)。對外承諾的保證人一定是要公司有完全決定權且應負責任的人。如此，承諾保證才會被相信是有效的。最後，就是需要同理心 (Empathy)。這變項應是最重要，但也容易被忽略的。道歉固可表達同理心，但同理心不等同道歉，沒有誠意的道歉更糟。危機處理過程中，如能作到以上四項，那麼公司不但能獲得信任，也才有機會化危機爲轉機。

(四) 危機管理成本與效益

危機管理成本可分爲易確認的成本與不易確認的成本。易確認的成本大致上包括處理危機所需的交通費、暫宿費、設備耗損、處理危機時員工可能招致的傷害與危機訓練成本等。不易確認的成本則是員工於危機期間，工作無效率的成本。危機管理效益大致包括毀損財產得以快速復原、消除可能的重複浪費、維修人員可能因危機反而更熟悉如何改善維修效率、公共關係得以改善、可能獲得保險優惠，以及有助於索賠管理與危機處理經驗的獲得等。

十、營運持續管理／計畫

(一) 復原力的意涵

營運持續管理／計畫以完成企業復原力 (ER: Enterprise Resilience) 爲目標。所謂「復原力」(Resilience) 一詞主要來自材料科學，其意指材料受外力變形時，回復原始形狀的能力而言。因此，企業復原力係指企業從重大風險事件中，回復正常營運績效水準的速度與能力 (Sheffi, 2005)。國際知名的 IBM 公司對企業復原力作如下的定義：爲了持續維持營運成爲可靠信賴的商業夥伴並促進事業成長，企業快速調整及應對風險與機會的能力 (Cocchiara, 2005)。

(二) 營運持續管理／計畫意義與性質

營運持續管理／計畫是一種整合性的管理過程，它是爲了保障重要關係人利益、公司商譽名聲、品牌、與創造價值的各類活動，整合營業衝擊評估 (BIA: Business Impact Assessment)，提供建立企業復原力的架構與有效反應風險的能力 (Hiles, 2010)。其管理對象與危機管理及風險管理沒什麼不同，但目的與啟動時機不同。危機管理重危機的立即解決，有時間緊迫性，主要實施於危機發生期間。營運持續管理／計畫其目的是，在公司遭受重大風險事件後，如何有效達成企業復原力，持續維持營運提升長期競爭力。風險管理則須建立在平時，終極目標是提升公司價值。

(三) 營運持續管理／計畫的建置

營運持續管理／計畫的建置，如一項專案計畫，啟動與運作之後，就需定期評估與持續檢討改善，參閱圖 9-9。

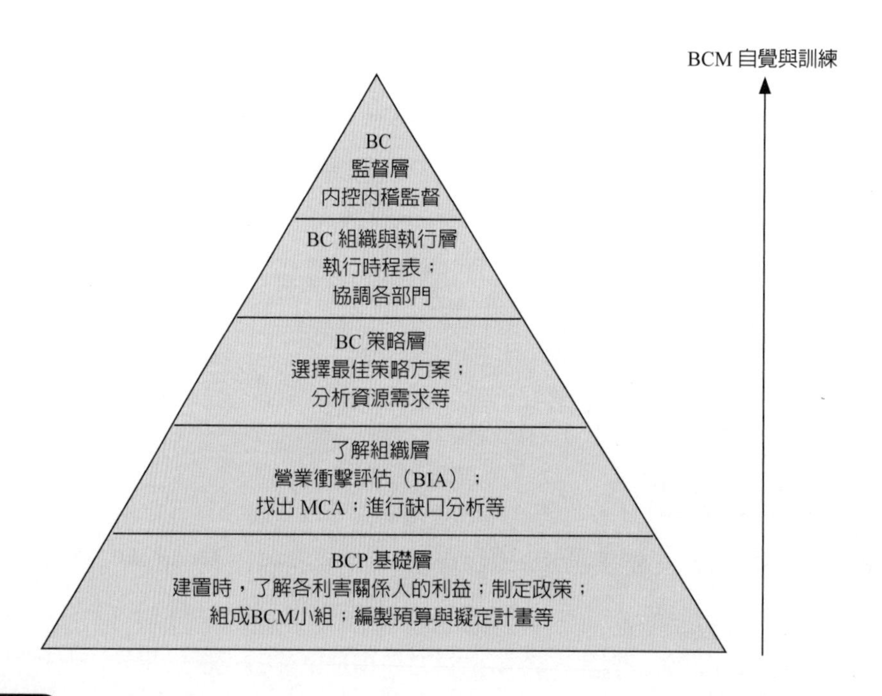

圖 9-9 營運持續專案計畫的建置

1. 營運持續管理／計畫的基礎

圖 9-9 的最底層即是開始建置時的基礎層，開始建置時，要先了解各利害關係人的利益，制定營運持續管理政策，組成營運持續管理小組，擬定計畫與編製預算

等。員工對營運持續管理的自覺與教育訓練是啟動前的前置作業。這最底層的各個工作項目都是營運持續管理／計畫是否成功的基石，亦即圖中箭頭往上的概念。

2. 營運持續管理／計畫的了解層

完成基礎的奠定之後，則往上發展至了解組織層。在這層中，需作事先的營業衝擊評估 (BIA)，這可依據第七章以公司風險圖像爲基礎，進行重大風險事件發生時，對整體營運的評估。這包括對公司目標、衝擊面、財務、與產能的衝擊評估，以及組織依存度的評估，最後評估爲維持營運所需基本資源準備與應有的備援及緊急應變計畫。其次，找出關鍵活動點 (MCA: Mission-Critical Activities) 了解風險胃納與重要資源準備。最後，設計回復正常營運時程圖，包括回復時間的目標 (RTO: Recovery Time Objective) 與回復點的目標 (RPO: Recovery Point Objective) 的考量。前者，例如：訂三個月內回復，後者，例如：回復多少交易或多少資料等。此外，更需留意缺口分析 (Gap Analysis)，亦即回復進程與正常營運水準間的落差。

3. 營運持續管理／計畫的策略層

了解組織現況與在建置營運持續管理／計畫時所需相關資訊後，即需擬定各種方案策略。以成本效益分析法分析各方案的優劣，選擇與執行最佳化方案，此即策略層主要的內容。最佳營運持續計畫方案會涉及風險控制與風險融資的相關措施。該計畫方案至少需包括下列八項內容 (Hiles, 2010)：

第一、關鍵活動點 (MCAs) 與在 RTO 與 RPO 目標下，最可靠回復行動計畫的優先排序。這些回復行動計畫應考量關鍵活動的備援計畫（屬於風險控制中的儲備手段）、營運的彈性計畫、企業文化的改善、與相關的保險計畫（屬於風險融資措施）等。

第二、營運持續管理小組 (BCMT: Business Continuity Management Team) 的成員組成、代理人員，與其扮演的角色以及協調報告的對象。

第三、相關所需的資源何時可獲得與如何取得。

第四、內外部協調報告對象的詳情。

第五、相關契約訊息與保險。營運持續計畫中，很需要的保險當推營業中斷保險與責任保險。安排營業中斷保險時，留意保障期間是否足夠？有否附加工作成本增加條款 (ICOW: Increase Cost of Working)？以及兩種保險的除外與限制條款。

第六、營運持續管理報告的要求。

第七、如何處理與新聞媒體的關係。

第八、任何可幫助回復營運的任何資源，例如：索賠管理等。

4. 營運持續管理／計畫的組織與執行層

策略方案選定後，當然要有人負責推展與執行。以角色功能編組，成立營運持續管理小組。該小組成員與角色，參閱表 9-4。

表 9-4 營運持續管理小組

營運持續管理小組	資訊技術小組	基層復原小組
設置負責的組長（預留備援人選）	設置負責的組長（預留備援人員）	設置負責的組長（預留備援人選）
成員： 財務長、行銷經理等。 角色功能： 對組織衝擊、制定執行策略等。	成員： 資訊工程師、數據分析員等。 角色功能： 與營運持續有關的資訊系統處理等。	成員： 部門經理、基層員工等。 角色功能： 執行救援、進行復原行動等。

5. 營運持續管理／計畫的績效監督層

最後，營運持續管理需內部控制與內部稽核的持續監控。營運持續管理過程中，也需隨時學習與訓練，其績效結果需提董事會，並成爲公司治理的重要部分，檢討並改進爲往後營運持續管理奠定更良好的基礎。

本章小結

應對風險、管理風險，首重利用風險與風險控制，之後才搭配保險等風險融資工具。公司 CRO 也應切記，唯有採此雙元策略才是羅織公司財務安全網的必要作爲。其次，不論是索賠管理、危機管理、與營運持續管理，時間就是重要變項，而且這三者間是連動的。例如：索賠管理中，要求保險公司預付賠款，就是爭取時效，盡快獲取資源，不但可控制索賠成本，也可增加處理危機的資源，更可加速提升企業復原力，回復正常營運。

思考題

1.委外作業可讓公司專心經營核心事業，所以公司經營上將所有非核心業務，均委外最好，是或不是？爲何？
2.你（妳）是公司總經理會如何處理，科技創新產品馬上會替換掉自己公司的產品所產生的危機？
3.從正式的風險管理角度，思考非正式應對風險心法的「一枝草一點露」的意涵。
4.你（妳）如在對岸中國就業，那你（妳）會如何利用兩岸政治風險，尋求在對岸就業的安全？
5.風險管理上，應該預防重於治療，還是兩者並重？說明理由。
6.對戰略投資風險，眞實選擇權有何功能？

參考文獻

1. 王馨逸（2006/10/15）。〈企業委外服務的風險管理〉。*《風險與保險雜誌》*，No. 11, pp. 22-27。臺北：中央再保險公司。
2. 柯煇耀（2000）。*《可靠度保證：工程與管理技術之應用》*。臺北：中華民國品質管理學會。
3. 張加恩（1989）。*《風險管理簡論》*。臺北：財團法人保險事業發展中心。
4. Alizadeh, A. H. and Nomikos, N. K. (2009). *Shipping derivatives and risk management*. New York: Palgrave Macmillan.
5. Andersen, T. J. and Schroder, P. W. (2010). *Strategic risk management practice: How to deal effectively with major corporate exposures.* Cambridge: Cambridge University Press.
6. Cocchiara, R. (2005/10). *Beyond disaster recovery: Becoming a resilient business.* IBM.
7. Diermeier, D. (2011). *Reputation rules: Strategies for building your company's most valuable asset.* Singapore: McGraw-Hill.
8. Fink, S. (1986). *Crisis management: Planning for the inevitable*. Commonwealth Publishing Co., Ltd.
9. Fischer, R. J. and Green, G. (1998). *Introduction to security.* Butterworth-Heinemann.
10. Head, G. L. (1986). *Essentials of risk control*. Vol. 1. Pennsylvania: IIA.

11. Hiles, A. (2010). Business continuity management: How to prepare the worst. In: *Approaches to enterprise risk management*. pp. 85-89. London: Bloomsbury Information Ltd.
12. Kaplan, R. S. and Norton, D. P. (1996). *The balanced scorecard: Translating strategy into action.* President and Fellows of Harvard College.
13. Power, M. (2007). *Organized uncertainty: Designing a world of risk management.* New York: Oxford University Press.
14. Sheffi, Y. (2005/10). Building a resilient supply chain. *Harvard business review*. Vol. 1. No. 8.
15. Tiller, M. W. et al. (1988). *Essentials of risk financing*. Vol. 2. Pennsylvania: IIA.
16. United Nations conference on Trade and Development(UNCTAD)(1996). *Self-regulation of environmental management.* UNCTAD/DTCI/29. Environmental series No. 5. New York: UNCTAD, 1996.
17. Williams, Jr. C. A. et al. (1981). *Principles of risk management and insurance.* New York: McGraw-Hill.
18. Yung, S. W. S. (2008). Early warning systems(EWSs) for predicting financial crisis. In: Melnick, E. L. and Everitt, B. S. ed. *Encyclopedia of quantitative risk analysis and assessment.* Vol. 2. pp. 535-539. Chichester: John Wiley & Sons Ltd.

第 10 章

風險管理的實施（六）——應對風險(II)

讀完本章可學到什麼？

1. 了解風險融資與傳統保險作爲應對風險的重要融資工具有何功效與缺失。
2. 認識財務風險基本的四種避險工具的性質與功能。
3. 認識另類風險融資(ART)中的主要商品，以及資產負債管理。

應對風險上，利用與控制風險的同時，要搭配風險融資／理財才算完整。僅使用其中一項應對風險，均是不足且危險，也耗費成本。傳統上，保險 (Insurance) 主要在保障危害與作業風險 (Hazard and Operational Risks)，是重要的風險融資工具。它的性質與財務風險 (Financial Risk) 融資工具，例如：買權 (Call Option) 等，在風險組合 (Risk Pooling) 與風險轉嫁 (Risk Transfer) 上，有其雷同處 (Skipper, Jr. 1998)。近年，風險證券化 (Risk Securitization) 現象更驅動傳統保險有了新風貌。本章首先說明風險融資 (Risk Financing) 的涵意與類別。之後，從風險融資觀點，說明各類風險融資工具的特質以及簡要說明資產負債管理的內容。

一、風險融資的涵義

所有的風險控制措施，除規避風險在特定範圍內完全有效外，其餘均無法保證損失不會發生。風險管理上，只有風險控制與風險融資兩者組合的雙元戰略，才能符合管理上的要求。風險融資是財務管理的一支，概念上，有別於投資理財。投資理財重興利，興利過程的可能風險，則需風險融資，兩者的面向與焦點不同。

所謂風險融資指的是面對風險可能導致的損失，人們如何籌集彌補損失的資金，以及如何使用該資金的一種財務管理過程。具體言之，它係指在損失發生前，對資金來源的規劃，而在損失發生時或發生後，對資金用途的引導與控制。性質上，下列三點吾人須留意 (Doherty, 1985; Berthelsen et al., 2006)：第一、風險融資雖與財務管理相同，追求公司價值極大化，但風險融資重點是在損失的彌補，自與財務管理的重點有別；第二、風險融資以決策的適切化 (Optimization) 替代所謂的最大化 (Maxmization)；第三、風險融資重風險因子 (Risk Factor) 對現金流量 (Cash Flow) 的影響。

二、風險融資的類別

就彌補損失的資金來源區分，風險融資基本上只有兩類：一為風險承擔 (Risk Retention)；另一為風險轉嫁——融資型 (Risk Transfer-Financing Type)。風險承擔係指彌補損失的資金，源自於經濟個體內部者。反之，如源自於經濟個體外部或外力者，稱作風險轉嫁——融資型。前者，如自我保險 (Self-Insurance) 等；後者，如保險與衍生性金融商品 (Derivatives) 等。值得留意的是，有些風險融資工具則是風險承擔與轉嫁的混合體，例如：追溯費率計畫 (Retrospective Rating Plan) 與開放式專屬保險 (Open Captive Insurance) 等。

其次，就損失前後區分，風險融資可分爲：損失前融資 (Pre-Loss Financing) 與損失後融資 (Post-Loss Financing)。兩者的區分依據三項標準 (Doherty, 1985)：第一、彌補損失資金的融資規劃，是在損失發生前，抑或之後；第二、融資成本的負擔是在損失發生前，抑或之後；第三、融資的條件，損失前可否知道與訂定。最典型的損失前融資措施就是保險、衍生性商品、自我保險、與專屬保險 (Captive Insurance)。很明顯地，這些風險融資規劃的時機均需於損失發生前爲之，損失發生前要負擔融資成本，也能事前知道與訂定融資的條件。銀行借款、出售有價證券、發行公司債、運用庫存現金彌補損失，則均屬損失後融資措施。這些損失後融資措施與自我保險，均是屬於風險承擔的性質。保險與衍生性商品則是風險轉嫁。專屬保險則依型態而異，純專屬保險 (Pure Captive Insurance) 是風險承擔，開放式專屬保險是承擔與轉嫁的混合體。

三、保險的意義、性質與功效

從風險管理觀點言，保險有雙重性格，它兼具風險轉嫁（就投保人言）與風險組合（就保險人言）的特質。換言之，它是風險控制（就保險人言，因風險組合歸屬於風險控制分類中，參閱第九章）與風險融資（就投保人言）的混合體。基此，保險的歸類依立場而異。在風險管理興起前，它一直是人們賴以保障的風險融資工具，但風險管理興起後，人們對保險融資有了新的認識和新的處理方式。換言之，人們不再認爲保險是唯一能彌補損失成本，提供安全保障的方法。在管理風險上，保險與其他風險融資工具，如何組合、如何搭配，是人們對保險的新想法。

(一) 保險是什麼及如何產生

1. 保險的定義

保險的定義可從許多不同的觀點來規範，就保險人立場言，重要的觀點有兩個：一爲從財務觀點，來規範保險；另一爲從法律契約觀點，來規範保險。前者，對保險界言最爲簡潔也最權威的定義，當推恩師陽肇昌[1]先生的定義。恩師對保險

[1] 恩師陽肇昌先生，創設逢甲大學保險研究所（現稱風險管理與保險研究所）。恩師雖已仙

的定義如下：保險 (Insurance) 乃集合多數，同類危險 (Risk)[2]，分擔損失之一種經濟制度（陽肇昌，1968）。此種界說有三點值得注意：第一、指明保險是風險的組合；第二、指明保險的作用是損失的分擔 (Sharing of Loss)；第三、指明保險制度是屬於一種經濟制度。從保險人經營的立場而言，此種界說是相當貼切的。至於後者，界說保險如下：所謂保險係指契約雙方當事人約定，一方交付保費於他方，他方承諾於特定事故發生時，承擔保險責任的一種契約。此種界說，把保險視爲一種法律契約。

另一方面，就投保人立場言，所謂保險係指不可預期損失的轉嫁和重分配的一種財務安排 (Dorfman, 1978)。此種界說，有兩點值得留意：第一、不可預期損失的轉嫁可減少憂慮心理，降低風險；第二、損失的重分配可降低風險成本，維持生存。最後，保險有兩種基本功能：一爲透過組合，降低風險；另一爲損失的分擔（這就是人類互助本質的呈現）。同時，購買保險是把不確定 (Uncertainty) 且大的 (Large) 損失，轉化爲確定 (Certainty) 且小的 (Small) 保費支出。

2. 保險如何產生

保險的產生是來自人類互助的本質。以極爲簡單的互助約定來觀察，現有兩家公司雙方互相約定，各自幫對方負擔廠房火災損失的一半，同時假設兩家公司面對的火災損失分配[3]相同，如表 10-1 所示。

表 10-1　火災損失分配表

機率	損失金額
0.8	$　　0
0.2	$ 2,500

根據上表數據計算，每家公司未有互助約定前，均面臨 500 元的平均損失，標準差（代表風險程度）是 1,000 元，也就是每家公司面對的是 1,000 元的火災風險。

逝，但其保險的造詣與對臺灣保險教育的遠見及貢獻極大，臺灣保險產官學界裡，眾多翹楚均是恩師的學生，其行誼與事業成就堪爲所有後學的典範。

2　英文「Risk」，恩師堅持譯爲「危險」，不可譯成「風險」。這自有其時空背景與當時專業的觀點。這譯名也一直被現今臺灣保險業界奉爲標準譯名。

3　爲方便計，本例數據直接錄自 Berthelsen et al. (2006). *Risk Financing*. pp. 2.5-2.7. Pennsylvania: IIA.

然而，透過互相的約定，組合一起則風險降低，各自面對比 1,000 元爲低的 707 元[4]的火災風險。顯然，兩家公司所簽訂的互助合約發揮了降低風險的作用。例中的互助約定，如兩家公司老闆熟識，容易簽訂。但廣大陌生的群眾也會有此種互助需求，此時就需風險中介人，這中介人就是保險業。保險公司可把風險組合一起，依大數法則[5](The Law of Large Number) 的原理，組合後的組合風險會降低，但不是組合內個別風險的加總，且降低的程度爲何，則依組合內個別風險的性質與相關性而定[6]。

(二) 什麼不是保險

與保險類似的概念、名詞與機制爲數眾多，在後續所要提及的 ART 市場中，許多變種商品也含有保險保障的成分。因此，在監理上或課稅上，常有爭論[7]。爭論的焦點不外是這些商品如屬保險，那是否有顯著[8]的風險轉嫁？如有，就是保險，也該適用保險的監理，與稅法上的規定。此處，不論及爭論，僅就常見的五種概念名詞，區分它們與保險有何不同：

第一、保全與保險：所謂保全即保護安全的簡稱，它是透過第三者，亦即保全公司設立安全與防盜系統，協助民眾防範重大急難而酌收服務費的一種制度。換言之，保全就是損失控制並非保險。

4　經過約定後，每家公司的火災損失分配改變但相同，分別是(0.64, $0);(0.16, $1,250);(0.16, $1,250);(0.04, $2,500)。經由計算，標準差是$707。

5　大數法則係指n個獨立一序列的隨機變數且具有相同統計分配時，則此n個隨機變數的平均值會趨近於固定常數，也就是樣本數越多（n趨近無限大），其平均值越接近母體平均值。

6　如果保險公司組合的是同質但獨立（同質獨立就是零相關且同一統計分配）的保單，例如：大量自小客汽車保險單，那麼組合後組合風險(Portfolio Risk)會降低，且當保單數無限增加時，組合風險會漸趨於零，但組合風險並非組合內個別風險的總和。如果組合的是異質且獨立的保單，例如：汽車保單、火災保單、與責任保單，當保單數無限增加時，只要組合內的保單組成比例不變，其組合風險也會下降。最後，如果組合內的風險間，是互爲影響不是獨立的，那麼組合風險的下降，依風險間相關程度的高低而定，但不會隨著保單數無限增加時，組合風險趨近於零。換言之，此種保單組合會面臨無法分散的風險。

7　例如：國內對投資型保險單是否課稅問題就爭論已久。之後在課稅機關堅持下，決定投資部分需課稅，爭論始終止。

8　保險或再保契約是否承擔了顯著的風險移轉，一直是爭論的問題。尤其在ART市場，由於眾多變種商品並不像傳統保險或再保險的風險移轉特性，因此，有所爭議。例如：財務再保(Financial Reinsurance)就有爭議。國際上，有10-10規則、風險移轉比例法(PRT: Percentage of Risk Transfer)與再保人期望損失法(ERD: Expected Reinsurer Deficit)可參考。合約是否具備顯著的風險轉嫁，可參閱唐明曦與卓俊雄（2008/04），〈論再保險契約中保險危險移轉顯著性之檢測〉。《朝陽商管評論》，第七卷，第二期，pp. 1-25。

第二、儲蓄互助會與保險：儲蓄與保險有下列幾點不同：(1) 從個人立場言，儲蓄的給付與相對給付間，差異極微；但保險的給付與相對給付間，有極大差異；(2) 保險以意外保障爲主，儲蓄互助會以儲蓄爲主；(3) 儲蓄多半屬於個人行爲；保險則需許多人參加的團體行爲。

第三、救濟與保險：保險非救濟，即使是政府舉辦的失業保險 (Unemployment Insurance)，它還是保險。救濟與保險間有下列幾點不同：(1) 保險係屬法律契約行爲；救濟是單方的移轉行爲；(2) 保險給付係基於科學統計予以計算；救濟金額則無科學之計算基礎。

第四、售後服務與保險：售後服務有別於保險，理由如下：(1) 售後服務以服務爲目的；保險是以意外保障爲目的；(2) 售後服務有時酌收服務費，但並非基於統計機率理論爲計算基礎；保險的保險費計價，則有一定的科學基礎；(3) 從風險管理言，售後服務或許具有風險轉嫁的成分；保險則風險轉嫁與組合兼具。

第五、賭博與保險：兩者不同處：(1) 保險係塡補損失；賭博則以損失爲代價，換取不確定獲利的機會；(2) 保險可降低風險；賭博則創造風險；(3) 保險是利人利己，自助互助的行爲；賭博是害人害己的行爲。

(三) 投保的成本與效益

購買保險需付出代價，這代價就是保險費 (Premium)，所以投保的成本就是保險費。但要留意，這項成本表面上，是總保險費 (Gross Premium)，實際上，眞正的投保成本是附加保險費。蓋因，純保費是支付可能的損失，即使不購買保險，這部分成本都會存在，所以才說眞正的投保成本，是附加保險費。至於投保的效益，當然就是風險轉嫁降低了風險，而在保險事故發生後，獲得保險人的賠款與安全保障。由於購買保險，就保險人而言，是風險的組合，所以各別投保人購買保險後，如保險人只收純保費，那麼其各自面臨的預期損失不變，但經由保險人將風險組合後，非預期損失（通常指標準差）則會減少。但實際上，保險人不可能只收純保費，還必須再收附加保險費，因而各別投保人購買保險後，其各自面臨的預期損失會增加，但經由保險人將風險組合後，非預期損失（通常指標準差）仍會減少，參閱圖 10-1。

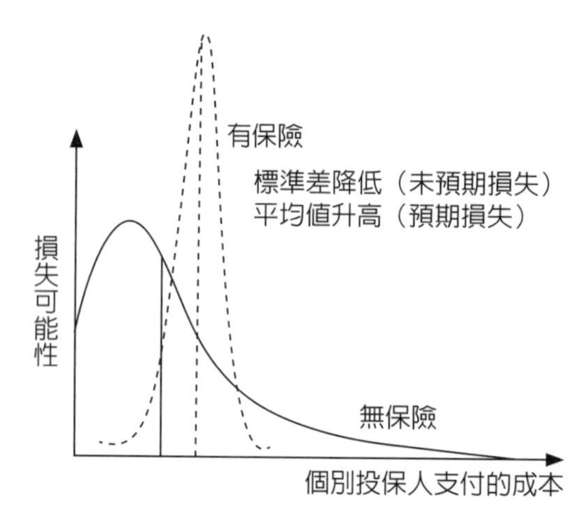

圖 10-1 保險的效應

四、風險與保險

風險的證券化，進一步使傳統保險有了新的風貌。基本上，傳統的保險被運用在危害與作業風險管理領域，它承保的風險以純風險爲主，但並非所有的純風險適合採用保險當風險融資工具。滿足保險條件和範圍的風險稱爲可保風險 (Insurable Risk)，而損失的可測性 (Predictability of Loss) 則是先決條件。是故，適合保險融資的風險，最好是：

第一、純風險：純風險爲靜態風險且其所致結果僅爲損失並無獲利的可能，此種性質有助於損失預測。如果是投機風險，傳統保險難處理，理由是：(1) 投機風險爲動態風險且有獲利可能，故會嚴重干擾損失預測；(2) 投機風險也常是一種基本風險，非個人能力所能阻止；(3) 投機風險的損失，在某種程度上並非意外，有違保險的宗旨。

第二、純風險導致的損失要能被預測。

第三、純風險導致的損失幅度，不要過大，亦不能過小。過大的巨災 (Catastrophe)，保險公司很難消化，過小的損失，承保成本划不來。

第四、具備同質性的風險單位需夠多，但僅有少量可能受損。

第五、純風險導致的損失須是意外且明確的。

最後，近年來，巨災事件相繼發生，風險證券化需求日殷，各變種商品相繼出籠。例如：保險期貨 (Insurance Futures)、巨災選擇權 (Catastrophe Option) 等改變

了傳統保險市場的風貌。傳統保險市場藉由與資本市場的融合，承保巨災或投機風險已非難事。

五、保險經營的理論基礎

保險的營運奠基於三個理論基礎：第一是大數法則 (Law of Large Numbers)；第二是風險的同質性 (Homogeneity of Risk)；第三是損失的分攤 (Sharing of Loss)。大數法則使保險發揮降低風險的功效，也提供保險招攬（也就是保險行銷）的理論基礎。風險同質性的要求使保險核保及費率精算上，更趨公平合理化。分攤損失不僅使保險充分發揮互助功能，也使費率公平、合理、充分的精算目標得以完成，間接促使保險理賠迅速確實。

(一) 大數法則

大數法則意即當試驗次數越增加，預期結果會越接近實際的結果。根據此一意義，用在保險經營上可以如是說，當風險單位數越增加則預期損失會越接近實際損失。換言之，風險程度將相形降低。蓋因，風險單位越增加時，則實際損失與預期損失間的變動亦越增加，但此種變動的增加是與所增加的風險單位之平方根成比例。例如：汽車碰撞機會爲 1%。一千輛汽車預期將有十輛發生碰撞損失。如實際碰撞損失的輛數在八輛與十二輛間，則風險程度爲 20%。現汽車增加一百倍即十萬輛，依 1% 之碰撞機會則預期有一千輛發生碰撞損失。實際損失範圍則在九百八十輛與一千二十輛間。因此，風險程度降至 2%（20 除以 1,000）。

(二) 風險的同質性

保險經營不僅需組合眾多風險單位，技術上亦需謀求風險的適當分類，分類的依據是風險的同質性。所謂風險的同質性係指各個風險單位間，遭受來自特定風險事件的損失頻率和幅度大體相近之意。例如：同樣 20 歲的男性，平均死亡率大約相同，但與 50 歲的男性比較，兩者間不具同質性。再如，十棟房子，其中九棟每棟價值 100 萬元，另一棟值 600 萬元。發生火災，600 萬元的房子損失必較其他九棟嚴重。是故，這棟房子與其他九棟不同質。爲求風險的同質，技術上必須依影響損失頻率和幅度的某些因素，把風險單位加以分類。其次，風險分類不公平合理將影響預測損失的精確性，亦會影響投資人負擔的不公平，甚或可能導致保險制度的崩潰。

理想的風險分類制度必須具備的條件有六：第一、每一風險類別的分類基礎必須與損失間，有明顯關聯；第二、每一風險類別的定義必須清楚，不可含混；第三、風險分類後不能再細分；第四、每一風險的歸類不能模稜兩可，必須且只能歸一類；第五、分類基礎必須客觀；第六、各種分類基礎應盡可能以實際的損失資料，驗證其正確性與客觀性，以爲未來改進的參考。

最後，以擲骰子爲例，說明不同質的風險如歸同一類，如何影響損失預測。吾人知道每個骰子有六面分別爲 1.2.3.4.5.6. 點，期望值爲 3.5。現有同樣的骰子 10 個，即每個骰子是同質的。顯然，此 10 個骰子的期望值爲 35。吾人如允許 ±10% 的跳動，則會有 48% 的結果，落入吾人預期範圍內 (31.5 至 38.5)。如果吾人把其中一個骰子點數 6 的一面改成 1,000 點。顯然，此個與另九個是不同質的，此時期望值變爲 $9 \times 3.5 + 1/6(1 + 2 + 3 + 4 + 5 + 1,000) \doteqdot 201$。如仍允許 ±10% 的跳動，顯然，每次擲骰子所出現的點數總和均無法落入，上述的預期範圍內 (181 至 221)。是故，風險如不同質會嚴重干擾經營保險者對損失預測的控制，從而影響保險經營的安全。

(三) 損失的分攤

互助是保險的哲學基礎，少數人蒙受損失透過保險制度由多數人共同分擔，這是保險存在的價值。每位參加保險的人分擔的金額，如何才能公平合理，則是保險費率精算上的重要課題。損失分攤與前兩個理論基礎有密切的關聯。大數法則在多數人參加保險時可發揮功效，少數人的損失由多數參加者分攤，互助的精神得以發揮。其次，損失分攤與風險同質性間也關係密切。例如：20 歲的人死亡保費比 50 歲的人多，顯然有失公平。因爲 20 歲的人與 50 歲的人在死亡風險上，絕不同質。損失分攤不公平時，保險的經營將招致眾多困難，也會失卻保險的原意。

(四) 理論運用雛形

假設某社區有一千棟房屋，每棟值 100 萬元。以住屋失火爲例，如屋主們均未投保火險，則住屋失火全毀時，住戶必須另行租屋或花錢重建。此種意外損失對住戶是極大的財務負擔。或有人言，足夠的儲蓄亦可免除財務壓力。然而，在儲蓄金額未累積足夠前發生火災，則住戶必有緩不濟急之困。是故，爲了免除困擾，投保是相當可行的辦法。

經營保險的人如集合一千棟房屋並承諾屋主，在失火全毀時賠償損失。依據損失資料預測該社區，平均每年有三棟房屋失火。依據損失分擔原理，每位住戶應分擔金額為 3,000 元 (3,000,000÷1,000)。換言之，每位住戶只要交付 3,000 元，就可把可能的房屋損失 100 萬元轉移給經營保險的人。如此一來，不論哪棟房子何時失火，均可獲得保險賠款。然而，有位較聰明的屋主認為該社區一千棟房屋中，有五百棟是木造的，另五百棟是磚造的且價值各不同，而且依其經驗觀察，平均每年三棟失火的房屋中，有二棟是木造的，一棟是磚造的。因此，他認為每位屋主均交 3,000 元是不合理的。此時，經營保險者必須運用風險同質性原理，計算不同類屋主的分擔額，使每位屋主的分擔額合理公平化。否則，將使保險制度無法存在，也無法經營。

上述簡例，說明了保險經營的理論基礎。把上例中，有關數據化成符號，以公式表示，就成為經營保險者在計算保險費時，所依據的收支相等原則：$n = 1,000$ 棟房屋，$p =$ 每位屋主的分擔額亦即保險費 \$3,000，$r =$ 失火的房屋棟數 3 棟，$z =$ 經營保險者承諾在火災發生時，每棟賠款 \$1,000,000。對經營保險者言，收入就是一千位住戶所交的分擔額總和 \$3,000×1,000 棟 = 3,000,000 = $n \times p$，而支出就是每棟房屋賠款總計 3 棟 ×\$1,000,000 = \$3,000,000 = $r \times z$。兩者相等，所以 $n \times p = r \times z$。這個公式就是計算保險費時，最基本的收支相等原則。

(五) 理論基礎的限制

保險的理論基礎不是那麼完美。首先，就大數法則來說，透過大數法則對未來損失加以預測，是保險經營的前提。然而，不管技術如何精確，預測終究是預測。是故，預測與實際間，總有差距。此為大數法則運用上的缺失之一。要預測未來損失，必以過去損失資料為依據，然而，資料本身會因來源不完整，或主觀因素的關係，而使資料不十分可靠，從而影響預測的正確性。即使可靠，把過去的資料完全適用於未來亦不適當，此為缺失之二。另外，保險制度可能存在的道德危險因素及心理危險因素易嚴重干擾大數法則對損失的預測，此為缺失之三。

其次，就風險同質性言，就同質風險加以歸類，先天上就與大數法則的要求相互矛盾。然而，為了使費率達成公平合理化起見，經營技術上又不能不如此。兩者間如何抉擇，並能保證經營安全是相當藝術，也是相當技術性的問題。風險分類過於細密，每一類別所包含的風險單位就相當有限。如此，大數法則對損失預測的效果必不彰顯。反之，過於寬鬆又違反風險同質性的要求，投保人負擔會不公平，難取信於大眾。

最後，就損失分攤而言，投保人參加保險既然是間接的互助合作行為，負擔的公平性是絕對必須的條件。現代保險制度的參加者，係在參加時損失發生前，即預繳定額的保險費，而並非在實際損失發生後，才分攤損失金額，亦即不是採賦課式保險費制度。既然要預繳，經營保險者只能依據過去資料，運用大數法則計算每人的分擔額。因此，如果未來實際損失經驗較過去良好，則現在每位投保人的負擔就會產生不合理現象，此為缺失之一。再者，風險分類如不合理，亦會使投保人的負擔不公平，此為缺失之二。

六、保險的社會價值和社會成本

保險存在了約七百年（自最早 1343 年的保單起算，Waligore, 1976），固有其一定的社會價值 (Social Benefit)。社會價值 (Social Benefit) 超過社會成本 (Social Cost) 一直是保險文獻 (e.g. Mehr & Cammack, 1980) 中，常見的結論。是故，先擇要說明保險的社會價值，它包括：第一、可促成資源的合理分配。保險制度可降低不穩定程度，整個社會資源能有合理分配的基礎；第二、可促進公平合理的競爭。保險可使大小規模不同的企業，在同一風險水平上，從事公平合理的競爭；第三、有助於生產與社會的穩定。保險有把不確定轉化為穩定的能力，當然有助於生產與社會的穩定；第四、可提供信用基礎。個人信用或企業信用均可因保險而增強，企業進而可增強資金融通能力；第五、可以解決部分社會問題。例如：社會保險與失業保險等；第六、可提供長期資本。經濟成長有賴長期資金，保險的長期業務可符合需求。另一方面，保險的社會成本包括：第一、保險的營業費用成本，也就是投保大眾支付的附加保費部分；第二、道德及心理危險因素引發的成本。例如：各國眾多的詐領保險金案。此外，達西 (D’Arcy, 1994) 認為保險的社會成本正在急遽攀升，社會價值不一定經常凌駕社會成本。由此觀之，政府應如何控制社會成本是迫切課題，尤其政府該如何引導保險業協力控制道德及心理危險因素引發的社會成本。

七、保險與選擇權

前曾提及，從風險管理的觀點言，保險與金融在風險組合與風險轉嫁性質上，是很相同的 (Skipper, Jr. 1998)。同時，在一定條件下，保險單類似選擇權 (Doherty, 2000)。例如：附有自負額的汽車保險單，在以損失金額為橫軸與保險賠款為縱軸的圖形上，就類似買入買權報酬線，參閱圖 10-2。

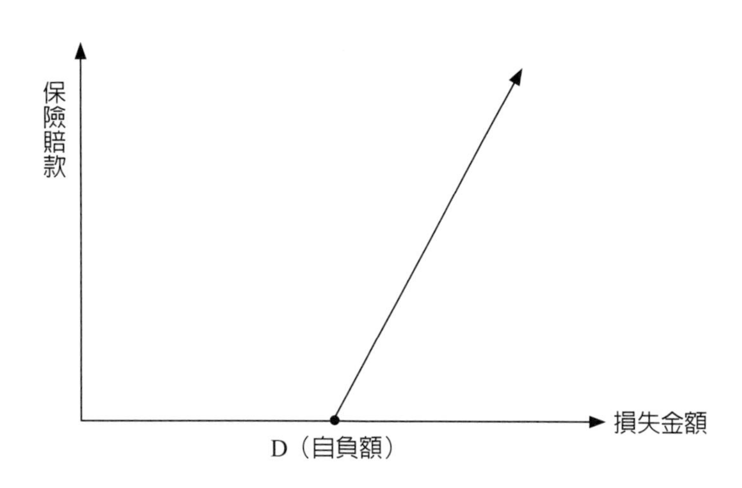

圖 10-2　保險單類似選擇權

從圖中，很清楚的發現，自負額 D 類似履約價格，損失超過 D，保險賠款增加，類似買權報酬增加。其次，選擇權訂價理論 (Option Pricing Theory) 也可應用在保險費率的制定上。例如：可以接觸消滅 (Knock-Out) 的界限選擇權 (Barrier Option)[9] 與二元選擇權 (Binary Option)[10] 原理，應用在人壽保險費的計算上（蔡明憲等，2000）。

9　界限選擇權與二元選擇權都是創新的選擇權商品。界限選擇權是當標的資產價格到達約定水準時，該選擇權契約會自動作廢或成立。

10　二元選擇權的報酬與一般選擇權不同，後者的報酬是極大化，但前者不是全部就是全無，也就是 All-or-Nothing。如何應用界限選擇權與二元選擇權原理計算人壽保險費，請參閱蔡明憲等（2005/05）。〈人壽保險費率的分析——從選擇權理論觀點〉。《風險管理學報》。第2卷，第一期，pp. 1-24。

八、主要的傳統與變種保險

在 ERM 架構下，公司面臨四大類的風險，那就是戰略風險、財務風險、作業風險、與危害風險。對戰略風險，公司難有相關的傳統保險或變種保險（可參閱 ART 市場的商品）可以投保，其他三類風險均可透過傳統保險或變種保險商品，獲得相關的安全保障。公司評估風險程度後，可就適合的風險，轉嫁投保。一般來說，適合的風險屬於頻率低且幅度高的風險，參閱圖 10-3。

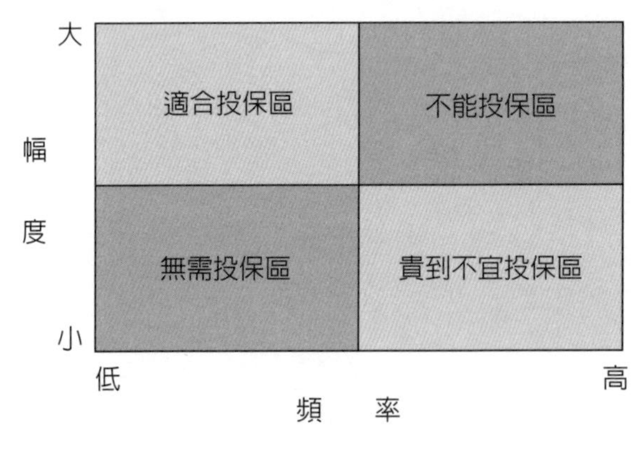

圖 10-3　風險與保險

該圖中，顯示四大區塊，那就是風險高到不能投保區、保險費太貴不宜投保區、適合投保的風險區、與無需投保的風險區。此外，需留意投保也可能存在基差風險[11](Basis Risk)。這些基差風險可以其他風險融資措施因應。例如：利用風險承擔等工具因應。其次，投保時要留意保險的優點與缺點 (Marshall, 2001)。優點方面包括：(1) 保險可降低非預期損失，也就是可分散風險；(2) 風險計量較爲精確；(3) 風險諮詢與服務品質較佳；(4) 極度容易進入再保險市場，進一步分散風險。另一方面，投保也有缺點包括：(1) 承保範圍可能不足；(2) 對極端的重大損失，傳統商品無法提供保障；(3) 損失處理可能遲緩；(4) 保費波動大時，預算難編。

最後，公司可利用的主要保險商品，參閱表 10-2。

[11] 基差風險有不同定義。就保險言，是保險契約與曝險部位無法完全配適的基差風險；也有指兩種價格相關性發生變化時所造成的相關性風險(Correlation Risk)。在此，是指前者。

表 10-2　主要的傳統保險與變種保險商品

公司面臨的風險（戰略風險除外）	主要的傳統與變種保險商品
財務風險	多重啟動保險*(Multiple Triggers Insurance)（例如：雙重或三重啟動）等
作業風險	1. 董監責任保險(Directors and Officers Liability Insurance) 2. 專業責任保險(Professional Liability Insurance) 3. 員工誠實保證保險(Employee's Fidelity Bonding Insurance) 4. 第三人電子商務保險[12](Third-Party E-Commerce Insurance) 5. 犯罪保險(Crime Insurance) 6. 產品責任保險(Product Liability Insurance) 7. 汽車責任保險(Auto Liability Insurance)等
危害風險	1. 火災保險(Fire Insurance) 2. 營業中斷保險(Business Interruption Insurance) 3. 汽車損失保險(Auto Physical Loss Insurance) 4. 團體人壽保險(Group Life Insurance) 5. 團體傷害與健康保險(Group Injury and Health Insurance) 6. 地震、颱風、洪水保險(Earthquake、Typhoon、Flood Insurance) 7. 海上保險(Marine Insurance)等

附註：表中「*」代表變種保險商品，其性質內容，參閱本章後述，其他傳統保險商品的性質內容，可參閱各保險教材。

九、衍生性商品

(一) 衍生性商品的涵義

簡單說，日常生活裡的預售屋合約，就是很典型的衍生性商品。蓋因，這張合約價值會受到未來房價的影響。因此，廣義的說，如果某商品價格會受到其他商品價格的影響，那麼該商品就可被稱爲衍生性商品。衍生性商品合約交易的標的，都是在未來才能買進或賣出，不像日常生活的現貨交易，交易合約完成，交易的標的即刻轉手，亦即標的的買進或賣出即刻完成。因此，衍生性商品合約具有五項特性（廖四郎與王昭文，2005；Chew, 1996）：第一、具有存續期間，也就是距離合約到期日的長短；第二、載明履約價格或交割價格，也就是合約中事先預定所需買

[12] 電子商務保險是新險種，與網際網路的商務活動產生的風險與法律有關。可詳閱Sutcliffe, Esq. (2001). *E-Commerce insurance and risk management-E-Commerce and Internet risks, laws, loss control, and insurance.* Boston: Standard Publishing Corporation.

入或賣出的價格；第三、載明交割數量，也就是未來所需買進或賣出標的資產的數量；第四、載明標的資產。標的資產可分實質資產與財務／金融資產兩大類。金融資產又分貨幣市場金融資產，例如：國庫券等、資本市場金融資產，例如：普通股票與公債等，與外匯市場金融資產，例如：美元外幣等；第五、載明交割地點。當可供交割地點有多處時，這項約定就很重要。

(二) 衍生性商品的基本型態

衍生性商品主要被避險者用來迴避財務風險。可用來迴避財務風險的基本工具有遠期契約 (Forwards)、期貨契約 (Futures)、交換契約 (Swaps)、與選擇權契約 (Options)。這四項工具中，選擇權契約是唯一可使交易的買方，因不履約而可能獲利的合約、因履約而迴避損失的合約。其餘三項工具所提供的只是迴避損失的功能。這些基本商品，其特性（廖四郎與王昭文，2005）比較如表 10-3。

表 10-3 基本衍生性商品特性比較表

種類 性質	遠期契約	期貨契約	選擇權契約	交換契約
標準化契約	無	有	不一定	無
交易所買賣	無	有	有	無
權利義務	義務	義務	買方：權利 賣方：義務	義務
違約風險	有	無	無	有
保證金	不一定	有	買方：無 賣方：有	不一定
權利金	無	無	買方：有 賣方：無	無

1. 遠期契約

遠期契約由來已久。設想麥農與麵粉廠老闆的相依關係，麵粉廠需以小麥為原料，小麥價格低對麵粉廠言，經營成本就低，獲利機會大。然而，相反的，麥農希望未來收成好外，更希望賣得好價錢，賺取利潤。對兩方來說，其他因素不考慮，小麥價格高低，各自影響雙方的獲利。以麵粉廠來看，利潤與小麥價格的關係，如

圖 10-4。該圖顯示，利潤與小麥價格間，呈反向變動。反過來說，以麥農來看，如圖 10-5。該圖顯示，利潤與小麥價格間，呈正向變動。換句話說，麵粉廠老闆擔心未來小麥價格漲，麥農擔心未來小麥價格跌。此時，兩者均可主動找合適的對象，簽訂遠期契約，避免未來小麥價格波動的財務風險。

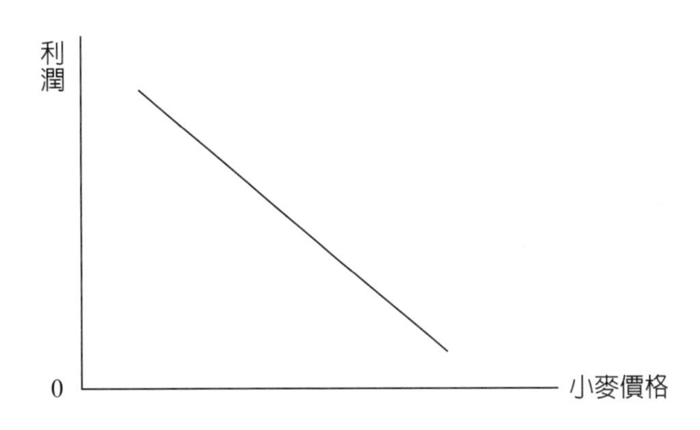

圖 10-4　利潤與小麥價格的關係——麵粉廠

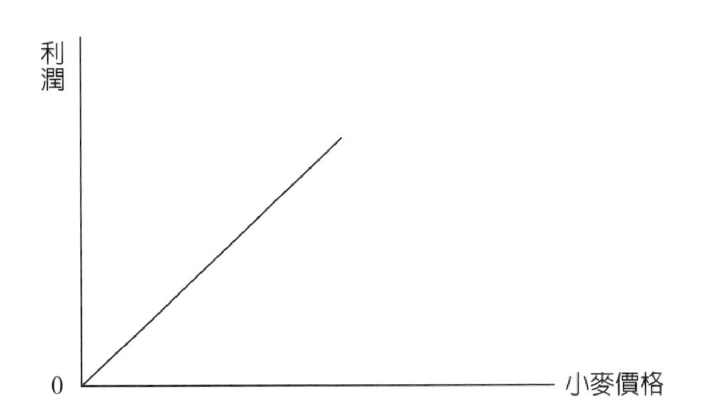

圖 10-5　利潤與小麥價格的關係——麥農

假如，麵粉廠主動尋求合適交易對象，顯然，麵粉廠老闆預期未來小麥價格會漲，假設是未來三個月，這時，老闆必須尋求，擔心未來三個月小麥價格會跌的麥農訂約。由於麥農對未來小麥價格的預期心理，每位均不同，有些對未來小麥價格看漲，那這種麥農不是合適對象。只有對未來小麥價格看跌的麥農，才可能與麵粉廠簽約。由於遠期契約是量身訂作契約，又無正式交易場所，因此，遠期契約的搜尋成本[13](Searching Cost) 高。假如，麵粉廠在正常期間需小麥 100 單位，每單位假設是 50 元。在此價格下，麵粉廠可獲利 100 萬。麵粉廠老闆擔憂未來三個月，小麥每單位會漲 1 元，那麼麵粉廠的利潤將減少。現找到合適麥農，兩人約定未來三個月，麥農均以每單位 50 元賣小麥給麵粉廠。如這樣，不論麵粉廠老闆或麥農，在未來三個月均不用擔心小麥價格漲跌的問題。這項合約就是遠期契約。在這約定下，對麵粉廠與麥農而言，遠期契約各自的報酬線，分別如圖 10-6 與圖 10-7，而未來三個月，麵粉廠將仍維持正常情況下的利潤 100 萬，如圖 10-8。

在上例中，遠期契約的買方就是麵粉廠，契約到期時麵粉廠必須履約，麥農則不一定。契約到期時，如小麥現貨的實際價格高於履約價格，那麼麵粉廠會獲利。反之，麵粉廠會有損失。這項遠期契約的存續期間三個月，標的資產小麥，履約價格每單位 50 元，交割數量 100 單位。

最後，綜合上述，所謂遠期契約係指持有遠期契約的人，也就是買方負有在特定時日，以履約價格購買特定資產的義務。遠期契約當作避險工具，其優點是簡單，量身訂作，對麵粉廠而言，如能百分百避險就不會有基差風險[14](Basis Risk)，但缺點是尋找合適對象的成本高。同時，麵粉廠可能會面臨麥農不一定會履行承諾的違約風險 (Default Risk)。也因此，爲克服這些缺失，期貨契約與期貨交易所於焉誕生。

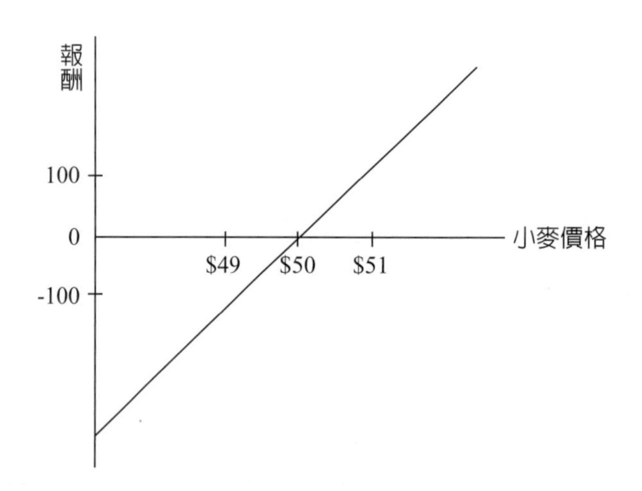

圖 10-6　遠期契約報酬——麵粉廠

---

13 搜尋成本是商業活動交易雙方爲完成交易所花的時間、人力與物力。經濟學界有學者因研究搜尋成本理論獲得諾貝爾獎，該理論可提供協助解決各國失業問題。

14 基差風險有不同定義。就衍生品言，有衍生品契約與曝險部位無法完全配適的基差風險，也有指兩種價格相關性發生變化時所造成的相關性風險(Correlation Risk)。在此，是指前者。

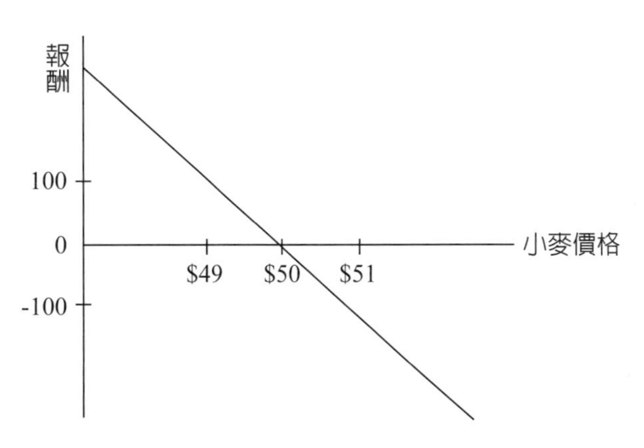

圖 10-7　遠期契約報酬──麥農

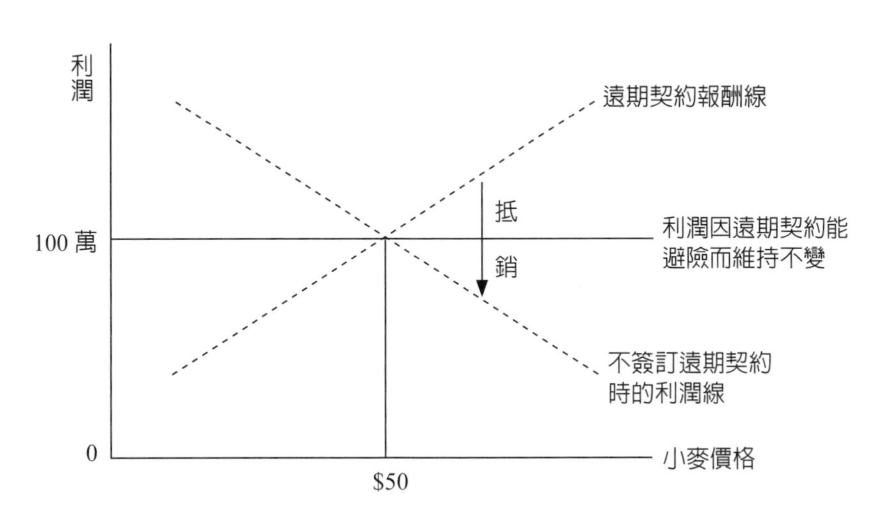

圖 10-8　麵粉廠的避險效果

2. 期貨契約

期貨契約其實就是遠期契約的變種，它是在期貨交易所買賣的標準化遠期契約。畢雷克與裘斯 (Black & Scholes, 1973) 認爲期貨契約就是一連串的遠期契約。以遠期契約中，所提麵粉廠與麥農的例子，如兩者訂的是遠期契約，雙方必須見面，如是期貨契約，兩者無須見面，交易的進行是透過中介角色的交易所完成，只要雙方按規定做即可順利完成交易。麵粉廠是期貨契約的買方，訂約時不用付權利金，但與麥農一樣要繳保證金。麵粉廠的期貨報酬線，同樣如圖 10-6，圖中縱軸改成期貨報酬即可。

上述的保證金是期貨交易的特色之一，目的在降低違約風險。交易雙方依規定設立的保證金帳戶，有最低餘額的約定，低於最低餘額，交易者如無補充則交易人的部位[15](Position)將被結清，停止使用。交易有獲利時，利潤即存入該帳戶，損失時則由該帳戶扣除。其次，期貨交易的另一特色，是每日現金結算（或市價結算 Mark-to-Market）。因此，期貨契約每日價值會變動，期貨損益當日結算時，即可實現，不像遠期契約到期日時，損益才實現。

最後，綜合來說，遠期與期貨契約間，有三點值得留意（廖四郎與王昭文，2005；Chew, 1996）：第一、遠期契約只有在契約到期日時，才會有現金流量的變動，才實現損益，但期貨契約因每日結算，現金流量與損益每日變動；第二、遠期契約搜尋成本與違約風險高過期貨契約，但標準化的期貨契約對交易者的基差風險高過遠期契約；第三、由於標準化的關係，期貨契約的流動性與變現性均比遠期契約高。

3. 交換契約

2008-2009 年發生的金融海嘯中，備受矚目的信用違約交換 (CDS: Credit Default Swap) 就是交換契約的一種。簡單說，交換契約是允許交易雙方，在未來特定的期限內，以特定的現金流量交換的一種合約。基本上，交換契約可分四大類（廖四郎與王昭文，2005；Chew, 1996）：第一、利率交換，這是固定利率與浮動利率間，現金流量的交換；第二、貨幣交換，這是不同貨幣間，本金與利息的交換；第三、權益交換，這是固定報酬率與股票報酬率的交換；第四、與信用衍生相關的信用違約交換與總報酬交換。

首先，說明利率交換。假設甲、乙各向銀行貸款，甲與銀行簽兩年期 120 萬，利率固定 4% 的合約；乙與銀行簽兩年期 120 萬，利率是基本放款利率 1.8% 加碼 2.2%，每年調整一次的浮動利率合約。甲預期未來利率會調降，乙則預期利率會上升，甲、乙此時互簽利率交換契約。其中規定，未來兩年甲幫乙付利息，乙幫甲付利息，只要未來兩年利率漲跌各如甲、乙所料，甲、乙均可迴避損失。透過利率交換，甲利息支出由原先 120 萬乘 4% 改成 120 萬乘基本放款利率 1.8% 加碼 2.2%。未來如基本放款利率降 1%，則甲只依 3% 的利率支息，迴避了利息損失。對乙來說，透過交換，乙利息支出由原先 120 萬乘基本放款利率 1.8% 加碼 2.2%，改成

[15] 部位就是交易曝險的額度。

120 萬乘 4%。未來如基本放款利率漲 1%，則乙只依 4% 的利率支息，同樣迴避了利息損失。如沒有利率交換，乙則要依利率 5% 支息，但此時只依 4% 支息即可。顯然，利率交換的現金流量，決定於交易雙方利率的差額，參閱圖 10-9。

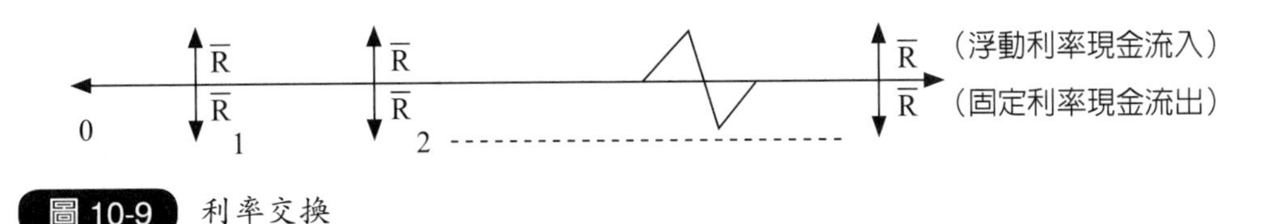

圖 10-9　利率交換

綜合上述，固定利率與浮動利率是不同的利率指標，所以利率交換就是交易雙方互相約定，在未來特定期間互相交換不同利率指標的利息，這個過程就會產生現金流入與流出。交換契約也是遠期契約的變種，它可被劃分成數個遠期契約 (Smithson et al., 1995)。換言之，在每一結算日 (Settlement Date)，交易的一方擁有潛在的利率遠期契約。進一步言，交易的一方有義務出售固定利率的現金流量。交換契約縮短了履約期間，每一結算日，利率差額由交易之一方交付另一方。是故，交換契約的風險低於遠期契約，卻高於期貨契約。最後，交換契約與期貨契約皆爲一連串的遠期契約的組合。三者間主要的差異是違約風險程度的不同。

其次，說明信用違約交換。信用違約交換類似保險契約，契約的一方稱呼爲信用保障承買人 (Protection Buyer)，另一方稱呼爲信用保障提供人 (Protection Seller)。信用保障承買人在未來約定期間內，固定支付一筆費用給信用保障提供人，而信用保障提供人只有在合約信用資產 (Reference Equity) 發生違約時，才需對買方進行合約信用資產的交割（廖四郎與王昭文，2005）。信用違約交換的交易過程，參閱圖 10-10。

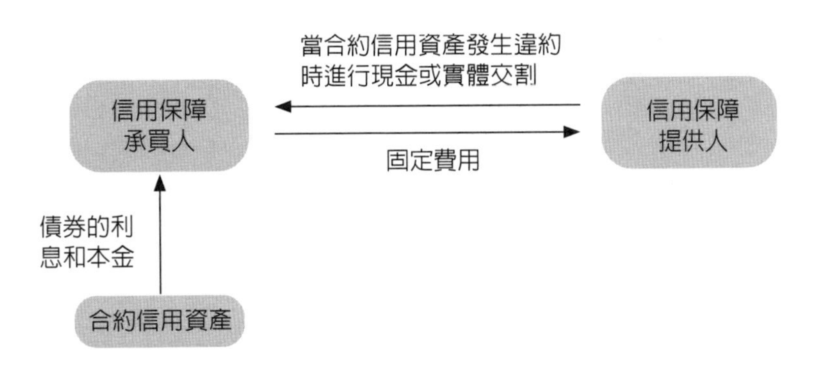

圖 10-10　信用違約交換的交易過程

依上圖，信用保障承買人持有債券的信用資產，由於擔心債券的違約信用風險，因而與信用保障提供人簽訂信用違約交換。當債券違約時，信用保障提供人可以現金方式交割或與實體方式交割。現金方式交割是以違約債券本金扣除剩餘價值後的餘額支付給信用保障承買人。實體方式交割是違約債券發生時，信用保障承買人有權以約定好的價格將違約債券賣給信用保障提供人，信用保障提供人不得拒絕。

4. 選擇權契約

(1) 基本特性

選擇權是可獲利又可迴避損失的衍生性商品，它可分買權 (Call Option) 與賣權 (Put Option)。這有別於只可迴避損失的其他三種衍生性商品。沿用前面麥農與麵粉廠的例子，先說明選擇權的買權，爲何稱呼「選擇」，從下列說明中即可知曉。所謂買權是指買方有權於到期時，依契約所定之規格、數量、與價格向賣方買進標的物。標的物可以是財務資產，也可以是實質資產。

(2) 買權

麥農與麵粉廠間，可以簽訂買權合約，也就是麵粉廠由於擔心未來小麥價格上漲，相對的，麥農擔心小麥價格下跌。此時麵粉廠可以跟麥農約定，未來每單位小麥，麵粉廠以 60 元收購。這 60 元就是所謂的履約價格 (Exercise Price) 或執行／交割價格 (Delivery Price)，同時，簽約時麵粉廠要支付每單位 10 元的權利金 (Premium) 給麥農。未來小麥價格的波動決定麵粉廠要不要履約，換言之，麵粉廠可選擇履約，也可選擇不履約，也就是買方（麵粉廠）有權利「選擇」，故稱爲選擇權。這與遠期契約及期貨不同，也就是在遠期契約及期貨的情況下，麵粉廠無此權利。也因爲這樣，麵粉廠這項買入買權 (Long Call) 的報酬線與圖 10-6 遠期契約的報酬線不同，參閱圖 10-11。

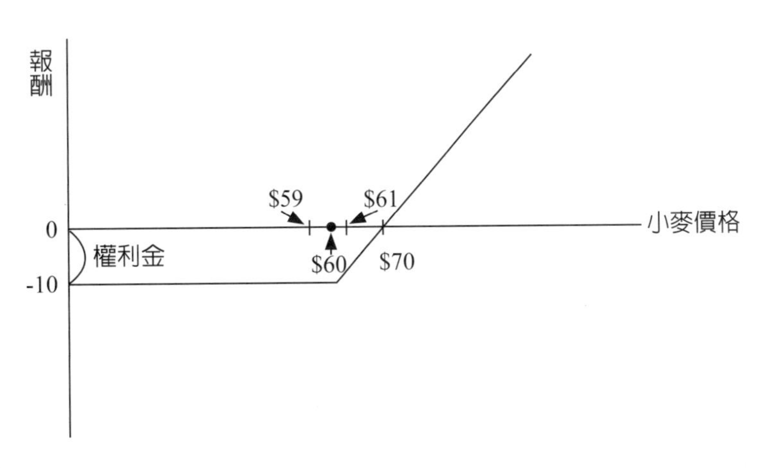

圖 10-11　買入買權報酬線

從圖中可得知，買入買權的報酬顯示有五種訊息值得留意，參閱表 10-4。

表 10-4　買入買權

最大獲利	無限
最大風險	權利金
交易時機	認為價格或指數將大幅上揚
成本	權利金
損益兩平點	權利金＋履約價格

這項買入買權可使麵粉廠避掉價格波動的財務風險，吾人也可從表 10-5 假設的麵粉廠損益表，觀察買入買權前後，對損益表的影響。

表 10-5 麵粉廠買入買權前後損益表

每單位小麥價格跌至 $59	沒有買入買權		有買入買權	
銷貨（麵粉）	$700,000		$700,000	
買權報酬	0		0	（不履約）
其他收入	3,000		3,000	
合計	$703,000		$703,000	
費用成本				
小麥（原料）	$590,000	（10,000 單位）	$590,000	（10,000 單位）
買權權利金	0		100,000	
其他費用	1,000		1,000	
合計	$591,000		$691,000	
淨利	$112,000		$12,000	

每單位小麥價格漲至 $61	沒有買入買權		有買入買權	
銷貨（麵粉）	$700,000		$700,000	
買權報酬	0		10,000	（履約）
其他收入	3,000		3,000	
	$703,000		$713,000	
費用成本				
小麥（原料）	$610,000	（10,000單位）	$600,000	（10,000單位）
買權權利金	0		100,000	
其他費用	1,000		1,000	
	$611,000		$701,000	
淨利	$92,000		$12,000	

相反的，對麥農來說，是簽訂了一項賣出買權 (Short Call) 的合約，其報酬線請參閱圖 10-12。

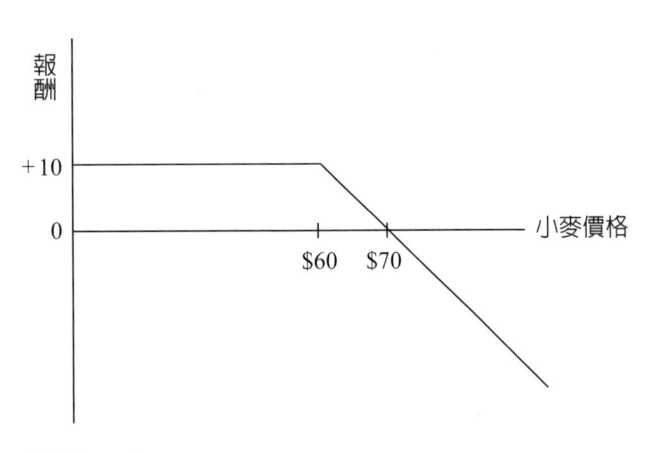

圖 10-12　賣出買權報酬線

從圖中亦可得知，賣出買權的報酬顯示有五種訊息，請參閱表 10-6。

表 10-6　賣出買權

最大獲利	權利金
最大風險	無限
交易時機	認為價格或指數將小幅下跌
成本	保證金
損益兩平點	權利金＋履約價格

同樣，這項賣出買權可使麥農避掉價格波動的財務風險。

(3) 賣權

另一方面，麥農也可以主動找麵粉廠簽訂賣權契約。所謂賣權是指買方有權於到期時，依契約所定之規格、數量、與價格將標的物賣給賣方。此時，對麥農言，是買入賣權 (Long Put)，對麵粉廠言，是賣出賣權 (Short Put)。設想這項賣權合約每單位的履約價格仍爲 60 元，麥農要付的權利金每單位仍爲 10 元。那麼，買入賣權與賣出賣權的報酬線，分別參閱圖 10-13 與圖 10-14。其報酬線同樣顯示有五種重要訊息，請參閱表 10-7 與表 10-8。

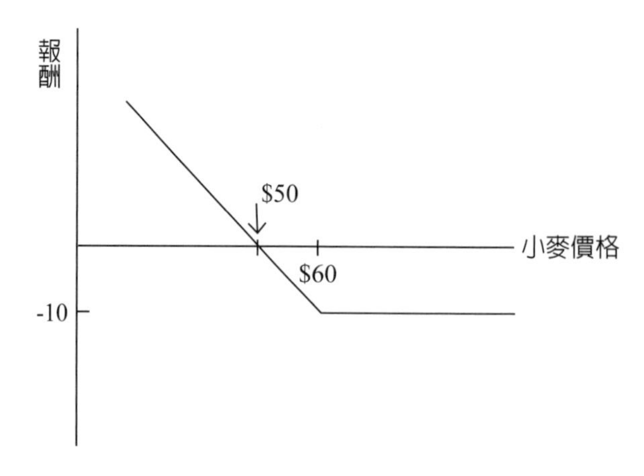

圖 10-13 買入賣權報酬線

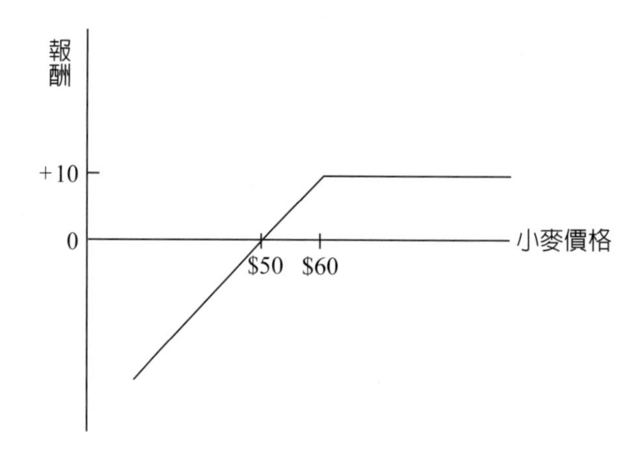

圖 10-14 賣出賣權報酬線

表 10-7 買入賣權

最大獲利	無限
最大風險	權利金
交易時機	認為價格或指數將大幅下跌
成本	權利金
損益兩平點	履約價格－權利金

表 10-8　賣出賣權

最大獲利	權利金
最大風險	無限
交易時機	認為價格或指數將小幅上揚
成本	保證金
損益兩平點	履約價格－權利金

綜合上述，選擇權有幾項基本特性值得留意（廖四郎與王昭文，2005）：第一、它有固定的交易場所；第二、它不一定是標準化契約；第三、只有買方有選擇的權利，賣方擔負義務；第四、因賣方擔負義務，故只有賣方需繳保證金，買方則支付權利金；第五、與期貨相同，無違約風險。

(4) 選擇權的類別

選擇權的類別，可依履約時間與標的資產的不同分成許多種類（廖四郎與王昭文，2005）。首先，從履約時間來說，選擇權可分美式選擇權 (American Option) 與歐式選擇權 (European Option)。**美式選擇權**可在到期日與到期日前任何一天進行履約。例如：在臺灣證券交易所交易的認購權證就是美式選擇權的買權。**歐式選擇權**則只能在到期日當天進行履約。例如：在臺灣期貨交易所交易的臺指選擇權就是歐式選擇權。

其次，選擇權依標的資產或其價格可分爲**亞式選擇權** (Asian Option) 與以標的資產命名的各種選擇權。美式選擇權與歐式選擇權在履約時，標的資產價格就是履約時的價格，但亞式選擇權在履約時，標的資產價格是由過去一段時間的平均價格決定。以標的資產命名的各種選擇權，例如：利率選擇權與債券選擇權等。

利率選擇權，例如：某公司現行利率風險是利率上漲時，公司的價值會下降。那麼購買利率上限 (Interest Rate Cap) 買權，而在利率上漲時，投資人就有利可圖，抵銷了下方／負向風險 (Downside Risk)，參閱圖 10-15。債券選擇權，參閱圖 10-16。該圖顯示，債券最適的避險策略爲購買債券的賣權。債券價格下跌，相當於利率上漲，使公司價值下跌。爲了銷除下方／負向風險，購買債券的賣權，而在債券價格下跌時，投資人就有利可圖，抵銷了下方／負向風險。由此可知，利率的買權相當於債券的賣權。

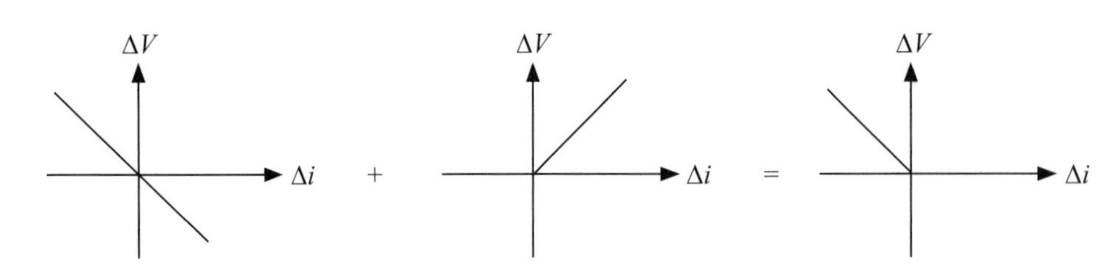

圖 10-15 利率選擇權

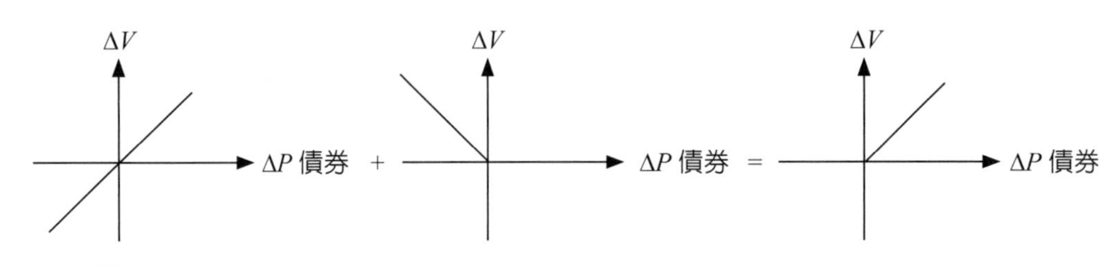

圖 10-16 債券選擇權

(5) 權利金與選擇權價值

選擇權的買方要付權利金給賣方，這項權利金就是選擇權的價格[16]。至於選擇權的價值是指選擇權在任何履約時點，可能展現的損益即代表選擇權價值的高低。權利金價格由市場供需決定，影響供需的變數總共六項（廖四郎與王昭文，2005）：

第一、標的資產價格。在其他變數不考慮情況下，由於履約價格是固定的，所以對買權價值言，標的資產價格越高，履約時獲利越大，買權的價值越高。反之，買權越沒價值。對賣權價值言，情況剛好相反。

第二、履約價格。履約價格對買權的買方是買價，對賣權買方是賣價。買價越低，買權越有價值；賣價越高，賣權越有價值。

第三、距到期日時間。距到期日時間與選擇權價值的關聯如何？答案很簡單，請問你（妳）終身的高爾夫球會員證與一年期的高爾夫球會員證，你（妳）的選擇是什麼？顯然是終身的高爾夫球會員證。換言之，距到期日時間越長，不論買權或

16 選擇權價格的計算可用傳統的淨現值法，但以該法計算無法找出適當的折現率。然而，在1973年時，由Fischer Black 與Myron Scholes 共同在第81期的*Journal of Political Economy*中，發表了著名的Black & Scholes歐式選擇權公式，簡稱B-S公式，解決了選擇權價格計算問題。此後，也促使財務工程(Financial Engineering)學門的發展。

賣權均越有價值。

第四、標的資產報酬率的波動率。對選擇權的需求來自想規避標的資產價格波動的風險。因此，波動率低需求也低，不論買權或賣權價值均低。反之，需求高，不論買權或賣權價值也均高。

第五、無風險利率。買權買方未來履約時，需支付履約價格獲取標的資產。因此，透過無風險利率的折現，如履約價格現值低，買權價值就高。換言之，無風險利率高，履約價格現值低，買權價值就高。反之，買權價值就低。賣權買方並非要支付履約價格的一方，而是在未來履約時，收取履約價的一方。因此，情況與買權相反。換言之，無風險利率高，履約價格現值低，賣權價值就低。反之，賣權價值就高。

第六、股利。從第一項變項標的資產價格的說明中，得知標的資產價格越高，買權價值越高，然而股利的發放，會使標的資產價格下降。因此，將使買權價值下降。換言之，股利越多買權價值越低，對賣權價值剛好相反，因標的資產價格越高，賣權價值越低，股利的發放會使標的資產價格下降。因此，將使賣權價值上揚。換言之，股利越多賣權價值越高。

其次，從前述說明中，在其他變數不考慮情況下，由於履約價格是固定的，對買權價值言，標的資產價格越高履約時獲利越大。對賣權價值言，標的資產價格越高履約時獲利越低。換言之，標的資產價格與履約價格間的價差絕對值，亦即內含價值 (Intrinsic Value) 會影響選擇權的價值。當選擇權買方依目前標的資產價格，立即履約會產生獲利時，則該選擇權稱爲價內選擇權 (In-the-money)，立即履約無任何損益時，稱爲價平選擇權 (At-the-money)，立即履約會產生虧損時，稱爲價外選擇權 (Out-of-the-money)。因此，價內選擇權的內含價值會大於零，價平與價外選擇權的內含價值則等於零。

此外，選擇權的價值不只來自內含價值，也來自距到期日時間長短的時間價值 (Time Value)，時間越長選擇權價值越高。因此，選擇權的價值 = 內含價值 + 時間價值，也可以說選擇權權利金 = 內含價值 + 時間價值。價內選擇權權利金 = 內含價值 + 時間價值，價平與價外選擇權權利金 = 時間價值。值得注意的是，選擇權如已到期則選擇權的價值 = 內含價值（廖四郎與王昭文，2005）。至於選擇權的風險，不是來自交易對手的違約風險，而是選擇權價值的變動對於背後標的資產相關市場行情變動之敏感性，這種敏感性屬高度風險。依照敏感性的不同，分別以希臘字母稱呼這類風險，這包括 γ(Gamma)、ν(Vega)、θ(Theta)、ρ(Rho)、基差與價差等風險。

(6) 選擇權的交易策略

選擇權的交易策略共分四大類（廖四郎與王昭文，2005）：第一、單一策略。前述麥農與麵粉廠的例子，就是屬於單一策略，也就是買買權、買賣權、賣買權、與賣賣權，這些都屬於單一方向的交易；第二、避險策略。當避險者爲了規避持有的現貨或是融券放空現貨價格波動的風險，可透過現貨與選擇權之搭配達成避險目的。例如：保護性賣權等；第三、組合策略。該策略同時包含買權與賣權的買入或賣出。例如：賣出跨式 (Sell Straddles)[17] 與勒式 (Sell Strangles)[18] 策略等；第四、價差策略。該策略只包含買權價差或賣權價差，它是利用履約價格的不同或是到期日的不同，達到價差策略的目的。例如：賣出蝴蝶[19]與禿鷹[20]價差等。各類不同的策略均有其使用時機。例如：你（妳）持有股票，但已被套牢又不甘心賣掉，這時可採用保護性賣權的策略。未來股票眞下跌，賣權的獲利可補股票的損失，這叫保護性賣權。未來股票眞漲那最好，此時損失的只有權利金，但股票獲利。這就是透過現貨與選擇權之搭配達成避險的策略。

(三) 衍生品避險的成本與效益

前提的四種基本衍生品均對財務風險（例如：利率與匯率變動的雙率風險等）的避險，各有其功效，也就是各有其避險效益。例如：買買權與買賣權的避險效益可能獲利無限大。然而，使用這些衍生品避險時，也需付出代價這就是避險成本，正如買保險也要支付保險費一樣。避險成本有不同名稱，例如：選擇權買方的權利金 (Premium) 或外匯避險的融資費用 (Financing Fee)。公司實施避險策略時，例如：實施外匯避險，除需考量避險成本外，尚需考量可能的匯兌損益、風險部位、幣別比例、商品特性、與期間等因素，才能擬定適當的外匯避險策略，而此時外匯避險成本的高低主要取決於兩種貨幣的利率差異。例如：美元利率 5%，臺幣利率

17 賣出跨式是同時賣出到期日與履約價格均相同的買權與賣權的策略。

18 賣出勒式是同時賣出到期日相同，但履約價格相對高的買權與履約價格相對低的賣權的策略。

19 全由買權或賣權組合的價差策略就是蝴蝶價差，若由買權與賣權混合的價差策略稱爲蝴蝶組合策略。由於其損益圖形像蝴蝶故稱之。賣出蝴蝶價差與買進蝴蝶價差，同樣有四種建構方法。賣出蝴蝶價差，例如：賣出不同履約價格之不同的買權各一口，並同時買進履約價格，不同於賣出價格的買權兩口。

20 禿鷹價差與蝴蝶價差策略相同，但其損益圖形像禿鷹故稱之。

3%，那麼避險成本至少會有 2%。其次，常見的外匯避險方法有外匯換匯法[21](FX Swap)、自然避險法[22](Natural Hedging)、與一籃子貨幣法[23](A Basket of Currencies)等三種，每種避險方法的避險成本高低不同。通常外匯換匯法的避險成本比其他方式高，但也不一定要放棄該法，因還有其他考慮因素。例如：如採用一籃子貨幣法避險，若這些一籃子貨幣走勢與新臺幣走勢脫鉤時，反而會產生更多的匯兌損失，此時就可採用避險成本高的外匯換匯法（王馨逸，2006/07/15；李麗，1993）。

十、ART市場

ART(Alternative Risk Transfer)（另類風險轉嫁／另類風險融資）一詞源自美國 (Swiss Re, 1999)。近年來，ART 在管理風險上備受矚目。就以稍早前的統計資料顯示 (Dowding, 1997)，在 1995 年，全球風險融資市場中，ART 即占市場的四分之一，傳統保險融資僅占其餘的四分之三。一般而言，保險市場較爲艱困[24](Hard)時，ART 較易成長，在疲軟[25]的 (Soft) 保險市場中，ART 可能萎縮。

(一) ART市場的涵義與其效益

ART 市場是結合保險市場與資本市場於一爐的市場。同時，爲了完成風險管理的目標，ART 是尋求保險市場與資本市場間，風險分散與轉嫁的市場 (Banks, 2004)。進一步說，ART 商品融合 (Convergence) 了保險市場與資本市場商品的特徵，是尋求保險市場與資本市場間，風險流通機制整合 (Integration) 的市場。

其次，這種市場之所以出現，主要是因這種市場在保險／再保險市場極爲艱

21 就是公司與銀行簽訂交換合約，同意依即期價格買入（賣出）外匯，同時於未來約定時日，依遠期價格賣回（買回）外匯的作法。

22 公司藉持有相當的同一種貨幣的債務與資產的作法，自然能迴避匯兑風險。

23 就是同時持有各種貨幣，由於分散了貨幣資產，因而分散了匯兑風險的作法。

24 所謂艱困市場是與疲軟市場間，相對的稱呼。艱困意即保險／再保險市場對風險吸收的能量不足，也就是市場的供給減少。以經濟學供需理論來説，在其他條件不變的情況下，供給線會往左移動，其結果造成保險費率拉高，導致投保人可能負擔不起，轉而以ART市場分散與轉嫁風險。同時，在艱困市場裡，可買的保險商品種類也減少，保險人／再保險人的承保條件也會趨嚴。

25 疲軟市場恰與艱困市場的情形相反。疲軟意即保險／再保險市場對風險吸收的能量充足，也就是市場的供給增加。以經濟學供需理論來説，在其他條件不變的情況下，供給線會往右移動。其結果造成保險費率降低，導致投保人負擔較輕，轉而以傳統保險／再保險市場分散與轉嫁風險。同時，在疲軟市場裡，可買的保險商品種類也增加，保險人／再保險人的承保條件也會趨向寬鬆。

困時，對一般企業公司或保險公司管理風險上，至少可提供如下的效益 (Neuhaus, 2004)：第一、它可轉嫁無法增加公司價值的風險。例如：賠款責任準備的移轉 (LPTs: Loss Portfolio Transfers)；第二、它可承擔，如果投保勢必無成本效能的風險。例如：頻率高但嚴重性極低的風險；第三、它可承擔長期可獲利的風險。例如：權益風險 (Equity Risk)；第四、它可使再保能量獲得充分的利用；第五、它可填補再保計畫的缺口；第六、它可擴增提供風險資本／經濟資本的新管道。例如：巨災債券的發行可透過資本市場資金融通風險；第七、它可降低損益的波動與改善清償能力。例如：分散損失合約 (SLTs: Spread Loss Transfers)。

(二) ART市場的參與者

ART 市場的參與者包括保險人／再保人、金融機構、一般企業公司、法人投資機構、與保險代理人／經紀人等五類參與者。這五類參與者在 ART 市場中，各有不同的功能。保險人／再保人負責商品研發，扮演風險管理顧問，提供風險能量也同時是 ART 的使用者。金融機構在 ART 市場中，扮演與保險人／再保人完全相同的功能，也就是同樣負責商品研發，扮演風險管理顧問，提供風險能量也使用 ART。一般企業公司在 ART 市場中，只扮演 ART 使用者的角色。法人投資機構在 ART 市場中，只扮演提供風險能量的角色。最後，保險代理人／經紀人則主要扮演商品研發與風險管理顧問的角色，參閱表 10-9。

表 10-9 ART 市場參與者與其角色

參與者／角色功能	保險人／再保險人	金融機構	一般企業公司	法人投資機構	保險代理人與經紀人
商品研發	V	V			V
風險管理顧問	V	V			V
風險能量提供者	V	V		V	
ART 商品使用者	V	V	V		

(三) 風險的承擔與轉嫁

前曾提及，風險融資可分成風險承擔與轉嫁兩大類。由於 ART 商品有許多是屬於風險承擔與轉嫁混合的變種商品，而這些變種商品是否構成風險顯著的移轉，常是政府課稅與監理上有所爭論的議題。因此，此處，進一步說明風險承擔與風險轉嫁的性質及內涵。

1. 為何承擔風險？

公司經營上一昧轉嫁風險，本就不是經營之道。不承擔風險無法獲利，只是承擔風險應訂合理的風險胃納，超過胃納的風險務必轉嫁，如此公司經營才能永續與安全。一般來說，本業的核心風險，承擔爲宜，非本業的附屬風險，轉嫁爲宜。其次，前也曾提及，風險承擔意指彌補損失的資金來自公司內部。換言之，公司針對損失應自我籌資，至於籌資管道或機制，有些完全屬公司內部的機制，有些需透過銀行或保險公司，不管何種均需事先進一步分析。這些風險承擔的機制又可分爲主動的承擔 (Active Retention) 與被動的承擔 (Passive Retention)，也就是計畫性的承擔 (Planned Retention) 與非計畫性的承擔 (Unplanned Retention)。風險管理中所稱的風險承擔均指前者。

公司承擔風險的理由，除獲利是主要動機外，從融資技術觀點言，至少有五點理由 (Tiller et al., 1988)：第一、與購買保險比較，保險各類服務不是那麼有效時，自我承擔風險所省卻的附加保費是值得的；第二、公司需要的保險或衍生性商品，在現有的保險市場或資本市場中買不到；第三、風險程度遠超過保險人願意承擔的額度時；第四、爲了因應保險人的規定與要求，例如：自負額；第五、風險無從辨識時，只好承擔可能的風險。

另一方面，風險自我承擔第一項好處，是公司可省卻許多費用。例如：保險仲介人的佣金、稅捐、保險人的利潤與相關經營費用等；第二項好處，是因風險自我承受將有助於損失控制效能的提升；第三項好處，是針對責任風險承擔而言，責任風險如果自我承擔，理賠的處理有時比購買保險時，由保險人代爲處理更具有彈性。其次，風險承擔也有負面效應：第一、風險承擔時，可能無法享有賦稅的優惠；第二、高度舉債的公司如承擔風險將影響經營安全；第三、風險承擔固然可掌控獲利的機會，但如承擔過高，反而有反效果；第四、風險承擔成本的波動性，有時比保險成本的波動還劇烈；第五、不購買保險而承擔風險，可能喪失購買保險產生的相關利益 (Tiller et al., 1988)。

2. 風險轉嫁——融資型

風險轉嫁意指損失發生時，彌補損失的資金由合約的另一方挹注資金或承擔法律責任。風險轉嫁依轉嫁的標的，可分爲控制型的風險轉嫁與融資型的風險轉嫁 (Risk Transfer-Financing Type)。前者是將法律責任的承擔轉移給另一方，後者是將財務負擔轉移給另一方。其次，如依轉移對象的不同，可分爲保險的風險轉嫁與非保險的風險轉嫁。顯然，風險轉嫁合約不限保險，它常見於各類商業活動中，也常散見各類投資活動裡。此處，說明非保險的風險轉嫁——融資型。

非保險轉嫁——融資型係指轉嫁者將風險可能導致的財務損失負擔，轉嫁給非保險人而言。承受者有補償轉嫁者財務損失的義務，此種契約與保險契約同屬補償契約 (Indemnity Contract)。但補償者的身分有別，一爲保險人，另一爲非保險人。就保障安全性言，保險契約比非保險契約的轉嫁安全性高，理由有四 (Tiller et al., 1988)：第一、保險人的財力較爲雄厚；第二、公司形象與理賠聲譽對保險人特別重要；第三、保險人對保險契約中，文句性質及正確程度特別重視；第四、保險人受到政府監理的程度較強。是故，就契約安全度言，保險契約實優於非保險契約。非保險的風險轉嫁——融資型，較常見的，例如：服務保證書等是。

其次，轉嫁風險的策略有兩種型態 (Tiller et al., 1988)：一爲防衛性策略 (Defensive Strategy)。此一策略係指轉嫁者應設法避免成爲轉嫁契約的受害者，這是一種消極性的策略；另一種策略是侵略性策略 (Aggressive Strategy)。它係指轉嫁者應以經濟實力迫使承受者接受財務損失負擔的轉嫁。風險管理上最好軟硬兼施，採取折衷策略。其次，對契約的洽訂，風險管理人員應採取如下兩大步驟 (Tiller et al., 1988)：第一、應先了解清楚影響風險轉嫁的各項因素，這些因素包括：(1) 契約在法律上的有效性如何？(2) 承受者的賠償能力如何？(3) 轉嫁風險所付的代價是否合理？第二、了解清楚後，風險管理人員在訂約時，應堅守幾個原則。例如：要避免契約文義的含糊不清。再如，要求承受者投保責任保險等。

(四) 保險證券化與ART市場

企業購買保險是透過保險／再保險市場，進行第一次與第二次之後多次的風險轉嫁，也就是風險分散。但這種分散管道在政府對資本市場與保險／再保險市場，壁壘分明的監理與學理限制下，有其條件與極限。這些條件與極限可基於風險類別與性質的不同而不同，例如：財務風險與不可保的風險等。同時，也可基於保險／

再保險市場對風險吸納容量的極限而有所不同。因此，過於重大的災難損失與屬於價格波動的財務風險，要從保險／再保險的管道完全分散出去極度困難，**保險證券化／風險證券化** (Insurance Securitization / Risk Securitization) 概念於焉興起。但要留意的是純金融證券化商品，例如：不涉及保險的抵押債券憑證 (CDOs: Collateralized Debt Obligations) 商品，通常認為不屬於 ART 市場。

風險證券化會涉及全球的資本市場，它著眼於企業公司資產與負債的現金流量，透過證券的設計與資本市場，將相關風險轉換由投資人承擔的一種過程 (Banks, 2004)。這整個過程，在細節上或因 ART 商品而異，但基本上有三項是共通的特徵：第一、在過程裡需要特殊目的機制平臺，也就是 SPV(Special Purpose Vehicle)；第二、在商品設計上須考慮賠付時的啟動門檻 (Triggers)；第三、在商品設計與包裝上，也須考慮商品各夾層 (Tranches) 風險與信用等級。

(五) 保險市場——變種保險／再保險商品與機制

1. 自我保險基金

公司內部事先有計畫的提存基金承擔可能的風險，此基金稱為自我保險基金（簡稱自保基金）(Self-Insurance Fund)。公司經由適切性分析 (Feasibility Analysis) 與損失的推估，可決定每年提撥額度與基金總額度。適切性分析的步驟包括 (Smith and Pearce, 1985)：第一、收集三至五年的相關損失記錄，並做適當的分類；第二、推估未來年度累積損失的預期值與變異數；第三、預估自保基金的行政管理費；第四、假如不設自保基金，購買保險的保費負擔有多少；第五、比較計畫期內，每年的自保成本與保險成本；第六、比較自保計畫與保險計畫的稅後淨現值。

自我保險基金的運作方式，因類似保險故名之，但它與保險的不同是：第一、保險可組合許多風險，但自我保險基金是公司內部的特種基金，規模大的公司集團風險組合效應才會明顯；第二、保險在特定期間內，隨時可應付損失的資金需求，但自我保險基金在累積足額前，有無法應付之虞；第三、保險在一定條件下，才可請求退還部分款項，但自我保險基金是為公司所有，無退還的問題。另外，政府的監理規定、會計處理方式、交易成本、機會成本、與基金報酬等均會影響自我保險基金的設立，與對公司價值的貢獻。廣義言，自我保險基金的設立也是現金管理決策 (Cash Management Decision) 的一部分。

2. 專屬保險

專屬保險的歷史久遠。今日所稱的組合專屬保險 (Association Captive Insurance) 類似西元 779 年的商業基爾特 (Trade Guild) 的互保組織 (Bawcutt, 1991)。現今專屬保險的型態複雜，有的含有風險轉嫁與承擔的成分，有的只有風險承擔的成分。專屬保險型態是否有風險轉嫁的成分，深深影響賦稅的課徵。

其次，專屬保險最原始的定義是承保股東們風險的封閉型保險公司 (A closely held insurance compnay whose original purpose is / was to insure its shareholders' risks)。原文中是「Shareholders'」而不是「Shareholder's」，因此，最原始的定義係指現今多重母公司的專屬保險 (Multi-Parent Captive Insurance)，性質類似相互保險的特質。下述定義應可含括各類型的專屬保險：**專屬保險**係指爲了承保母公司的風險，由一個或一個以上的母公司擁有的保險公司而言。此定義後半部與所有權有關，它可以是一個所有者，也可以是多個。此定義前半部與業務比例有關，來自母公司的業務比例至少也要有 50%，才能稱該保險公司主要目的是承保母公司的風險，也才能視該保險公司專屬於母公司。換言之，一家保險公司是否爲母公司專屬，不是只依據所有權關係來判斷，也要依據業務比例。

專屬保險的分類基礎相當多。茲就六種主要的分類基礎，說明如後：

第一、依業務範圍分，專屬保險可分爲：(1) **純專屬保險** (Pure Captive Insurance) 與 (2) **開放式專屬保險** (Open or Broad Captive Insurance)，參閱圖 10-17 與圖 10-18。前者全部業務均來自母公司；後者至少 50% 的業務來自母公司。換言之，開放式專屬保險來自一般社會大眾的業務，最多不能超過 50% [26]。此種來自社會大眾的業務，稱之爲非相關業務 (Unrelated Business)。

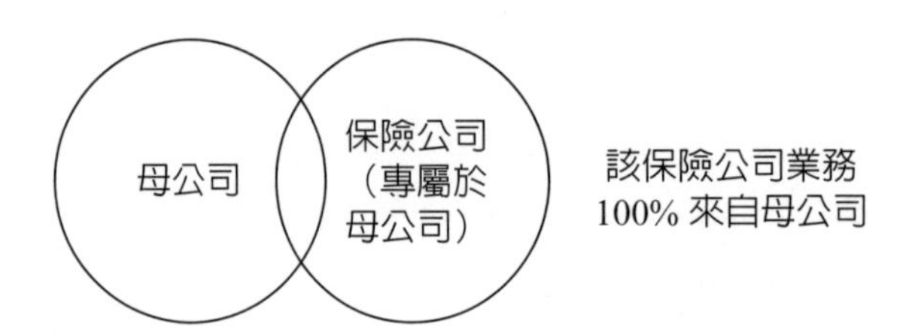

圖 10-17 純專屬保險

[26] 這項比率並未成爲稅法認定的標準。

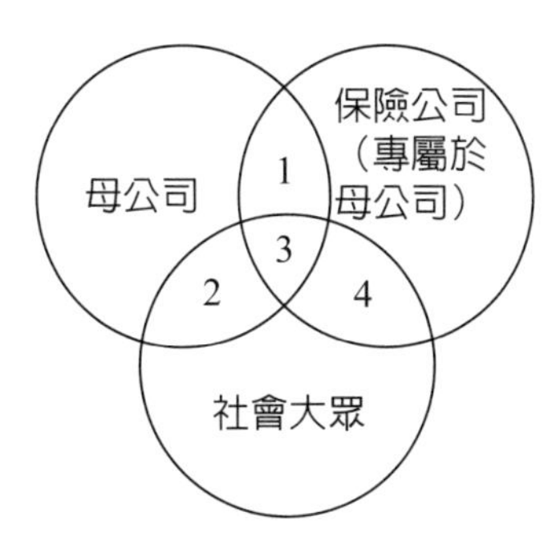

交集 1 為來自母公司的業務至少為 50%，則該保險公司可稱為母公司的專屬保險公司。交集 3 和 4 為保險公司的非相關業務。交集 2 為母公司本業業務。

圖 10-18　開放式專屬保險

純專屬保險是風險承擔的性質，開放式專屬保險則是風險承擔與轉嫁的混合。換言之，開放式專屬保險機制，就母公司立場言，它是風險承擔，但就社會大眾言，它是風險轉嫁。

第二、依贊助者 (Sponsors) 分，專屬保險可分爲：(1) 純專屬保險 (Pure Captive Insurance)；(2) 組合專屬保險 (Association Captive Insurance)；(3) 團體專屬保險 (Group Captive Insurance)；(4) 風險承擔或保險購買團體專屬保險 (Risk Retention/Purchasing Group Captive Insurance)；與 (5) 租借式專屬保險 (RAC: Rent-A-Captive Insurance) 五種。此分類值得留意的有下列幾點：(1) 此分類下的純專屬保險僅指單一母公司的純專屬保險 (Tiller et al., 1988)。前一分類下的純專屬保險則擴大含括了多重母公司的純專屬保險 (Porat, 1987)；(2) 組合專屬保險與團體專屬保險類似，主要差異是贊助者的型態不同；(3) 風險承擔或保險購買團體專屬保險與美國責任風險承擔法案[27](LRRA: Liability Risk Retention Act) 有關；(4) 對不想成立或無法成立專屬保險機制的公司或團體言，透過專屬保險公司優先股合約的安排 (Preference Share Agreement)，也可享有來自專屬保險機制帶來的好處。這種方式稱爲租借式專屬保險，參閱圖 10-19。

租借式專屬保險與客戶間是靠合約約束，效力較弱。另一與租借式專屬保險極爲相近的專屬保險就是**蜂巢式專屬保險** (PCC: Protected Cell Captive Insurance)，也參閱圖 10-19。這 PCC 也是出租使用，不同的是 PCC 與客戶間是以法律條文約束，因而效力強。

27　該法案因產品責任風險與保險危機的問題而產生，沒有該法案前，保險購買團體被禁止成立。

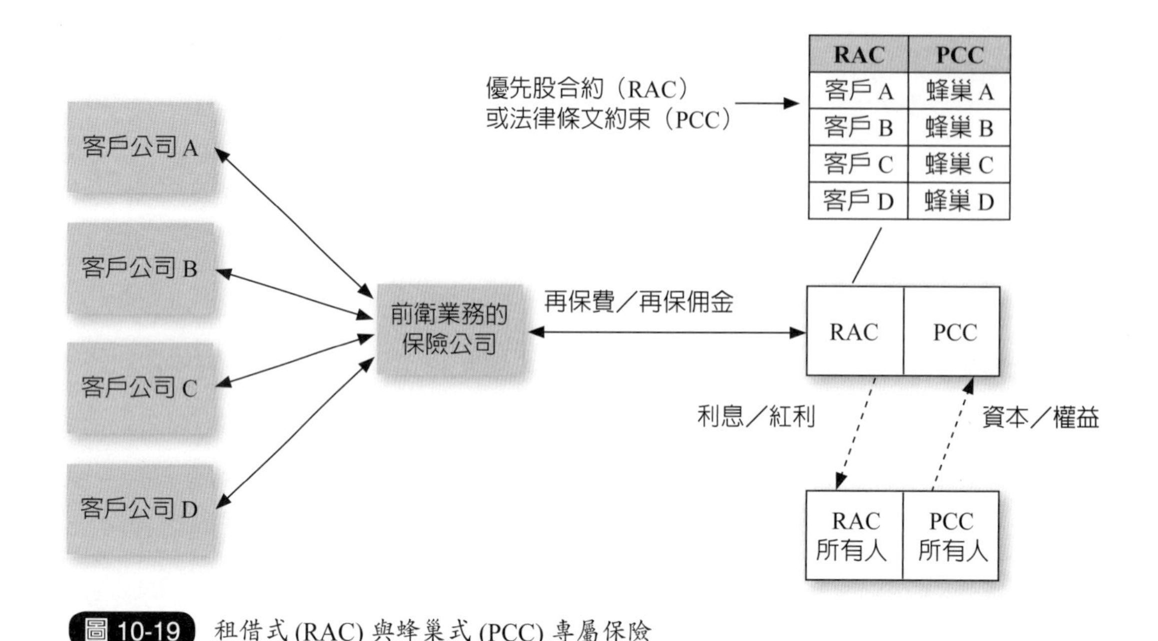

圖 10-19 租借式(RAC)與蜂巢式(PCC)專屬保險

第三、依規模大小分，專屬保險可分爲：(1) 空殼（或紙上）的專屬保險 (Paper or Toy Captive Insurance)；(2) 小規模專屬保險 (Small Scale Captive Insurance)；與 (3) 規模完整的專屬保險 (Full Scale Captive Insurance)。空殼的專屬保險可以是只爲了避稅或資金調度方便而設，並不眞正爲了管理風險，它可以委由律師或會計師事務所或其他管理顧問公司負責，母公司並不派員經營管理。小規模與規模完整的專屬保險是眞正爲了管理風險，其差異只在母公司企圖心的強度與專屬保險公司發展階段的不同。

第四、依所有人的多寡分，專屬保險可分爲：(1) 單一母公司專屬保險 (Single-Parent Captive Insurance)；與 (2) 多重母公司專屬保險 (Multi-Parent Captive Insurance)。原始的專屬保險以後者爲主。

第五、依角色功能分，專屬保險可分爲：(1) 以直接簽單爲主的專屬保險 (Direct-Writing Captive Insurance)；與 (2) 以再保爲主的專屬保險 (Reinsurance Captive Insurance)。後者與所謂的前衛業務[28](Fronting Business) 有關。

第六、依所在國境內外分，專屬保險可分爲：(1) 與母公司同一國境的境內專

[28] 該業務常見於跨國公司保險的安排。跨國公司海外財產由當地保險公司承保後，透過再保轉給跨國公司的專屬保險公司，這種業務被稱爲前衛業務。

屬保險 (Domestic or Onshore Captive Insurance)；以及 (2) 與母公司不同國境的境外專屬保險 (Offshore Captive Insurance)。最後，專屬保險面對未來賦稅與風險基礎資本制度 (RBC: Risk-Based Captial System) 的威脅，慎選專屬保險的類型是設立前，要仔細思考的課題。

3. 有限風險計畫

公司購買傳統定型化保險／再保是可享有資本保障 (Capital Protection) 的好處，但也希望能掌控現金流量，獲得現金流量保障 (Cash Flow Protection)。因此，混合資金融通與保險轉嫁特性的多年期有限風險計畫 (Finite Risk Plans) 乃因應而生。有限風險計畫最早源自 1980 年代的時間與距離保單 (Time and Distance Policy)，產生有限風險計畫背後的概念，也與總報酬交換合約 (TRSs: Total Return Swaps) 極爲雷同。有限風險計畫的主要目的是管理現金流量的時間風險 (Timing Risk)，並非風險轉嫁，除非滿足顯著標準，該計畫才有風險轉嫁的成分，參閱圖 10-20。

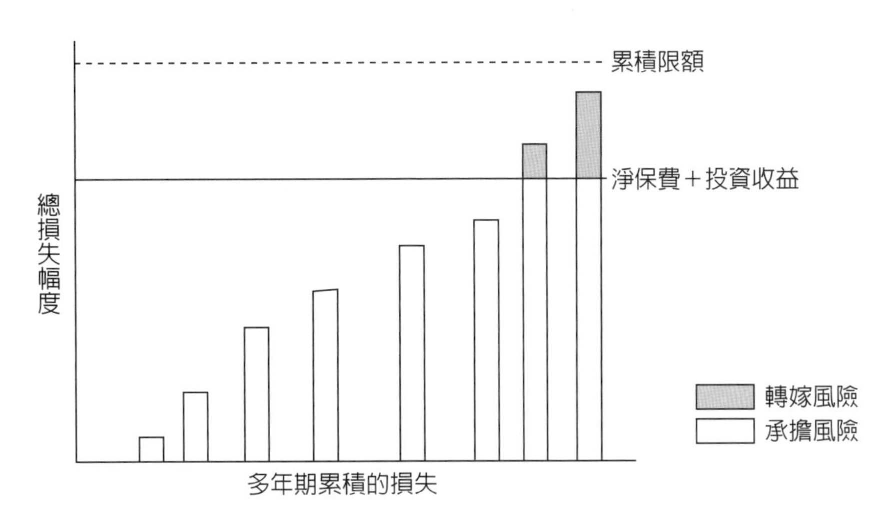

圖 10-20　有限風險計畫的承擔與轉嫁

圖中損失如超過淨保費加上投資收益，在限額範圍內才有轉嫁成分，否則，絕大部分是風險承擔的特性，因其目的不在轉嫁風險。該計畫在原保險的情境又稱爲**財務保險** (Financial Insurance)，在再保險的情境時，就稱**財務再保險** (Financial Reinsurance)。最後，該計畫提供的主要效益有：第一、可穩定現金流量的波動；

第二、可減少負債，增強股東權益，提升舉債或承保能力；第三、降低資金成本，改善財務困境。茲比較傳統保險／再保險與財務保險／再保險間的不同，如表 10-10。

表 10-10 傳統保險／再保險與財務保險／再保險的比較

	傳統再保險	財務再保險
合約期間	一年	一年或多年
承保之風險	保險風險	保險風險或非保險風險
時間介面	僅承受未來責任	承受過去或未來責任
合約內容	標準化條款	量身訂製
再保險人	多個再保險人參與同一合約	僅一再保險人全部負責
訂約目的	移轉風險	移轉風險、減緩核保循環及改善財務結構等
再保費計算	依承保風險而定	承擔風險加上投資收益
合約性質	傳統再保險合約	傳統再保險與自我保險之混合運用

4. 多重啟動保險

多重啟動保險 (Multiple Trigger Insurance) 是變種保險，既不同於多重事故保單 (Multiple Peril Policy)，也不同於傳統單一啟動保單 (Single Trigger Policy)。多重事故保單意即保單承保多種事故，只要其中一種保險事故發生，保險人就要啟動賠償，它也是屬於單一啟動保單。例如：臺灣的住宅綜合火災保單就是。但多重啟動保險是要這些承保事故都發生，且達啟動門檻，保險人才要負責，參閱圖 10-21。

圖中顯示某電廠失火引起電力供應短缺，電價引發波動，達每小時瓦特超過 65 元的事先約定門檻，那麼保險人要啟動賠償，這是雙重啟動保險，且這張保單含括了火災危害風險與電價波動的財務風險。這種保險通常保費較便宜，因考慮的是條件機率。

其次，類似這種保單當然理論上就可有三重啟動、四種啟動等多種保單。這種變種保險通常是多年期保險，而且其啟動方式，每年續保時可作變更，通常至少有兩種不同的啟動方式，供投保人選擇 (Banks, 2004)：第一種稱作固定型啟動方式 (Fixed Trigger)，就是將啟動賠償的事故，事先決定不得變動；第二種稱作變動型啟動方式 (Variable Trigger)，就是事故與啟動門檻連動關係決定是否賠償。例如：前例中，失火牽動電價波動達約定門檻就需賠償。

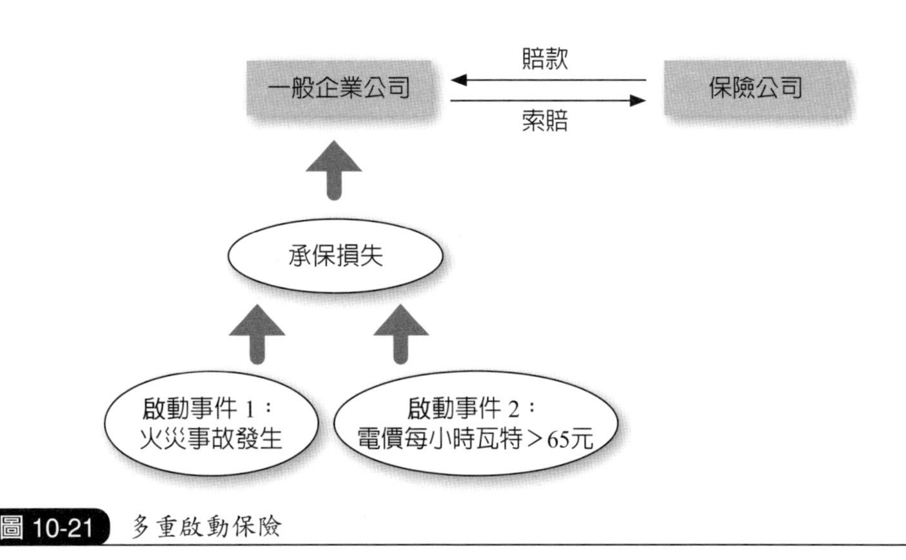

圖 10-21　多重啟動保險

(六) 資本市場——產險證券化商品

1. 巨災債券

巨災債券 (CAT Bond: Catastrophe Bond) 是指債券發行後，未來債券本金（Principal）及債息 (Coupon）的償還與否，完全視巨災損失發生的情況而定。換言之，也就是買賣雙方透過資本市場債券發行的方式，一方支付債券本金作爲債券發行之承購，另一方則約定按期支付高額的債息予另一方，並依未來巨災發生與否作爲後續付息及期末債券清償與否的依據。其次，臺灣針對地震巨災發行過 1 億美元的巨災債券，其初期風險層次的安排架構，參閱圖 10-22。

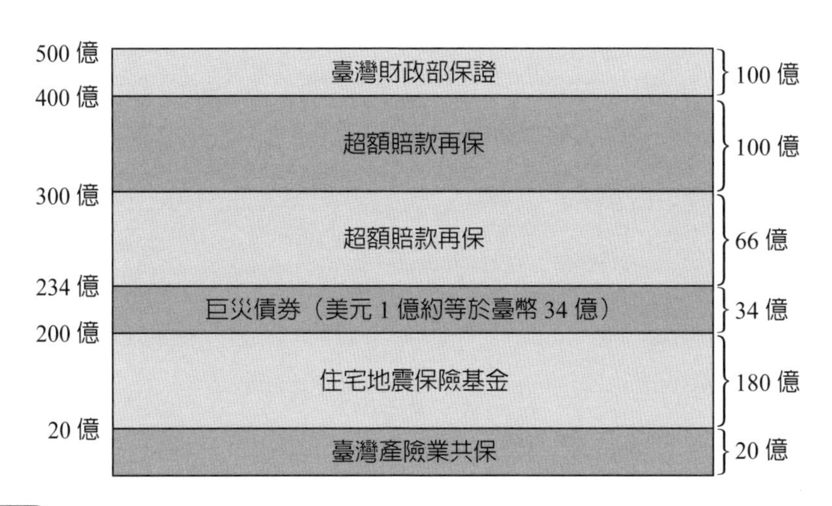

圖 10-22　臺灣初期地震巨災安排架構

從圖中清楚得知，針對這項巨災初期由臺灣住宅地震保險基金、產險同業、傳統再保險、巨災債券、與政府共同分層承擔地震巨災的賠付，以保障民眾財務安全。

最後，巨災債券通常有兩種：一為本金保證償還型（Principal Protected）；另一為本金沒收型（Principal at Risk）。前者約定期間內，不論有無巨災損失發生，都必須償還債券本金予投資者；後者當巨災損失額度超過債券所約定的門檻額度時，所超過的巨災損失直接從本金中扣除以賠付 SPV，直到債券本金賠付巨災損失殆盡。巨災債券有其優缺點，其優點，例如：基差風險低且無信用風險等，其缺點，例如：交易成本太高等。

2. 巨災選擇權

巨災選擇權 (Cat Option: Catastrophe Option) 是保險衍生品，通常可在集中或臨櫃市場交易，無須藉助 SPV 機制，但可能需要的是百慕達轉換機制。茲以美國芝加哥期貨交易所 (CBOT: Chicago Board of Trade) 的巨災選擇權（簡稱 PCS CAT Options），擇要說明。PCS Option 係以美國產險理賠服務公司 (PCS: Property Claim Services) 所採用的巨災損失指數（PCS Index）為其交易之標的。巨災損失指數是以美國各地理區內，每季或每年已發生巨災損失[29]總額除以 1 億美元而得，該指數價值，每點是美元 200 元。換言之，交易標的物價值是：$200×（每季或每年已發生巨災損失總額 / 1 億美元）。

其次，PCS 之商品型態可分為 Call/Put、Small Cap 以及 Large Cap 等。目前較為常見的是 Small Cap 與 Large Cap。所謂 Small Cap 與 Large Cap，基本上就是一種價差交易 (Call Spread)。根據巨災損失幅度大小之不同有所區分。Small Cap 是指 PCS Index 的價差在 0-200 之間，也就是巨災損失在 0-200 億美元之間，而 Large Cap 則是指 PCS Index 的價差在 200-500 之間，也就是巨災損失在 200-500 億美元之間。此外，PCS Option 又依交易月分以及損失延展期間之不同，而有不同的型態。

最後，保險衍生品除巨災選擇權外，還有非巨災的保險衍生品。例如：芝加哥商品交易所 (CME: Chicago Mercantile Exchange) 推出的高溫氣候期貨與選擇權 (HDD: Heating Degree Day Futures and Options) 與低溫氣候期貨與選擇權 (CDD: Cooling Degree Day Futures and Options) 等 (Banks, 2004)。

[29] 在1997年以前巨災損失的定義是指500萬美元以上的可保損失，但在1998年後巨災損失的定義則以2,500萬美元以上的可保損失為之。

(七) 資本市場——壽險證券化商品

壽險證券化商品 (Life ILS) 可分三類 (McKie, 2009)：第一類是災難性死亡[30]債券 (Catastrophe Mortality Bond) 與長壽風險 (Longevity Risk)[31]生存債券及衍生品。例如：歐洲投資銀行 (EIB: European Investment Bank) 發行的生存債券、瑞士再保險公司 (Swiss Re) 透過其設立的 Vita Capital 特殊目的機制發行的死亡（或生存）債券、AXA[32]透過其設立的 OSIRIS Capital 特殊目的機制發行的死亡（或生存）債券與生死衍生品（例如：q[33]-Forward, S[34]-Forward, S-Swap）等；第二類是壽險公司隱含價值[35](EV: Embedded Value) 證券化商品。例如：Swiss Re 透過 ALPS Capital 特殊目的機制發行的商品等；第三類是爲使壽險準備金投資更具效能的金融交易 (Financing Transactions) 商品，這類商品目的不在分散保險風險[36](Insurance Risk)。這三類證券化商品也均是由保險業或投資銀行或退休基金，透過特殊目的機制發行。其中較直接連動分散一般企業公司風險的商品，是第一類商品。

茲以 Swiss Re Vita 生存債券發行爲例，擇要說明其內容。Swiss Re 在 2003 年 12 月，透過 Vita 特殊目的機制發行了面值 400 m（「m」表示百萬元）的死亡債券，到期日 2007 年 1 月 1 日。投資人收到的息票利率爲三個月美元 LIBOR 加風險利差 (Risk Spread)。投資人的本金返還依賴死亡率指數的變動，當實際死亡率指數低於約定死亡率指數的 130% 時，本金全部返還。當高於約定死亡率指數的 130% 時，本金按比例返還，但當實際死亡率指數高於約定死亡率指數的 150% 時，本金返還爲零。特殊目的機制是 Vita Capital Limited，該公司將債券發行所得本金 400m，

---

[30] 重大傳染病在同時間會造成大量人們死亡是爲災難性死亡事件。例如：過去黑死病的流行或近期的H1N1或SARS等。

[31] 二十一世紀是老年人的世紀，目前臺灣正處於加速邁入超級老人社會的階段。根據聯合國世界衛生組織定義：65歲以上人口占整個社會人口超過7%就是高齡化社會，當老年人口更進一步超過14%時就邁進老化型的高齡化社會，也就是超級老人社會。依此定義，臺灣在1993年即成爲高齡化社會。其次，從扶養比與老化指數來看，少子化使得臺灣人口老年化的速度堪稱世界第一，不到十年臺灣即跨入超級老人社會，也就是超高齡社會。實際壽命超過平均壽命時，即面臨長壽風險。

[32] AXA是國際著名的保險業者，它是ILS商品的先驅，發行過AURA RE(2005)、OSIRIS(2006)、與SPARC EUROPE(2007)等商品。

[33] 「q」表死亡率。

[34] 「S」表生存者(Survior)。

[35] 壽險公司價值的隱含價值，計算式是：調整後資產淨值＋有效契約價值－符合資本適足率所要求的金額，參閱本書第三章。

[36] 保險風險是保險業獨特風險。

投資於高級債券並進行利率交換。該公司的收支均與 Swiss Re 的資產負債表分離，從而降低了信用風險。最後，壽險證券化商品基本的想法、發行過程與架構，均與產險證券化商品雷同，不同的是商品計價考慮死亡率指數與災難性死亡風險模型 (Modelling Catastrophic Mortality)[37] 的建構。

(八) ART市場展望

1. 保險、衍生品與ILS商品的比較

雖然證券化商品由金融保險機構利用特殊目的機制發行，但一般企業公司在作風險分散安排時，ART 市場的這類商品對其是重要的風險轉嫁手段。也因此，這類商品與傳統商品在基差風險與財務安全的特性 (Berthelsen et al., 2006) 方面，公司 CRO 就應特別留意。茲就傳統保險、衍生品、與 ILS 商品比較，如圖 10-23。

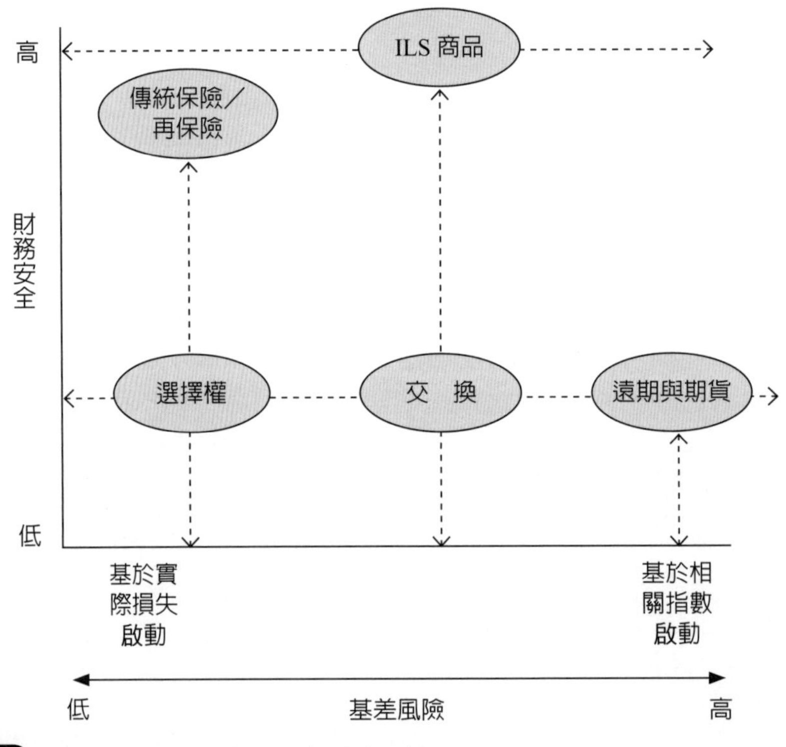

圖 10-23 保險、衍生品、與 ILS 商品的比較

37 此模型的建構，可詳閱Schreiber (2009). Life securitization: Risk modeling. In: Barrieu, P. and Albertini, L. ed. *The handbook of insurance-linked securities*. pp. 213-217. Chichester: John Wiley & Sons.

很顯然，傳統保險的財務安全高且基差風險低。各類傳統衍生品在財務安全上，則均相對偏低，基差風險則有高、有低，端視其啟動基礎是依實際損失抑或是依相關指數而定。最後，ILS 商品的財務安全性，一般均有多重安全防護機制，反而顯現得高，但其基差風險則屬中度風險。

2. ART市場的障礙

ART 市場的未來性將受制於誘因與障礙兩項因子。誘因部分參閱本章前述，至於障礙部分 (Banks, 2004)，主要包括：(1) 公司組織過於複雜，無法有效整合；(2) ART 教育訓練困難；(3)ART 商品計價難度高；(4) 風險能量難擴張；(5)ART 商品條款差異大。這五項因子未來如無法克服將阻礙未來的發展，雖然 ART 市場的機制與商品可降低道德危險因素，可擴大風險承擔，也能替代傳統融資商品以及可降低保險循環的不利衝擊。

十一、資產負債管理

資產負債管理是風險管理的特殊支流，性質屬於風險融資。它是以管理利率風險與流動性風險爲主的特殊管理，且常見於金融保險業風險管理領域。這主要是因爲金融保險業是風險中介行業，承擔客戶風險，其負債性質不同於非金融保險業，且其資產以財務資產居多，也因此金融保險業的資產負債對利率波動特別敏感。例如：利率下跌，保險業資產價值上升，同時負債價值也上升，如果資產負債變化幅度不同，保險公司淨值就會產生變化（保險公司資產負債管理，進一步參閱第十六章）。這點與非金融保險業的資產負債性質不同，非金融保險業的資產多爲實質資產，負債性質爲應付帳款，這負債有別於銀行的存款準備金與保險業的責任準備金。

本章小結

保險制度是人類最偉大的發明，也是最神聖的制度。互助與個人隱善的美德透過保險制度發揮到極致。保險的存在不只是因有各類風險，人類需要它更因它有助於整體國家社會與國際的經濟發展。它永遠爲人類安全的需求存在，現代風險更複雜與多元，因此更需創新與變種的保險商品。其次，基本衍生性商品非新商品，其起源甚早。例如：極早期在十七世紀時，荷蘭就有鬱金香選擇權 (Bernstein,

1996)。近年來，拜財經科技之賜，尤其在財務工程學 (Financial Engineering) 領域，使得創新或變種衍生品蓬勃發展，但吾人需留意的是越複雜的商品，可能商品本身就隱藏極大風險。公司管理風險上，對越不了解的商品，最好不考慮。最後，ART 市場中，風險分散機制與商品極為多元，性質上，有些偏風險轉嫁、有些偏風險承擔、有些在保險市場、有些在資本市場。

思考與計算題

1. 想想保險的大數法則，多少才算「大數」？（可請教統計學老師）還有想想看，有沒有小數法則(The Law of Small Numbers)？
2. 有人說，公司股本可看成資產的買入買權，債務可看成賣出賣權。思考一下，依選擇權理論，此話怎說？
3. 如果你（妳）是公司CRO，你（妳）認爲目前在臺灣，哪些ART商品可作爲分散風險之用？
4. 上網探求一下，爲何CDS會引發2008-2009年金融海嘯？
5. 臺灣有不少金控集團，旗下大都有保險公司，請思考一下這保險公司，是否爲該集團的專屬保險公司？爲何？
6. 甲、乙兩家不同的保險公司合併。甲擁有10,000張同質獨立火險保單，預期值 = \$300；標準差 = \$500；每兩張保單的相關係數 = 0.1。同時，甲也擁有20,000張同質獨立汽車保單，預期值 = \$500；標準差 = \$500；每兩張保單的相關係數 = 0.2。乙擁有20,000張同質獨立責任保單，預期值 = \$200；標準差 = \$300；每兩張保單的相關係數 = 0.05。汽車保單與責任保單相關係數0.1；火災保單與責任保單間，互爲獨立。請計算甲、乙兩家合併後的預期值與標準差？（利用組合理論思考）。

參考文獻

1. 王馨逸（2006/07/15）。〈保險業如何面對外匯風險〉。*《風險與保險雜誌》*，No. 10，pp. 30-34。臺北：中央再保險公司
2. 李麗（1993）。*《外匯投資理財與風險：外匯操作的理論與實務》*。臺北：三民書局。

3. 廖四郎與王昭文（2005）。*《期貨與選擇權：策略型交易與套利實務》*。臺北：新陸書局。
4. 陽肇昌（1968）。*《保險論叢》*。自行出版。
5. 唐明曦與卓俊雄（2008/04）。〈論再保險契約中保險危險移轉顯著性之檢測〉。*《朝陽商管評論》*，第七卷，第二期，pp. 1-25。
6. 蔡明憲等（2005/05）。〈人壽保險費率分析——從選擇權理論觀點〉。*《風險管理學報》*。第2卷，第一期，pp. 1-24。
7. Banks, E. (2004). *Alternative risk transfer: Integrated risk management through insurance, reinsurance, and the capital markets.* Chichester: John Wiley & Sons Ltd.
8. Bawcutt, P. A. (1991). *Captive insurance companies: Establishment, operation and management.* Cambridge: Woodhead-Faulkner.
9. Bernstein, P. L. (1996). *Against the Gods: The remarkable story of risk*. New York: John Wiley & Sons, Inc.
10. Berthelsen, R. G. et al. (2006). *Risk financing.* Pennsylvania: IIA.
11. Black, F. and Scholes, M. (1973). The pricing of options and corporate liabilities. *Journal of political economy*, *81*. No. 3. pp. 637.
12. Chew, L. (1996). *Managing derivative risks: The use and abuse of leverage.* New York: John Wiley & Sons, Inc.
13. Dorfman, M. S. (1978). *Introduction to insurance*. NJ: Prentice-Hall.
14. D'Arcy, S. P. (1994). The dark side of insurance. In: Gustavson, S. G. and Harrington, S. E. ed. *Insurance, risk management, and public policy: Essays in memory of Robert I. Mehr.* London: Kluwer Academic Publishers.
15. Davis, J. V. (1983). Controlling cash flow-how and when to pay for losses. In: IIA, *Readings on risk financing*. pp. 227-232. Pennsylvania: IIA.
16. Doherty, N. A. (1985). *Corporate risk management: A financial exposition.* New York: McGraw-Hill Book Company.
17. Doherty, N. A. (2000). *Integrated risk management: Techniques and strategies for managing corporate risk.* New York: McGraw-Hill Book Company.
18. Dowding, T. (1997). *Global developments in captive insurance*. London: FT Financial Publishing.
19. Marshall, C. (2001). *Measuring and managing operational risks in financial institutions: Tools, techniques and other resource*s. NJ: John Wiley & Sons.
20. Mckie, A. (2009). A cedant's perspective on life securitization. In: Barrieu, P. and Albertini, L. ed. *The handbook of insurance-linked securities*. pp. 191-198. Chichester: John Wiley & Sons.

21. Mehr, R. I. and Cammack, E. (1980). *Principles of insurance*. Illinois: Richard D. Irwin, Inc.
22. Neuhaus, W. (2004). Alternative risk transfer. In: Teugels, J. L. and Sundt, B. ed. *Encyclopedia of actuarial science.* Vol. 1. pp. 54-60. Chichester: John Wiley & Sons Ltd.
23. Porat, M. M. (1987). Captive insurance industry cycles and the future. *CPCU Journal.* pp. 39-45. March, 1987.
24. Ray, C. (2010). *Extreme risk management: Revolutionary approaches to evaluating and measuring risk.* New York: McGraw-Hill.
25. Smithson, C. W. et al. (1995). *Managing financial risk: A guide to derivative products, financial engineering, and value maximization.* London: Irwin Professional Publishing.
26. Schreiber, S. (2009). Life securitization: Risk modeling. In: Barrieu, P. and Albertini, L. ed. *The handbook of insurance-linked securities.* pp. 213-217. Chichester: John Wiley & Sons.
27. Skipper, Jr. H. D. (1998). *International risk and insurance: An environmental-managerial approach.* New York: Irwin/McGraw-Hill.
28. Smith, J. B. and Pearce, A. M. (1985). *Practical self-insurance: An executive guide to self-insurance for business.* San Francisco: Risk Management Press.
29. Sutcliffe, Esq (2001). *E-Commerce insurance and risk management-E-Commerce and Internet risks, laws, loss control, and insurance.* Boston: Standard Publishung Corporation.
30. Swiss Re (1999). *ART for corporations: A passing fashing or risk management for the 21st century?* Zurich: Swiss Re Sigma Research.
31. Tiller, M. W. et al. (1988). *Essentials of risk financing.* Vol. 1. Pennsylvania: IIA.
32. Waligore, H. J. (1976). Evolution of insurance accounting. In: Strain, R. W. ed. *Property-liability insurance accounting.* California: The Merritt Company.

第 **11** 章

風險管理的實施（七）——應對風險(III)

讀完本章可學到什麼？

1. 真實選擇權的戰略投資決策過程。
2. 如何做實體安全設備的投資決策。
3. 如何以公式檢測是否購買保險，以及安排保險該注意的原則。
4. 認識決定承擔水準的經驗法則，以及衍生品避險的過程。
5. 了解各類型應對風險工具混合型的決策議題。

前列兩章分別說明了各類應對風險的工具，然而，選擇應對風險工具的過程中，會涉及許多決策問題。對這些決策問題的解決，除須奠基在一定的決策理論基礎外，就須運用一些決策分析工具（例如：資本預算術、決策樹分析、成本效益分析等）。本章首先概略介紹這些決策理論，其次說明相關決策。這些相關決策過程中，如只涉及同類型應對風險工具的，就稱爲個別型決策 (Single Type Decision)。例如：只涉及保險融資，或只涉及風險控制等。而會涉及需混合好幾類型風險應對工具的，就稱爲組合型決策 (Composite Type Decision)。此外，風險管理決策亦可分投資決策 (Investment Decision) 與財務決策 (Financial Decision) 兩大類。根據財務理論，在沒有交易成本情況下，只有投資決策可以增進公司價値，但眞實世界裡存在交易成本，因此，財務決策同等重要。

一、決策的基礎理論

決策可分確定情況下的決策、風險情況下決策、與不確定情況下的決策。本章所言的決策，只包括確定情況下的決策與風險情況下決策。換言之，只包括客觀不確定下的決策與主觀不確定下的決策。蓋因，前所指的確定情況下的決策是指事件發生機率與其後果均資訊充分且清楚下的決策，例如：買彩券的決策。如以不確定層次區分（參閱第二章），它就是客觀不確定下的決策。而風險情況下決策是指事件發生機率與其後果，有相關資訊但不充分且不那麼清楚下的決策，例如：是否購買保險的決策。如以不確定層次區分，它就是主觀不確定下的決策。至於前所指的不確定情況下的決策則非風險管理的範圍，蓋因，以不確定層次區分，它是指混沌未明的不確定。

其次，任何決策總奠基在某種基礎理論上。決策的基礎理論則主要聚焦在最後決策者「應如何作」與「實際上又如何作」的決策行爲上。基本上，決策理論分爲兩大類：第一類是決策的規範性理論 (Normative Theory)。這類理論以理性 (Rationality) 假設爲前提，以人們「應該如何」作決策爲議題，屬於這類理論的，包括作個人決策的效用理論 (Utility Theory) 以及作團體／社會決策的賽局理論 (Game Theory) 與社會選擇理論 (Social Choice Theory)；第二類是描述性理論 (Descriptive Theory)。這類理論以有限理性 (Bounded Rationality) 假設爲前提，而以人們「實際上又如何」作決策爲議題。有限理性概念存在部分感性，屬於這類理論的，包括作個人決策的前景／展望理論 (Prospect Theory) 與滿意法則 (Satisficing Principle) 以及作團體／社會決策的社會心理理論 (Social Psychology Theory)。本章限於篇幅，後面所言的決策問題主要奠基在個人決策的規範性理論，至於團體決策（可參閱第十五章）、描述性理論、與另類理論（例如：風險均衡理論等）可參閱拙著《風險心理學》第四章。

二、戰略層投資決策——眞實選擇權

採用眞實選擇權 (Real Option) 作戰略投資決策，比只用傳統投資決策分析工具，例如：現金流量折現法 (DCF: Discounted Cash Flow)、敏感度分析 (Sensitivity Analysis)、情境分析 (Scenario Analysis) 等，更可增加公司戰略投資決策的彈性。運用眞實選擇權作戰略投資決策工具時，其具體執行的詳細過程可使用蒙 (Mun, J.) 的風險模擬 (Risk Simulator) 軟體[1]。此處，僅簡要說明其決策過程如下 (Mun, 2006)：

第一、質化檢視哪些戰略在未來値得進行 (Qualitative Management Screening)：在追求公司願景與目標 (MGO: Mission, Goals and Objectives) 的情況下，檢視哪些戰略在未來値得進行。例如：可能有甲、乙、丙、丁等四項戰略經初步的檢視在未來値得進行。

第二、進行時間序列與迴歸預測 (Time-Series and Regression Forecasting)：針對通過第一步驟的每一專案戰略未來可能產生的成本與收入，利用歷史數據進行時間序列與迴歸預測，或搭配質化判斷法預測。例如：達爾菲法 (Delphi Method)。

第三、基礎專案淨現值分析 (Base Case Net Present Value Analysis)：將完成前兩項步驟的專案戰略當作基礎的專案 (Base Case)，使用靜態的現金流量折現法，檢測這些專案戰略的淨現值，這過程還需經由以基礎專案爲對照組的敏感度分析、情境分析、與龍捲風[2]的圖形 (Tornado Diagram) 分析，揀選出能驅動未來戰略成功的關鍵因子 (Critical Success Drivers)。

第四、進行蒙地卡羅模擬 (Monte Carlo Simulation)：將第三步揀選出的驅動未

---

[1] 該軟體均附於Mun, J. (2006). *Real options analysis: Tools and techniques for valuing strategic investments and decisions.* John Wiley & Sons, Inc.一書中的CD-ROM。

[2] 所謂龍捲風是因在作DCF敏感度分析時，因不同折現率，與未來策略專案每年可能的成本與收入的變化，會造成每年淨現值有波動的上限與下限，將下限區段置左、上限區段置右，依每年上下限間的間距大小，小的置下、大的置上，劃出的圖形像龍捲風，故得名。

來戰略成功的關鍵因子，投入動態的蒙地卡羅模擬，找出這些關鍵因子的相關性，使分析更接近未來眞實的情況。

第五、構思眞實選擇的問題 (Real Options Problem Framing)：經由前四項步驟後，每一專案戰略成功的景象會越明顯，此時即可開始以決策樹分析法，構思各種可選擇的戰略機會。這些選擇可包括擴張策略、延後策略、放棄策略或轉換策略等。

第六、眞實選擇權模型化與分析 (Real Options Modelling and Analysis)：透過蒙地卡羅模擬計算分析眞實選擇權的價值。

第七、組合與資源的適切性 (Portfolio and Resource Optimization)：在既有預算限制下，尋求風險與報酬間，最佳的戰略投資組合。

第八、報告與更新分析 (Reporting and Update Analysis)：最後，產生報告表作判斷與決策。同時，隨著戰略環境的變動，重新更替資訊，重新進行每一步驟的分析與調整。

綜合以上，眞實選擇權的決策過程，由於更具彈性，戰略投資的風險與報酬比只用傳統現金流量折現法的風險與報酬更顯得有利，參閱圖 11-1。

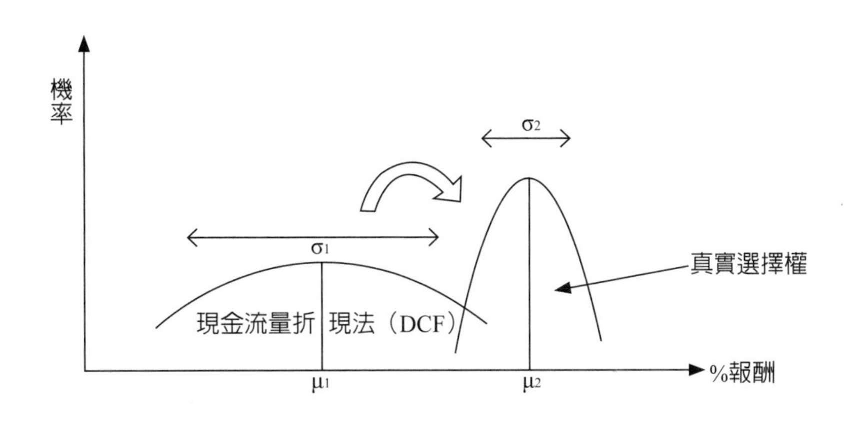

圖 11-1　風險與報酬的比較——眞實選擇權與 DCF

三、經營層投資決策——實體安全設備

(一) 替換搖拌桶的投資決策——資本預算術

投資購置實體安全設備對風險的控制，是會直接改變風險分配的預期值與標準差（參閱第九章）。依會計的觀點，實體安全設備的投資，是屬於投資性的資本支出，而非消耗性的收益支出。是故，傳統資本預算術 (Capital Budgeting Technique) 決策工具（Baranoff et al., 2005；謝劍平，2002）適合實體安全設備的投資決策。

茲舉一例說明如後。假設某一公司用 A 和 B 兩種化學原料混合製造一種工業用清潔劑。嗣後，根據工業安全師的檢驗發現，當員工將化學原料 A，倒入 B 原料的桶子混合搖拌時，A 原料會因濃度關係，散發出有害人體的氣味。公司風險管理人員對此，提出兩種建議方案：第一方案，以 X 原料替代 A 原料，但需購買新式搖拌桶，如此始能適合 X 原料；第二方案，命令員工操作時，帶上防護罩避免吸入毒氣，並且在原搖拌桶中，加裝毒氣過濾裝置降低吸入機會。上述兩種方案，何者有利？

其次，第一方案中，購置新式搖拌桶需花 5,000 元，購入 X 原料每年需另花費 500 元的維護費。該案預期的效益是，可使員工年平均傷害損失從 2,000 元降為零。第二方案中，加裝毒氣過濾裝置需花費 7,500 元，且需另花 200 元購買防護罩，防護罩每年的維護費需 300 元。該案的預期效益與第一方案相同。此外，第一方案中的新式搖拌桶使用壽命十年，第二方案中的毒氣過濾裝置及防護罩使用壽命亦各為十年。

假設稅率為 50%，採用傳統資本預算中的內部報酬率法 (IRR: Internal Rate of Return) 計算。內部報酬率法公式為：∑〔每年稅後淨現金流量 /（1 + 內部報酬率）〕= 原始投資額。表 11-1 顯示，第一方案現值因子「5」，低於第二方案現值因子「6.23」。藉由插補法計算，顯然，可以得知第一方案的 IRR 勢必高於第二方案的 IRR。是故，選擇第一方案較為有利。

最後，須留意，傳統資本預算決策法通常不考慮投資計畫涉及的風險因子。此外，傳統資本預算決策法除使用內部報酬率法外，還本期限法 (Payback Period Approach) 與淨現值法 (NPV: Net Present Value Approach) 也是常見的方法。其中，淨現值法特別值得留意，NPV = ∑〔每年稅後淨現金流量 /（1 + 折現率）〕– 原始投資額。淨現值高於零，表值得投資，而在做不同方案比較時，則淨現值越高越

表 11-1　內部報酬率法

項　目	第一方案		第二方案	
因素：				
投資支出	5000 元		7700 元	
壽　命	10 年		10 年	
殘　值	0		0	
稅　率	50%		50%	
淨現金流量分析：				
預期現金流入		2000 元		2000 元
減：維護費		500 元		300 元
稅前 NCF		1500 元		1700 元
減：稅負				
稅前 NCF	1500 元		1700 元	
折舊	500 元		770 元	
可稅所得	1000 元		930 元	
所得稅（50%）		500 元		465 元
稅後 NCF		1000 元		1235 元
	∵5000/1000＝5 IRR 較大		∵7700/1235＝6.23 IRR 較小	

有利。前列 NPV 計算公式中的折現率，是指加權平均資金成本 (WACC: Weighted Average Cost of Capital)，而 NPV 考慮的是，投資計畫的現金總流量 (Total Cash Flow)，而不是現金流量的增量。其次，採用 WACC 爲折現率無法適當反映投資計畫的風險。是故，調整現值法 (APV: Adjusted Present Value) 乃因應而生。APV 法考慮投資計畫涉及的不同風險，並加以調整，而較佳的調整方式是，針對非系統風險 (Unsystematic Risk) 以調整現金流量處理，對系統風險 (Systematic Risk) 則調整折現率。尤其公司作海外實體安全設備投資時，調整現值法是值得正視的新方法（李文瑞等，2000）。

(二) 自動灑水系統的投資決策——決策樹分析

決策樹 (Decision Trees) 是最古老的決策工具之一。基本上，它以期望值最大化爲決策標準，是依時間順序作思考邏輯的決策分析。決策樹有三種類型 (Smith and Thwaites, 2008)：一爲常態形狀樹 (Normal Form Tree)；二爲因果樹 (Causal

Tree)；三為動態規劃樹 (Dynamic Programming Tree)。此處，說明常見的動態規劃樹。動態規劃樹由四方形的決策結點 (Decision Node) 與圓形的機會結點 (Chance Node) 繪製而成。由於其形如樹，故稱決策樹。

設想風險管理人員正考慮，要不要裝置自動灑水系統而猶豫不決。如裝置自動灑水系統需花費 2 萬。同時，風險管理人員分析可能發生的結果有三種：第一、就是不發生火災；第二、是發生火災且自動灑水系統完全發揮功能，那麼遭受的損失只有 2 萬；第三、是發生火災但自動灑水系統沒有完全發揮功能，那麼遭受的損失就會有 8 萬。相反的，如果不安裝自動灑水系統，其可能發生的結果只有兩種：第一、就是不發生火災；第二、是發生火災損失 8 萬。其次，風險管理人員還要評估，每種結果可能發生的機率。這時風險管理人員就可畫出簡單的決策樹，如圖 11-2。

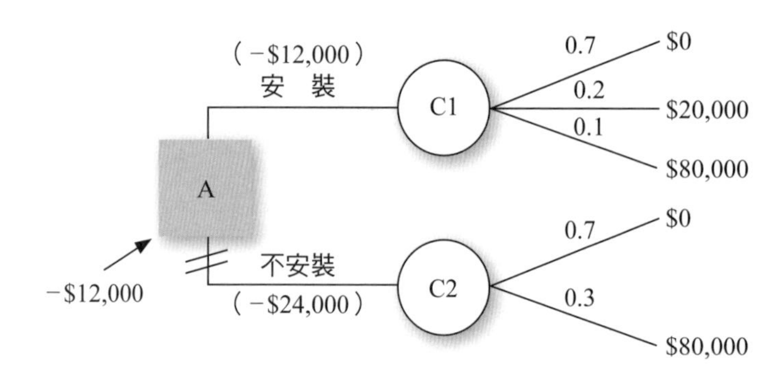

圖 11-2　決策樹

根據圖 11-2 分別計算每種結果期望值的大小，並以反推 (Rollback) 方式決定最佳結果。在機會結點 C1 的期望值總計是負 12,000，在機會結點 C2 的期望值總計是負 24,000。因此，風險管理人員的決策是安裝自動灑水系統。

(三) 損失控制專案的投資決策——成本效益分析

假設某公司要進行損失控制的五年專案投資，改善公司風險分配的情況。原始投資額是 $55,000，以後每年維護成本 $5,000，該專案實施後的第二年開始，就可每年減少意外損失成本 $20,000。茲運用成本效益分析 (CBA: Cost-Benefit Analysis) (Downing, 1984; Fone and Young, 2000)，分別以無風險年利率 5% 與年市場報酬率 16.5% 計算淨現值，如表 11-2 與表 11-3。

表 11-2　成本效益分析（無風險年利率 5%）

年度底	原始投資	效益	維護成本	成本與效益間的差額	折現因子	淨現值
0	55,000			(55,000)	1.00	(55,000)
1			5,000	(5,000)	0.95	(4,750)
2		20,000	5,000	15,000	0.91	13,650
3		20,000	5,000	15,000	0.86	12,900
4		20,000	5,000	15,000	0.82	12,300
5		20,000	5,000	15,000	0.78	11,700

表 11-3　成本效益分析（年市場報酬率 16.5%）

年度底	原始投資	效益	維護成本	成本與效益間的差額	折現因子	淨現值
0	55,000			(55,000)	1.00	(55,000)
1			5,000	(5,000)	0.86	(4,300)
2		20,000	5,000	15,000	0.74	11,100
3		20,000	5,000	15,000	0.63	9,450
4		20,000	5,000	15,000	0.54	8,100
5		20,000	5,000	15,000	0.47	7,050

上兩張表，雖然採用不同的折現率，但淨現值結果均是正値，但表 11-2 的 NPV 較大。從計算過程中，可清楚知道，採用不同的折現率對結果會有影響。因此，運用 CBA 作決策時，採用何種折現率甚爲重要。另外，關於成本與效益要包括哪些項目，就是個問題。本例由於簡單明確，故沒問題，但遇到更複雜的環境風險問題時，成本與效益包括哪些，就可能引發高度爭議 (Downing, 1984)。

(四) 損失後的再投資決策

公司價值極大化爲風險管理的目標，前已提及。權益市値損失是評估意外損失對公司價值影響的最佳方法。意外損失發生將影響公司生產規模。假如，損失前生產規模符合價值極大化目標的要求，損失後是否再投資，使公司生產規模恢復損失前的水準。在完全市場的情況下，則依報酬率是否超過資金成本而定。實際上，損失後是否再投資，尚需考慮營業中斷期間的長短、財產的殘餘價值、與處理成本等的影響。理論上，有一簡單的值可供參考，這個值稱爲托賓 (Tobin, J.) 值，以符號「q」表示。托賓的 q 值 (Tobin, 1969) 是公司價值與資產重置價值 (Replacement Value of Assets) 的比例。托賓值如高於或等於一，損失後可進行再投資。否則，應放棄。然而，公司托賓值低於一，是很平常的。放棄再投資似乎與風險管理中，損失後繼續營業目標的要求有所抵觸。是故，托賓值當作再投資的決策標準並非沒有爭議 (Doherty, 1985)。

四、經營層財務決策——保險融資

(一) 保險融資決策的基本考量

保險賠款可提供損失後再投資的資金來源。同時，保險亦有穩定公司未來收益來源的功效。是故，保險的購買是重要的融資決策之一。購買保險旨在轉嫁風險，公司在決定購買保險與否間，須考慮三個基本因素：第一個因素是保險費率。此點需依費率結構項目分別考慮。首先，需考慮純保費部分。公司規模如果夠大，例如：跨國公司，損失資料夠充分，計得的損失期望值，如果低於純保費，此時，可傾向不買保險。其次，需考慮附加保費中，各個費用項目。例如：損失控制服務品質與行銷人員佣金的合理性等。其實附加保費才是購買保險的實質代價。換言之，不買保險的話，實質的節省是來自附加保費。蓋因，純保費部分不會因不買保險獲得節省；第二個因素是公司對風險的承受力。風險承受力涉及公司財力，公司如果傾向不買保險，那麼自我承擔風險的能力有多強，以及自我承擔的花費需多大均需思考；第三個因素就是機會成本。

(二) 購買保險的決策模式

休斯頓 (Houston, 1964) 建構了兩種檢測購買保險與否的簡單模式。第一種以機會成本觀點建構，參閱表 11-4。

表 11-4　購買保險與否的檢測模式——機會成本觀點

(1)購買保險的機會成本	$I = P(1 + r)^t$	P = 保費	t = 期間數
		r = 投資報酬率	I = 保險
(2)不買保險的機會成本	$R = [L + S + X](1 + r)^t - X(1 + i)^t$		
	R = 承擔風險	L = 平均損失	
	S = 行政費用	X = 因承擔風險提列的基金	
	i = 利率	t = 期間數	
(3)如I > R則承擔風險	如I < R則購買保險		

第二種以公司淨值觀點建構，參閱表 11-5。

表 11-5　購買保險與否的檢測模式——公司淨值觀點

(一)購買保險後，公司年底財務報表淨值FPb = NW − P + r(NW − P)

FPb 表購買保險後，年底報表淨值

NW 表年初報表淨值

P　表保險費

r　表資金運用的投資報酬率

(二)完全承擔損失，公司年底財務報表淨值FPnb = NW − L + r(NW − F − L) + iF

FPnb表不買保險時，年底報表淨值

F　表不買保險時，提存的基金

L　表平均損失

i　表基金存放於銀行或購買短期債券的利率

FPb > FPnb時，購買保險有利；反之，則否。

(三) 保險規劃的基本準則

1. 彈性運用準則

規劃保險需了解保險市場。有時，市場疲軟，這時可深度運用保險。有時，市場艱困，此時無須太依賴保險。每個險種市場的疲軟或艱困會因時而異。是故，風險控制及另類風險融資應適時與保險彈性搭配。以公司風險成本預算圖來看，每年在一定的預算下，依市場環境的改變，需適度調整保險、風險控制、與另類風險融資間的預算分配，參閱圖 11-3。

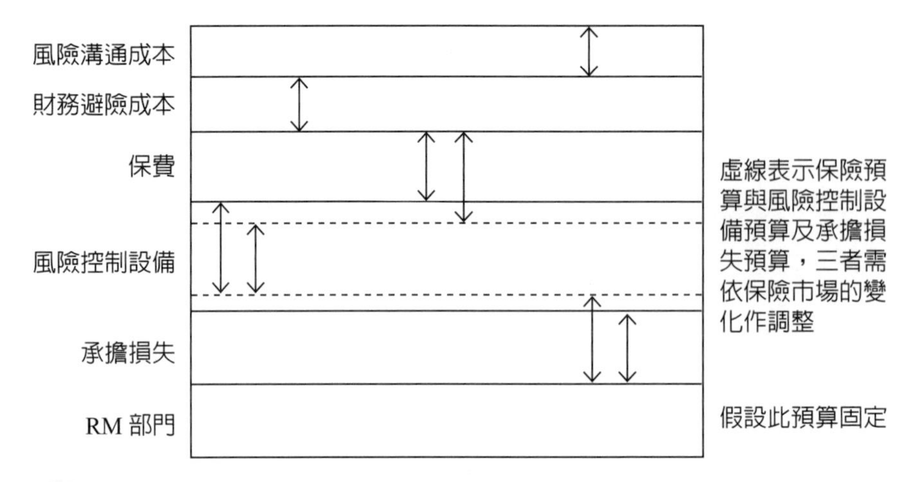

圖 11-3 風險預算分配

2. 分層負責準則

在彌補損失資金來源方面，保險、衍生品、與另類風險融資應分層負責。在風險值位於低層者，發生機會較高，一般由另類風險融資負責。在風險值較高的一層，發生機會較低，保險與衍生品通常負責該層。參閱圖 11-4。

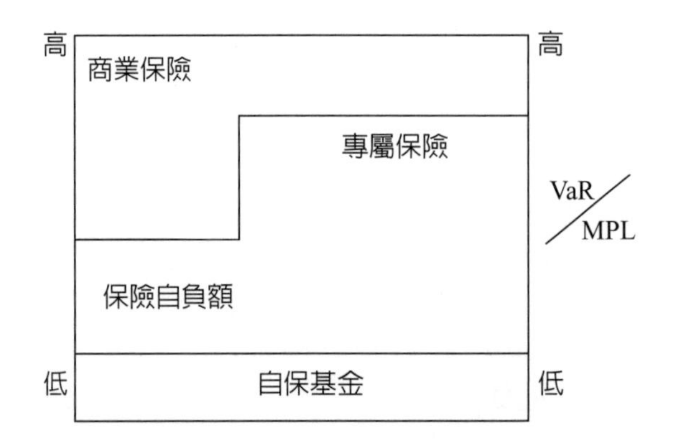

圖 11-4 風險融資分層負責

3. 適切險種準則

在一定的監理水準下，各保險公司推出的各類險種間，除共通部分外，聚焦差異部分的比較分析，且能滿足公司需求條件的保單即爲適切的保單。比較各類險種時，也需留意比較基礎的一致性，比較的項目包括費率、承保條件範圍、與理賠計

算基礎。

4. 保險需求分層準則

公司保險的需求層次，可依法令與契約的要求作如下的劃分：第一個層次，是非買不可 (Should Have) 的層次。此種需求通常係基於法令的強制性產生。例如：勞保等。另外，此種需求也可能與契約的強制要求有關。例如：以財產爲抵押向銀行借款，銀行會要求抵押人投保火險等；第二個層次，是必須買 (Must Have) 的層次。此種需求通常基於公司的合理分析，認爲必須買而產生的；第三個層次，是也許需要買 (May Want to Have) 的層次。此種需求可能基於人情關係而來的，買或不買均無妨。其次，需買多少保險金額，理論上，依相關風險值高低而定。

5. 信譽良好準則

保險是最高誠信 (Utmost Good Faith) 的事業，選擇良好信譽的保險公司或保險輔助人是極其重要的。選擇保險公司應考慮三個要素：第一、保險公司的財務安全性。蓋因，保險公司的財務結構是否健全，要能影響對保戶的清償能力；第二、保險公司的售後服務，保險公司的售後服務品質關係各項保險權益；第三、保險公司的信用。

6. 保單條款準則

此處，保單條款準則是美國 RIMS 組織（參閱第三章）在 1983 年的年會揭櫫的 101 風險管理準則的技巧準則部分條文。該部分條文準則是針對商業財產保險單條款，在可磋商的情況下，公司在條款安排時，該留意的原則。至於人身保險多爲制式條款的個人保險 [3](Personal Line Insurance)，通常無磋商空間。

這些商業財產保險單條款準則包括：第一、保單條款中有關記名被保人、通知和註銷條款、投保區域的規定等，應求取一致 (Insurance policy provisions should be uniform as to named insured, notice and cancellation clauses, territory, etc.)；第二、所有保單中的「通知」條款，應被修訂成通知特定單位或個人的通知條款 (The “notice” provision in all insurance policies should be modified to mean notice to a specific individual.)；第三、年度累積式基本保單的期間應與超額保單期間一致 (Primary policies with annual aggregates should have policy periods which coincide with excess

---

[3] 個人保險，是商業保險(Commercial Line Insurance)的相對名詞。前者是指個人投保的保單，例如：個人終身險或住宅火險等，後者是團體投保的保單，例如：團體保險或商業火險等。

policies.)；第四、應取得火災和鍋爐機械保險的聯合共同損失協議條款 (Joint loss agreements should be obtained from fire and boiler and machinery insurers.)；第五、公司的汽車保險方案中，應加入「駕駛他車」的保障條款 (Add "drive other car" protection to your corporate automobile insurance.)；第六、應消除共保條款 (Eliminate coinsurance clauses.)；第七、應該認識清楚「請求索賠」責任保單和「代被保人賠償」責任保單的涵義和其間的區別 (Know the implications of and difference between "claims made" and "pay on behalf of" liability contracts.)；第八、透過契約而承受的風險，不一定需由契約責任保險來承保 (Risks accepted under contracts are not necessarily cover under contractual liability coverage.)；第九、應將員工納入責任保險的被保人中，並採用較爲廣義彈性的用語，以避免並防範懷有惡意的他人 (Add employees as insureds liability contracts. Use discretionary language to avoid defend hostile persons.)。

(四) 損失後融資決策

損失後融資是風險承擔的特質，其交易成本、時效性、與自主性均應妥善考慮。每一融資措施應以加權平均資金成本的高低爲決策標準。現金除外，所有的損失後融資均有交易成本。例如：證券出售有證券交易費。再如，公司債發行會有發行、承銷、法律、與會計費用。現金與出售有價證券較有自主權，因而時效性高。增資與借款需動用外部資金自主性弱，因而時效性低。最後，採用不同的損失後融資對公司價值，亦會有不同的影響 (Doherty, 1985)。

(五) 決定風險承擔水平的經驗法則

經驗法則 (Rules of Thumbs) 在風險管理上，有時極爲管用。蓋因，不是所有風險均能客觀計量，進而以較科學的方式應對風險，決定風險承擔水平。下列爲各種經驗法則：

第一、運用資本法。以當期運用資本（流動資產 – 流動負債）的 1% 至 5% 爲承擔水準的合理範圍。

第二、盈餘／收益法。以當期盈餘和前五年稅前平均收益總計的 1% 爲承擔水準。

第三、股東權益法。以最近一年股東權益的 0.1% 爲承擔水準。

第四、銷貨額法。以當期銷貨額的 1% 爲承擔水準。

第五、每股收益法。以每股收益的 10% 為承擔水準。

第六、資產負債表法 (Dwonczyk et al., 1989)。

從資產負債表中，決定承擔水準，其過程如下：

符號「A1」表示「運用資本＝(流動資產－流動負債）」。

符號「A2」表示「現金＝(銀行存款＋庫存現金）」。

符號「B1」表示「淨值＝(股本權益＋各項準備）」。

符號「B2」表示「有形資產＝(總資產－無形資產）」。

符號「B3」表示「銷貨毛額」。

符號「C1」表示「未來一年預計收益」。

符號「C2」表示「前三年收益，經通貨膨脹調整後的平均值」。

依經驗法則，F1 = A1×3%；F2 = A2×25%；F3 = B1×2%；F4 = B2×2%；F5 = B3×1.25%；F6 = C1×5%；F7 = C2×5%。

平均值為 $\sum Fi / 7 = AVE$；標準差為 $\sqrt{\Sigma(Fi - AVE)^2/7} = SD$。

承擔水準則設定為 AVE－ (SD / 2)。

五、經營層財務決策——衍生品避險

衍生品避險的個別型決策，事實上，在第十章說明每一衍生品之意義時，也同時說明了這類個別型的決策。此處，基於企業國際化的重要性，選擇跨國公司面對的外匯風險為例，說明如何使用外匯選擇權避險的過程。

設想某甲為某跨國公司經理，假設在 6 月時，向法國進口一批貨物，約定三個月後，以歐元付款，總額為 625,000 歐元。已知目前市場上，履約價格為 130 美分的 9 月歐式歐元買權的權利金為 0.04 美分。此情況下，某甲如何迴避三個月後，因看漲歐元可能相對於美元升值的風險。此時，他可買入歐元外匯選擇權[4]，假設該選擇權一口契約大小為 62,500 歐元，那麼甲需買十口，這項買權成本（權利金）是 250 美元 (62,500×10×0.04÷100)。其次，假設三個月後，歐元是升值，其即期匯率為 1.3050 高於履約價格的 1.3000，那麼甲執行歐元買權的結果，公司只要付出 812,500 美元 (1.3000×625,000) 即可迴避了歐元升值的風險。蓋因，甲如沒買

---

[4] 此處的歐元外匯選擇權是PHLX歐元外匯選擇權，其主要內容有：契約大小是62,500歐元；權利金報價為每單位多少美分；最小變動單位為每單位0.01美分；部位限制200,000口等。本例中，為方便計，數字直接節錄自廖四郎與王昭文（2005），《期貨與選擇權》，第544至546頁。臺北：新陸書局。

歐元外匯選擇權，公司需付出 815,625 美元 (1.3050×625,000)，會多付 3,125 美元 (815,625-812,500)。

六、降低交易成本的雙元策略

公司經營本就存在風險，但如無交易成本，對股東言，無須風險管理。因此，對股東言，風險本身不是重點，重點是它會引發各種交易成本，間接降低股東平均報酬。這些交易成本包括：(1) 來自風險性現金流量，所增加的租稅負擔；(2) 來自公司可能破產，所增加的預期成本；(3) 來自公司財務困境的代理成本，可能導致的無效率投資；(4) 可能因沒有避險，排擠掉新的投資機會；(5) 可能因管理人員的風險迴避，造成管理的無效率；(6) 可能因利害關係人的風險迴避，簽訂不適當的契約。爲了減輕這些成本需要雙元策略 (Dual Strategy)：一個就是移除產生問題的原因，風險即可迴避，是爲迴避[5]策略 (Hedging Strategy)；另一個策略就是調適策略 (Accommodation Strategy)，也就是重新組織或重新設計，改變風險結構使其引發的交易成本降低。在此留意，此一雙元策略是針對交易成本，並非針對公司面對的各類風險，所採用的風險控制與風險融資的雙元策略。降低這些交易成本，就是想提升股東的平均報酬，每一不同策略對這些報酬均會有影響 (Doherty, 2000)。例如：針對一項每年產生不確定現金收益（例如：100 萬或 200 萬收益，各占一半機會）的資本性投資，在作決策時要考慮租稅問題，如果對這類不確定收益的風險，可以透過購買保險轉嫁的話，也就是採用迴避策略，那麼可降低租稅負擔。如果針對該項資本性投資，改爲買後又出租給別家公司，那麼就是採取調適策略，從而改變了風險結構，也同樣可降低租稅的負擔。

七、組合型決策——保險與承擔

承擔與轉嫁的混合型態有三種類型：第一種類型是保險不足型 (Inadequate Insurance)，亦即不足額保險契約 (Under Insurance Contract)。這種型態，當損失發生

5 根據文獻(Doherty, 2000)中所述，Doherty, N. A. 所言「避險」是採廣義通俗的說法，其所言英文的Hedging包括了購買保險、風險控制中的迴避、與衍生品中的避險、風險中和、對沖、套利等概念，但本書對「避險」一詞，是用在衍生品領域，購買保險則稱爲轉嫁，風險控制中的Avoidance，則稱爲迴避。換言之，本書避險一詞，是採狹義嚴謹的用法。因此，Doherty, N. A. 所言英文的Hedging，在此，著者不譯成避險，而依其義譯成迴避。

時，財產實際現金價值會高於投保金額。因此，公司需負擔保險賠款不足部分。該類型在管理風險上，並不被鼓勵。第二種類型是自負額保險型 (Deductible Insurance)。保險自負額是承擔與保險的組合。損失發生時，公司先承擔一部分，至於承擔多少依自負額種類而定，其餘損失則由保險人負責。第三種類型是超額保險 (Excess Insurance) 與 ART 中的相關商品。超額保險可被視爲自我保險與巨額保險的組合。公司以自我保險承擔風險，然爲恐巨額損失發生，購買巨額保險保障風險值高層次部分。換言之，損失底層由自我保險負責，高層的額度由保險負責。此類型的保險又稱爲限制損失保險 (Stop-Loss Insurance)，或也可說是大自負額保單 (LDP: Large Deductible Policy)。以上三種類型，可表示如圖 11-5。此處旨在說明第二種類型。

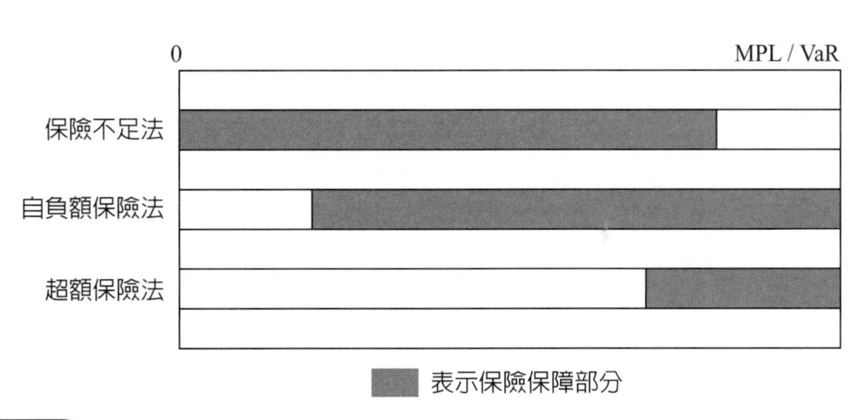

圖 11-5　承擔與轉嫁混合的三種類型

(一) 保險自負額的種類

自負額種類相當多。不同險種所採用的自負額不盡相同。例如：健康保險中，採用等待期間爲自負額，汽車損失保險中，採用固定金額爲自負額等。此處，說明商業保險 (Commercial Line Insurance) 中，常見的四種自負額如下 (Trieschmann and Gustavson, 1998)：

第一種是**固定式自負額** (Straight Deductible)。這是既簡單又普遍的自負額，此種自負額以每次損失 (Per-Loss) 爲基礎。是故，它又稱爲每次損失自負額 (Per Loss Deductible)，其表示方式通常以固定金額表示。例如：2,000 元、4,000 元不等的金額。假設實際損失 2 萬元，自負額 2,000 元，則公司承擔 2,000 元，其餘 18,000 元由保險人負責。

第二種是**起賠式自負額** (Franchise Deductible)。起賠式自負額以損失占標的物實值的百分比表示，起賠意即損失如低於自負額的百分比一律不賠償；反之，如超過自負額的百分比則如數賠償。此點與固定自負額有所不同，此種自負額通常用於海上貨物保險。以 3% 起賠額為例，假設某貨物價值 3,000 元，保險自負額為 3% 起賠額，起賠點為 90 元 ($3,000×3% = $90)，損失低於 90 元不賠，如高於 90 元全賠。

第三種是**消失式自負額** (Disappearing Deductible)。此種自負額是固定式自負額與起賠式自負額的混合變種，自負額會隨損失金額的增加而消失，故稱消失式自負額。此種自負額除了有類似固定式自負額固定金額的設定外，還有所謂「消失點」(Disappearing Point) 金額的訂定。消失點的金額必高於固定式自負額。因此，如果損失低於固定式自負額則不予賠償，如果損失落在固定式自負額和消失點金額間，則公司獲得賠償的金額是損失扣除固定式自負額後的某一百分比，百分比通常為 111% 或 125% 依契約而定，此百分比又稱為「損失轉換因子」(Loss Conversion Factor)。例如：契約約定消失點金額為 10,000 元，固定式自負額 1,000 元。那麼損失轉換因子 = 消失點金額 /（消失點金額減固定式自負額），亦即 10,000÷(10,000 – 1,000) = 1.11 = 111%。如果損失超過消失點金額，則保險人如數賠償，其賠償公式為：賠款 =（損失金額 – 固定式自負額）× 損失轉換因子。是故，當損失 900 元時，保險人不賠。當損失 8,000 元時，保險人賠 7,770 元 (($8,000 – $1,000)×1.11)。當損失 12,000 元時，保險人全賠。很顯然，自負額隨著損失金額的增加而消失。

第四種是**累積式自負額** (Aggregate or Stop Loss Deductible)。此自負額以期間為基礎，這不同於固定式自負額，以每次損失發生為基礎。因此，在保險期間內，每次損失金額均自累積自負額中扣除，當累積自負額用盡時，始由保險人賠償的一種自負額。假如一次的損失金額就超過累積自負額，除餘額由保險人賠償外，往後的損失亦由保險人負責。

(二) 現金流量與自負額

上列四種自負額對公司現金流量的影響均不盡相同。以固定式自負額與累積式自負額對現金流量的影響為例，說明如後，參閱表 11-6 與表 11-7。

表 11-6　某公司某年火災損失分配表

(1) 損失金額	(2) 損失次數	(3) 組中點	(4) = (3)×(2) 總計
0	0	0	0
1 < 5,000	90	2,500	225,000
5,000 < 10,000	6	7,500	45,000
10,000 < 15,000	3	12,500	37,500
15,000 < 20,000	1	17,500	17,500
	100		325,000

表 11-7　某公司某年火災損失負擔金額的計算

損失金額在5,000元以下者（公司自己負擔）	90次	平均損失總計	$225,000
損失金額超過5,000元者（公司每次負擔5,000元，其餘保險公司賠償）	10次(6+3+1次)	公司負擔的損失總計	50,000($5000×10次)
			$275,000（公司負擔之總數）

表 11-7 是根據表 11-6 與固定式自負額 5,000 元的條件下，編製而成。根據表 11-7 得知，公司需負擔全部損失的 85% ($275,000/$325,000)。同時，約定固定式自負額與否對損失分配有不同的影響，參閱圖 11-6 與圖 11-7。

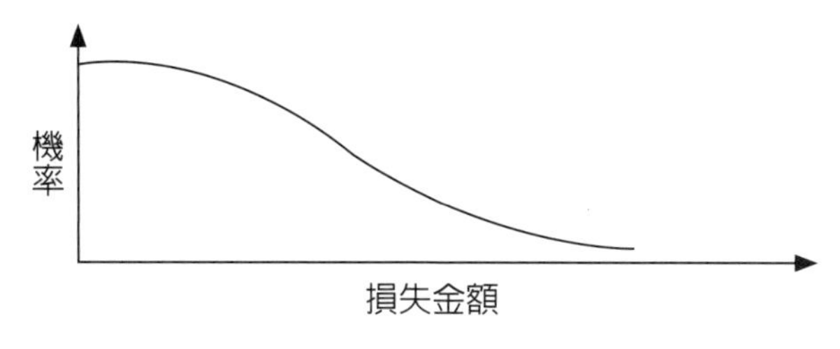

圖 11-6　不約定固定式自負額時的損失分配

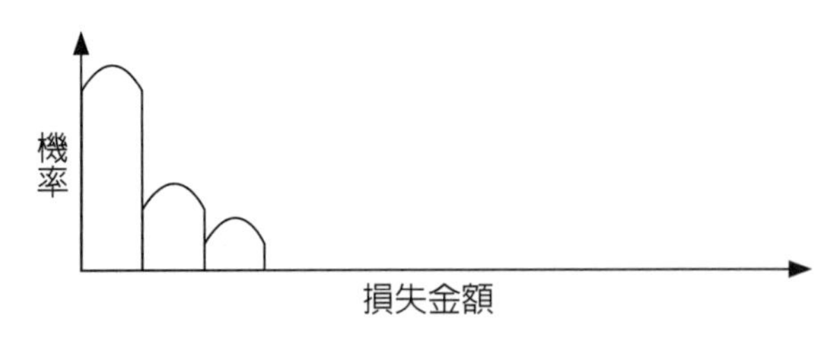

圖 11-7 約定固定式自負額時的損失分配

其次，購買保險時約定自負額，代表公司須承擔部分風險。因此，公司須考慮是否有財力負擔？即使有能力負擔，資金哪裡來？時間可否配合？均是現金流量上的重要問題。

另一方面，同上述情況，如果公司約定的是累積式自負額，則對公司現金流量的壓力就會減緩。例如：保單自負額如此約定，累積自負額 10 萬元，每次損失自負額 5,000 元，則很顯然累積自負額頂多在發生二十次損失（每次損失均等於 5,000 元的話）後即用盡，而往後發生的損失，只要在保單期間內均可獲得保險賠償。累積自負額爲 10 萬，公司只需負擔全部損失的 30% 左右 (\$100,000÷\$325,000)。此種損失負擔對公司現金流量的需求減緩很多。除此之外，相較於固定式自負額，風險管理人員在做財務預算及資金調配時，負擔範圍明確有助於財務規劃。是故，採累積式自負額就財務資金規劃上，是較固定式自負額，也就是每次損失自負額爲佳。採累積式自負額在財務資金預算上，相當明確且可從容籌謀，固定式自負額則相反（因損失次數不容易控制，應負擔的損失金額，難事先精確預估）。改採累積式自負額後，損失分配，參閱圖 11-8。

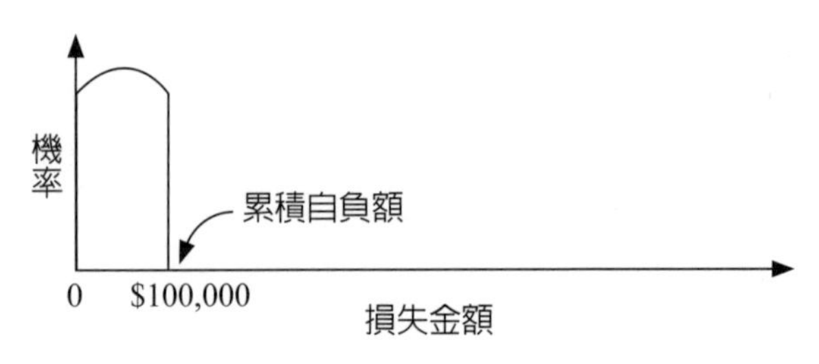

圖 11-8 約定累積式自負額時的損失分配

綜合以上，保單自負額對公司財務上的功用，雖因種類而異，但可歸納爲兩種 (Valsamakis, A. C. et al., 2002)：一爲可獲取現金流入的效益 (Cash Inflow Benefit)，大部分的自負額均有如此功效。蓋因，保費可減少；另一爲可使公司現金流量獲得較安全的保障 (Cash Flow Protection)。累積自負額在此方面，就較固定式自負額爲佳。

(三) 自負額的決定

對自負額如何決定，此處介紹模式計算法、經驗判斷法、與統計分析法等三種 (Dickson et al., 1991)，依序說明如後。

1. 模式計算法

模式計算法有兩種：一爲總預期成本公式；二爲休斯頓 (Houston, D. B.) 模式。首先說明總預期成本公式，其公式如下：

$$TEC = P + D \times Q$$

TEC＝總預期成本　P＝保險費　D＝自負額　Q＝平均損失頻率

此公式通常用來決定固定式自負額，參閱表 11-8 與表 11-9。

表 11-8　營業小客車保險費與損失統計記錄

營業小客車保險費			損失統計			
自負額	保險費		年度	車輛數	車禍次數	總損失成本
0	400					
100	290		1	2,000	320	82,000
250	240.5		2	1,700	200	70,000
500	191.75		3	2,100	480	110,400
5,000	137.5		4	2,200	640	163,850
10,000	65		5	2,000	360	87,500

依據資料顯示，五年間車禍總次數總計 2,000 次，車輛數總計 10,000 輛。因此，平均損失頻率 Q = 0.2 = 2,000/10,000 或 = 400/2,000。

表 11-9 固定式自負額總預期成本法

TEC	=	P	+	D	×	Q
400		400		－		0.2
310		290		100		0.2
290.5		240.5		250		0.2
291.75		191.75		500		0.2
1,137.5		137.5		5,000		0.2
2,065		65		10,000		0.2

將相關數據代入總預期成本公式中，得出金額最低的 TEC，所對應的自負額爲 250。

其次，說明休斯頓 (Houston, D. B.) 模式。依休斯頓 (Houston, 1964) 建構模式的原理，可導出決定累積式自負額的模式，參閱表 11-10。

表 11-10 累積式自負額對公司淨值的影響

累積式自負額對公司年底財務淨值之影響公式：

$$FPD = NW - Pd - KD + (NW - Pd - KD - F) + iF$$

FPD　表採累積式自負額時年底報表的淨值

Pd　表累積式自負額水平下對應的保費

KD　表累積式自負額水平下的平均損失

i, F, NW 含義與前同（參閱表11-5）

綜合休斯頓 (Houston, D. B.) 的兩個公式與表 11-10 的公式，以某公司情況加以說明。某公司年初財務淨值 1 億 2,000 萬，預期投資報酬率 16%，不考慮風險，年底可預期的財務淨值爲 1 億 3,920 萬。然而，公司經營必有風險，爲了管理公司爲 3,000 萬價值的廠房購買火險共花保費 60 萬。年底淨值依休斯頓 (Houston, D. B.) 公式的計算，變爲 1 億 3,850 萬 4,000 元【138,504,000 = 120,000,000 – 600,000 + 0.16(120,000,000 – 600,000)】。

另一方面，不購買保險，但依財產價值的 15% 提列損失彌補基金共 450 萬。此基金存放銀行，利率為 10%。依過去經驗，3,000 萬財產的平均損失為 50 萬。依休斯頓 (Houston, D. B.) 公式的計算，年底公司財務淨值變為 1 億 3,835 萬元【138,350,000 = 120,000,000 – 500,000 + 0.16(120,000,000 – 500,000 – 4,500,000) + 0.1(4,500,000)】。

公司風險管理人員提出第三方案，改採累積式自負額保險。累積式自負額訂為 100 萬。同時，提列 100 萬的基金存放銀行，利率仍為 10%。100 萬累積式自負額對應的保費為 35 萬。依表 11-10 公式計算年底淨值影響前，應由保險費率資料中，計算 KD 值。

設保險費中，附加保費占總保費的 25%。顯然，無自負額時，總保費中的純保費為 45 萬 (600,000×0.75)。保險人對自負額保險允許保費折扣。此例中保費折扣率為 42% [(600,000 – 350,000)/600,000]。是故，累積自負額 100 萬元下的平均損失，即 KD 值為 18 萬 9,000 元 (450,000×0.42)。計得此數後，依表 11-10 公式計算公司年底的淨值為 1 億 3,869 萬 5,000 元【138,695,000 = 120,000,000 – 350,000 – 189,000 + 0.16(120,000,000 – 350,000 – 189,000 – 1,000,000) + 0.1(1,000,000)】。

此外，前述說明中，公司係先決定累積式自負額水平，再計算其對公司淨值的影響。如果反向運算，風險管理人員可得知，該訂定多高的累積式自負額。要解答此一問題，可令 FPb = FPD 求出 Pd 值。Pd 值對應的累積自負額水平就是答案。根據前例，計得 Pd 值為保費 35 萬 8,620 元。計算過程如下：

$$138{,}504{,}000 = 120{,}000{,}000 - 189{,}000 - Pd + 0.16(120{,}000{,}000 - Pd - 189{,}000 - 1{,}000{,}000) + 0.1(1{,}000{,}000)。$$

$$\therefore Pd = (138{,}920{,}000 - 138{,}504{,}000)/1.16 = 358{,}620（小數點去除）。$$

2. 經驗判斷法

經驗判斷法是採用對比法則 (Paired Comparison)。該法則係將每一不同水平的自負額的差額，與其對應的保費節省間，一一對比後，判斷決定的一種經驗法則，參閱表 11-11。

表 11-11 對比法的過程

保費	自負額	保費節省數	自負額間的差額（亦即多承擔的風險）
400	0	–	–
290	100	110	100
240.5	250	49.5	150
191.75	500	48.75	250
137.5	5,000	54.25	4,500
65	10,000	72.5	5,000

此法對自負額的決定完全依決策者的主觀經驗判定。例如：自負額 100 元的情況，比無自負額節省了 110 元的保費，但需多承擔 100 元的損失。比較之下，划算，但還不做最後決定，繼續對比下去，直至無法接受的程度，再決定自負額。

3. 統計分析法

統計分析法即依統計數據分析決定自負額的過程。設想某公司 19A 至 19C 年三年間，每年損失金額如下表。同時，這三年間，發生大小損失金額不等的次數總計 180 次。

年分	損失
19A	182,250
19B	159,250
19C	296,500

根據前述資料，依統計方法做適當的分組。同時，分層 (Layer) 計算每一層次的平均次數、平均損失、與平均總損失，其結果參閱表 11-12。

表 11-12 每一損失組別的平均次數、平均損失、與平均總損失

(1) 損失分組	(2) 每組次數	(3) 平均次數	(4) 平均損失 【以每組實際損失總計除以(2)】	(5) = (4)×(3) 平均總損失
0	148	49.33	0	0
1－10,000	19	6.33	3,996	25,295
10,001－20,000	5	1.67	13,840	22,113
20,001－40,000	4	1.33	27,473	36,540
40,001－80,000	1	0.33	53,784	17,749
80,001－120,000	2	0.67	121,470	81,385
120,001以上	1	0.33	267,272	88,200
	180次	59.99 ≡ 60		

表 11-13 不同自負額下的總成本

(1) 保費	(2) 自負額	(3) 承擔損失成本	(4) 行政處理成本	(5) = (1) + (3) + (4) 總成本	(6) 累計成本節省數
200,000	0	0	0	200,000	0
100,000	10,000	68,595	2,500	171,095	28,905
60,000	20,000	100,608	3,500	164,108	35,892
35,000	40,000	137,148	5,000	177,148	22,852
29,000	80,000	181,697	7,500	218,197	(18,197)
24,000	120,000	222,682	11,000	257,682	(57,692)
15,000	160,000	271,282	15,000	301,282	(101,292)

表 11-14 不同自負額下承擔損失成本的計算過程

表11-13 第(3)欄的計算過程：

自負額1萬元時	損失	0	平均總損失	0
	損失	0－10,000		25,295
	損失超過	10,000		43,300(4.33×10,000)
				68,595
自負額2萬元時	損失	1－10,000	平均總損失	25,295
	損失	10,001－20,000		22,113
	損失超過	20,000		53,200(2.66×20,000)
				100,608

其餘類推。

表 11-13 中第 (3) 欄數據，計算在表 11-14 中。表 11-13 中第 (6) 欄數據，爲不同水平自負額下，總成本節省數的累計，括弧者爲提高自負額不但不節省成本，反而將低水平自負額下的成本節省數耗盡。第 (4) 欄在此爲假設數據，提升自負額管理成本會越揚升。綜合以上分析，成本節省數累計至 2 萬元自負額水平時最多。是故，選取 2 萬元自負額最爲適切。

八、組合型決策──風險控制與融資

以實體安全設備作爲風險控制的手段，再搭配購買保險或自我承擔風險是常見的組合型決策。此處說明最簡便的損失金額基礎法。

損失金額基礎法是以損失的金額爲決策數據，它可分爲四種：第一種是大中取小法 (Minmax Approach)。換言之，在各類可能最壞的狀況下，選擇傷害最低的方案；第二種是小中取小法 (Minmin Approach)。換言之，在各類可能最佳的狀況下，選擇成本最低的方案。風險情況下，所謂最壞的狀況無非指災害發生而言，所謂最佳的狀況無非指災害不發生言；第三種是損失期望值 (Expected Loss) 最小化法；第四種是後悔期望值 (Expected Regret) 最小化法。所謂後悔係指該選的方案並沒選，而已選方案與該選方案間，金額的差異是爲後悔值。

四種方法均以下列例子說明。某公司擁有一棟建築物價值 2,000 萬元。這其中，稅前可保價值 (Insurable Value) 僅 1,500 萬元（扣除土地價格後的餘額）。爲簡化計，吾人只觀察火災風險及其可能導致的結果。可能的結果只分爲全損 (Total Loss)（火災發生時）與沒有損失 (No Loss)（火災不發生）。同時，假設火災可能發生的機率爲 5%。

針對該建築物的火災風險，風險管理人員可能採取四種行動方案：第一、承擔風險；第二、購買保險；第三、購買自負額 5 萬元的保險；第四、承擔風險但安裝損失預防設備。爲此，風險管理人員進一步收集其他相關的決策資訊：火災發生可能引發的間接損失爲 600 萬元，但如有安裝預防設備的話，間接損失可降爲 500 萬元。預防設備成本爲 200 萬元，使用年限爲十年。火災保險費爲 12 萬元，但如自負 5 萬元則火災保險費降爲 9 萬元。火災發生機率原爲 5%，但如有安裝預防設備則降爲 3%。其他因素不考量下，運用該法時，首先吾人應將決策相關資訊作成損失矩陣 (Loss Matrix) 表，參閱表 11-15。

表 11-15 稅前損失矩陣表

可能發生的情況／機率／行動方案	可能出現的結果		備註
	發生火災（全損）	不發生火災（無損失）	(a)安裝損失預防設備後，可保損失較無安裝時為小。 (b)發生火災時，預防設備全毀，不發生火災時，則需每年攤提折舊。
	5%（不安裝預防設備）	95%	
	3%（安裝預防設備）	97%	
1. 承擔風險	可保損失 $15,000,000 不可保損失 6,000,000 $21,000,000	- $0-	
2. 承擔風險，但安裝損失預防設備	可保損失 $11,000,000(a) 不可保損失 5,000,000 預防設備損失 2,000,000 $18,000,000	預防設備折舊 $200,000(b) $200,000	
3. 購買保險	保險費 $120,000 不可保損失 6,000,000 $ 6,120,000	保險費 $120,000 $120,000	
4. 購買自負額5萬元的保險	可保損失 $50,000 不可保損失 6,000,000 保險費 90,000 $6,140,000	保險費 $90,000 $90,000	

根據表 11-15，依大中取小法，應選方案三購買保險。依小中取小法，應選方案一承擔風險。依損失期望值 (Expected Loss) 最小化法，應進一步計算各方案的期望值，如表 11-16。

表 11-16 不同方案的損失期望值

行動方案一：承擔
$21,000,000×0.05 + $0×0.95 = $1,050,000
行動方案二：承擔但安裝預防設備
$18,000,000×0.03 + $200,000×0.97 = $734,000
行動方案三：購買保險
$6,120,000×0.05 + $120,000×0.95 = $420,000
行動方案四：購買自負額5萬元的保險
$6,140,000×0.05 + $90,000×0.95 = $392,500

顯然，吾人應選擇方案四購買自負額 5 萬元的保險。依後悔期望值最小化法，吾人知在大中取小法下，該選的方案為購買保險，但實際上卻選別的方案。是故，決策後後悔難避免。計算每一方案後悔期望值，如表 11-17。

表 11-17 不同方案的後悔期望值

行動方案一：承擔
–14,880,000*0.05 + 0*0.95 = –744,000
行動方案二：承擔但安裝預防設備
–11,880,000*0.03 + (–200,000)*0.97 = –550,400
行動方案三：購買保險
0*0.05 + (–120,000)*0.95 = –114,000
行動方案四：購買自負額5萬元的保險
–20,000*0.05 + (–90,000)*0.95 = –86,500

顯然，就長期觀察，依後悔期望值最小化法，吾人應選方案四購買自負額 5 萬元的保險。

九、組合型決策——資本預算術

運用資本預算術針對不同應對工具組合的方案作決策，同樣可如單元三第 (一) 項所說的決策過程。也就是找出資本預算術所需數據，同樣的求算過程求出每一組合方案的 NPV 與 IRR。之後，將各組合方案的 NPV 與 IRR 大小排序，選出最佳方案即可。例如：就單元三第 (一) 項第一方案中，除購置新搖拌桶外，另就該搖拌桶購買保險，保費支出每年 100 元，這時就成為組合型決策議題。換言之，針對員工健康風險，這時在第一方案中，同時採用了風險控制與保險混合的應對方式。同樣可運用資本預算術將保費計入維護費項下，增加保險費一項金額 100 元，其他數據相同。此時，計算結果，稅後的 NCF 變成 900 元，現值因子變成 5,000/900 = 5.6，該方案的 IRR 就會比只是購置新搖拌桶的應對方式為低。同樣的道理，針對員工健康風險可建議許多應對工具組合的建議案。例如：除新搖拌桶購置與保險的組合外，另可建議自我保險與保險的混合或另行建議新搖拌桶購置與自我保險的混合等。在計算時，將各組合方案的成本與效益，也就是現金流出與現金流入，計入相關項目欄位即可求得稅後 NCF 的新數據。同樣的方式可求得新現值因子的數

據，從而可進一步將各組合方案的 IRR 作大小排序，最後選取最佳組合方案。

十、組合型決策——財務分層組合

針對作業與危害風險，管理上如採傳統保險、發行公司債、與建立自保基金的方式進行風險融資，則根據風險值的層次，在運用上要依這三種融資方式的成本與性質配置到不同的層次，這即是財務分層 (Financial Layering) 的作業。當然這種作業概念不限作業與危害風險，也不限上述三種融資工具，它可包括所有風險、所有風險應對工具。例如：巨災風險也可利用財務分層的作業分層，配置不同的應對工具。

首先，簡單比較傳統保險、發行公司債、與自保基金的融資成本，參閱表 11-18 與圖 11-9。

表 11-18　傳統保險、發行公司債、與自保基金的融資成本

風險融資方式	實際成本	預期現值
傳統保險	(1 + a)E(L)	(1 + a)E(L)
發行公司債	b + (1 + c)L	[PLA b + (1 + c)E(L)]/(1 + k1)
自保基金	L	E(L)/(1 + k2)

根據上表，傳統保險的成本就是保險費，保險費由純保費與附加保費構成。純保費就是預期損失 E(L)，假設附加保費是根據預期損失的固定比例 a 加成，所以表中的保險費就是 (1 + a)E(L)。同時，由於簽約時，即需支付保險費，所以表中的預期現值也是 (1 + a)E(L)。其次，發行公司債則不同。發行公司債有固定的發行成本 b，之後隨著損失的增加，成本增加，但增幅隨著損失的增加縮小，所以表中成本是，b + (1 + c)L，b 是固定成本，(1 + c)L 是變動成本，這其中 c < a。至於公司債的預期現值，損失超過固定發行成本的機率，以 PLA 表示。LA 就是損失超過固定發行成本的意思，A 表固定發行成本的門檻，所以表中 PLA b 是預期發行成本。損失超過固定發行成本的門檻時，成本也增加，但增幅隨著損失的增加縮小。同時，以一年期公司債觀察（配合保險期間一年期），則其成本現值，如表中 [PLA b + (1 + c)E(L)]/(1 + k1) 所示，其中 k1 是風險調整折現率。最後，自保基金成本就是實際損失，所以未來一年預期損失現值就是 E(L)/(1 + k2)，其中 k2 也是風險調

整折現率 (Doherty, 1985)。根據以上說明，可繪製各融資方式的圖形，如圖 11-9。

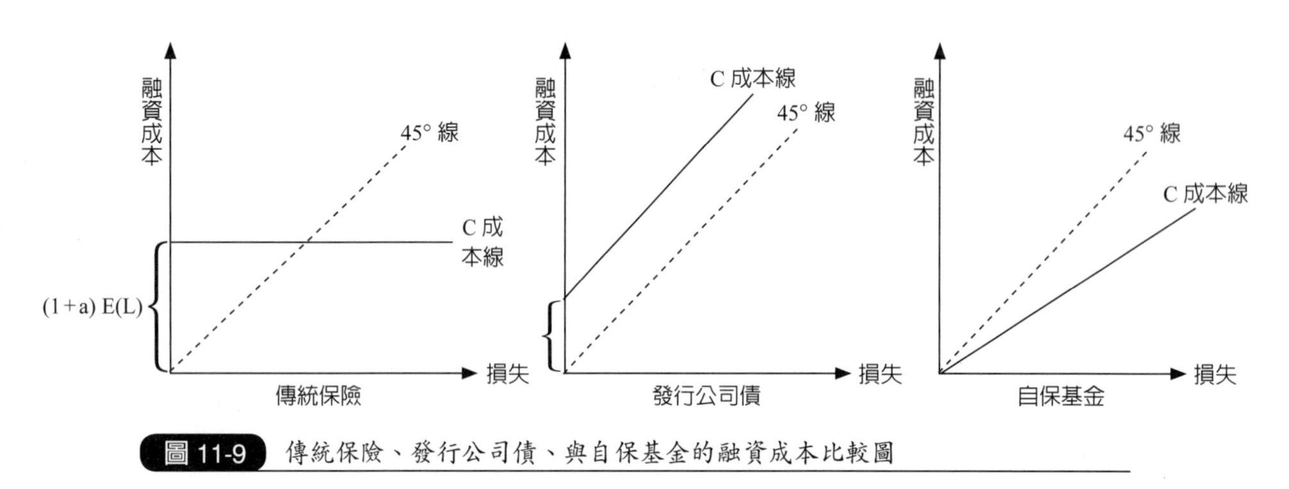

圖 11-9 傳統保險、發行公司債、與自保基金的融資成本比較圖

上圖中，自保基金的成本線偏向 45 度線的右方。45 度線是代表損失增加等於成本增加，但自保基金的行政成本會隨損失增加降低，因此，才偏向 45 度線的右方。其他兩種融資方式的成本線，不說自明。根據自保基金屬於風險承擔的性質，所以它應配置在低風險層，高風險層則需靠外力幫忙，不是購買保險就是發行公司債，參閱圖 11-10。

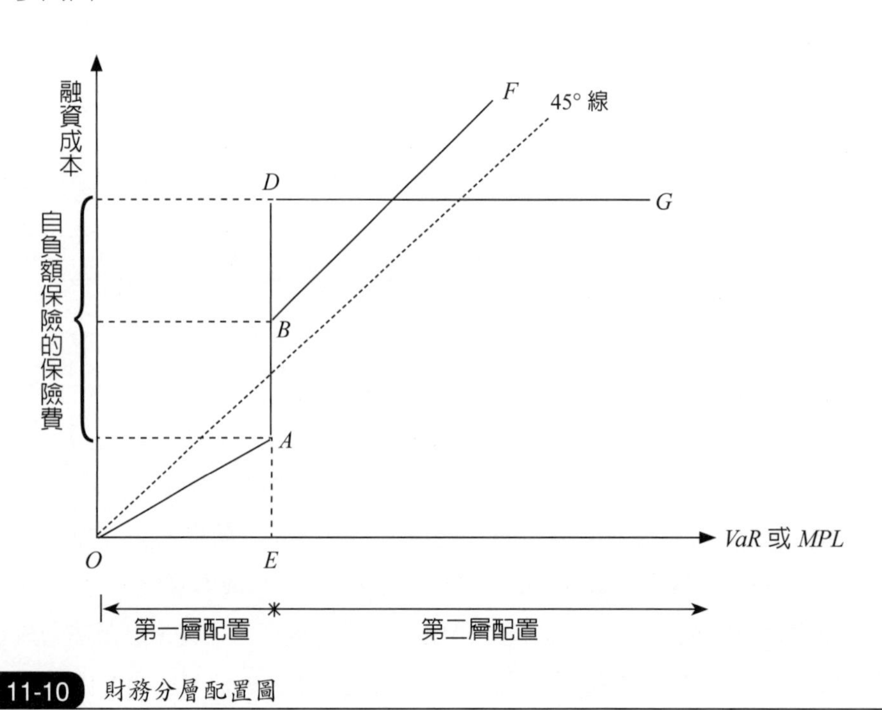

圖 11-10 財務分層配置圖

根據上圖，橫軸代表風險值大小，縱軸代表融資成本。橫軸 OE 線段屬於第一層配置，E 點之後的風險越高這屬於第二層配置。如有需要可進行第三或四層配置。例如：巨災風險。圖中 OABF 就是發行公司債與自保基金的組合方案；OADG 就是自保基金與傳統保險的組合方案，但留意該保險有自負額 OE，其實 OE 藉由自保基金融資。圖中 AD 線段就是保險費 (Doherty, 1985)。

十一、組合型決策——保險與衍生品

保險與財務風險避險工具的適當搭配是降低公司總體風險水平的重要手段。兩者如不互相搭配，公司總體風險水平不但無法減少，而且兩者如各自獨立分開決策，可能並非最適決策。都郝狄 (Doherty, 2000) 以某石油公司爲例，說明前述情況。爲簡化計，此例不考慮交易成本。該公司面臨油價波動與油汙染責任訴訟可能的風險，如表 11-19。

表 11-19　油價波動與油汙染訴訟可能的風險矩陣

	低油價（機率0.5）	高油價（機率0.5）
油汙染訴訟不發生（機率0.5）	500	1,000
油汙染訴訟發生（機率0.5）	250	750

如果公司的財務部門負責油價波動風險避險，風險管理部門只負責油汙染訴訟責任保險，各部門分別計算油價波動風險與油汙染訴訟責任風險對未來收益的影響。油價波動風險可能導致的未來平均收益分別是 750 或 500（依油汙染訴訟是否發生），標準差是 250。油汙染訴訟責任風險可能導致的未來平均收益分別是 375 或 875，標準差是 125。同時考慮兩種風險可能導致的未來平均收益是 625，標準差是 279.5。公司總體風險水平並非 375(125 + 250)，而是 279.5，遠小於各別風險的合計。是故，兩個部門的業務不加整合搭配，各別作出的風險管理決策將是不適切的決策。透過適當的避險比例 (Hedge Ratio) 與投保比例 (Insurance Ratio) 的組合，可產生適切的組合決策。

其次，風險融資工具的組合不論是哪種組合類型的決策，無非是想求取效率前

緣 (Efficient Frontier)。如果以承擔風險的成本爲橫軸，以保險或衍生品的價格爲縱軸，那麼風險融資的效率前緣，參閱圖 11-11。圖中切點 A 代表風險轉嫁或避險與風險承擔間的最適組合。

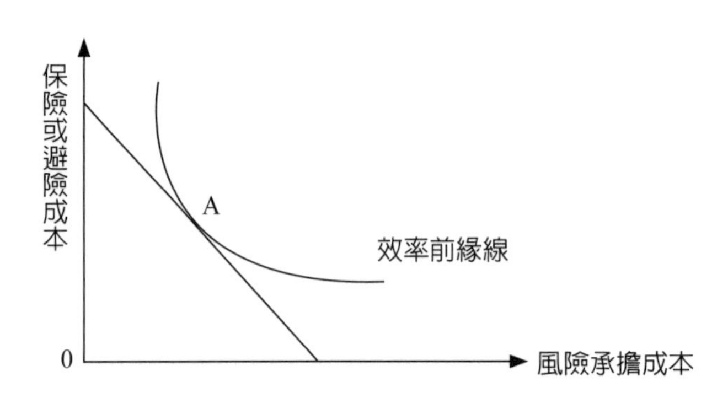

圖 11-11 風險融資效率前緣圖

十二、組合型決策——衍生品混合

前曾提及，選擇權有四種交易策略，其中的單一策略是指投資人只是單純買買權、賣買權、買賣權、或賣賣權的單一方向交易。這種交易投資人只是預期選擇權標的資產價格的漲跌，可能對投資人有不利影響。所作的交易其實投資人並無擁有該標的資產，這種交易策略已在第十章有所說明。其餘三種的選擇權交易策略，除價差策略只涉及同是買權或同是賣權價差外，組合策略與避險策略均是買權與賣權混合或買權及賣權與現貨混合的策略。此處只進一步說明賣權與現貨的混合，以及買權與賣權的混合。賣權與現貨的混合是爲選擇權的避險策略，買權與賣權的混合是爲選擇權的組合策略（廖四郎與王昭文，2005）。

(一) 賣權與現貨的混合

當投資人持有現貨，擔心現貨價格波動的風險則可採取現貨與選擇權搭配組合，達成避險的目的。這項避險策略其實就是投資組合保險 [6](Investment Portfolio

[6] 根據文獻（林丙輝，1995）顯示，投資組合保險是支付代價使證券投資得到保障，避免投資組合因股價下跌而遭受損失，同時又不喪失股價上漲的利益的避險策略。顯然，雖名爲保險但並非保險，而是選擇權交易策略中的避險策略。

Insurance)。這種避險策略總共有保護性賣權、掩護性買權、反[7]保護性賣權、與反掩護性買權等四種策略。茲舉保護性賣權爲例，說明其避險效應。

所謂保護性賣權是指投資人持有現貨，而在避險交易策略中，涉及到賣權時，即稱爲保護性賣權，如涉及買權，即稱爲掩護性買權。假設投資人持有股票現貨，但股票被套牢又不甘心賣出，此時可買入該股票的賣權避險，這就是保護性賣權避險策略，參閱圖 11-12。

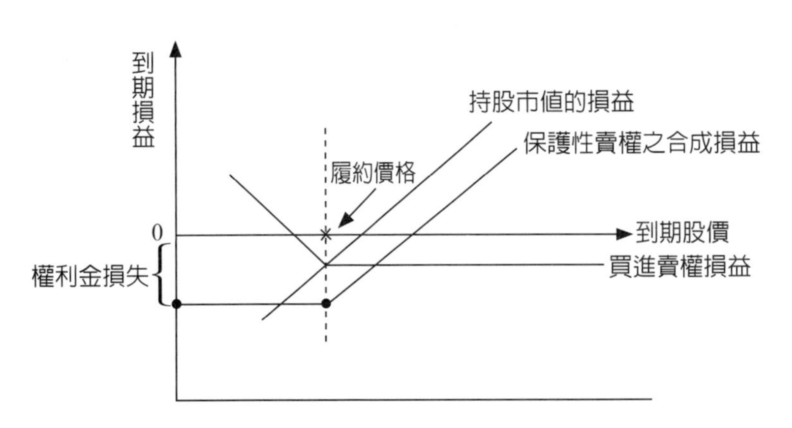

圖 11-12　保護性賣權損益圖

從上圖中，很清楚可看出，即使股價下跌有所損失[8]，但賣權的獲利可彌補該損失。即使股價漲，投資人因股價漲而獲利，此時所損失的也只是賣權權利金而已。

(二) 買權與賣權的混合

買權與賣權的混合交易策略是選擇權的組合交易策略，亦即在投資組合中，同時包括買權與賣權的買入或賣出部位，由於是混合兩者故又稱混合策略。這種交易策略包括賣出跨式、買進跨式、賣出勒式、買進勒式、逆轉換組合、轉換組合、買進區間緩衝模擬未來現貨、賣出區間緩衝模擬未來現貨、買進區間加倍模擬未來現貨、與賣出區間加倍模擬未來現貨等策略。茲以買進跨式組合爲例，說明組合／混合策略的效應，參閱圖 11-13。

7　反保護性賣權或反掩護性買權是當現貨部位是遭放空或融券賣出時，則在命名前加個「反」字，若爲多部位則無。

8　股價報酬完全依其價格變動而定，其風險亦等於股價變動之風險。持有股票時，股價與損益報酬間是呈正向關係，如放空股票則成反向關係。

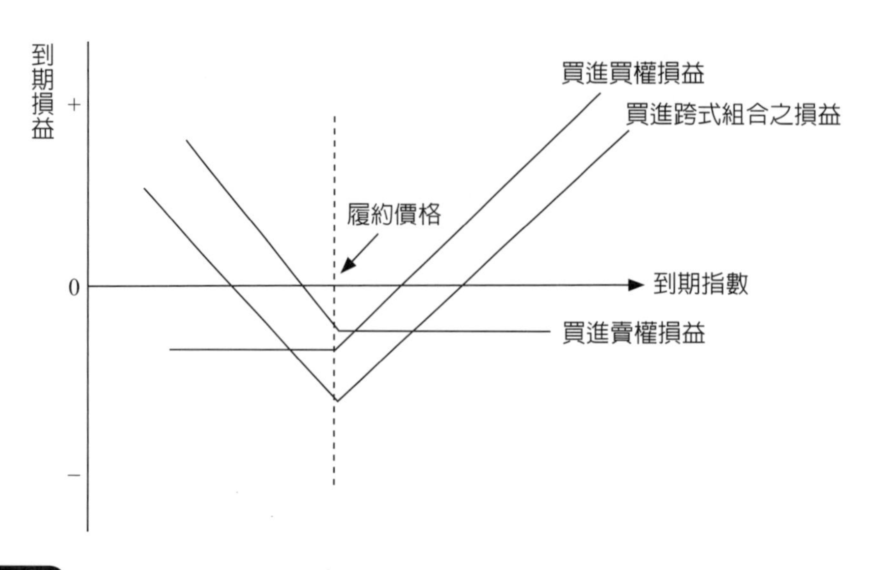

圖 11-13 買進跨式組合損益圖

買進跨式組合又稱下跨，它是指同時買進相同到期日且相同履約價格的買權與賣權，此策略用在投資人預期標的資產會大漲或大跌的情況，也就是預期到期日前，可能爆發重大事件，例如：購併案等，使得標的資產價格大漲或大跌。根據上圖很清楚得知，當大漲時買權獲利，當大跌時賣權獲利。這種策略穩賺不賠，唯一的風險或損失就是買進買權與賣權的權利金。

本章小結

個別型決策雖較為簡單，但對公司價值的影響與組合型決策對公司價值的影響，同樣重要。舉凡眞實選擇權、實體安全設備投資、保險與衍生品，以及損失後融資，在應對風險議題時，均需公司風險管理人員作出適當的判斷與決定。決策中，涉及需組合各類風險應對工具時，仍需考慮其成本與效益。不同的組合適用不同的風險議題，最終目的是為了達成風險管理的效率前緣，進一步提升公司價值。最後，從組合型決策中，亦可了解公司內部各部門間之協調與團隊工作的重要與必要性。

思考題

1.以個人立場設想，使用決策樹分析購買保險與否的決策。
2.公司面對1,000萬元的風險值，請問你（妳）會如何配置風險應對工具？爲何？
3.繪圖製作買進跨式組合損益。
4.應對風險中，以本章例子說明保險與衍生品組合的重要性。
5.以傳統保險、發行公司債、與自保基金爲例，繪圖製作財務分層配置圖。
6.你會如何決定臺灣汽車保單的自負額。

參考文獻

1. 李文瑞等（2000/12）。海外直接投資之資本預算決策。*《華信金融季刊》*。第十二期，第135至155頁。
2. 林丙輝（1995）。*《投資組合保險》*。臺北：華泰書局。
3. 謝劍平（2002）。*《財務管理——新觀念與本土化》*。臺北：智勝文化。
4. 廖四郎與王昭文（2005）。*《期貨與選擇權》*。臺北：新陸書局。
5. Baranoff, E. G. et al. (2005). *Risk assessment*. Pennsylvania: IIA, USA.
6. Dickson, G. C. A. et al. (1991). *Risk management.* London: CII.
7. Doherty, N. A. (1985). *Corporate risk management: A financial exposition.* New York: McGraw-Hill Book Company.
8. Doherty, N. A. (2000). *Integrated risk management: Techniques and strategies for managing corporate risk.* New York: McGraw-Hill.
9. Downing, P. B. (1984). *Environmental economics and policy*. Boston/Toronto: Little, Brown and Company.
10. Dwonczyk, D. et al. (1989). The corporate balance sheet: A critical financial risk management programme indicator. *Captive insurance company review*. pp. 11-17. Dec. 1989. London: RIRG.
11. Fone, M. and Young, P. C. (2000). *Public sector risk management.* Oxford: Butterworth/Heinemann.
12. Houston, D. B. (1964). Risk, insurance and sampling. *Journal of risk and insurance.* December.

13. Mun, J. (2006). *Real options analysis: Tools and techniques for valuing strategic investments and decisions.* John Wiley & Sons, Inc.
14. Smith, J. Q. and Thwaites, P. (2008). Decision trees. In: Melnick, E. L. and Everitt, B. S. ed. *Encyclopedia of quantitative risk analysis and assessment.* Vol. 2. pp. 462-470.
15. Trieschmann, J. S. and Gustavson, S. G. (1998). *Risk management and insurance.* Cincinnati: South-Western College Publishing.
16. Tobin, J. (1969). A general equilibrium approach to monetary theory. *Journal of money credit and banking.* Vol. 1. 1969. pp. 15-29.
17. Valsamakis, A. C. et al. (2002). *Risk management: Strategy, theory and practice.* London: RIRG.

第12章

風險管理的實施（八）——控制活動與溝通

讀完本章可學到什麼？

1. 認識管理控制與管理控制循環？
2. 了解內部控制與RAROC截止率指標。
3. 了解危機與共識溝通及財務報表揭露事項。

本章說明，ERM 過程中的控制活動 (Control Activities) 與溝通 (Communication)。ERM 要達成目標的設定，不能僅靠風險事件的辨識、評估風險高低、與應對風險，最重要的必須透過一套管理控制 (Management Control) 機制，影響所屬人員，進而完成公司目標。其次，整體 ERM 過程中，有效的溝通與資訊對外的揭露，也是完成 ERM 目標的重要條件。

一、管理控制

(一) 管理控制的涵義

ERM 所稱的控制活動就是管理控制。這個概念有廣狹之分，廣義的管理控制是指爲影響所屬人員完成風險管理與公司組織目標，所採取的任何管理措施與活動而言，此種觀點的管理控制，參閱圖 12-1。

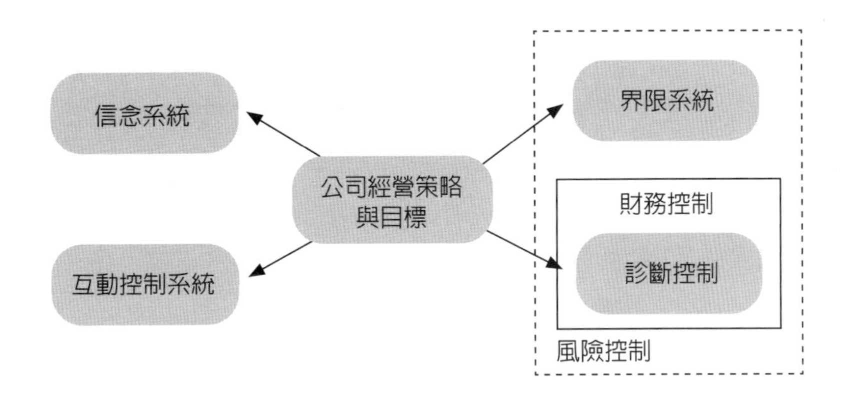

圖 12-1　管理控制四大要素

圖中間的公司經營戰略與目標可由四個方向或方法達成，這四個方向或方法就是廣義的管理控制概念中，所採用的四大類控制措施 (Doff, 2007)。事實上，這四大類控制措施也都涉及 ERM 所有內容。換言之，廣義的管理控制就是在控制 ERM 所有過程。

首先，圖左上方的信念系統 (Belief Systems)，代表公司的核心價值應呈現在公司的宗旨與目標 (MGO) 上，且應進一步展現在公司治理、風險管理哲學、風險胃納的制定與人事規範上，形塑或牽制所有員工的風險態度與風險行爲，從而完成公司經營戰略與目標。其次，圖左下方的互動控制系統 (Interactive Controls)，主要針對公司戰略上可能存在不確定性所採用控制方式。例如：公司為擴大規模，擬購併別家公司，為完成該戰略，購併過程中隨時留意控制與被購公司互動過程中可能存在的不確定性。圖右上方的界限系統 (Boundary Systems)，是指在公司的戰略目標下，風險胃納的極限或行為規範辦法，依據該極限某些風險或行為要排除，某些風險或行為可接受。換言之，界限系統是風險應對中的風險控制措施。最後，圖右下方的診斷控制 (Diagnostic Controls)，是採用績效評估指標或其他監督方式診斷風險管理的實施績效。這涉及財務診斷與控制，也與各類風險融資措施有關。

其次，管理控制也可採狹義的觀點。狹義的管理控制就是上圖 12-1 右半部中的界限系統與診斷控制，具體的包括風險控制與財務控制。進一步，具體的手段包括年度預算、關鍵指標（例如：KPI 與 KRI 等）、績效指標（例如：RAROC 等）、風險限額 (Risk Limit)、內部控制等。這些手段可透過資訊的收集、累積、解讀與報告完成。這種資訊的收集、累積、解讀與報告的過程，可展現在管理控制循環 (Management Control Cycle) 中。

管理控制循環 (Management Control Cycle) 是由四項步驟構成 (Doff, 2007)，也就是從設定最低門檻的目標開始 (Setting Objectives)，歷經績效的衡量 (Performance Measurement)、績效的評估 (Performance Evaluation) 與利用資本配置，採取激勵業務手段 (Taking Measures) 完成目標。隨著環境的改變又從調整目標開始，循環不息。該循環可參閱圖 12-2。

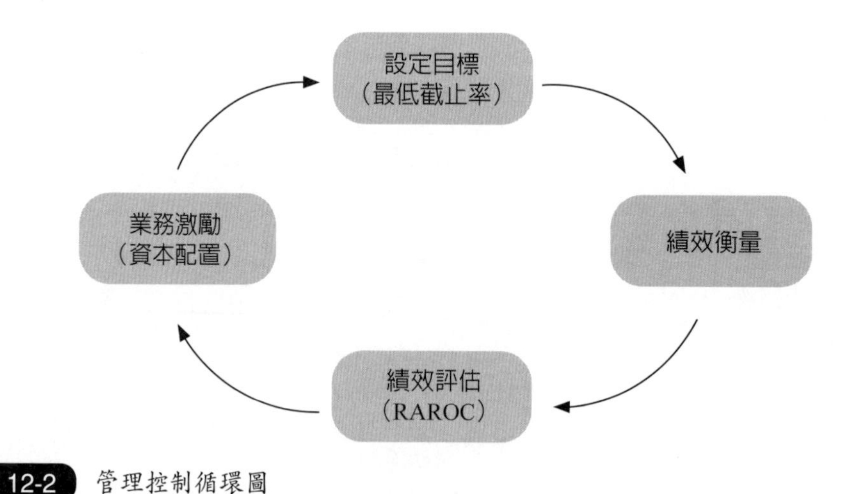

圖 12-2 管理控制循環圖

(二) 管理控制與經濟資本

ERM 與資本管理的整合不僅可增進公司價值，也應該是說最好的管理控制手段。經濟資本與風險資本有所不同，經濟資本是公司商譽與風險資本的總和 (Matten, 1999)，概念上著重公司在商業經濟與投資上的涵意。風險資本主要是風險管理上，非預期損失 (UL) 的意涵。非預期損失常見於資本管理中。不論是經濟資本或風險資本（這兩項名詞可寬鬆地交換使用），均與會計帳面資本與監理法定資本在概念上有所差異[1]。經濟資本在管理控制上主要有四種目的 (Doff, 2007)：第一、作爲風險計量的工具，方便不同風險間的比較與控制；第二、作爲訂定風險限額的依據；第三、作爲績效衡量指標的計算基礎，例如：RAROC 等，參閱後述；第四、作爲公司各單位／部門資本配置的基礎，進一步可編製風險基礎的年度預算 (Risk-Based Annual Budget)。

1. RAROC

RAROC 是管理控制中，重要的績效評估指標。RAROC(Risk-Adjusted Return on Capital) 稱爲資本的風險調整報酬率。它是風險調整績效衡量 RAPM(Risk-Adjusted Performance Measurement) 中的一個重要指標。RAPM 是根據報酬中，所承受的風險調整報酬的通稱。RAROC 是由 ROC(Return on Capital) 變形而成，ROC 是會計報酬或利潤與會計帳面資本的比率，但 RAROC 分子則從報酬中扣除風險因素來調整報酬，也就是公平價值報酬，分母則以經濟資本取代會計帳面資本。因此，RAROC 公式爲：RAROC =（會計報酬 – 預期損失）／經濟資本，其他三種常見的 RAPM，參閱第十三章。

其次，RAROC 有四項假設前提，使用時需留意 (Doff, 2007)：第一、所有報酬／損失的可能變異，至少必須能以一種很清楚的風險來解釋。如果可能的變異無法用一種很清楚的風險來解釋時，那麼就容易存在不清楚的新風險。這項假設也提示我們，在解讀 RAROC 數據時，別忘了報酬／損失的變異來源很多；第二、所有的風險必須要能計價。這項假設提示我們，有些風險計價極度困難。例如：沒有一位客戶願意支付公司因作業失誤引發的成本；第三、所有已知風險的計量必須以

---

[1] 會計帳面資本就是資產帳面值扣除負債帳面值後，所顯示的資本額。而監理法定資本是監理單位從監理的觀點，所要求的資本額，可分第一類資本(Tier 1)、第二類資本(Tier 2)與第三類資本(Tier 3)。

客觀的統計模型爲基礎。這項假設與第二項假設有些關聯，風險如無法計量就很難計價。這項假設也另外提示我們，不是所有風險的效應均能很客觀的計量。例如：風險事件發生引發的公司形象名聲的損失；第四、經濟資本與未來可能發生的損失間，是有因果關聯的。但這項假設針對有充分損失記錄的風險可成立，但對不易有損失資料的風險就爭議大。

2. 截止率與資本配置

截止率 (Hurdle Rate) 常被用來調整經濟資本資金的報酬，經由此調整後的經濟利潤才是增減公司價值的變數。換言之，截止率是 RAROC 爲彌補經濟資本資金成本的最低要求。當 RAROC 超過截止率，對公司價值就有貢獻，這概念就是經濟價值加成 (EVA: Economic Value Added) 或稱經濟利潤 (EP: Economic Profit)，其算式如下：

$$EP = \text{經濟資本} \times (\text{RAROC} - \text{截止率})$$

EP 如爲正值，公司價值增加。反之，則否。這是管理控制上重要的手段。

其次，資本配置 (Capital Allocation) 是指將經濟資本分配置公司各單位／部門的紙上作業過程，不必然涉及實質資本的投資。這項配置依據各單位／部門營運目標、RAROC 截止率、風險限額等因素配置，這即是風險基礎年度預算（參閱附錄 III) 編製的基礎。至於資本配置的方式主要有三種 (Doff, 2007)：第一、基於公司最上層戰略的考量，進行由上而下的資本配置。此時，並不考慮資本配置對各單位／部門的影響；第二、由公司各單位／部門間，爲完成長期目標自行討論調整最適當的資本配置；第三、就是前兩種方式的混合。最後，資本配置過程中，要留意風險間的分散效應。分散效應的計算方式，可參閱第八章。其分散情形有三種，參閱圖 12-3。

依圖 12-3，第一種風險分散是公司各單位／部門的同一類風險內的分散。例如：作業風險。第二種風險分散是所有單位／部門，同一類風險內的分散。第三種風險分散是同一單位／部門，所有風險間的分散。這三種風險分散效應均會影響經濟資本的計算。原則上，計算經濟資本時，均先考慮第一種情形的風險分散，再來才考慮第二種風險分散，最後考慮的是第三種風險分散。

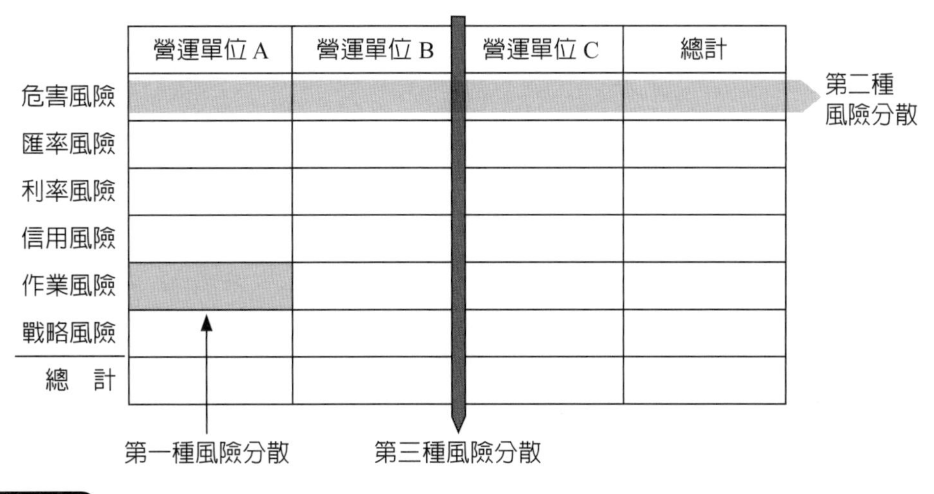

圖 12-3　風險分散的三種情形

(三) 內部控制、COSO模式與非財務控制

前項所說明的，主要是預算、資本與財務比率的管理控制。本項主要針對內部控制與非財務控制的說明。

內部控制與內部稽核是一體的兩面。根據英國管理會計人員學會 (CIMA: Chartered Institute of Management Accountants) 的定義 (CIMA, 2005)，內部控制是指公司管理層爲協助確保目標的達成，所採取的所有政策與程序。這些政策與程序盡可能以實際可行方式，有效率與有次序地執行控制資產的安全、報表的完整、及時與可靠、詐欺與失誤的偵測等。公司內部控制機制由控制環境 (Control Environment) 與控制程序 (Control Procedures) 構成。控制程序的制定則仰賴控制環境的優劣。控制環境則包括：正直與倫理的價值觀 (Integrity and Ethical Values)、管理哲學與經營風格 (Management's Philosophy and Operating Style)、組織結構 (Organizational Structure)、權責分攤與授權 (Assignment of Authority and Responsibility)、人力資源政策與實務 (Human Resource Policies and Practices)、與員工的能力 (Competence of Personnel) 等 (IIA: The Institute of Internal Auditors, Inc., 2008)。

其次，內部控制除採各類財務比率指標控制外，亦採用非財務方式作爲內部控制的手段。例如：關鍵風險指標 (KRI)、關鍵績效指標 (KPI)、品質管制、獎懲辦法、實體監控設備、與組織文化等。

最後，美國 COSO 委員會出版的內部控制一整合架構 (Internal Control-Integrated Framework)(COSO, 1992) 中，認為內部控制是 ERM 的核心部分。COSO 內部控制模式包括五要素：第一、控制環境 (Control Environment)，如前所提；第二、風險評估 (Risk Assessment)，主要辨識無法滿足財務報告、法令遵循與經營目標的風險；第三、控制活動 (Control Activities)，主要指為完成目標所採取的政策與程序；第四、監督評估 (Monitoring)，以各種評價方式評估內部控制績效；第五、資訊及溝通 (Information and Communication)，內部控制應透過方法掌握內外部競爭、經濟、監理、與戰略訊息，並進行內外溝通。

(四) 管理控制的組織與文書

要做管理控制就要有組織架構與相關文書，前者可參閱第四章的五大基礎建設的組織架構的建立，後者最重要的管理控制文書是第五章所提的風險管理政策說明書，至於其他文書可包括風險預算書、保單登錄簿、風險管理手冊、風險管理年度績效報告、與風險成本報告等。

二、溝通

ERM 所指的溝通，主要是指風險溝通，這會涉及 ERM 過程的所有環節。風險溝通詳閱第十五章。此處，說明的溝通是危機溝通與共識溝通。此外，也說明公司財務報告的揭露，這也是對外溝通的一種方式。

(一) 財務報告的揭露與對外溝通

財務報告是公司所有經營活動成果的縮影，常見的有資產負債表與損益表。公司訊息的揭露與經營績效間有所關聯。訊息揭露中的風險揭露更是公司所有利害關係人，近年來關注的焦點。

1. 國際財務報告標準

國際上，各國有各國的財務會計標準，但美國的一般公認會計準則 (GAAP: Generally Accepted Accounting Principles) 一直是各國遵循的主要對象。國際會計準則理事會 (IASB: International Accounting Standards Board) 一直致力於國際間，標準的一致性，以滿足全球資本市場投資人的需求。換言之，全球投資人需要各國財務報告間，能有共同的標準便於比較，有助於選擇投資。因此，IASB 公布出版國際財務報導準則 (IFRSs: International Financial Reporting Standards)。IFRSs 的前身稱

為國際會計標準 (IASs: International Accounting Standards)。現稱的 IFRSs，事實上指的是新公布的 IFRSs 與舊有的 IASs。

另一方面，美國在 2002 年通過沙賓一奧斯雷法案 (SOX: Sarbanes-Oxley Act) 後，對上市公司財務報告揭露與內稽內控影響深遠。美國財務會計標準委員會 (FASB: Financial Accounting Standards Board) 與 IASB 原則上同意財務報告應用共同標準，雖然 FASB 尚未完全採用 IFRSs，此時美國證交會 (SEC: Securities and Exchange Commission) 傾向各公司法說會可彈性使用 IFRSs。其次，IFRSs 與 GAAP 間，兩者最大不同處在於 GAAP 是以規則為基礎 (Rule-Based) 的會計標準，會計處理人員有規避責任的空間，然而，IFRSs 是以原則為基礎 (Principle-Based) 的會計標準，會計處理人員難避責。最後，財務報告的資訊揭露主要規定在 IAS1：財務報表表達 (Presentation of Financial Statements) 與 IFRS 7：金融工具 (Financial Instruments) 中 (Collier, 2009)。

2. 英國OFR與風險揭露

英國會計標準委員會在 2006 年，發布一份報告書：營運與財務評論 (OFR) (Reporting Statement: Operating and Financial Review)。OFR 是提供給上市公司願意以最佳實務原則報告財務的準則。這主要用來作為正式財務報表的補充報告。OFR 應該提供有助於股東評估公司經營戰略與評估該戰略成功的可能性。具體說，OFR 應包括：(1) 公司目標、經營戰略、市場競爭、與監理環境的說明，以及業務性質；(2) 前一年度與未來業務的發展與績效；(3) 長期言，也許會影響公司價值的資源、關係、主要風險、及不確定性；(4) 前一年度與未來資本結構的說明、公司財務政策與目標，以及業務的流通性 (Collier, 2009)。

其次，根據研究 (Solomon et al., 2000) 顯示，OFR 公布前，在英國幾乎很少規範財務報表中風險的揭露。該項研究建議公司的風險揭露，應包括：(1) 訊息揭露是基於公司自願，抑或是來自監理機關的強制要求；(2) 投資人對風險揭露的態度；(3) 風險揭露是採個別揭露，抑或是綜合揭露；(4) 所有風險訊息都揭露，抑或是選擇性揭露；(5) 在 OFR 報告中的何處揭露；(6) 風險揭露的程度是否能幫助投資人作決策。該項研究在 1999 年調查發現，三分之一的法人投資機構認為增加風險揭露有助於它們的投資組合決策。這項研究也認為公司治理的改革與風險揭露間，有顯著的關聯。另一項研究 (Linsley and Shrives, 2006) 也發現，風險訊息揭露量的多寡與公司規模大小間，有顯著相關。然而，該項研究也顯示，風險揭露與使用財務比率表達風險高低間，並無關聯。同時，該項研究認爲風險描述與風險管理政策，如均缺乏一致性，那麼公司利害關係人很難評估風險。

3. SOX與金融工具的風險揭露

美國 SOX 法案主要目的在處理金融市場監督、正直、與透明度等核心議題。該法案要求表外資產負債重大事項的揭露。同時，也要求上市註冊與因造假受犯罪處罰的所有公司的執行長、財務長，均應對公司年報與季報進行確認。特別是 SOX302 與 404 項的條款，要求執行長、財務長必須確保公司內部控制的有效性。這些相關要求大幅增加了上市公司的法令遵循與稽核成本。同時，COSO 公布內部控制指引，該指引提供二十項原則以供執行長與財務長能夠確保公司內部控制程序的適當性，滿足 SOX 的要求。其次，SOX 法案加重審計委員會的責任，雖然並無相關條文規定，內部稽核在風險管理與內部控制的角色與功能。然而，美國獨立的上市公司會計監督委員會 (Independent Public Companies Accounting Oversight Board) 則制定了一套稽核、品質控制、與獨立性的標準。SOX 法案下，外部稽核人員被要求要出具被稽核公司的管理評估報告。相對的，在英國並無相關要求 (Collier, 2009)。

另一方面，IFRS 7 要求公司財務報表揭露金融工具的訊息。其目的是要使財務報表使用者，能夠用來評估這些金融工具對公司財務績效的貢獻，以及來自這些金融工具風險的性質及程度。同時，用來評估公司如何管理這些風險。IFRS 7 的訊息揭露可以量化與質化表示，質化主要表示公司管理金融工具風險的政策、目標與過程，量化主要表示風險的程度與管理風險的主要負責人。其次，IAS 39 要求金融工具與負債均要以公平市價顯示。這些公平市價的改變，則要揭露於損益表。IAS 39 也允許這些金融工具爲避險或爲交易，可以有不同的會計處理方式。至於海外資產與負債的交易與計價單位轉換的損益風險，也需揭露於財務報表中。雖然計價單位轉換的風險不影響公司現金流量，但在編製資產負債表時，仍要將依外幣計價的資產與負債轉換成依公司註冊地的貨幣單位表示 (Collier, 2009)。

(二) 危機與共識溝通

危機溝通與對外發言人的設置息息相關。它主要適用於危機期間，其重點是聚焦在因風險事件發生，引發公司重大危機，在危機期間如何對所有利害關係人進行溝通，化危機爲轉機。根據文獻 (Lerbinger, 1997) 顯示，危機溝通時，要留意如

下幾項原則：第一、要查明危機發生的眞相並勇於面對；第二、危機管理小組應積極，高階主管應保持警覺；第三、要成立危機新聞中心；第四、所有對外發言口徑要一致；第五、危機發生時，盡速召開記者會，公開、坦誠與準確地告訴大眾實情；第六、與所有利害關係人進行直接溝通。至於對外發言人面對媒體時的對外發言，也要遵守幾項規則：第一、從利害關係人的利益出發，而非公司利益；第二、盡可能使用人性化的語氣與措詞；第三、別與媒體記者爭辯，保持冷靜；第四、回答問題時，直接了當別拐彎抹角；第五、說實話，即使後果不堪想像。最後，關於共識溝通，其目的是促成多數人對風險議題與行動形成共識，降低風險。例如：衛生署對性行爲帶保險套的宣導即是共識溝通。

本章小結

管理控制與溝通看似兩項獨立的事項，其實兩者間還是有連動關係。溝通良好，有助於管理控制績效。事實上，要達成 ERM 的良好績效，除需風險溝通，也需危機與共識溝通。

思考題

1. 人是最難管理的，風險是永不磨滅的。你（妳）認爲爲何人在管理風險時，要有控制與溝通的手段？
2. 截止率與資本配置有何關聯？管理控制對ERM能起何種作用？
3. IFRSs與GAAP間，如果你（妳）是會計人員該如何選擇，如果可選擇的話。

參考文獻

1. Chartered Institute of Management Accountants(CIMA) (2005). *CIMA official terminology: 2005 edition.* Oxford: Elsevier.
2. Collier, P. M. (2009). *Fundamentals of risk management for accountants and managers: Tools & techniques.* London: Elsevier.
3. Committee of Sponsoring Organizations of the Treadway Commission(COSO) (1992). *Internal control-integrated framework.*

4. Doff, R. (2007). *Risk management for insurers: Risk control, economic capital and Solvency II.* London: Risk Books.
5. Lerbinger, O. (1997). *The crisis manager: Facing risk and responsibility*. Published by Lawrence Erlbaum Associates, Inc.
6. Linsley, P. M. and Shrives, P. J. (2006). Risk reporting: A study of risk disclosures in the annual reports of UK companies. *British Accounting Review, 38*. pp. 387-404.
7. Matten, C. (1999). *Managing bank capital: Capital allocation and performance measurement.*
8. Solomon, J. F. et al. (2000). A conceptual framework for corporate risk disclosure emerging from the agenda for corporate governance reform. *British Accounting Review, 32*. pp. 447-478.
9. The Institute of Internal Auditors, Inc. (IIA) (2008). *The definition of internal auditing, 2008.* The international standards for the professional practice of internal auditing.

第13章

風險管理的實施（九）——績效評估與監督

讀完本章可學到什麼？

1. 了解風險管理績效評估的必要性與衡量指標有哪些？
2. 認識風險管理成本分攤的新方法。
3. 了解公司審計委員會與內外部稽核的功能。

ERM 的績效評估與監督既可稱最後，也可稱是自我循環管理過程的起頭。其次，全面性風險管理實施過程的同時，還需來自公司內外部的稽核 (External and Internal Auditing) 監督，始可能完成目標。本章首先聚焦在績效評估的衡量指標／效標與風險成本的分攤。其次，一般企業管理的績效評估概念，同樣可適用於風險管理的績效評估，但稍有不同的是，風險管理的標的是風險，績效評估時，責任的歸屬與評估期間更需力求公平合理。同時，也須根據績效的良窳給予獎懲。最後，說明獨立的稽核監督，這有賴於公司內外部稽核人員 (External and Internal Auditor) 與董事會審計委員會 (Audit Committee) 來完成。這項獨立稽核監督的機制是 ERM 成功的要素之一。

一、風險管理績效評估

(一) 績效評估的必要性

風險隨著時間會產生變化，評估它的管理績效，難度高。然而，仍有規則可循。風險管理績效評估的必要性，主要來自於評估的目的。首先第一個目的是爲了控制績效 (Control Performance)，這是評估工作上最積極的目的。蓋因，管理績效要與年度目標一致，非嚴密控制不可。爲了控制績效，除需建立一套績效標準與激勵員工的辦法外，更需根據這些標準，在管理過程中作適當的修正。其次，評估工作第二個積極目的，要能兼顧與因應未來內外部環境的變局 (Adapt to Change)。其理由主要有四 (Head, 1988)：第一、公司面臨的風險是多變的；第二、有關法令規定可能已過時；第三、公司可用的資源可能已產生變化；第四、風險管理的成本和效益亦可能產生變化。基於以上四種理由，定期評估風險管理績效，進而調整既定的決策以適應新的環境，是相當重要且必要的。

(二) 評估的依據與標準

1. 評估的依據

風險管理績效評估必須依據公司風險管理目標與風險管理政策。公司風險管理總目標是在提升公司價值，進一步分，還包括戰略目標、經營的效率目標、報告可靠的目標、遵循法令的目標、與損失前後的特定目標。此外，公司風險管理政策說明書所揭露的政策內容，也是評估的重要依據。最後，根據績效評估的結果，回饋到來年風險管理目標與政策的擬定。

2. 評估的標準

績效評估最積極的意義是在控制績效，爲完成該目的須一套標竿。首先，建立評估標準，針對風險管理的特性評估標準有二(Head, 1988)：一爲行動標準(Activity Standards)。例如：KRI 指標、風險限額標準、每個月規定召開一次安全會報、一年檢查一次消防系統等。或詳細閱讀與檢視保險單的每一條款，或定期監控每一作業風險監控點等；另一爲結果標準 (Result Standards)。例如：KPI 指標、員工可能遭受殘廢的機會應由 5% 降爲 2%、火災損失金額今年應縮小爲 50 萬、RAROC 報酬率要提升至 13% 等。所有的評估標準應明確且具體，避免抽象。如此，始有助於績效評估和責任歸屬。訂立這些標準時，應考慮 (Head, 1988)：(1) 法令環境；(2) 同一產業的環境；(3) 公司整體目標；(4) 管理人員與員工態度等因素，始可制定出一套良好的評估標準。良好的評估標準則應具備下列幾點特性 (Head, 1988)：(1) 客觀性 (Objective)；(2) 彈性 (Flexibility)；(3) 經濟效益性 (Economical)；(4) 能顯示異常性 (Highlight Significant Exceptions)；(5) 能引導改善行動 (Pointing to Correction Action)。

3. 修正與調整差異

有了評估標準，須修正與調整實際績效與評估標準間的差異。要完成此一步驟，首先，應注意以下四點 (Head, 1988)：(1) 實際績效本身，應能客觀地測度；(2) 測度出來的實際績效要能被人所接受；(3) 衡量的尺度標準須具代表性；(4) 差異程度應具顯著性。其次，才進行差異程度的調整。一般調整差異的步驟是 (Head, 1988)：(1) 先正確地辨認發生差異的原因；(2) 了解差異原因的根源；(3) 與相關人員進行討論；(4) 執行適切的調整計畫；(5) 繼續評估回復標準所需採取的調整行動。

(三) 激勵理論

要完成控制績效的積極目的，除需建立評估標準外，就是要有一套風險管理的激勵措施。從理論上來看，激勵的理論基礎主要有三種 (Head, 1986)：第一種是馬斯羅的需求論 (Maslow's Hierarchy of Needs)；第二種是赫茲柏的兩項因素論 (Herzberg's Two-Factor Theory)；第三種是史基尼的條件反應論 (Skinner's Conditioned Response Theory)。每種理論的立論觀點有別，但均提供了激勵理論的基礎。其次，風險管理人員在制定激勵措施時，應考慮下列兩項因素 (Head, 1986)：第一、

要考慮個人個性上的差異，此種差異又分兩類：一爲個別員工間的差異；另一爲主管人員間領導風格上的差異。領導風格的差異乃導源於主管對部屬工作態度有不同的看法。理論上，這看法可分爲 X 理論 (X Theory) 與 Y 理論 (Y Theory)。

X 論者認爲人均是被動的、偷懶的、很難接受新事物。是故，持此看法的主管容易產生壓制或威權的領導風格。Y 論者認爲人均是主動的、積極創新的、且願接受新事物的挑戰。是故，持此看法的主管容易產生人性化管理和民主式的領導風格；第二、要考慮個人個性會隨著時間而改變。綜合考慮後，必可制定一套實際可行的激勵辦法。其次，該激勵辦法的制定，最好配合未來風險調整後的獲利（例如：RAROC），以及各部門風險管理的成熟度，並以長期績效作爲評量獎酬的依據，這對 ERM 的落實助益甚大，但需注意公平合理與溝通。

二、風險管理績效衡量指標

績效衡量指標需質化與量化指標並重。量化指標主要包括資產報酬率 (ROA: Return on Asset)、股東權益報酬率 (ROE: Return on Equity/ ROC: Return on Capital) 與各種風險調整績效衡量 (RAPM: Risk-Adjusted Performance Measurement) 指標等，質化指標則指管理過程中的各類效標而言。

(一) 量化指標

1. ROA與ROE

傳統上，公司經營績效衡量的指標採用的是 ROA 與 ROE/ROC。風險管理是經營管理的一環，也因此，這兩項指標常被投資人用來觀察公司風險管理的績效。然而，這兩項指標從風險管理的觀點言，有極大缺失容易誤導投資大眾。因此，風險管理績效上採用 RAPM 已漸受重視。ROA 與 ROE/ROC 的計算公式如下：

ROA = 會計利潤 / 資產

ROE/ROC = 會計利潤 / 權益資本

這兩項公式的分子均是會計利潤，但會計利潤不是很好的風險管理績效衡量工具，因會計利潤無法表達未來風險的變動。至於 ROC 分母的權益資本是屬會計帳面資本，它並非以風險爲考量所需的資本。基於風險考量所需的資本也就是風險資本或經濟資本。因此，從風險管理觀點言，ROA 與 ROE/ROC 指標有必要被

RAPM 取代。

2. RAPM

風險調整績效衡量 RAPM 是根據報酬中，所承受的風險調整報酬的通稱。RAPM 共有六種變形，分別由 ROA 與 ROC 變形而來，但常見的 RAPM 有四種。這四種 RAPM 又可分兩組，每組各配兩個 RAPM：第一組屬於 ROA 變形的 RAPM，有 RORAA 與 RAROA；第二組屬於 ROC 變形的 RAPM，有 RAROC 與 RORAC。這四個指標均爲資產價值波動法。其中，最常用的 RAPM 就是 RAROC，這項指標常被用來作資本的配置，也用來決定事業單位的取捨，與事業單位的經濟價值 (EVA/EP: Economic Value Added/Economic Profit)(Doff, 2007)。在此，除 RAROC 已於第十二章說明外，其餘常見的三種 RAPM，分別說明如下 (Matten, 1999)：

第一、RORAA(Return on Risk-Adjusted Assets) 稱爲風險調整資產報酬，它是 ROA 的變種。分子與 ROA 的分子相同，但分母則依資產項目的相對風險程度調整。

第二、RAROA(Risk-Adjusted Return on Assets) 稱爲資產的風險調整報酬，它也是 ROA 的變種。分母與 ROA 的分母相同，但分子則從報酬中扣除風險因素來調整報酬。

第三、RORAC(Return on Risk-Adjusted Capital) 稱爲風險調整資本的報酬，它是 ROC 的變種。分子與 ROC 的分子相同，但分母以經濟資本取代會計上的權益資本。

最後，很顯然的，分子與分母均會產生變形的 RAPM 是 RARORAC 與 RARORAA，但很少用此種變形指標。

3. RME

各類風險因子的變動，例如：消費者嗜好的改變、供應鏈的改變、與利率的變動等，均會影響產品銷售獲利的機會。因此，公司如能有效回應這些風險因子的變動，將可使公司獲利穩定，其結果就是公司報酬的變異降低，而風險管理效能 (RME: Risk Management Effectiveness) 指標適合這類績效的衡量。其公式以符號表示如下 (Andersen and Schroder, 2010)：

$$RME_{t,j} = SD(Sales_{t,j}) / SD(Return_{t,j})$$

RME t, j 代表 j 公司在 t 期間的風險管理效能。

SD(Sales t, j) 代表 j 公司在 t 期間銷售額的標準差。

SD(Return t, j) 代表 j 公司在 t 期間 ROA 報酬的標準差。

RME 值越高，代表公司風險管理上針對風險因子變動引發的銷售環境變動，有極佳的回應力，進而越能穩定公司報酬。

4. COR/Sale的比例

風險成本 (COR) 與銷售額 (Sale) 的比例是用來衡量公司風險管理成本的效能 (Risk Management Cost Effectiveness)。這項指標由美國風險與保險管理學會 (RIMS: Risk and Insurance Management Society) 所發展，並定期作產業調查，公布結果。公司風險管理上，如果 COR/Sale 的比例值較同業爲低，代表公司風險管理成本的效能高過同業。其他因素不考慮，也可代表公司風險管理績效較同業爲佳。

(二) 質化效標

ERM 績效的好壞，除量化指標外，還需觀察質化的各類效標。在此，依國際信評機構標準普爾[1](S&P: Standard and Poor's) 於 2006 年採用的效標簡要說明。雖然這些效標，針對保險業而制定，但經由適度調整後，極適用於一般產業。

標準普爾主要採用五大類效標，評估 ERM 的良窳。它們分別是風險管理文化、風險控制、極端事件管理、風險與經濟資本模型，以及戰略風險管理等五大類。每一類再細分成各種不同的效標，各類各效標，除風險管理文化各效標已在第四章說明外，此處說明標準普爾的其他四類效標如後：

第一、風險控制效標，分別爲：1. 貴公司對曝險額與其種類的辨認程度爲何？2. 貴公司對風險稽核與監控的情形爲何？3. 貴公司對冒風險的程度與管理風險是否均有明確書面化的限額與標準？4. 貴公司風險管理過程是否有預算等管理控制工具？5. 貴公司風險學習與訓練過程是否有明確的制度與改善措施？

第二、極端事件管理效標，分別爲：1. 貴公司認爲極端事件的管理對實施風險管理之重要程度爲何？2. 貴公司在實施風險管理上，有無單獨針對極端事件做情境分析？3. 貴公司在進行極端事件管理上，有無採用壓力測試？

第三、風險與經濟資本模型效標，分別爲：1. 貴公司採用指標型[2]風險評估方

1 Standard and Poor's網站http://www.standardandpoors.com/ratingsdirect

2 針對公司風險管理的成熟度，不同的風險可用不同的風險評估方式。指標型風險評估通常以

法時，以最大可能損失、資產價值、員工流動率、審核異常報告或其他方法的哪幾項爲參考因素？2. 貴公司採用預測型[3]風險評估方法時，以隨機模擬與單一情境分析的哪幾項爲參考因素？3. 貴公司採用敏感型[4]風險評估法時，以存續期間、凸性程度、Gamma、Vega、Delta 和 Rho 的哪幾項爲參考因素？4. 貴公司採用的經濟資本模型是否有配合公司的需求作必要的調整？

第四、戰略風險管理效標，是貴公司在戰略風險管理上以自留風險、資產配置、風險／報酬、風險調整後績效、風險調整後紅利、與資本預算的哪幾項爲參考因素？

三、風險管理的成本分攤制度

根據專業估計，投資一塊錢作風險管理，可以節省二十塊經營成本（周詳東，2002/7），所以風險管理的投資成本極爲重要。其次，這些成本合理的分攤至公司各單位部門間，在以利潤中心管理爲主的公司更形重要，尤其在績效評估的責任歸屬上更不容漠視。有鑑於此，分攤基礎是否適切，對績效及責任歸屬的客觀公平性均有莫大的影響。同理，風險成本分攤基礎和方法是否公平合理必然影響風險管理績效。本單元擇要說明，風險成本分攤的目的、傳統分攤基礎和方法，以及新的分攤基礎和方法。

(一) 風險成本分攤的目的

分攤風險成本主要係爲了滿足下列四種目的 (Head, 1988)：第一、爲了激勵管理人員，提升風險控制績效；第二、爲了求取風險承受 (Risk-Bearing) 與風險分攤 (Risk-Sharing) 間的平衡。換言之，求取損失責任在各單位間的公平合理的歸屬；第三、爲了提供管理人員風險成本的相關資訊；第四、爲了幫助風險承擔 (Retention) 的規劃與執行。風險成本分攤制度本身應具備兩項特性：第一、制度需簡明易懂；第二、制度應能免除人爲的捏造 (Manipulation)，尤其是謊報損失。

某百分比乘以相關因子，計算風險資本，這適用於風險管理尚未成熟的公司。

[3] 預測型風險評估則利用內部模型法估計風險資本，適用於有充分資料庫且風險管理相當成熟的公司。

[4] 敏感型風險評估適用於市場與信用風險，以及持有衍生品的公司。

(二) 傳統的分攤方法

風險成本分攤傳統上有三種方式 (Head, 1988)：第一種方式是均等攤之於各單位部門間；第二種方式是以相關的損失曝露單位數 (e.g. 產品責任風險成本分攤以銷貨額爲基礎，此銷貨額即爲損失曝露單位數。）爲基礎分攤之；第三種方式是以各單位實際遭受的損失金額決定分攤數。以上三種方式均有缺點，且不能讓單位主管信服。第一種方式表面上公平，實質上最不公平。蓋因，眾多因素未考慮。第二種方式是一般成本會計中分攤的方式，雖比前一種方式進步，但對損失控制績效無法適當反應。第三種方式缺乏考慮有些並非各單位所能控制的損失，但歸屬於該單位，此方式亦有欠公平，亦違反風險成本分攤第二個目的。基此，新的分攤方法乃因應而生。

(三) 分攤風險成本的新方法

良好的風險成本分攤制度，除了應具備前述的簡明易懂並能免除捏造兩項基本特性外，尚應符合下列三種條件：第一、要有激勵管理人員降低損失的作用；第二、要能使管理人員易懂且具公平性；第三、應能便於編製風險成本預算書。爲了符合上述標準，李佛雷 (Leverett Jr. E. J.) 與馬基昂 (McKeown, P. G.) 共同發展出一套新的風險成本分攤方法 (Leverett, Jr and McKeown, 1983)，此法以保險費分攤爲主。

他們的新方法，首先明確規範，什麼是「良好的損失經驗 (Good Loss Experience)」，什麼是「不好的損失經驗(Bad Loss Experience)」。根據他們的看法，所謂良好或不好的損失經驗，是下列兩項因素之差是否爲正或爲負來決定的。如果是正數，則爲良好的損失經驗。反之，負數即爲不好的損失經驗。前者，應受鼓勵。後者，應予懲罰。這兩項因素是：第一、各單位部門實際損失占全部損失的百分比，以「%Loss」表示之；第二、各單位部門損失曝露單位數占全部損失曝露單位數的百分比，以「%Base」表之。兩項因素之差以符號表示如下：

DIFF = %Base – %Loss。如 DIFF 大於零，則爲良好的損失經驗。如小於零，則爲不好的損失經驗。其次，將原有保費分攤額透過下列計算式調整爲新的保費分攤額，參閱表 13-1。

表 13-1 分攤保險費新的計算公式

(1)不良損失經驗部門的算式：New = Old + [(DIEF/Worst)*Increase*Old]

New = 新的保費分攤額　　Old = 舊的保費分攤額

DIEF = %Base – %Loss　　Worst = DIEF的最大負數值

Increase = 管理階層允許保費調高的最高調幅

(2)良好損失經驗部門的算式：New = Old – [(DIEF/Best)*Decrease*Old]

New = 新的保費分攤額　　Old = 舊的保費分攤額

DIEF = %Base – %Loss　　Best = DIEF的最大正數值

Decrease = 管理階層允許保費調低的最大調幅

初期，為了公平起見，公司風險管理人員對保費調高與調低幅度均以相同幅度試算。試算結果，如果各部門新的保費分攤額加總等於原有保費總數時，則無須進一步試算。通常以相同幅度試算時，不會達成滿意的結果。進一步試算有必要，為了懲罰不良損失經驗的部門，管理人員需維持調高的幅度。是故，良好損失經驗的部門調低的幅度會下降。維持調低的幅度，如不良損失經驗的部門產生超過原先所允許的保費最高調幅時，亦有欠合理。

茲舉一例，說明新的分攤方法。公司有五個單位部門，各單位部門的銷貨額、實際損失和原有保費分攤額，參閱表 13-2。調整初期，風險管理人員均以 30% 為調高與調低的幅度。

表 13-2 某公司各部門銷貨額、實際損失和原有保費分攤額

單位部門	銷貨額	實際損失	保費分攤額
1	$4,000,000	$20,000	$40,000
2	1,000,000	30,000	10,000
3	1,000,000	20,000	10,000
4	1,000,000	10,000	10,000
5	3,000,000	20,000	30,000

根據表 13-2 計算 %Base、%Loss、DIEF 及原有保費百分比，如表 13-3。

表 13-3　某公司各部門 %Base、%Loss、DIEF 及原有保費分攤百分比

單位部門	%Base	%Loss	DIEF	Old(%)
1	40%	20%	20%	40%
2	10%	30%	–20%	10%
3	10%	20%	–10%	10%
4	10%	10%	0%	10%
5	30%	20%	10%	30%

首先，以 30% 為調高與調低的幅度試算一次，其結果如表 13-4。

表 13-4　新保費分攤百分比試算結果

單位部門	Old(%)	DIEF	試算結果 New(%)
1	40%	20%	28%
2	10%	–20%	13%
3	10%	–10%	11.5%
4	10%	0	10%
5	30%	10%	25.5%
總計			88%

顯然，表 13-4 最右一欄加總百分比為 88%，此數不等於百分之百。是故，管理人員維持調高幅度為 30%，進一步試算到最後，調低幅度會降為 8.18%。

「因為 1 = [0.4 – (0.2/0.2)*X*0.4] + [0.1 + (0.2/0.2)*0.3*0.1] + [0.1 + (0.1/0.2)*0.3*0.1] + 0.1 + [0.3 – (0.1/0.2)*X*0.3]

所以 X = 0.0818 = 8.18%」

以調高幅度為 30%，調低幅度降為 8.18%，計算最後結果，如表 13-5。

表 13-5 某公司各部門新的保費分攤額

單位部門	原有保費分攤	計算過程	新的保費分攤數
1	40% (40,000)	[40% − [(20%/20%)×8.18%×40%] = 0.36728 = 36.73%	$36,730
2	10% (10,000)	[10% + [(20%/20%)×30%×10%] = 0.13 = 13%	13,000
3	10% (10,000)	[10% + [(10%/20%)×30%×10%) = 0.115 = 11.5%	11,500
4	10% (10,000)	不變	10,000
5	30% (30,000)	[30% − [(10%/ 20%)×8.18%×30%] = 0.28773 = 28.77%	28,770

綜合以上，新的風險成本分攤法唯一缺憾是，所謂調高與調低幅度的設定，多少具主觀成分。除此之外，其精神意旨均能滿足良好的分攤制度應具備的條件。

四、審計委員會、內外部稽核與ERM的監督

ERM 的監督可來自外部，例如：外部稽核人員、國際信評機構與政府的監理等，也可來自公司內部，也就是董事會的審計委員會與內部稽核人員。傳統內部稽核的對象是內部控制，也就是第十二章的管理控制。然而，當代內部稽核的對象已轉換爲公司 ERM 過程，這可由國際內部稽核協會 (IIA: The Institute of Internal Auditors) 對內部稽核的新定義得知，參閱後述。

(一) 審計委員會與外部稽核

在公司治理的概念下，董事會負公司風險管理成敗的最終責任。因此，董事會除設置風險管理委員會外，需設置監察人制度或設置審計委員會，獨立監督公司 ERM 過程。根據沙賓—奧斯雷法案，審計委員會主要的功能就是在監督公司稽核策略與政策，以及監督財務報表與內外部稽核報告的可靠與正確性 (Collier, 2009)。其次，根據史密斯指引 (Smith Guidance)(Financial Reporting Council, 2005)，審計委員會也有責任監督公司內部控制的效率與效能，審計委員會可藉由對內部控制人員的詢問方式進行監督。例如：詢問公司是否發生過風險事件，從該事件來看，內部控制上有何缺失，學到何種教訓，以及對公司內部控制環境與內部

控制程序有何影響。

其次，外部稽核人員負責提稽核報告給公司股東。這項外部稽核報告須特別留意報告兩點：第一、外部稽核報告書必須報告公司是否有適切的會計處理程序與記錄，以及假如外部稽核人員沒有收到所有的資訊時，在外部稽核報告書中，必須解釋，或者必須報告特定法律要求需揭露的事項，但並未揭露的原因；第二、外部稽核人員報告書中，可不用報告董事會或內部稽核人員對風險管理與內部控制的相關意見 (Collier, 2009)。

(二) IIA內部稽核的新定義

IIA 對內部稽核作如下的定義 (Pickett, 2005)：內部稽核是種獨立的、具備客觀的與諮詢的活動，這些活動旨在增進組織價值與改善組織的營運。它藉由系統化與組織化的方法，協助組織評估與改善風險管理、控制與治理過程的效能，以達成組織目標 (Internal auditing is an independent, objective assurance and consulting activity designed to add value and improve an organization's operations. It helps an organization accomplish its objectives by bringing a systematic, disciplined approach to evaluate and improve the effectiveness of risk management, control, and governance processes.)。從該定義中，有兩點值得留意：第一、內部稽核作業必須具備獨立性、客觀性與諮詢性；第二、內部稽核的對象是風險管理、控制與治理的過程，也就是所有 ERM 過程，這有別於傳統內部稽核只著重內部控制過程的稽核。

(三) 稽核風險與內部稽核的新職能

內部稽核的新職能的內容，與傳統的職能差別甚大。傳統的工作程序起自風險評估，歷經選擇受查者、稽核準備、初步調查、評估內部控制、擴大測試、稽核發現與建議、稽核結束會議、稽核報告、追蹤與稽核工作績效評量等十一項步驟，來完成內部稽核的職能。然而，內部稽核新職能的工作程序，首先，檢視公司風險管理程序是否有效？如果無效，則內部稽核人員應重新檢視公司目標、協助辨識公司風險與協助檢視營運活動易發生的風險。相反的，如果檢視公司風險管理程序是有效的，那麼，內部稽核人員應盡可能以公司的風險觀點，檢視風險的範圍，決定稽核工作範圍及重點，進而依風險高低執行分析性覆核。其次，針對個別風險覆核風險管理程序是否滿足適足性？如程序不適足，重新協助評估及辨識風險，如程序適足，則要確保風險管理的執行。最後，再次確認所有的程序皆如期執行並持續改進。上述風險基礎的內部稽核 (RBIA: Risk-Based Internal Auditing) 新職能 (Collier, 2009)，其工作程序參閱圖 13-1。同時，留意內部稽核人員須依風險管理成熟度，負責制定稽核策略 (Audit Strategies)，但並不擔負風險管理責任、風險胃納的制定與風險管理相關決策。

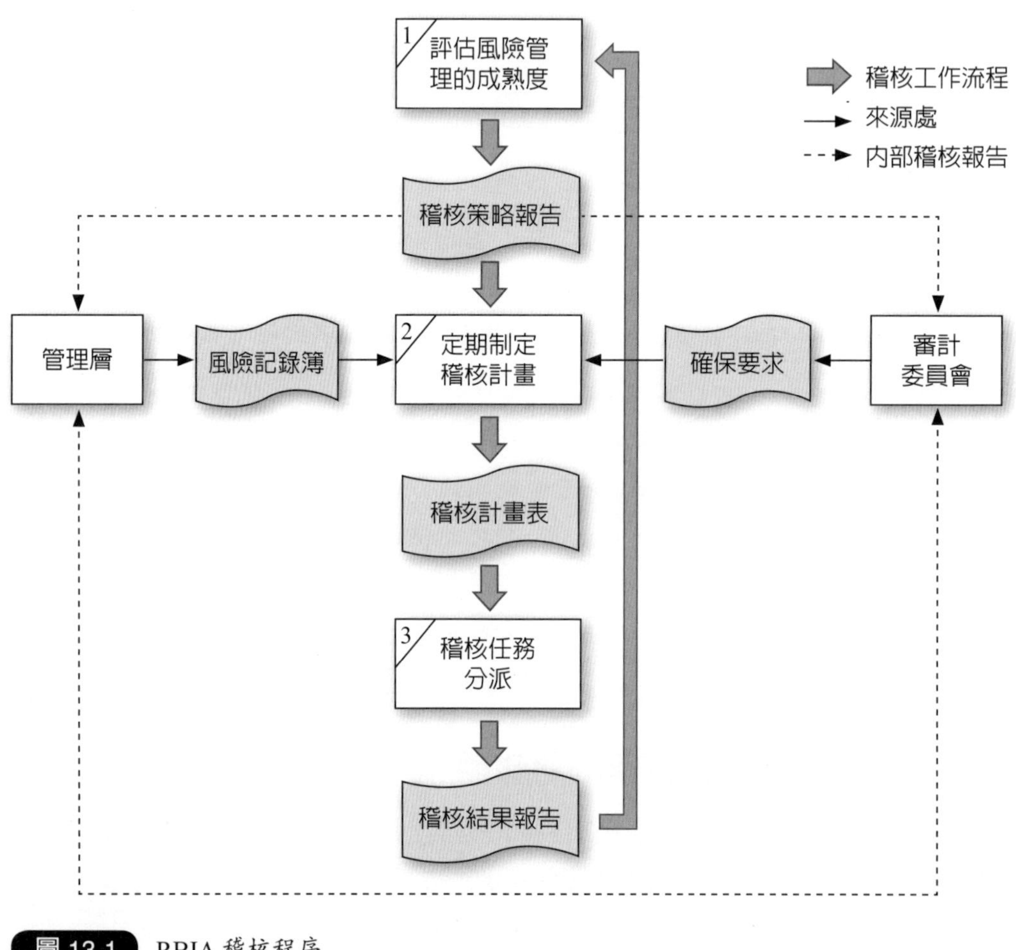

圖 13-1 RBIA 稽核程序

最後，內部稽核工作本身也可能存在稽核風險 (AR: Audit Risk)。所謂稽核風險是指稽核人員在不知情的情況，對財務報表中重大誤告事項，並未作適時修正的風險 (Audit risk is defined as the risk that the auditor may unknowingly fail to appropriately modify his opinion on financial statements that are materially misstated.)(van de Ven, 2010)。這稽核風險則可分成三種，而其間均有連動關係，也就是 AR =

IR×CR×DR。這項公式之意涵係指稽核數量決定於稽核人員所面臨的風險水準，這項風險則由 IR×CR×DR 所決定。IR(Inherent Risk) 是固有風險，其意係指沒有內部控制情況下，實施稽核固定會存在的重大誤告事項的風險。CR(Control Risk) 是控制風險，其意係指內部控制可能未能及時偵測到的重大誤告事項的風險。DR(Detection Risk) 是偵測風險，其意係指未能稽核出的重大誤告事項的可能性。

(四) 資本適足性查核

各國監理機關通常對一般企業公司的資本適足性，並不像對特許的金融保險業有法定的要求。話雖如此，一般企業公司仍應基於提升公司價值與保障股東權益爲由，仿照金融保險業發展經濟資本模型，並調整與建置一套自我風險及清償能力評估系統 (ORSA: Own Risk and Solvency Assessment)。根據公司自有資本與經濟資本的比率，參照可獲得的同業或其他相關資訊，自我評估公司資本的適足性，或委由外部稽核評估。

本章小結

從董事會的審計委員會至公司內部的稽核系統均是在監督 ERM 績效，而 ERM 的績效評估則需各種量化與質化指標以資配合。這其中，也包括風險成本的合理分攤。同時，如能將風險管理與資本管理作整合，以及績效能與員工薪資掛勾連動，那麼 ERM 更容易完成績效目標。如此，公司即使遭受重大風險事件的威脅，固然公司股價與收益會下跌或虧損，但存活機會會比 ERM 差的公司爲高，這就是建置 ERM 所獲得的價值，也是 CRO 最重要的使命。

思考題

1. 美國安隆風暴，以及與引發金融海嘯有關的AIG保險集團，其企業體內部均有良好的風險管理機制。因此，你（妳）認爲評估風險管理績效，有用？還是沒用？爲何？
2. 依教材內容簡單設計計算保險費新的分攤方式。
3. 內部稽核有何風險？執行內部稽核的還是人，請問該選何種人來執行內部稽核？這與第五章提及的風險倫理概念有何關聯？

參考文獻

1. 周詳東（2002/7）。〈專案風險管理〉，*《風險管理雜誌》*。第11期，第43至62頁。臺北：臺灣風險管理學會。
2. Andersen, T. J. and Schroder, P. W. (2010). *Strategic risk management practice: How to deal effectively with major corporate exposures.* Cambridge: Cambridge University Press.
3. Collier, P. M. (2009). *Fundamentals of risk management for accountants and managers: Tools & techniques.* London: Elsevier.
4. Doff, R. (2007). *Risk management for insurers: Risk control, economic capital and Solvency II.* London: Risk Books.
5. Financial Reporting Council (2005). *Guidance on Audit Committees(The Smith Guidance).* Financial Reporting Council, London.
6. Head, G. L. (1986). *Essentials of risk control.* Vol. 2. Pennsylvania: IIA.
7. Head, G. L. (1988). *Essentials of risk financing.* Vol. 2. Pennsylvania: IIA.
8. Leverett, Jr. E. J. and McKeown, P. G. (1983). An incentive approach to premium allocation. In: Head, G. L. ed. *Readings on risk financing*. Pennsylvania: IIA.
9. Matten, C. (1999). *Managing bank capital: Capital allocation and performance measurement.*
10. Pickett, K. H. S. (2005). *Auditing the risk management process.* New Jersey: John Wiley & Sons, Inc.
11. Van de Ven, A. (2010). Risk management from an accounting perspective. In: van Dalen, M. and Van der Elst, C. ed. *Risk management and corporate governance: Interconnections in law, accounting and tax.* pp. 7-55. Cheltenham: Edward Elgar.

網站資訊

・http://www.standardandpoors.com/ratingsdirect

第 14 章

個人與家庭風險管理

讀完本章可學到什麼？

1. 認識個人與家庭可能的風險。
2. 了解生命週期與經濟收支的關係。
3. 認識個人與家庭風險管理的過程。

單身個人與家庭是總體社會最基本的構成單位，其風險管理及決策也是屬最簡單的。個人與家庭間兩者稍異處，是單身個人的決策效應僅及個人本身；後者決策效應則擴及家庭所有成員。

一、個人與家庭可能遭受的風險與評估

個人以及家庭在個體性質與決策位階上，有別於公司。因此，風險歸類基礎不但少且類別也不多。例如：核心風險 (Core Risk) 與附屬風險 (Incidental Risk) 的分類適合公司，但不太適合個人與家庭。公司風險類別中，對個人與家庭風險管理上較爲實用的類別，主要有兩類。

第一類依曝險性質劃分，風險可分爲實質資產風險 (Physical Asset to Risk)、財務資產風險 (Financial Asset to Risk)、責任曝險（也就是責任風險）(Liability Exposure to Risk)、與人身（人力資產）風險 (Human Asset to Risk)。實質資產與財務資產併合一起，即一般所言的財產 (Property)。實質資產風險，例如：住屋因地震毀損等。此外，住屋亦可能遭受來自資產價值增或貶的風險。例如：因經濟不景氣，房價低迷。財務資產風險係指財務資產（例如：持有的債券、股票等）可能遭受的風險，風險來源可能來自財務資產實質的毀損，但此種毀損並不損失其持有權的價值，此點與實質資產的實質毀損並不相同。財務資產另一風險來源，主要來自於金融市場波動引發的持有權價值的增減。例如：利率波動風險等。責任風險係指個人或家庭可能因法律上的侵權或違約，導致第三人蒙受損失的風險。例如：高爾夫球員責任風險。人身風險係指人們的傷、病、死亡、與生存長壽風險。

第二類是依可能的結果分：一爲投機風險 (Speculative Risk)，財務風險屬此類，例如：擁有的股票與基金等均會受到利率波動的影響。再如，擁有利率變動型保險單，那就會有利率波動風險。又如，不動產價格的波動；另一類風險則是純風險 (Pure Risk)，危害風險屬此類，這類風險涉及身家性命與一般財產的實質毀損。

進一步，將個人與家庭可能遭受的風險可具體再細分爲七大類：第一類就是利率與匯率波動等引發的財務風險。除前列所舉各例外，對個人與家庭持有外幣存款，匯率波動風險亦不能不留意；第二類是汽車房屋等財產可能遭受的實質毀損。例如：來自天災地變、人爲偷竊、與火災等的風險；第三類是個人與家庭成員死亡的風險。例如：起因於意外事故或終極老死；第四類是個人與家庭成員的傷病風險。例如：燒燙傷與肝病住院的風險；第五類是個人責任風險。例如：高爾夫球員責任風險等；第六類是個人與家計主事者，因傷病導致的收入中斷與醫療費用增加的風險。例如：傷病的住院費用與減薪等；第七類是退休金準備不足的風險。

另一方面，就風險評估言，絕大部分個人與家庭均非風險管理專業人員，因此，對風險的評估，大部分均由提供服務的風險管理或保險專業人員代爲執行。風險評估相關的專業過程與公司風險評估雷同，稍異處有二：第一、個人與家庭風險評估較爲簡單。同樣，評估風險也不能忽略個人與家庭對風險感知 (Risk Perception)。文獻 (Skipper, Jr., 1998) 顯示，個人與家庭感知風險 (Perceived Risk) 程度的高低與保險購買決策有關。個人與家庭風險決策效應則涉及自身與涉及親密的家屬；第二、風險組合效果對個人與家庭言，有別於公司，原因是個人與家庭的曝險數不如公司多。

二、個人的生命週期與經濟收支

個人的一生不外經歷四大階段：第一階段謂之孕育期，年齡爲 0 至 20 歲間。這個階段生命最爲脆弱，生理結構組織均未成熟，抵抗力弱。外在威脅容易結束人的生命。人的個性除來自先天遺傳基因外，依文化心理學的觀點，家庭社會文化因子在此時期對每人的個性造成極大的影響。文獻 (Mischel, 1968) 顯示，個性差異可以解釋人們風險態度或行爲間差異的 5% 至 10%，個人的風險態度將影響他（她）本人風險管理的規劃。是故，孕育期在個人與家庭風險管理規劃上有其重要的影響；第二階段謂爲建設期，年齡約 20 至 30 歲間。這個階段是人生的黃金階段。基本教育已完成並進入社會工作，成立小家庭，對家庭成員開始要負起責任；第三階段是成熟期，年齡約 30 至 65 歲。這個階段是工作穩定，子女成長與受教育階段，是個人對家庭責任最重的階段。對個人言，50 歲時如是上班族，並未位居高階主管，大概退休前，高升的機會不大。如是創業者，事業如不甚成功，未來成功機會可能也不高。這個階段也是應對退休後生活詳細考慮與規劃的階段；第四階段是空巢期，年齡是 65 歲至老死階段。當子女仍在孕育期而個人在空巢期時，對個人言是責任最重，且經濟上可能是最拮据的階段。家庭對經濟的需求則隨著責任的增減而增減，這四個階段與個人經濟收支的關聯，可參閱圖 14-1。

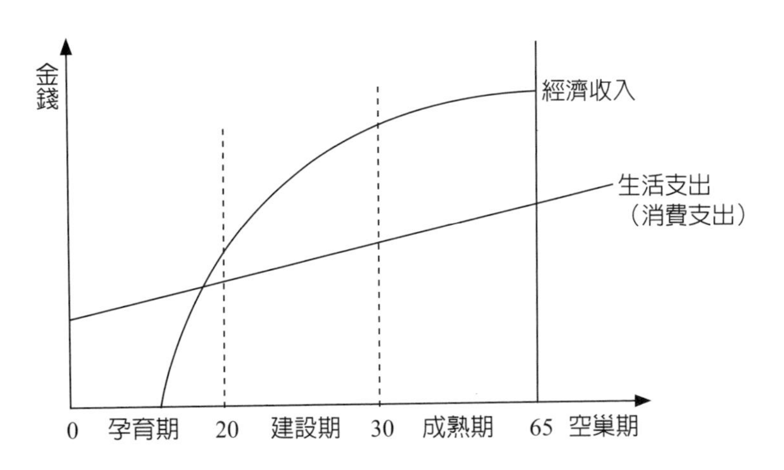

圖 14-1　生命週期與經濟收支

三、個人家庭財務規劃與風險管理的融合

個人一生中可能遭受許多風險。個人的經濟收支如收入高於支出且有餘，是最放心的，但人生無常是常態，是故，財務規劃必須與風險管理融合，始爲上策。做任何財務規劃不管其決策位階是個人、家庭、公司、政府、國家與國際組織，風險因子必須考量。個人與家庭財務規劃必須配合個人生命週期與經濟收支的不同階段，妥善因應。針對可能遭受的不同風險，財務規劃手段上或許有別，但要完成個人與家庭財務規劃目標的目的則相同。個人與家庭財務規劃的目標可分三大類：第一、完成管理風險的目標，這包括個人健康安全與資產的維護以及保險的適當保障；第二、完成個人財富的極大化，這包括投資儲蓄節稅的理財；第三、完成退休規劃的目標。前三項目標間，或許有衝突性，但尋求目標的最佳組合，則是財務規劃時必須留意的。

四、個人與家庭風險管理

同樣地，個人與家庭管理風險的應對工具，也與公司雷同，但有些並不合適，例如：專屬保險機制等。有些可適用，但複雜度與適用於公司時有別。例如：同樣是保險，商業保險 (Commercial Line Insurance) 就比適用於個人家庭的個人保險 (Personal Line Insurance) 複雜，保險的規劃對公司言，考量的因子也較規劃個人家庭保險時爲多。

(一) 風險控制

風險控制理論中，較適合於個人與家庭風險控制的，當推骨牌理論與能量釋放理論。個人與家庭可運用各類風險控制工具控制風險。針對財務風險可藉不買股票或出售股票規避了股價漲跌的風險，或可藉不同的股票組合分散或隔離了風險。這些均是個人家庭有效的財務風險控制工具。針對各類危害風險控制，例如：定期的身體健康檢查可及早發現防範身體的病痛。多運動也是重要的人身風險防治手段。再如，汽車的定期保養、出門在外關好門窗等，均是控制財產風險的方法。遵守交通規則與其他相關法令是對責任風險控制的妙方。萬一發生損失，損失後的控制也是極為重要的。以車禍為例，可能的話可採取下列措施加以控制：第一、馬上停車；第二、立即防止撞車後，可能的爆炸和燃燒；第三、防止後面來車衝撞；第四、照顧傷者；第五、報警；第六、盡可能收集，並記下車禍經過事實；第七、不要說得太多，也不要隨便簽字；第八、盡快向警方遞出你的車禍報告；第九、除非必須將車子開回家，否則，不要隨便同意不檢修車子；第十、盡快通知你投保的公司。

(二) 風險融資——保險

個人家庭保險融資可分為傳統保險與非傳統保險。傳統保險對個人家庭言，可包括汽車保險、火災保險、個人責任保險、普通個人壽險、與年金保險等。非傳統保險可包括變額保險、萬能保險、利率變動型保險、與變額年金保險等。其中，年金保險是針對個人退休規劃設計的保險。針對人身保險規劃上，傳統壽險與非傳統壽險性質的比較，可參閱表 14-1。個人家庭在保險保障上的經濟預算，依經驗法則以年收入的 10% 至 20% 為適當的範圍。

表 14-1 傳統壽險與非傳統壽險性質的比較

比較項目	傳統壽險	非傳統（變額）壽險
風險轉嫁	利差、死差與費差風險由保險公司承擔	利差風險由被保人承受，死差與費差風險通常有保證
保險金額	固定	隨投資績效變動
交付保險費	定期	彈性
商品基本類型	定期、終身、養老、年金壽險	變額壽險與年金
會計處理	一般帳戶	分離帳戶
稅負	保險給付免稅	投資收入要繳稅

(三) 風險融資——個人壽險規劃原則

經濟安全保障是人們基本的需求，但需求程度則依生命週期階段而異。此種情況，對財產安全保障適用、對生命經濟安全保障亦適用。一般而言，收入越高，資產越多的人越怕失去（當然有例外），而資產的增減可發生在生命週期中不同的階段。因此，財產安全保障需求程度也會產生變化。無庸置疑，生命經濟安全保障需求的變化亦復如此。

家庭風險管理中，家計主事者扮演的就是家庭中的風險管理人員。首先，健康就是財富，他（她）及家庭成員的保健措施是免不了的。此外，應重視風險融資的規劃。風險融資工具中，就家計主事者擔憂突然往生而言，個人壽險是不可少的風險融資工具。在作個人壽險額度規劃時，應依家庭安全保障需求的變化而不同。個人壽險額度的估計可採用生命價值法或可採需求法。另外，家計主事者至少每年一次做家庭經濟安全檢查。以家計主事者擔憂突然往生爲例，採用需求法說明，個人壽險規劃時的基本考量。國內外實務上，做需求額度計算時，均有制式表格，參閱表 14-2。

表 14-2　壽險需求表

（一）經濟狀況

固定月收入________元，月支出________元，月結餘________元

年度總收入________元，總支出________元，總結餘________元

夫妻年收入比________

可運用資產________元（A）：

包含銀行存款________元

股票現值________元

基金現值________元

房產現值________元

其他________元

須償還債務________元（B）：

包含房貸月繳款________元，剩餘年限________年，利率________

車貸月繳款________元，剩餘年限________年，利率________

信貸月繳款________元，剩餘年限________年，利率________

其他________元，

表 14-2 壽險需求表（續）

（二）家庭責任

扶養對象	目前年齡	扶養年限	月生活費
配偶	______	______	______
子女	______	______	______
子女	______	______	______
父親	______	______	______
母親	______	______	______
岳父（公公）	______	______	______
岳母（婆婆）	______	______	______

月生活費×扶養年限＝家庭責任準備金（C）

（三）社會保障

勞保死亡給付，夫______元，妻______元

公保死亡給付，夫______元，妻______元

團保死亡給付，夫______元，妻______元

總保額______元（D）

（四）商業保障

終身壽險死亡給付，夫______元，妻______元

定期壽險死亡給付，夫______元，妻______元

意外傷害死亡給付，夫______元，妻______元

重大疾病死亡給付，夫______元，妻______元

終身防癌死亡給付，夫______元，妻______元

總保額______元（E）

家庭基本保額＝B 需償還債務＋C 家庭責任準備金－A 可運用資產－D 社會保障總保額－E 商業保障總保額

夫妻保額分配依年收入比例

首先，分析整個家庭在其突然往生後，需求的類別與程度。一般而言，需求類別有四大類：(1) 個人喪葬費用；(2) 家庭其他成員的生活費用；(3) 子女教育基金；(4) 各類債務。在估計各類需求程度時，為求精確可把利率與物價通膨因子一併考量。其次，估計往生時，可能有哪些財務來源。一般而言，可分三大類：(1) 銀行存款與可立即變現的資產；(2) 各類保險給付；(3) 其他收入。當需求總計數高於財務來源總金額時，顯然，整個家庭在其突然往生時，有立即的保障需求。反之，整個家庭暫時對此需求並不急迫。產生立即保障需求的情況時，家計主事者需衡度分析壽險市場的狀況，始決定是否依保障需求額度購買壽險。如決定購買壽險時，重要的問題是選購哪家保險公司的哪種保單。購買保單時，除需澈底明瞭保單內容與

比較保單成本外，對簽發保單公司的形象信譽、財務和業務等狀況，最好多方打聽，花功夫了解。根據這些基本考量，以一家兩個子女恰恰好的小家庭爲例，以圖 14-2 簡單說明其基本規劃過程。

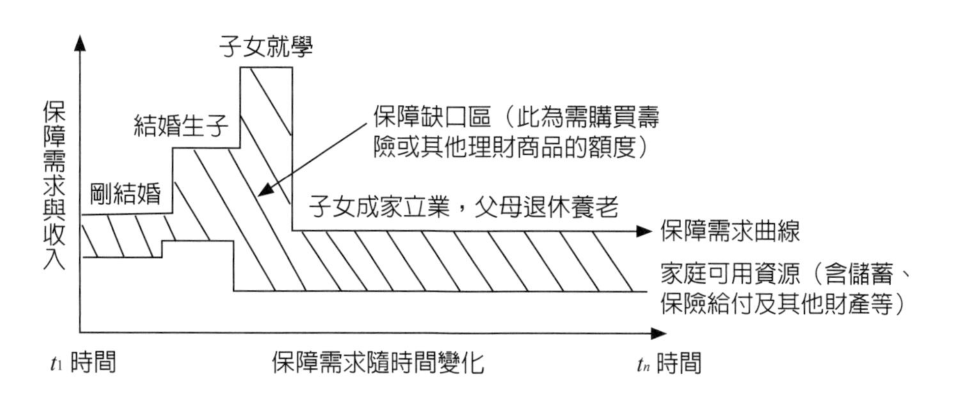

圖 14-2　死亡壽險規劃過程

(四) 風險融資——非保險

個人與家庭的風險融資規劃，必須比較各類風險融資工具的成本與報酬。除保險外，共同基金、股票型基金、期貨與選擇權或民間互助會等，均是可以考慮的非保險融資工具。注重分析非保險融資工具組合的成本與報酬，有些時候或許比購買保險有利。以利率持續下滑的壽險市場來說，其他情況不變的情況下，保費必然越高。在此情況下，購買壽險不見得有利。在經濟極度惡劣時，有些保險公司甚至不賣某類型保單以求自保。

(五) 個人退休規劃

個人爲退休後生活做經濟來源的準備，基本上，考量的過程與前述壽險規劃考量的方式並無二致。換言之，無非考慮退休後，資金的需求與資金的來源。資金的需求則決定於退休後收入的目標。基本上，人們希望退休後的生活水準，至少與退休前相同。在此基本觀念下，所得替代率的計算是必要的。透過所得替代率的計算結果，吾人可知道退休後收入維持多少，可享受與退休前同樣的生活水準。所謂所得替代率 (Income Substitution Ratio) 是以一定期間收入爲基礎，將收入扣除所得稅、工作費用與儲蓄的餘額後，除以收入而得。如結果爲 55%，表示退休後定期收入爲退休前定期收入的55%，即可維持與退休前同樣的生活水準。

之後，考量個人的平均餘命年數，即可計得退休後所需生活費用總額。如要更精確，可將利率因子一併考慮。其次，考量必要的醫療費用。身體狀況好，則考慮想旅遊的費用。藉由此基本過程，吾人可估算出退休後的資金需求。另一方面，就須考慮退休後的資金來源。當然壽險的生存給付、社會保險老年給付、年金保險給付、銀行存款、可立即變現的資產，以及其他收入均是資金的來源。同樣地，資金需求總額如高於規劃時預估的資金來源總額，顯示吾人需盡快未雨綢繆。反之，不需那麼急迫，除非情況有變。在實際準備退休金過程中，財務風險對儲存退休金可能的不利衝擊必須留意。

(六) 個人家庭風險管理與賦稅

藉由賦稅的減免，風險管理可增進公司價值。同樣，賦稅的抵免對個人家庭管理風險上也有極大的誘因。就臺灣情況言，每年的報稅季節就是購買保險的旺季。蓋因，保險費支出可抵免一部分賦稅。另一方面，所有的保險給付對受領人言，均免納綜合所得稅。至於遺產稅與贈與稅，依情況不同也有免稅的相關規定。例如：指定受益人，該受益人繼承的保險給付免納遺產稅。

本章小結

面對風險社會的年代，個人風險管理必須理性思考，並依個人對風險感知做判斷，做好自身的決策。不能完全由專家替代你（妳）作決策，蓋因面臨風險的人是自己，而有安全保障需求的也是自己。

思考題

1. 個人是自然人，公司是法人，請問風險管理上，應對風險的方式有何不同？買壽險就是儲蓄投資，對否？爲何？買產險，怎沒聽說就是儲蓄與投資，爲何？
2. 人們長壽是好事，但爲何稱長壽是「風險」？大家都很長壽，對國家或對家庭是好是壞？

參考文獻

1. Skipper, Jr. H. D. (1998). *International risk and insurance: An environmental-managerial approach.* New York: Irwin/McGraw-Hill.
2. Mischel, W. (1968). *Personality and assessment.* New York: Wiley.

第 15 章

風險社會與國家政府

讀完本章可學到什麼？

1. 認識公共風險管理的基本內容及其與公司風險管理的不同。
2. 了解公共風險管理中的ORM與SRM。
3. 認識感知風險在公共風險管理中的重要性。
4. 了解風險溝通在公共風險管理中的角色。
5. 進一步認識風險文化建構理論在風險社會的功能。

第一章曾言及，當今的社會是個風險社會。在此種社會裡，國家政府施政更應以風險 (Risk) 意識為基礎，思考與管理民眾事務。這種論調越來越被國際間各國政府所接受 (OECD, 2010)。甚至有人說任何管理，包括公共管理 (Public Management)，都是風險管理 (Risk Management)。

從歷史上來看，風險管理源自私部門 (Private Sector) 的企業體。嗣後，風險管理的觸角才伸入公部門 (Public Sector) 領域。目前，風險管理在英、美、加等西方國家公部門領域的應用範圍極廣，主要包括政府所有行政機關團體本身的風險管理，**風險基礎公共政策** (Risk-Based Public Policy) 的制定，與影響民眾健康安全的**風險溝通** (Risk Communication)。

一、風險環境與挑戰

現代風險的性質，不同以往，對政府而言，這些風險如果無法妥善管理，將有損政府的威信與人民的福祉。現代政府管理風險上面臨的挑戰，主要來自：

第一、全球化的環境氣候變遷與地球村的成形，使得風險比過去複雜與糾結，人類間的依存度，也大幅攀升。同時，經濟全球化，伴隨風險的全球化，風險如何在國際間責任的分攤，已然成為各國政府重要的挑戰。例如：工業國家輸出的汙染風險，或狂牛病與非典疫情等可能的蔓延，國與國間如何訂定適當的風險責任分攤協定，應是政府管理風險上重要的課題。

第二、創新科技與全球網路化的快速發展，對政府施政帶來新的問題與挑戰。例如：創新的基因科技可能引發的倫理價值與社經問題的爭議或電腦駭客對政府網路的破壞等。

第三、國內外政治、經濟與法律環境的瞬息萬變，政府平時無完善的風險管理機制，光靠緊急應變體系，已無法因應瞬息萬變的環境。例如：當美國次級房貸風暴引發全球股災時，美國政府部門過分低估風險，而影響後續緊急降息措施的效果。

第四、民眾存在不同的**風險感知** (Risk Perception) 與對政府的高度期許。政府永遠背負者民眾的期許，人們與政府間風險感知產生落差時，則可能存在抗議與衝突，這些考驗著政府管理風險與**風險溝通** (Risk Communication) 的能力。例如：臺灣核四廠的社會衝突事件。

面對這些**風險環境** (Risk Environment) 的挑戰，勇於創新改革的政府僅以非常態下的緊急應變機制已無法克竟其功，平時就必須整合擴大建置一套完善的風險管理機制，才能因應未來嚴酷的挑戰。

二、政府角色與公共事務

在前列風險環境下，現代政府扮演三種角色 (Strategy Unit, 2002)：第一種角色，就是監理的角色 (Regulatory Role)。根據需要制定法規與政策，對相關事物，執行監督管理；第二種就是保障的角色 (Stewardship Role)。保障民眾健康與財務安全；第三種就是管理的角色 (Management Role)。管理政府機構的經營與對民眾的服務。其次，政府職責在公共事務，但這公共事務與政府是否該實際涉入，仍有不同的見解。第一是政治學領域的觀點，第二是來自經濟學領域的觀點 (Fong and Young, 2000)，這些觀點與什麼是公共性 (Publicness)，可詳閱第三章。

三、公共風險管理

前列第四章至第十三章所說明的公司全面性風險管理過程，基本上均適用於公共風險管理 (Public Risk Management) 領域，但公共風險管理仍有其特殊處，本節與後面相關章節旨在說明這些特殊的內容。

(一) 公共風險的定義與存在的條件

風險是否也有公共性，存在著公共風險？如存在，其特質條件爲何？從經濟學完全效率市場的觀點言，這個市場是可有效分攤所有人類活動中伴隨的風險與責任。因此，風險歸這個市場管理即可，政府無須觸及。然而，某些風險的性質是形成公共性的原因，例如：汙染風險、或國立學校建物可能失火的風險。而某些風險責任的分攤完全歸由市場管理，又無法獲得有效率的解決。例如：核廢料儲存所可能引發的風險。因此，從經濟學的觀點，當風險具有高度的不確定性，或當風險具有外部性，或當風險責任無法透過市場獲得有效率的分攤時，就存在著**公共風險** (Public Risk)。換言之，此時風險管理應是政府基本的職能。進一步，具體來說，屬於下列六項特質之一的風險即爲**公共風險**。

第一、透過自由市場機制無法有效地將風險的負擔分配至應負責或有能力承受風險的一方時。例如：掩埋場的設置可能引發的風險。

第二、透過自由市場價格機制無法合理反應風險所導致的成本時。換言之，即有外部化現象的風險。例如：工廠水汙染風險。

第三、源自政治操作過程的風險。例如：臺灣過去軍購案朝野政黨角力可能引發的風險。

第四、源自對基本人權保護的風險。例如：臺灣過去在高雄所發生的泰勞事件，可能引發的風險。

第五、處於不確定最高層[1]的風險。例如：太空冒險初期或剛爆發非典時。

第六、已成公共議題的風險。例如：過去臺北邱小妹轉診事件經媒體報導後，引發公眾討論時。

從上述六項特質來看，任何風險應是位於一個光譜圖上，光譜圖一端是私部門風險，另一端是公共風險。風險有時是本身的特質關係，位在公共風險這一端；有時是時間演變的關係，轉位在公共風險這一端；有時是市場失靈，也轉位在公共風險這一端。換言之，任何風險均可能是私部門風險，只要不符合上述六項條件中的任何一項。最後，針對公共風險定義如後 (Fone and Young, 2000)：「公共風險是涉及公共事務與公眾利害關係的風險。這公共事務與公眾利害，尤其與人權保障、利益平衡，以及社會公平的確保有關。」

(二) 公共風險管理領域應有的風險概念

公共風險管理領域中，該如何看待風險。著者以爲，最好是兼容並蓄。換言之，就是同時採用機會與價值兩種風險概念（參閱第二章）。蓋因，公共風險議題特質複雜，採用單一概念不足以因應。例如：臺灣過去發生的美牛進口抗議事件與 H5N2 的風險議題，即可顯示只採機會的風險概念，政府在處理問題上的捉襟見肘。其次，公共風險管理追求公共價值，這與私部門的公司風險管理目標不同。因此，風險在公共風險管理領域如何被看待極端重要。本章同時採用個別機會與群生價值兩種概念看待風險。

1　美國Ohio State University的Michael L. Smith教授將不確定分三種層次，第一層是Objective Uncertainty，第二層是Subjective Uncertainty，最高層就是機率與結果完全不知情的第三層，亦可參閱本書第二章的說明。

(三) 公共風險的類別

公共風險依管理主體區分，可分兩大類 (Fone and Young, 2000)：一類爲影響總體社會的**社會風險** (Societal Risk)。例如：豬口蹄疫或禽流感事件等；另一類爲影響各政府機構或非營利組織的**組織風險** (Organization Risk)。換言之，組織風險存在的客體爲各政府機構或非營利組織，而非總體社會。然而，要留意的是組織風險管理不當，對總體社會必然有影響。

組織風險也可進一步分成**政策風險** (Policy Risk)、**營運風險** (Business Risk)、與**系統風險** (Systemic Risk)。這三種風險又可各別依照不同的基礎，進一步劃分。政策風險是可能無法完成政策目標引發的風險。例如：農改政策。政策風險因涉及社會大眾福祉，因此政策風險常與社會風險發生連動。例如：因政策不當引發的社會衝突。營運風險是政府組織營運過程可能引發的風險。例如：火災或服務作業風險。系統風險是來自政府組織外環境系統變數可能帶來的風險。例如：極端氣候可能引發的環境生態風險。

上述各種組織風險類別間，有時互相關聯。例如：臺灣的有線電視政策引來諸多批評，這項政策能否持續完成既定的政策目標是有待觀察的。原因是某政黨揚言要全數刪除新聞局的預算。在新聞局的立場，如果未來因諸多變數而使該政策無法完成既定的政策目標，這對新聞局而言，就是可能的政策風險。某政黨揚言要全數刪除新聞局的預算，這對新聞局而言，也就可能產生營運風險。明顯地，政策風險與營運風險間，雖然類別不同，但兩者間有其關聯與互動性。最後，需留意這些風險類別，有些是跨部會間的風險 (Interagency Risk)，有些屬國家、社會最高層的風險 (State-Wide Risk)，有些則專屬各政府機構本身的風險 (Agency-Level Risk)。

(四) 公共風險管理的發展與類型

從「風險管理」詞彙 (Gallagher, 1956) 出現起算至今，風險管理的發展已近六十多年。這其中，前約二十幾年是只有私部門風險管理發展的時段，後約三十年才是公私部門風險管理共同發展的階段。根據文獻 (Fong and Young, 2000)，公共風險管理正式的發展，時約 1980 年代。其他公共風險管理發展的重要事項，參閱第三章的說明。

其次，公共風險管理是相對於私部門風險管理的稱呼，在公共風險管理領域，同樣可依誰管理風險、管理什麼風險、與如何管理，作類型的區分。例如：依誰管

理風險，公共風險管理就可分為**組織風險管理** (ORM: Organizational Risk Management) 與**社會風險管理** (SRM: Societal Risk Management) 兩種類型。再如，依管理什麼風險，公共風險管理就可分政策風險管理、營運風險管理、與系統風險管理。依如何管理，公共風險管理就可分為「賽跑型」風險管理與「拔河型」風險管理。以上所提的類型分類基礎中，以「如何管理」的分類基礎，與風險理論思維及管理哲學最有直接關聯，至於「賽跑型」風險管理與「拔河型」風險管理的涵義，可參閱第三章之說明。

(五) ORM與公司風險管理間的比較

不論公私部門，管理風險的基本過程是相同的。茲就政府機構風險管理，也就是 ORM 與公司風險管理間，重要的不同比較如下：

第一、就機構性質與管理目的言：政府機構不是商業組織不以營利為目的，風險管理能增加公司價值的理論，不適用政府機構。政府機構從事風險管理是謀取人民的最大社會福祉 (Social Welfare)，也就是提升公共價值。公共價值內涵與公司價值有別，可參閱第三章說明。

第二、就歷史發展言：政府機構風險管理與專業組織的發展歷史，均比私有部門公司風險管理與專業組織的歷史發展為短。究其原因有：(1) 政府機構管理上，不求創新是其主因；(2) 過去因國家免責，政府機構習於隱藏風險對其不利的衝擊；(3) 政府機構長期以來，因國家免責原則坐享了免除法律責任風險的不利衝擊（Williams, Jr. et al., 1998；劉春堂，2007），但此權益已因國家賠償[2]觀念的浮現消失殆盡。

第三、就決策的考量言：在預算範圍內，政府機構風險管理的決策通常屬於團體與社會決策，其考量常需涉及社會公平正義的倫理價值問題。例如：跨代 (Intergeneration) 公平的問題等。此點也與公司風險管理的決策考量有別。

第四、就管理導向言：公司風險管理由於追求公司價值，所以財務導向色彩濃厚，但政府機構風險管理追求公共價值，其所需的財務管理是公共財務的財政學，因此，它是屬財政導向兼重社會公平導向的風險管理。

---

[2] 二十世紀前，各國立法例，採用否定說的國家無責任原則，之後，二十世紀初至第一次世界大戰前，採用相對肯定說，及至第二次世界大戰後，全面採肯定說，亦即承認國家對於公務員執行職務之侵權行為，應負賠償責任，詳閱劉春堂（2007）。《國家賠償法》。臺北：三民書局。

第五、就管理績效言：信任 (Trust) 固然也是公司風險管理上（可參閱第九章信任雷達的說明），不能忽視的因子，但對政府機構風險管理言，風險管理的績效絕對要以人民對它的信任 (Trust) 為前提，公權力如不彰，公眾無信心，風險管理將無績效可言。此外，政府機構風險管理的績效也可以人均所得、GDP 等國家經濟指標來衡量。

四、ERM與ORM

首先，ORM 中採用 ERM 時，同樣要完善第四章所提的五大基礎建設，始能有良好的績效。其次，說明英國地方政府風險管理人員協會 (ALARM: Association of Local Authority Risk Managers) 所公布的政府機構風險管理十大原則。同時，也說明非營利組織治理與風險。

(一) 政府機構治理

政府治理 (Governmental Governance) 概念可採用公部門治理 (Governance in the Public Sector) 的概念，這項概念與公司治理概念（參閱第五章）相通，且適用於政府機構與非營利組織的治理。**政府機構治理**可指以倫理公平及負責的態度，導引與合理確保政府機構順暢營運與完成目標的所有政策與程序而言 (Collier, 2009)。政府營運涉及所有人民福祉，因此政府治理較公司治理複雜許多。下列是政府治理六大原則 (Independent Commission on Good Governance in Public Services, 2004)：

第一、政府機構在民眾服務方面，應制定清楚的目標與預期的服務成果，且要能確保使用者認為服務品質好，納稅人認為繳稅繳得值得。

第二、要能很有效率地執行相關的服務與其扮演的角色。

第三、要能提升政府機構的整體價值，且要能證明價值已融入服務過程中。

第四、採用公開透明的決策過程，確保風險管理的效能。

第五、政府機構服務人員應具備應有技能、經驗、知識與責任感，以確保治理的有效性。

第六、政府機構與特定利害關係人（例如：政府委外專案）間，應透過對正式與非正式責任關係的了解，採取積極有計畫的作為，對民眾負責，使專案的執行能有效率且公開。

(二) 政府機構風險評估與風險應對的特徵

政府機構風險的特性，畢竟與公司風險有別，尤其許多公共風險具有不確定性高與爭議大的特質，因此，政府機構風險評估須特別留意定量估計的實際風險 (Actual or Real Risk) 與風險評價的感知風險 (Perceived Risk)（參閱後述）間的比較分析。如此，才有助於各政府部會間或政府機構與民眾間的風險溝通（參閱後述）。其次，有充分資料時，同樣可採 VaR 值評估風險。否則，可用下列簡單的兩個公式之一評估公共風險。這兩公式爲：

(1) 公共風險點數 =（損失的可能性 + 距離風險威脅的時間）× 損失的嚴重度 + 民眾的信任 × 風險責任的分攤 × 社會群體的同意
(2) 公共風險計分 = 施政時程分析 ×0.5 + 施政經費分析 ×0.3 + 輿論評價 ×0.2

前列兩公式均與第七章所提的風險點數公式有些不同。第一個點數公式較爲複雜，其特殊處在於評估公共風險時，有必要考量民眾的信任、風險責任的分攤、與社會群體的同意等三大變項 (Sandman, 1987)。這點數公式雖不如數量模式精準，但極適合公共風險的評估。經由前列公式計得的風險點數，即可得出政府機構面對的風險圖像 (Risk Profile)，從而可獲得管理風險或施政上的優先順序。上列點數公式中，「民眾的信任」、「風險責任的分攤」、與「社會群體的同意」等三個變項，可以問卷方式計得。其次，第二個計分公式，考慮的因素有施政時程等三個變項。至於三個變項的權重，可依不同的政治環境調整。顯然，計分公式較簡潔，符合政府施政實務。

另一方面，公共風險應對中，風險控制部分，政府機構可使用公權力，這是公司風險管理中，無法具有的風險控制手段。至於，公共風險融資則與財政預算要國會通過，這點需留意。例如：國家賠償經費預算的編列或爲了救災緊急動用第二預備金的編列等，這項程序會增加政府機構風險管理實施時的不穩定性，進而影響風險管理績效。

(三) ALARM十大ORM原則

英國的綜合績效評估機構 (CPA: Comprehensive Performance Assessment)、政府財政主計人員學會 (CIPFA: the Chartered Institute of Public Finance and Accountancy)、地方政府首長協會 (SOLACE: the Society of Local Authority Chief Executives)、

地方政府風險管理人員協會 (ALARM)、與會計人員國際聯盟 (IFACs: International Federation of Accountants) 等組織，對推動公共風險管理不遺餘力。其中 ALARM 公布的政府機構風險管理 (ORM) 十大原則，特別值得留意。該十大原則如下 (Collier, 2009)：

第一、政府機構要有正式的風險管理架構，並得到行政院長與各部會首長支持，有效執行風險管理策略。

第二、風險管理的執行，必須文件化且經正式核准。

第三、風險管理架構與績效必須至少每年檢討評估一次。

第四、政府機構應對外部營運的機會與威脅做客觀的分析。

第五、政府機構的內部分析應辨識機構的優勢、劣勢與能力。

第六、政府機構應對所屬人員全面溝通風險管理的目標與目的。

第七、目標應能衡量且需與相關計畫連結，並有最後完成的期限，以及相關的資源配置與質化、量化成果的呈現。

第八、執行的責任歸屬要明確。歸屬責任時，應考量有效資源的配置與支援。

第九、要定期且有進展式的報告風險管理活動與有計畫、有組織地評估績效與監督。

第十、最高層應定期評估營運持續計畫 (BCP/BCM) 與演練測試其有效性。

其次，英國政府橘皮書 (Orange Book) 中，也提供一些問題，用來評估政府機構風險管理的成熟度。這些問題如下：第一、內閣首相或行政院長與部會首長是否完全支持及推動風險管理？第二、政府機構所屬人員是否完全具備風險管理知識與技能並完全配合？第三、是否有明確的風險管理策略與政策？第四、委外或各部會間，是否具備有效的風險管理安排？第五、政府機構公共管理是否完全融合風險管理？第六、風險應對方式是否良好？第七、風險管理對施政績效的達成是否有貢獻？(Collier, 2009)。

(四) 非營利組織治理與風險

非營利組織風險與治理類似政府治理與政府機構風險管理，但仍有別於公司風險管理。英國諾蘭爵士 (Lord Nolan) 制定的**諾蘭原則** (Nolan Principles) 原為服務政府公職的個人使用之原則，但也被認為與第三部門中的志願組織與社團的受委託管理人有關。這諾蘭原則包括：無私原則、正直原則、客觀性原則、當責原則、公開原則、誠實原則、與領導力原則。這些原則影響非營利組織的風險與治理。良好

的非營利組織治理原則 (Collier, 2009) 包括：第一、受委託管理人組成的最高委員會或理事會應具備完成組織目標、策略、發展方向的領導力；第二、委員會或理事會應負責任的確保與監督組織能有效執行相關事務並符合所有法令要求；第三、委員會或理事會應負責任能達成組織高績效；第四、委員會或理事會應定期自我評估與組織的效能；第五、委員會或理事會應清楚地授權給下設的各單位，並評估其績效；第六、委員會或理事會及所有受委託管理人應具高道德標準；第七、委員會或理事會處理所有事務應透明公開。

其次，依據英國慈善機構報告 (SORP: Statement of Recommended Practice) 的要求，受委託管理人應編製經稽核的年度報告書，且應載明組織的主要風險，並有良好的風險管理機制管理組織風險，其目的是爲捐助人等利害關係人負責。此外，英國慈善事業監理機關 (Charity Commission) 對非營利組織風險與治理，亦有相關類似的規定 (Collier, 2009)。

五、政府與公共風險管理中的SRM

社會風險管理 (SRM) 過程中，政府機構扮演重要角色，但其最終的管理決策者是全民，最終需承擔責任者也是全民。因此，面對重大爭議性的風險議題時，在民主國家最後使用的決策手段，就是全民公投 (Referendum)。公投的結果就由全民承擔。一般情況下，政府機構制定的風險監控政策，除影響個人風險行爲 (Risk Behaviour) 外，社會的風險行爲 (Societal Risk Behaviour) 亦受其影響。

政府機構與總體社會面對風險的情況，同樣有成本／風險與效益的考量。然而，對個人言，這種考量較單純，但對公司、政府機構、與總體社會言，則複雜許多。公司著重股東權益的提升，較少倫理或社會公平的考慮，但政府機構與社會風險管理則重總體社會與民眾福祉的提升以及社會的公平正義。爲達成這項目標，政府機構在社會風險管理中，扮演了極爲吃重的角色。

(一) 監控社會風險的理由

民眾的健康與財富的安全，是社會風險管理的重要目標。摩根 (Morgan, 1981) 認爲危害風險的監控，最終涉及的是倫理道德議題，因爲危害風險有可能關乎跨代人們的健康與安全以及責任由誰承擔的問題。不談倫理道德，一般而言，政府應不應該監控風險則有兩種主張 (Merkhofer, 1987)：一爲主張應該監控風險的功利主義

(Utilitarianism)。持此種主張者認爲政府監控風險產生的效益高過成本時，政府監控風險能獲得人民支持，故監控有理；二爲主張不應該監控風險的自由主義 (Libertarianism)。持此主張者認爲政府監控風險，只要有可能損及某位人民的權益，那麼政府監控風險的任何作爲，對總體社會言，均是錯誤的。換言之，人民面對風險時，由人民自行決定其風險行爲，政府不應透過政策的制定進行干預。然而，現實世界中，各國政府均多多少少進行風險的監控。

監控風險的理由可歸納如後：第一、因風險具有的外部性 (Externality)。例如：汽車駕駛人開快車，乘客們即面臨風險的外部性。再如，工廠產生的空氣汙染亦具風險外部性。風險的外部性產生的成本，因無法經由市場機制有效消化，政府干預監控乃成必要；第二、任由市場運作，政府不監控，總體社會安全的水平可能不足。例如：大眾均不排斥由政府出資打預防針，但政府如不出資，自由市場可能因經濟規模的原因，收費高昂。因而，只有少數人們願意施打預防針，導致總體社會安全水平的不足；第三、許多風險是源自公共財。例如：水壩崩塌的可能後果；第四、來自公眾輿論的壓力。

(二) 社會風險監控的方式與過程

政府爲了達成風險監控的目標，例如：零職災、零事故等，一般從兩方面著手：一爲從風險鏈 (Risk Chain) 著手；二爲從改變人們的行爲著手。就前者言，例如：從危險因素也就是風險源著手，禁止使用糖精、禁止使用農業用殺蟲劑等。就後者言，有直接依法令規定執行公權力者，例如：酒醉開車重罰、強制繫安全帶、與強制垃圾分類等。也有以付費的方式驅使人們改變行爲者，例如：汙染者付費等。也有設法提供風險資訊予社會大眾，企圖改變人們的行爲者，例如：宣導抽菸的害處等。

至於實際監理的過程上，則分爲兩個層面 (O'Riordon, 1985)：一爲執行層面 (The Implementation Phase)；一爲評估層面 (The Evaluation Phase)。首先，說明執行層面上，主要是制定各類相關法案，藉由立法機關通過執行。各類法律監理上的要求則依監理重點而有不同，大體上可分三類 (Merkhofer, 1987)：第一、重效益與成本的平衡。具體言，意即要求科技可能產生增進人類健康的效益與可能產生的風險／經濟成本要能取得平衡。成本效益的決策分析 (CBA: Cost-Benefit Analysis) 扮演主要的決策工具；第二、僅重科技技術上安全的要求。科技安全的要求主要透過法條文句的擬定，例如：以文句要求安全上必須以「最佳技術可達成者」(BTMA:

Best Technical Means Achievable) 爲準。再如，監理環境汙染的水平上，法條文句規定在現行科技水準下，考量社會因素、效益成本，達成人們可接受的安全標準。例如：合理可達成的低汙染 (ALARA: As Low As Reasonably Achievable) 與合理實際可行的低汙染 (ALARP: As Low As Reasonably Practicable) 是汙染水平要求上常見的法條文句。後一文句 (ALARP) 對產業的要求，較前一文句嚴格；第三、僅重人體健康安全的要求。換言之，禁止有損人體健康的科技。

其次，說明評估層面。風險監控的評估標準有五 (Harrison and Hoberg, 1994)：(1) 嚴謹度 (Stringency)；(2) 監理決策時機的適當性 (Timeliness of the Regulatory Decision)；(3) 風險與效益的平衡性 (Balancing of Risks and Benefits)；(4) 公眾參與決策的機會 (Opportunities for Public Participation)；(5) 自然科學對風險的解釋程度 (The Interpretation of Science)。

(三) 社會風險監控相關機制

政府機構是社會風險管理的主要執行者，例如：臺灣行政院環保署、衛福部、勞委會、金管會、經濟部與財政部等各部會。經由這些政府機構所制定的政策與相關法令規定，是爲個人、公司、社會團體等管理風險應遵守的規則。以環保法令爲例，有重預防的《環境影響評估法》；有重管制的，例如：《空氣汙染防治法》、《噪音管制法》、《水汙染防治法》、《廢棄物清理法》、與《毒性化學物質管理法》等；有重救濟的《公害糾紛處理法》。除政府機構所制定的相關法令外，在民主國家中的國會（例如：臺灣的立法院）、司法機關，以及爲了解決風險議題上科學爭議，而特別設置的單位（例如：美國的科學法庭，The Court of Science）等，均是社會風險管理的重要機制 (Merkhofer, 1987; Harrison and Hoberg, 1994)。

(四) 社會風險評估

社會風險評估在方法上，可參閱利用前述的公共風險點數或計分公式。其次，社會風險評估要特別留意民眾的感知風險，而其風險評估數據的表現方式則有側重個人風險 (Individual Risk) 的表現方式，也有側重社會風險 (Societal Risk) 的表現方式。以核能風險科技爲例，可接受風險的水平，英國在 1988 年，個人可接受來自核能風險引發的死亡機會，是每年少於十萬分之一，總體社會可接受的風險程度是平均一年超過 100 人的死亡機會，如果是百萬分之五的話，那是可被社會接受的。

另一方面，同樣地評估社會風險，無非也是爲了方便決策。總體社會在尋求可接受的風險程度 (Acceptable Risk Level) 前，也就是決定總體社會的風險胃納前，風險評估是必要過程。可接受風險的水平對任何決策位階均是重要課題，但複雜與困難度以總體社會的決策位階最大。可接受風險水平的決定需考量科技面、經濟面與社會政治生態面。就總體社會決策的位階言，社會政治生態面的決策主導整個社會風險管理的最後決策之可能性最高。換言之，社會風險管理決策可能到頭來是屬政治性的決定，而不是科學與經濟性的決定。

(五) 社會風險決策理論

社會風險決策屬於團體決策，其決策基本理論同樣有規範性理論與描述性理論。此處簡略說明團體決策理論（可詳閱拙著《風險心理學》的四章）。首先是賽局理論，賽局理論是規範性理論，是說明團體成員互動的策略選擇，它可用來決定參賽者（不論是個人或團體）的最佳反應。這最佳的反應，代表最大報酬。其次是社會選擇理論，社會選擇理論就是由團體所有成員偏好的總和，決定團體事務的一種規範性理論。最後是社會心理理論，社會心理理論是描述性理論。主要以決策機制矩陣 (DSMs: Decision Scheme Matrix) 顯示個別成員偏好與團體決策的關聯性。

另一方面，團體決策容易出現兩極化現象，也就是指集一思考與選擇偏移。選擇偏移又可分冒險偏移與謹慎偏移。冒險偏移係指團體成員中大部分爲冒險者，則團體決策的結果會比個人決策更冒險。反之，會因謹慎偏移產生更謹慎的團體決策。圖 15-1 中最上圖顯示團體成員對風險議題的解決方案持贊成意見的分配現象，團體外成員則持中立或反對意見。如果團體內成員認同團體的價值規範（價值規範顯示更極化，在平均意見的左邊，參閱中間圖形），則成員會自我歸類（顯示與團體外成員意見不同）更往價值規範方向移動（從贊成意見不那麼集中，往價值規範移動），最後，便形成團體更集中與極端的意見（越冒險或越謹慎），如同最下方的圖形。

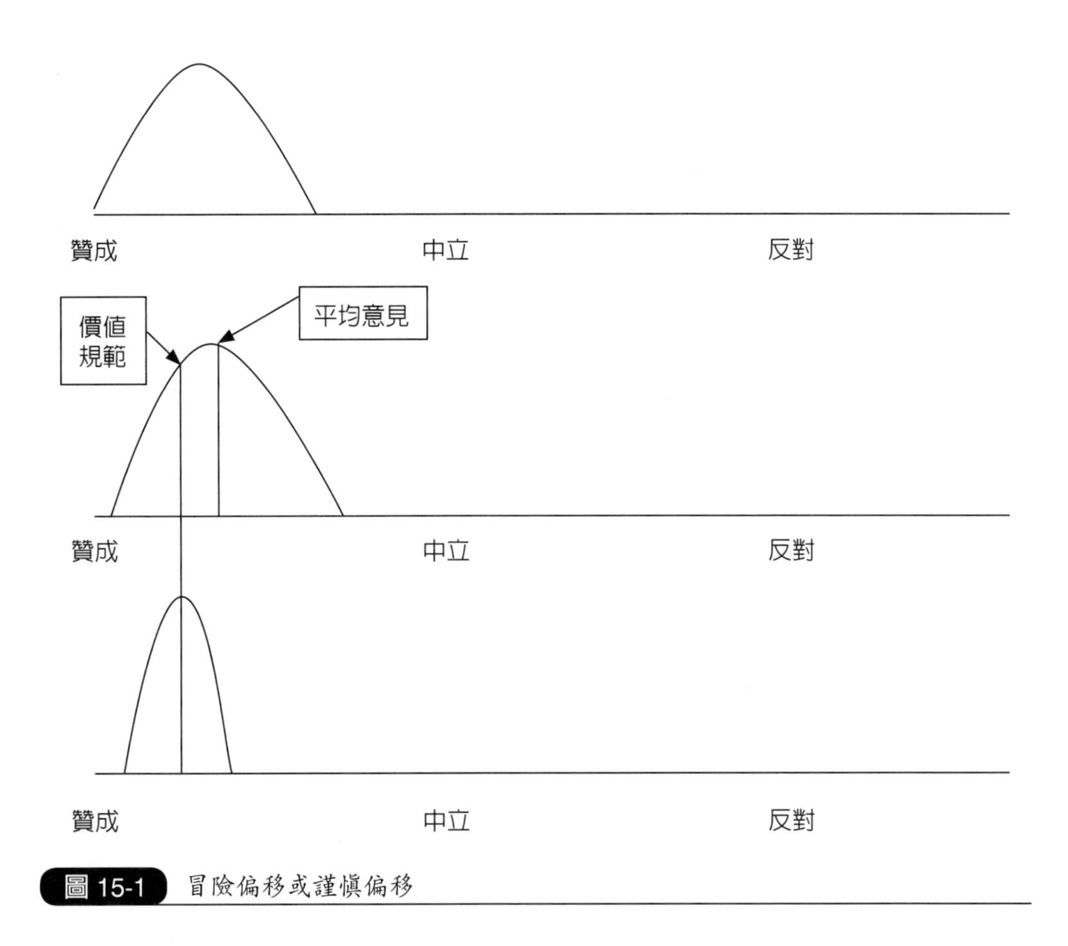

圖 15-1　冒險偏移或謹慎偏移

(六) 社會風險決策因子與特質

社會風險決策與個人或公司風險決策間，最大的不同有兩方面：第一、最後決策者 (Final Decision Maker) 有所不同。個人或公司風險管理的最後決策者，通常是特定個人。在民主體制下，社會風險管理的最後決策者不是特定的政府首長就是社會群體；第二、風險決策效應範圍有差別。個人或公司風險決策效應範圍有限，總體社會風險決策效應甚爲廣泛，它可大到影響跨代群體的福祉。

其次，前曾提及可接受風險水平的決定，費雪耳等 (Fischhoff et al., 1993) 認爲這個議題擺在總體社會來觀察時，其決策困難度是最高的。針對這個議題，奇肯與波思紐 (Chicken and Posner, 1998) 歸納了十一個影響風險接受度 (Risk Acceptability) 的因子：(1) 決策者本身對風險的了解程度；(2) 決策者對風險的判斷；(3) 決策者對風險資訊與提供風險資訊者的信任度；(4) 各類限制與法令規章；(5) 決策者本身的成見；(6) 風險本身的特質；(7) 資金來源的籌集與可用的資金有多少；(8) 決策者的政治信仰與政黨政治生態；(9) 風險決策的目標內含爲何？是否涉及生命倫理道德與社會公平正義？；(10) 風險決策的急迫性與需求性；(11) 替代性方案有多少？這些因子中，有的爲總體社會風險決策獨有，例如：社會公平正義因子等。有的爲所有決策位階共同的因子，例如：決策者本身對風險的了解程度等。至於「時間」因子必然是在任何決策位階上會影響決策的共同因子。

(七) 社會風險決策方法——專業判斷與拔靴法

費雪耳等 (Fischhoff et al., 1993) 將社會風險管理決策方法，歸類爲三種：第一是專業判斷法 (Professional Judgement Approach)；第二是拔靴法 (Bootstrapping Approach)；最後一種是定程／正式分析法 (Formal Analysis Approach)。此處首先說明前兩種。第一種方法，顧名思義是依據專家的判斷，決定總體社會對風險可接受的程度。專家的判斷則依據他（她）們個人的經驗、專業訓練、與客戶的需要決定。專家的意見可經由兩種技巧得知，即**達爾菲法** (Delphi Method) 與**名目團體法** (NGT: Nominal Group Technique)。此兩種技巧可用來改善專家對預測的判斷。兩者雷同處是在執行步驟方面，每位參與的專家，首先對議題提出個人判斷與意見。綜合歸類分析後，再傳閱給每位專家過目。藉此，每位專家可以修改他（她）們原先的判斷與意見。這道程序可以重複好幾遍，直至不再修改爲止。所有有共識的意見或數據的平均值即爲最後的決定。兩者差異處是達爾菲法並沒有給參與的專家們面對面討論的機會，但名目團體法則有此機會。另一方面，政府監理人員想要知道目前公眾對風險的接受度，則可透過問卷了解，此種作法稱爲偏好表達法 (Expressed/Explicit Preference Method)。

其次，說明拔靴法。拔靴法主張唯有透過長期經驗記錄的累積，總體社會始能對風險接受度做出適當的決策。此種主張與專業判斷法以及傳統分析法的主張不同，後兩者均認爲有了短期經驗記錄與計算，總體社會即可作出適當的決策。拔靴法包括四種方法：第一、風險摘要法 (Risk Compendiums Method)；第二、顯示性偏好法 (Revealed Preferences Method)；第三、隱含性偏好法 (Implied Preferences Method)；第四、自然標準法 (Natural Standards Method)。這其中，兩個方法最值得留意，那就是顯示性偏好法與隱含性偏好法。**顯示性偏好法**是透過檢視社會過去長期統計記錄的軌跡，決定風險的接受度。**隱含性偏好法**是透過檢視社會過去長期的立法意旨，決定風險的接受度。這兩法中最著名的結論，當推史達 (Starr, C)(1969) 於 1969 年率先採用顯示性偏好法得出的三點結論：第一點結論是社會對風險可接

受的程度，大約是與效益的三次方成比例；第二點結論是在同一效益水準下，社會對自願性風險 (Voluntary Risk) 可接受的程度，大約是非自願性風險 (Involuntary Risk) 的一千倍以上；第三點結論是社會對風險可接受的程度是隨著人口曝露數的增加而減少。

(八) 社會風險決策方法——定程／正式分析法

費雪耳等 (Fischhoff et al., 1993) 的定程／正式分析法，提及成本效益分析法 (CBA: Cost-Benefit Analysis) 與決策分析法 (Decision Analysis)。成本效益分析法是奠基於成本效益理論，此法有幾個特質 (Walshe and Daffern, 1990)，例如：方案的成本效益需量化與成本效益值需以現值 (Present Value) 表達。再如，成本效益不能重複計算，移轉性支出 (Transfer Payments) 不被計入，不考慮方案的外部性 (Externalities) 因子等。依此法計算每一方案效益與成本差異的現值，以現值最高者爲最佳方案。拉維 (Lave, 1996) 認爲此法有兩個問題：第一、總體社會風險決策議題不是單純量化可解決的；第二、執行上困難重重。亞當斯 (Adams, 1995) 對此法亦有批評。除成本效益分析法外，事實上還有許多決策分析方法，例如：成本效率分析法 (CEA: Cost Effectiveness Analysis)、風險／效益分析法 (Risk-Benefit Analysis)、對比風險分析法 (CRA: Comparative Risk Analysis)、多元歸因效用理論 (MAUT: Multi-Attribute Utility Theory)、與價值導向社會決策分析法 (VOSDA: Value-Oriented Social Decision Analysis) 等。

最後，費雪耳等 (Fischhoff et al., 1993) 提出七項評估風險決策方法的標準，那就是完整性、邏輯健全性、實用性、評價公開性、政治接受性、體制相容性、與學習引導性。根據這些評估標準，他們認爲傳統決策分析法是最好的，然而，這些風險決策方法仍無法完全解決複雜且動態的社會風險決策議題。

(九) SRM與SR

史達 (Starr, C.) 等提出社會風險管理 (SRM) 的另類思維與假說 (Starr et al., 1976)，那就是整體社會在遭受風險事件衝擊後，其社會復原力 (SR: Social Resilience) 與幾項變數間，形成下列關係式：

$$R = PL/BSt_rt_dMt_c$$

上式中，R(Resilience) 代表社會復原力；P 表社會人口數；L 表該社會人們的平均壽命；B 表科技水準；S 表災區人口數的規模；t_r 表平均復原時間；t_d 表偵測到災源的時間；M 表每位災民平均的殘疾率；t_c 表補救準備不足的時間。

換言之，整個社會的災後復原力，與該社會人口數及人們的平均壽命間，成正向關係，而與該社會的科技水準、災民數、平均復原時間、偵測到災源的時間、平均殘疾率、及補救準備不足的時間等，成反向關係。更進一步說，上列公式有風險管理思維的意涵（也可參閱第三章），也就是管理社會風險，是應採風險防範的思維，還是就上式中各變項與社會復原力間的正反向關係，提出不同的管理作為，進而強化社會災後的復原力，值得主導社會風險管理的政府與全民深思。

六、風險感知與公共風險評估

公司的風險評估要知道員工的風險感知 (Risk Perception)，公共風險評估則要知道民眾的風險感知。風險感知會涉及**風險評價** (Risk Evaluation) 問題，風險評價也就是決定風險是否可接受，並評定其重要性的過程。風險評估不全然是風險計量的問題，它摻雜人們的價值判斷 (Value Judgement)。

(一) 風險評價的功能

同一個數據，每個人解讀可能不同，這就涉及心理學領域的感知 (Perception) 與認知 (Cognition) 問題。文獻 (Kloman, 1992) 顯示，風險不應僅估計可能發生的損失頻率與幅度，還應包括人們對損傷的感知。換言之，人們對風險的評價應是風險評估中，不可少的一環。過去，由於缺乏這一環，風險評估可能被低估，其結果就是決策可能失當。例如：台塑早期到美國德拉瓦州 (Delaware) 設廠的風險評估，缺乏對當地民眾如何看待風險的評估，是為可能導致失敗的原因之一。在國內也不乏眾多例證，例如：核四廠衝突與美牛進口的風險評估等。

風險評價在管理風險上，至少提供了如下的功能：第一、有助於**風險胃納** (Risk Appetite) 或**可接受風險** (Acceptable Risk) 水平的決定。可接受風險水平的決定，不僅需考慮技術與經濟面向，也需考慮屬於人文面的風險評價；第二、有助於風險溝通策略的制定，尤其面對外部化風險時，民眾的風險感知是制定風險溝通策略的基礎；第三、風險評價不但豐富了風險評估，也提供更完整的風險訊息，進一步更能提升風險管理決策的品質與管理的順暢。

(二) 風險感知理論與模型

1. 風險感知理論

風險感知係指人們對風險相關事物訊息的留意、詮釋、與記憶的過程。風險的相關事物訊息，主要包括損失災變記錄、媒體對風險的報導、專家對風險的估計值、與專家本身的背景資訊等。人們對風險的感知要能影響人們的**風險態度** (Risk Attitude) 與**風險行為** (Risk Behaviour)。因此，風險感知是風險溝通 (Risk Communication) 的基礎。

對風險感知的研究，最早可追溯至 1959 年。初期的研究著重人們對賭博樂透彩的**感知風險** (Perceived Risk) 程度。之後，從史達 (Starr, C.) 以社會整體觀點研究社會對科技風險的可接受程度開始，陸續出現眾多以天然災害、科技災害為對象的風險感知研究。其中，以改採心理測驗典範的 Slovic 模型 (1980) 最為著名。此後，更多研究以此為出發，延伸不同問題的研究採用不同的分析方法。此外，不同國家人民風險感知間差異的研究，也獲得不少成果。

其次，截至目前為止，影響風險感知的理論 (Dake & Wildavsky, 1991) 共有五種：第一、知識理論 (Knowledge Theory)，這個理論認為人們的科技知識水平，是解釋風險感知差異的最佳途徑；第二、個性理論 (Personality Theory)，每個人個性的差異與風險感知差異間是相關的。因此，以個性差異解釋風險感知差異是最佳途徑；第三、經濟理論 (Economic Theory)，這個理論認為人們的風險感知與經濟生活水平以及科技產生的效益有關；第四、政治理論 (Political Theory)，個人所參與的政黨與社會運動團體對科技政策的看法，與人們的風險感知有關；第五、文化理論 (Cultural Theory)，人類社會的生活方式亦即文化型態，是影響風險感知的最重要要素。為了維繫自我固有的文化與生活方式，人們對風險的感知會存在差異。

2. 感知風險模型

(1) 心理測試模型——Slovic模型

心理測試模型由著名的斯洛維克等 (Slovic et al.) 改變上述史達 (Starr, C.) 的顯示偏好 (Revealed Preference) 研究方法，改採偏好表達 (Expressed Preference) 的問卷調查方式研究各類健康與安全活動的感知風險。針對每類活動分別以七項構面來觀察風險感知，每一構面均採七點尺規來衡量感知風險程度。例如：問及騎腳踏車的活動，就自願性構面言，尺規的一端標示「非自願」，另一端標示「自願」。其他構面則依構面性質不同，在尺規兩端標示不同的字眼。例如：同樣騎腳踏車，就風險控制構面，在尺規兩端各標示「無法控制」與「完全可控制」字眼。對其他活動，例如：核能廠的建立，同樣用相同的七項構面、七點尺規，完成調查的問卷。嗣後，學者們也補充或調整這種研究方法的構面與尺規，也有改採字義聯結法與情境分析法從事風險感知的研究。綜合以上所提的研究，通稱爲心理測試模型或稱 Slovic 模型（用來推崇 Slovic, P. 先生）。該模型最著名的研究成果（參閱後述）是影響人們風險感知，最重要的兩個變項是風險後果是否令人恐懼 (Dread)，以及人們對該風險的知曉程度 (Known)。近年，針對生物基因科技風險感知的研究發現，人們對科技的信賴 (Trust) 也是造成影響感知風險程度的重要變數。

(2) 數理模型——CER與SCER

數理的感知風險模型[3] 主要是解釋賭博樂透彩的財務風險感知，其中對風險感知解釋力比 Slovic 模型佳的，當推路斯與韋伯 (Luce, R. D. and Weber, E. U.) 的聯合預期風險模型 (CER: The Conjoint Expected Risk Model)(Luce and Weber, 1981)。這項模型主要針對財務風險，推導的企圖主要來自馬可維茲 (Markowitz, H.) 的組合理論。CER 模型主要可呈現人們對財務風險判斷的共同性，也就是各類財務冒險活動的機率與結果判斷的共同性。同時，CER 模型也可呈現人們間的個別差異，這項差異由數學公式中的機率與結果的不同權重表示。因此，依據路斯與韋伯 (Luce, R. D. and Weber, E. U.) 的數理推導，人們對各類財務冒險活動方案（例如：將儲蓄的 20% 投資股票）的評價可用公式表示如後：

$$
\begin{aligned}
R(X) = {} & A^0 Pr(X = 0) + A^+ Pr(X > 0) + A^- Pr(X < 0) \\
& + B^+ E[|X|k^+|\ X > 0]\ Pr(X > 0) \\
& + B^- E[|X|k^-|\ X < 0]\ Pr(X < 0)
\end{aligned}
$$

上式中，財務風險選擇方案不外有三種結果：一是狀況不變，以 $Pr(X = 0)$ 表示；二是增加財富，以 $Pr(X > 0)$ 表示；三是減少財富，以 $Pr(X < 0)$ 表示。A^0、A^+、A^- 分別代表這三種狀況的機率權重。B^+ 與 B^- 分別代表條件期望 (Conditional Expectation) 的權重，k^+ 與 k^- 分別代表條件期望下，對財富變動的影響力，它是財

[3] 感知風險的數理模型，除了CER模型外，還有三個模型值得留意，那就是雙歸因模型(Two-Attribute Model)、Coombs與Lehner 模型，以及Pollatsek與Tversky模型。參閱 Jia, J. et al. (2008). Axiomatic models of perceived risk. In: Melnick, E. L. and Everitt, B. S. ed. *Encyclopedia of quantitative risk analysis and assessment.* Vol, i. pp. 94-103.

富變動的「乘方」概念，k^+ 表財富增加時的「乘方」，k^- 表財富減少時的「乘方」。經實證研究發現，參數 k^+ 與 k^- 的值時常趨近「一」。

其次，賀葛萊維與韋伯 (Holtgrave, D. R. and Weber, E. U.) 為了比較 Slovic 模型與 CER 模型，何者對風險感知間差異的解釋力強，而在研究設計上，為了與 Slovic 模型的線性假設作比較，將 CER 模型中的參數 k^+ 與 k^- 的值假設為「一」，這就是簡化聯合預期風險模型 (SCER: The Simplified Conjoint Expected Risk Model)。經過驗證，結果發現CER模型不管對健康危害風險與財務風險感知差異的解釋力均比 Slovic 模型為佳。

最後，賀葛萊維與韋伯 (Holtgrave, D. R. and Weber, E. U.) 也提出更能解釋風險感知差異的混合模型 (Hybrid Model)，那就是 SCER 模型混合 Slovic 模型中，風險是否巨大令人恐懼 (Dread) 的感知構面，最能解釋財務與健康危害風險感知間的差異。

(三) 風險判斷

人們對風險的感知過程裡，會涉及不確定風險下的判斷問題，這是心理學上對風險議題解決的一連串心理過程。換言之，可視為在風險的情境下，經由思考推理而進一步達成目的的問題索解 (Problem Solving) 歷程。人們對問題索解的思考推理可分為定程式思考推理 (Algorithmic Thinking and Reasoning) 與捷思式思考推理 (Heuristic Thinking and Reasoning)。換言之，就是理性思辨與直覺反應，有時理性可控制直覺的反應，有時不能。理性思辨是依一定的邏輯思考與推理程序，因此，理性思辨較為耗時，但也較正確，適合時間充分下的決策。它又可分為演繹推理與歸納推理。其中，演繹推理遵循的是程序法則 (Rule of Procedure)，歸納推理遵循的是機率法則 (Rule of Probability)。直覺反應是靠個人的經驗累積，對問題加以思考與推理，它是種經驗判斷，適合時間緊迫下的決策，但此種經驗判斷對解決問題，有時相當有效、有時失誤極大。直覺反應的思考推理，也常使用在猜測某種事物時。例如：猜測明天股市會上漲的可能性多高，或如猜猜你正前方一棵樹距離你有多遠等。同樣，它也可用來猜測判斷風險的高低或作風險重要性的評比。

1. 捷思判斷原則

當人們依直覺反應猜測判斷某種事物時，有三種捷思原則與我們的猜測判斷有關 (Kahneman & Tversky, 1993)：

第一、代表性捷思原則或稱典型事物原則，這是依資訊的表徵 (Representativeness) 做判斷。此種捷思判斷通常被人們用來判斷，某一事物歸屬某類別的可能性，那個事物的表徵是爲經驗判斷的依據。例如：夏天代表炎熱，那麼猜猜夏季中某天炎熱的機會是高抑或是低？答案很明顯，那天炎熱的機會相當高，這就是最簡單的典型事物原則的應用。關於典型事物原則的應用，心理學領域有項著名的「琳達」測驗。這項測驗是由施測者描述琳達小姐的年齡、人格特質、學歷與嗜好，再由受測者猜她是從事何種工作並加以排序，但結果大部分依該原則來猜測排序時均不太符合邏輯。最後，猜猜迎面而來的黑人是罪犯的可能性多高？在美國社會的人們會猜那位黑人是罪犯的可能性極高，因爲美國社會對黑人的典型印象是，典型的黑人是罪犯，典型的罪犯是黑人。

第二、可得性捷思原則或稱範例原則，這是以過去經驗中，是否出現類似資訊來作判斷，亦即依資訊在經驗中的可得性 (Availability) 做判斷。可得性捷思原則通常用來判斷某一事物出現的頻率，對容易回想起的事物，所判斷的頻率會比較高。例如：請學生寫出英文字中倒數第二個字母是「N」的與寫出英文字字尾是「ING」的。結果發現，針對後者學生們寫出的英文字數平均高於前者情況下所寫出的字數。其原因是字尾是「ING」的英文字最容易想起，雖然兩種情況下，所出現的英文字其倒數第二個字母均是「N」。再如，地震剛發生過後，雖然地震風險最低，但此時地震保險的銷售會創新高。理性告訴我們似乎不可思議，但可得性捷思原則認爲理所當然，因地震剛過人們腦中最容易想起當時的恐怖，因此，急買地震保險求得心安。

第三、定錨調整捷思原則或稱刻板印象原則，這是依資訊呈現方式，對其習慣的影響做判斷。例如：心理學家曾做過如此測試，即對甲與乙兩組學生要求他們於 5 秒鐘內，判斷兩組數字排列不同算式的乘積。甲組學生面對的算式排列爲：8x7x6x5x4x3x2x1；乙組學生面對的算式排列爲：1x2x3x4x5x6x7x8。結果甲組學生判斷的乘積高於乙組學生判斷的乘積。究其原因，與吾人習性有關。一般習性算法是從左至右。甲組學生面對數字大的在左邊，腦中的直覺會抓住最先看到的數字，再作調整。因此，甲組學生判斷乘積大的可能性高於乙組學生。此種現象稱爲「定錨或牽制效應」(Anchor Effect)。其次，例如：拍賣場的促銷海報—「每人限購十二罐」。心理學者發現確實有促銷效果，因人們的直覺會應用刻板印象原則抓住十二罐，再往下調整，結果買得比平時還多。這項原則也可應用在銀行信用卡的最低應繳款的事情上。

2. 捷思判斷的偏見

直覺反應的捷思判斷對解決問題，有時相當有效，有時失誤極大。會產生失誤是因人們直覺上會存在認知上的偏見，這就是認知上的蛀蟲 (Kahneman and Tversky, 1993)。

第一、代表性捷思原則的偏見。應用代表性捷思原則會產生失誤的原因，主要來自：(1) 人們依代表性捷思作判斷時，缺乏對先驗機率或基本機率的敏感度。例如：前所提的「琳達」測驗，當人們判斷「琳達」從事何種工作時，會將對其所描述的情況直接連結到最具相似性的職業上，不會想到所描述的情況與工作間相關的客觀機率有多高，這也常違反規範的 (Normative) 貝氏定理 (Bayes' Theorem)；(2) 人們依代表性捷思作判斷時，缺乏對樣本大小的敏感度。例如：10 位男性樣本的平均身高為 165 公分，人們如依代表性捷思作判斷時，也會判斷母體男性的平均身高亦為 165 公分，經常疏忽考慮樣本大小所代表的不同意義；(3) 人們依代表性捷思作判斷時，常對機會概念罹患錯誤的認知。例如：著名的「賭徒謬誤」(Gambler's Fallacy) 測驗。該測驗以丟銅板施測，當連續多次丟銅板都出現正面時，人們依代表性捷思作判斷時，也容易猜測下一次銅板丟的結果也是出現正面，即使銅板出現正反兩面的機會均是各半；(4) 人們依代表性捷思作判斷時，常忽略訊息的可靠性。例如：人們要判斷某公司未來可能獲利情況，將會以對公司未來的描述是否有利當作表徵。因此，依代表性捷思作公司未來可能獲利判斷時，如果對公司未來的描述是有利的話，那麼人們會判斷公司未來有高利潤，反之，則低。此時，人們會常忽略描述的可靠性；(5) 人們依代表性捷思作判斷時，常患效度幻覺。例如：「琳達」測驗，這項測驗是由施測者描述琳達小姐的年齡、人格特質、學歷與嗜好，再由受測者猜她是從事何種工作並加以排序。當人們依代表性捷思作判斷時，會依所描述的內容與哪項工作最適合作出判斷。其實所描述的內容與工作間的適合度，只是一種效度幻覺 (Illusion of Validity)；(6) 人們依代表性捷思作判斷時，常對迴歸概念，患有錯誤的認知。

第二、可得性捷思原則的偏見。應用可得性捷思原則會產生失誤的原因，主要來自：(1) 人們依可得性捷思原則作判斷時，常患重新搜尋的偏見。人們對腦中常容易浮現的事物，依可得性捷思原則作判斷時容易高估，反之，容易低估。例如：車禍與地震對比；(2) 人們依可得性捷思原則作判斷時，常患尋找效能的偏見。例如：猜測英文字典裡英文字倒數字母是「N」的字與英文字字尾是「ING」的字，哪個比較多？一般會認為英文字字尾是「ING」的字比較多；(3) 人們依可得性捷思原則作判斷時，常患想像力的偏見；(4) 人們依可得性捷思原則作判斷時，常患相關性幻覺。

第三、定錨調整捷思原則的偏見。應用定錨調整捷思原則會產生失誤的原因主要來自：(1) 人們依定錨調整捷思原則作判斷時，常會調整不足；(2) 人們依定錨調整捷思原則作判斷時，常患聯合與獨立事件評估的偏差；(3) 人們依定錨調整捷思原則作判斷時，常受主觀機率分配評估的牽制。

(四) 風險感知研究的重大貢獻

1. 影響風險感知的變項

影響風險感知的因子相當多 (Slovic et al., 1980)，大體上，可歸納為兩大類：第一類是風險活動的特質；第二類為感知者 (Perceiver) 本身的特性、媒體的報導與社會文化政治生態。就第一類言，人類任何活動均可被視為風險活動 (Risky Activities)。風險活動有風險，但也伴隨效益。就風險面向而言，根據 Slovic 心理測試模型 (Slovic et al., 1980) 顯示，有兩個最重要的變項影響人們對風險的判斷與感知，那就是對風險因巨大而恐懼 (Dread) 的程度與對風險知曉的程度 (Known)（參閱圖 15-2）。

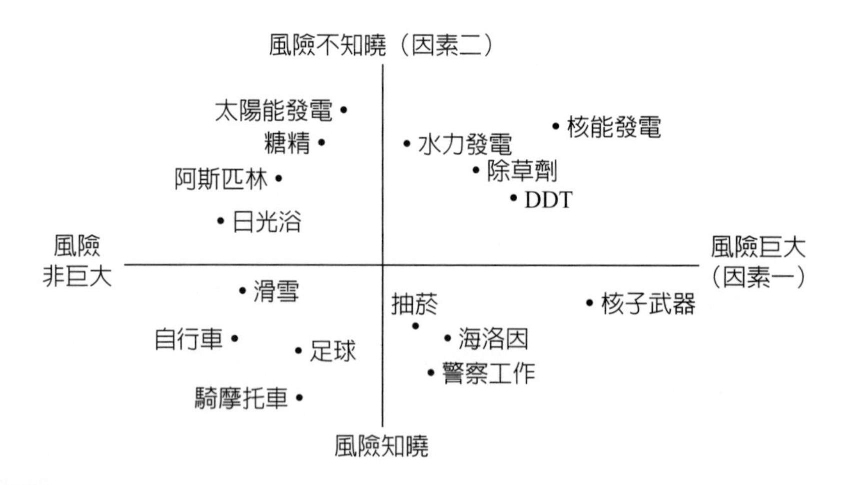

圖 15-2 風險感知圖

以此兩特質分別代表 X 軸與 Y 軸。各類風險分別落入四個象限。例如：核能風險落入第一象限最右方。代表對核能風險，一般人不是那麼了解，且核能風險萬

一發生災難是相當令人恐懼的。再如，騎腳踏車可能遭受的風險。人們對該風險的感知與核能風險相較，則大異其趣。它落入第三象限代表人們認為騎腳踏車造成的風險，可忽略且人們有深入的理解。

除上述兩個重要變項與時機點之外，其他會影響風險感知的變項有，屬於前提及的第一類變項：(1) 從事風險活動是否出於自願；(2) 風險造成的後果是否立刻顯見；(3) 人們對風險能否掌控；(4) 風險是新的抑或是舊的；(5) 風險造成的後果是否傷及下一代；(6) 風險造成的後果是否可回復；(7) 風險活動可能伴隨的效益。其次，會影響風險感知的，有屬於前提及的第二類變項：(1) 風險後果是否影響感知者個人，以及感知者的價值觀與個性等；(2) 媒體報導的內容；(3) 對政府機構的信任；(4) 風險分配 (Risk Distribution) 的社會公平與正義等。

2. 感知風險與感知效益的關聯

風險活動可能伴隨的效益 (Benefit) 會影響人們的風險感知，已如前述。根據心理學者對瑞典民眾調查的結果分析 (Kraus and Slovic, 1988) 顯示，感知風險 (Perceived Risk) 與感知效益 (Perceived Benefit) 間，呈負相關。同樣的結果，也發生在對加拿大民眾的調查上（參閱圖 15-3）。換言之，感知風險度低，感知效益度高。高報酬（高效益），高風險的正相關現象，在人們心中並不這麼想。蓋因，人們是以風險活動的好或壞，以及喜不喜歡來作判定。如果心中認為從事該風險活動有好處，或喜歡該活動，就會判定該風險活動效益高、風險低。反之，則心中會出現相反的結果，這就是好壞原則顯示的蹺蹺板原理。

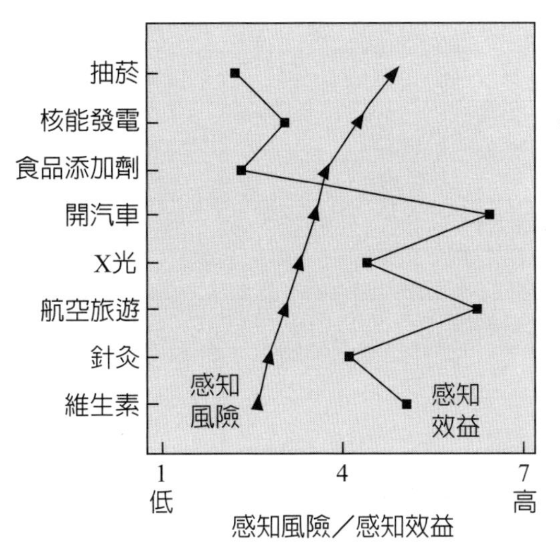

圖 15-3　感知風險與感知效益的關聯

3. 風險判斷的成果

第一、研究發現 (Slovic, 1987) 人們做風險判斷時，不同團體的人們間，對風險的判斷不盡相同（參閱表 15-1）。

表 15-1 感知風險度評比

風險性活動或科技	某婦女組織成員	大學生	某社會團體成員	專家
核能發電	1	1	8	20
汽車事故	2	5	3	1
手槍	3	2	1	4
抽菸	4	3	4	2
摩托車	5	6	2	6
酒類飲料	6	7	5	3
航空飛行	7	15	11	12
警察執勤	8	8	7	17
殺蟲劑	9	4	15	8
外科手術	10	11	9	5
救火工作	11	10	6	18
大型建築工作	12	14	13	13
打獵	13	18	10	23
噴霧劑	14	13	23	26
爬山	15	22	12	29
自行車	16	24	14	15
商務飛行	17	16	18	16
電力（非核能）	18	19	19	9
游泳	19	30	17	10
避孕劑	20	9	22	11
滑雪	21	25	16	30
X 光照射	22	17	24	7
中、大學的足球賽	23	26	21	27
火車事故	24	23	20	19
食物防腐劑	25	12	28	14

表 15-1 感知風險度評比（續）

風險性活動或科技	某婦女組織成員	大學生	某社會團體成員	專家
食物色素	26	20	30	21
電動割草機	27	28	25	28
抗生素的使用	28	21	26	24
家庭器具	29	27	27	21
疫苗接種	30	29	29	25

第二、人們做風險判斷時，常會低估發生機會不高，但損失可能慘重的風險 (Krimsky, 1992)。

第三、專家的統計數據與一般人們對風險主觀判斷的數據間，常存在一定的差異 (Lichtenstein et al., 1978)，也就是，一般人們對死亡原因較少的死亡人數傾向高估，對死亡原因較多的死亡人數則會低估。同時，這種高估或低估的型態是有跡可尋的（參閱圖 15-4）。也就是說有其一致性且可預測，這種估計與實際間的相關係數，高達 0.74。這種現象主要受趨均數迴歸與可得性捷思原則所影響。

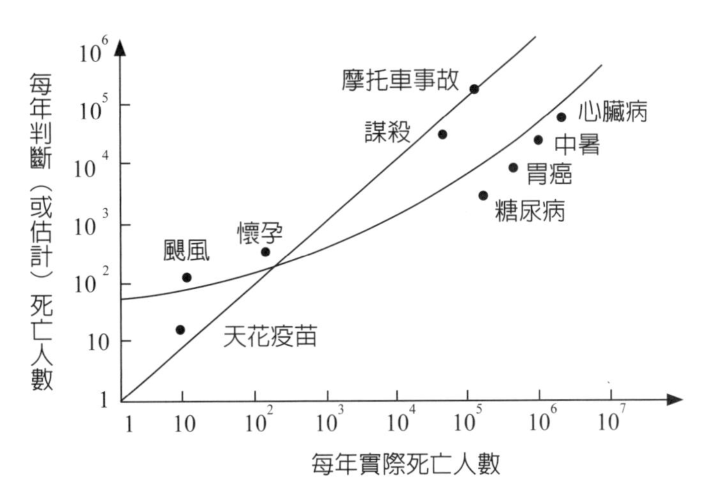

圖 15-4 實際死亡數與判斷死亡數的關聯

七、風險溝通

本單元內容同樣適用在公司風險溝通領域。

(一) 風險溝通的歷史演進

風險溝通依據文獻 (Fischhoff, 1998)，歷經了八個時期的演進。最初期，風險資訊傳播者（通常是政府機構或企業生產者）也是風險溝通者 (Risk Communicator) 的任務，就是獲得正確的風險數據即可。之後邁入第二個時期，告訴接收者（通常是民眾）風險數據。接著是第三個時期，告訴接收者風險數據的涵義。第四個時期是，對接收者顯示，過去曾被他們所接受而與現今風險類似的風險數據。第五個時期是，對接收者顯示，有利於他們的風險數據。第六個時期則是，對接收者進行風險溝通。第七個時期是，設法將接收者視同風險決策參與人或是夥伴關係。最後就是，現今階段的風險溝通過程則包括了前述每一時期的內容。

(二) 風險溝通的意義、目標、理由與類型

1. 風險溝通的意義

一般而言，**風險溝通**可泛指所有風險資訊 (Risk Information) 在來源與去處間，流通的過程。所有的風險資訊指的是戰略風險、財務風險、作業風險與危害風險等四大類資訊而言。風險資訊流通的範圍，以政府組織與國家社會風險管理領域中最爲廣泛，因其所涉及的利害關係人最多，而企業公司組織次之，家庭風險管理最狹隘。圖 15-5 以食品風險溝通爲例，顯示風險資訊流通的最大範圍，「箭頭」代表的都是風險資訊的流通，流通過程中就須風險溝通策略。該圖左半部的經營者與食品行業協會、食品檢驗與認證機構、與政府及國家相關機構，通常爲風險資訊的擁有者，也是需負責對外的溝通者；右半部通常爲風險資訊的接收者，包括新聞媒體與消費者。就食品公司立場言，當發生重大食品責任危機事件時，擁有食品風險相關資訊的風險管理人員，應實施適當的風險溝通策略。溝通對象涉及內部員工、傳播媒體、政府監理機構與社會大眾。平常，公司的風險溝通以內部居多。就政府機構立場言，政府不僅是風險資訊的擁有者，也是風險監控者，因此其風險溝通涉及的範圍更廣泛，採取何種風險溝通策略更形重要，舉凡政府對新冠肺炎、瘦肉精、漢他病毒、豬口蹄疫等的監控過程中，均不能忽視風險溝通策略的運用。

狹義的風險溝通僅指健康或環境風險資訊，在利害關係團體間，有目的的一種資訊流通過程而言 (Covello et al., 1986)。此定義將溝通的標的縮小，只將影響人們

健康與損害環境的風險包括在內。同時，認爲以改變人們風險感知與態度爲目的的資訊流通，才能視爲風險溝通。漫無目的的風險資訊流通，並不能視爲風險溝通，此點極爲重要。

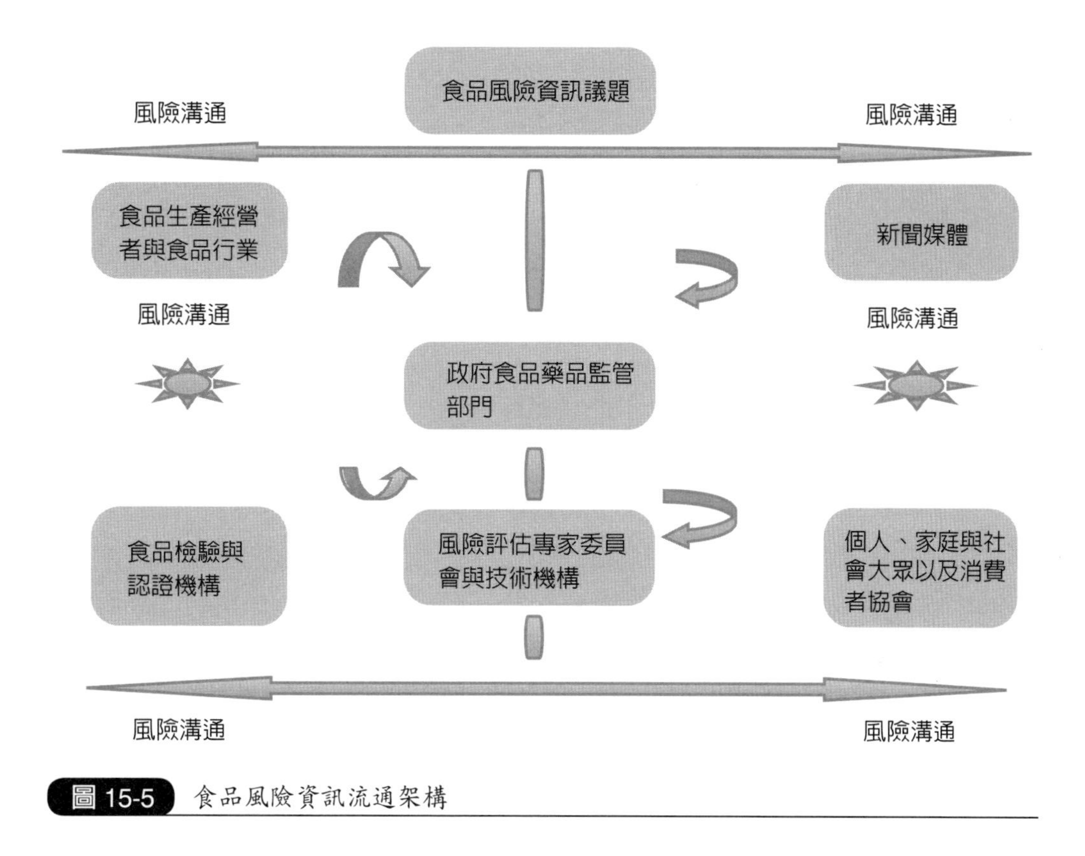

圖 15-5　食品風險資訊流通架構

2. 風險溝通的目標與理由

風險溝通的具體理由有四 (Stallen, 1991)：第一、對曝露於各類風險中的人們，爲能使他（她）們實際掌控風險，風險相關資訊有必要讓他（她）們知道；第二、基於人權道德的考量，人們有權利獲知風險相關資訊，主宰自我，保護自身安全；第三、風險會帶來恐懼與威脅，風險資訊的流通，有助於克服人們心理上的恐懼威脅；第四、公司與政府監理機構爲了保障員工與社會大眾的健康與安全，風險溝通有助於履行其責任義務。其次，風險溝通所要完成的具體目標有 (Renn and Levine, 1991)：(1) 改變人們對風險的態度與行爲；(2) 降低風險水平；(3) 重大危機來臨前，緊急應變的準備；(4) 鼓勵社會大眾參與風險決策；(5) 履行法律賦予人們知的權利；(6) 教導人們了解風險，進而掌控風險。

3. 風險溝通的類型

風險溝通有四種類型：第一、單向溝通。單向溝通即上對下的溝通方式。換言之，它是一種由專家對外部民眾或客戶或員工等利害關係人的溝通方式。單向的資訊流通又稱爲資訊流程模式 (Information Flow Model)；第二、雙向溝通。它涉及了風險的多重資訊，此種類型與風險溝通的資訊 (Messages)、來源 (Source)、管道 (Channel) 與接收者 (Receiver) 有關，它又稱爲資訊轉換模式 (Message-Transmission Model)；第三、溝通過程模式 (The Communication Processes Model)。此模式不僅強調風險資訊在各利害關係人間的流通，也留意資訊形成的社會文化因子；第四、視風險溝通爲政治過程，即政治模式。

(三) 風險溝通哲學與法律

風險資訊是否要流通，哪些資訊可流通，與如何流通，才能完成風險溝通的目的，這些均與各國或公司的社會、文化、政治背景、及管理哲學有關。不同的社會、文化、政治背景、與管理哲學，風險溝通的法律基礎也不同。

以英、美兩國爲例，英國是社會福利國家，父權主義思想是政府監理風險的哲學基礎。因此，風險溝通以「知的需要」(Need to Know) 爲其法律基礎。此種法律基礎亦爲歐盟國家「塞維索」指令 (Post-Seveso Directive) 的基礎。「塞維索」指令是 1976 年，瑞士一家著名製藥公司所屬子公司，在義大利的化學工廠發生爆炸，引發有毒物質外洩，侵襲塞維索 (Seveso) 地區，造成居民重大傷害後，歐盟委員會 (The Council of the European Communities) 於 1982 年頒布的指令。這個指令要求歐盟各國，在重大災難發生時，各國政府有必要讓災區民眾知道如何防範，以減輕傷亡。

另一方面，美國風險溝通的法律基礎與歐盟國家則有所不同，「知的權利」(RTK: Right to Know) 是美國風險溝通的法律基礎。美國是資本主義國家，民族的大熔爐，政治社會文化環境與英國不同。1984 年，美國聯合碳化物公司 (Union Carbide) 在印度的波帕爾 (Bhopal) 農藥廠發生毒氣外洩事件後，1986 年國會通過超級基金修訂與重新授權法案 (SARA: The Superfund Amendments and Reauthorization Act)。該法案第三章 (Title III) 即「緊急應變與社區知的權利法案」(The Emergency Response and Community Right to Know Act)，這一章的規定是以「知的權利」爲法律基礎，社會大眾可根據該章的規定，取得必要的風險資訊，但此種「知的權利」(RTK) 則有程度上的不同。哈敦 (Hadden, S. G.) 歸納了四種類型 (Hadden, 1989)：第一、基本型的 RTK，此型目的旨在確保公眾對化學物質有發覺的權利，政府只負責確保有相關資訊可供取得即可；第二、風險降低型的 RTK，此型目的旨在透

過產業或政府的自願行為，降低化學物質的風險，政府負責制定新的標準並嚴格執行；第三、改善決策品質型的 RTK，此型目的鼓勵民眾在適當時機，參與風險決策，政府負責提供分析、詮釋風險數據的方法；第四、權利平衡型 RTK，此型目的在使民眾、政府、與企業間，取得權利的平衡，政府負責提供民眾分析資訊與參與決策的途徑。

(四) 風險教育訓練

第四章曾提及，優質風險管理文化條件之一，就是要有風險管理知識與教育訓練，亦即風險教育訓練。風險教育訓練也可說是風險溝通成功的要件，也是組織管理風險過程中能達成一致性的基礎。依照聯合國教科文組織 (UNESCO: United Nations Educational, Scientific and Cultural Organization)2010 年風險管理百科全書中對風險教育訓練目的的記載指出，風險教育訓練的目的是在提升對風險管理觀念與機制基本的自覺，使參與訓練人員能夠識別與管理自我面臨的風險，同時透過對潛在風險的事前規劃，強化專案管理。風險教育訓練也應包含安全教育訓練，在組織內應定期有序進行，尤其為滿足法律要求，在組織成員有新任務與新任命時，以及風險事件發生後學習經驗教訓時，都是風險教育訓練的重要時機。至於政府對社會大眾的風險教育宣導或訓練，應由適當部門（例如：環保、衛生、安全部門）有計畫的進行。

(五) 風險溝通中風險對比的方式

風險對比 (Risk Comparison) 是重要的風險溝通工具，對比的表現方式與對比的基礎很多。大體上，風險對比可分兩類：第一類、是不同風險間的對比；第二類、是類似風險間的對比。這些風險對比中，常見的尺規至少包括：年度死亡機率 (Annual Probability of Death)、每小時曝險的風險 (Risk Per Hour of Exposure)，以及預期生命損失 (Overall Loss in Life Expectancy) 等三種。其資訊呈現的方式也有多種。例如：以年度死亡機率為尺規，常見的表現方式，如表 15-2 與圖 15-6。

表 15-2　風險對比——人年死亡機率

原因	死亡風險／人／年
流行性感冒	1/5000
血癌	1/12,500
車禍（美國地區）	1/20,000

資料來源：Dinman (1980)

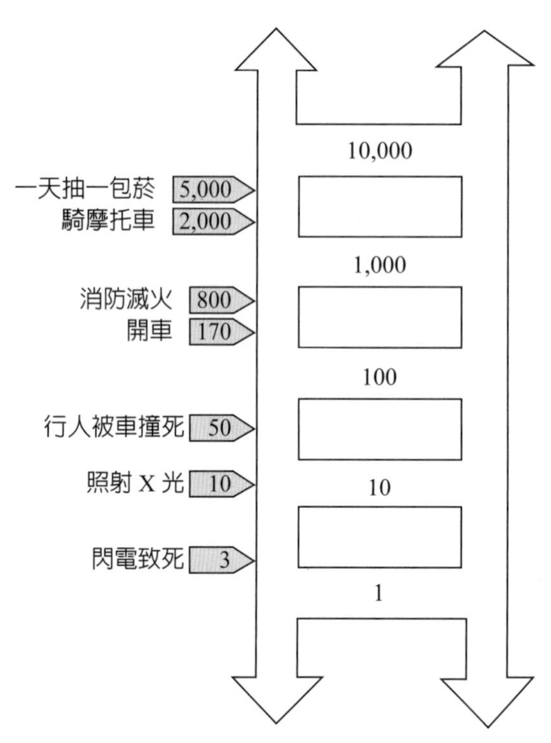

資料來源：Schultz et al. (1986)

圖 15-6 健康風險階梯

再如，以預期生命損失爲尺規，如表 15-3。

表 15-3 預期生命損失

原因	預期生命損失
單身未婚（男性）	3,500天
抽菸（男性）	2,250天
單身未婚（女性）	1,600天
抽菸（女性）	800天
抽雪茄	330天

資料來源：Cohen and Lee (1979)

表 15-3 是以預期生命損失爲風險對比的基礎，它以壽命減短的天數爲表現方式。其他風險對比的基礎，也可採拯救一條人命花多少成本[4](Cost of Per Life Saved) 與風險接受度 (Risk Acceptability) 等爲基礎，資訊呈現的方式也可採 FN[5] 曲線或眞實的圖片（例如：香菸包裝上的圖片）等。風險對比最好是簡單易懂，圖 15-6 與表 15-2、表 15-3 的缺點，是缺乏年齡層的考慮。最後，以一般游離輻射劑量，與其曝險劑量效應，以階梯圖呈現，參閱圖 15-7 與圖 15-8。

(六) 影響資訊具備說服力的因子

根據社會心理學領域對資訊說服力的研究 (Breakwell and Rowett, 1982)，有三大類因子影響資訊是否具備說服力，這些因子也可套用在風險資訊的說服力上：

第一類、資訊的排列結構與資訊內容：這類因子又分：(1) 次序效應：大眾對資訊並不會完全記得，通常只會記得最前面與最後的資訊，而會忘掉居中間的資訊，這就是前後效應 (Primacy and Recency Effects)。這提示了風險資訊的呈現，最好特別留意開頭與結尾的呈現方式，尤其在結尾部分將開頭的重點資訊再重複一次；(2) 單邊與雙邊的呈現方式：單邊呈現方式就只呈現傳播者的觀點，如果要雙邊都呈現資訊，那最好採用正反觀點對比方式，而且對傳播者的觀點要加重加多；(3) 資訊內容是否簡潔，以及隨著時間，是否有再重複資訊：簡潔、一致與不模糊的語句較具說服力，資訊隨著時間再重複一遍，可增強大眾對資訊的熟悉度，減少抗拒心理；(4) 是否能引發憂慮或害怕：憂慮或害怕能夠影響大眾對資訊的接收與解釋。

第二類、資訊傳播的媒介：一般而言，面對面傳播最具說服力，如能提供資訊來源的眞實性更佳。文本的傳播最缺說服力，電視影片與收音頻道傳播說服力居中。

第三類、資訊來源的特性：一般而言，如依大眾文化價値觀來看，資訊來源夠吸引力的話，那麼提供的資訊說服力可能性高。如果資訊來源夠權威，資訊就夠有

4　在既定社會資源下，拯救人命計畫的成本，有數量模型如下：ΣΣΣLD = Z。L代表每年因計畫可拯救的人命數，D表決策變數，在既定社會資源下，極大化上式。詳閱Tengs and Graham (1996). *The opportunity costs of haphazard social investments in life-saving*. In: Hahn, R. W. ed. *Risks, costs, and lives saved: Getting better results from regulation*. pp. 167-182. New York: The AEI Press.

5　FN累積曲線是社會或社區風險常見的表達方式，是表死亡人數(N)與頻率(F)的關聯。

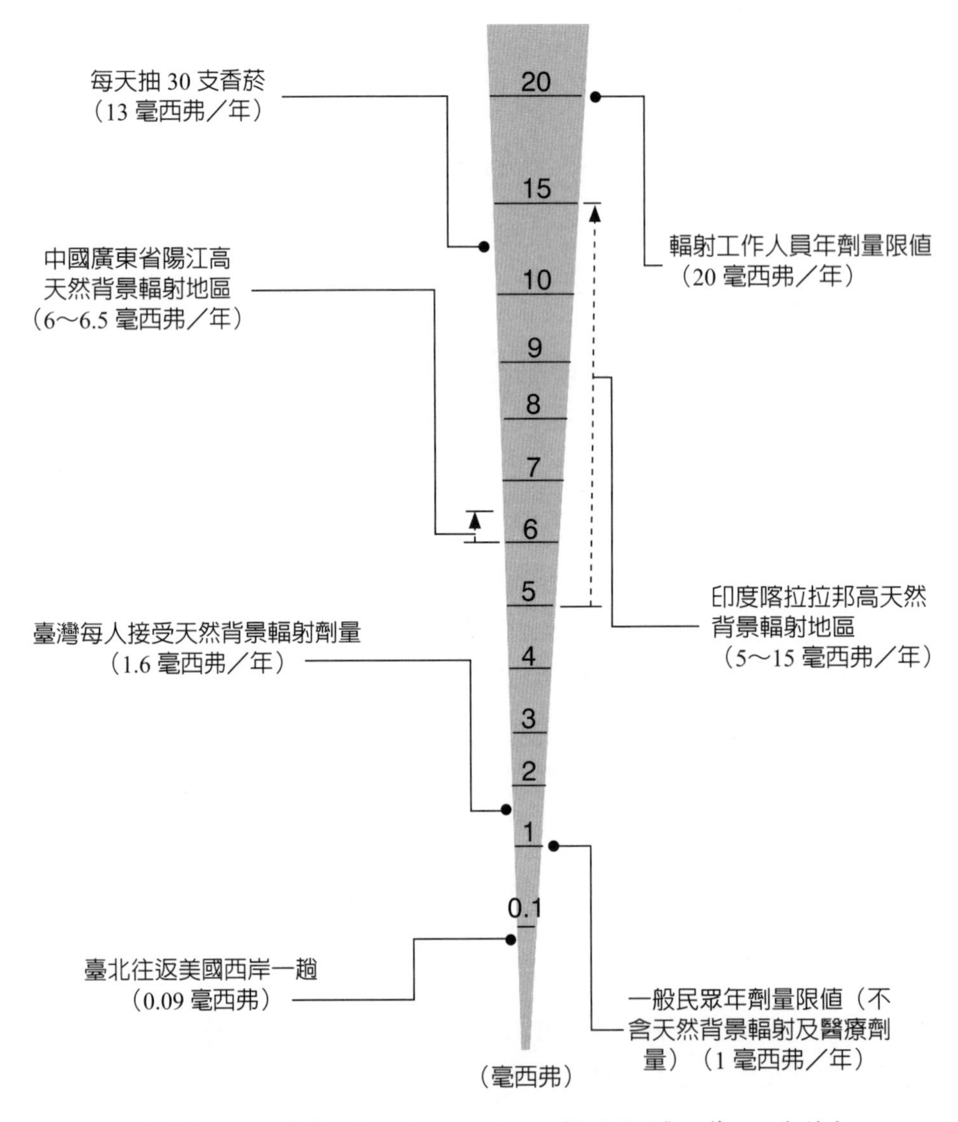

資料來源：核能資訊中心（2011/04），《核能簡訊》，第 129 期封底

圖 15-7 曝險來源與輻射劑量（輻射劑量單位：1 西弗＝1,000 毫西弗；1 毫西弗＝1,000 微西弗）

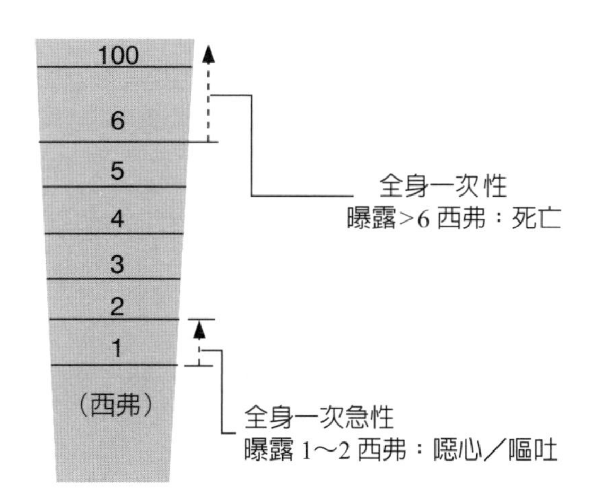

資料來源：核能資訊中心（2011/04），《核能簡訊》，第 129 期封底

圖 15-8　輻射劑量與健康危害（輻射劑量單位：1 西弗 = 1,000 毫西弗；1 毫西弗 = 1,000 微西弗）

效。如果風險資訊來源越值得資訊接收者信賴，那麼風險資訊對接收者就越具說服力，因爲風險資訊不像一般非風險資訊，它含有不確定因素，對來源的信賴程度更比其他來源的特性來得重要，換言之，來源雖然夠權威、夠吸引力，但都不值得信賴時，資訊對接收者言，就說服力不夠。

(七) 影響風險溝通成效的因子

影響風險溝通成效的因子，除法律基礎外，尙有眾多因子會影響風險溝通的成效：第一、傳播媒體。風險的眞相透過媒體報導，能被塑造再塑造。媒體對風險資訊的報導會影響社會大眾的認知，進而影響溝通的效果；第二、緊急警告與風險教育。風險溝通常涉及緊急時的警告發布與風險的教育兩個重要活動，許多風險溝通失敗的原因與此兩種活動有關。警告發布太遲，內容不明確，人爲疏失等均爲風險溝通失敗的原因。以警告效果而言，能吸引一般人留意的比例最高，人們留意後，會認眞閱讀的比例次之，眞正會遵守警告的比例最低 (HSE, 1999)；第三、固有的知識與信念。人們過去固有的知識與信念，如果不正確也是風險溝通會失敗的原因。缺乏正確的知識與莫須有的恐懼間，有相當的關聯，這些均能影響風險溝通的效果；第四、信任程度。風險溝通會涉及對人及對資訊的信賴問題。接受資訊者對發布資訊的人或機構，如缺乏信賴，溝通失敗是必然的；第五、時機。溝通的時機對溝通的成效具有相當的影響，時機不對，溝通效果必打折扣。

(八) 風險溝通的原則

美國政府的管理與預算局 (OMB: Office of Management and Budget) 頒布了一般性風險溝通原則如下 (Bounds, 2010)：

第一、在專家與民眾間，風險溝通應該公開且是雙向的溝通。

第二、風險管理目標應明確清楚，風險評估與風險管理應以有意義的方式做精準與客觀的溝通。

第三、為了使民眾真正了解與參與風險管理有關決策，政府應對重大假設、資料、模型與採用的推論做清楚的解釋。

第四、對於風險管理的不確定範圍，包括其來源、程度要有清楚的說明。

第五、做風險對比時，要考慮民眾對自願與非自願風險的態度。

第六、政府須提供給民眾及時可獲得風險資訊的相關管道，且要有公眾討論的平臺。

(九) 有效風險溝通必備的條件與障礙

風險溝通策略要能有效，至少三個條件要具備：第一、風險資訊的準備與呈現必須謹慎；第二、風險溝通上應盡可能與利害關係人產生對話；第三、風險評估與管理的規劃，要能取得利害關係人的信賴。除此之外，風險溝通策略的制定要遵守如下幾個原則 (Renn and Levine, 1991)：第一、意圖與目標要特定且明確；第二、風險數據的引用要謹慎，數據的顯示，最好通俗易懂；第三、溝通前，專家對風險相關問題要有共識。溝通時，說法要一致；第四、對方的焦慮要能與其分憂，且溝通時，要強調與對方利害相關的所在處。最後，風險溝通仍充滿困難與障礙。這些困難主要來自各類矛盾與挑戰，前者如，風險資訊的取得與風險資訊提供機構間的矛盾，後者如，如何使風險專家們體認到影響風險評估背後的人文社會因子的重要性。此外，須留意，幾乎所有的困難與挑戰均環繞在一個主題上，那就是如何打破專家們與社會大眾風險感知與認知的心向作用[6](Perceptual Set)。

---

6 簡單說，心向作用指的是人們做事與想法的習性。

(十) 風險溝通宣導手冊的制定

風險溝通宣導手冊是散發給民眾的一種宣傳品，該宣傳品內容中的風險資訊應保持簡單、正確、一致性為原則。

1. 風險的心智模型

就如何設計與制定風險溝通宣導手冊而言，目前風險溝通最新的理論，是以人們心智模型法 (A Mental Models Approach) 為依據。心智模型法共分五項步驟 (Morgan et al., 2002)：第一、運用影響圖[7](IDs: The Influence Diagrams) 產生風險科學家們的心智模型（參閱後述）。影響圖的繪製方式有四種，分別是組合法 (The Assembly Method)、能量平衡法 (The Energy Balance Method)、情境法 (The Scenario Method) 與模組法 (The Template Method)；第二、利用訪談與問卷，導引出民眾對風險的想法與看法，也就是人們的風險感知。比較本步驟的結果與第一步驟的結果，並分析兩者的吻合度多高，找出風險科學家與一般民眾對風險想法與看法間的差異；第三、根據比較分析的結果，就差異事項設計結構式問卷；第四、根據結構式問卷的分析結果，草擬風險溝通策略中的宣導手冊內容；第五、利用焦點團體等研究方法，測試與評估風險溝通宣導手冊草案的有效性。重複本步驟，直至滿意為止。最後版本的風險溝通宣導手冊內容就是製作某種風險宣導手冊的依據。前述制定過程，也可應用在保險業保險商品簡介的製作上，因保險商品涉及風險資訊的揭露與呈現。

2. 影響圖

圖 15-9 中的 (A)、(B)、(C) 與 (D) 是針對人們從房子樓層走往地面時，可能面臨踩空跌落的風險，針對該風險繪製影響圖的步驟過程。

(A)

踩空 → 跌落

圖 15-9　影響圖發展過程

7　當決策問題極為對稱時，影響圖(IDs)是有用的決策工具，詳閱Smith and Thwaites (2008). Influence diagrams. In: Melnick, E. L. and Everitt, B. S. ed. *Encyclopedia of quantitative risk analysis and assessment.* Vol. 2. pp. 897-910. Chichester: John Wiley & Sons Ltd.

(B)

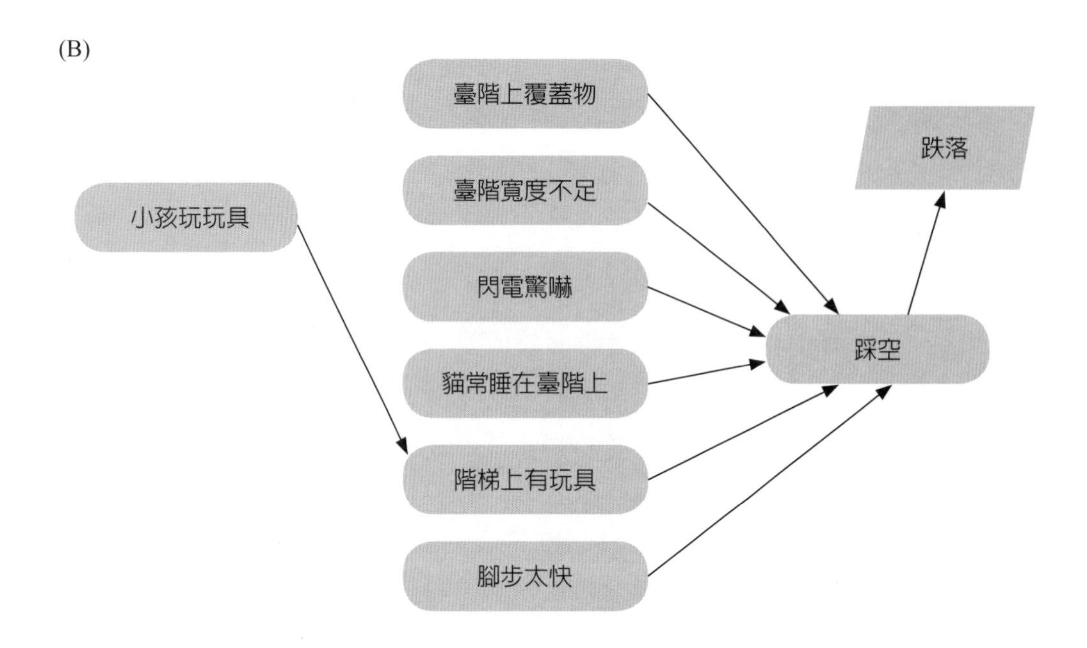

(C)

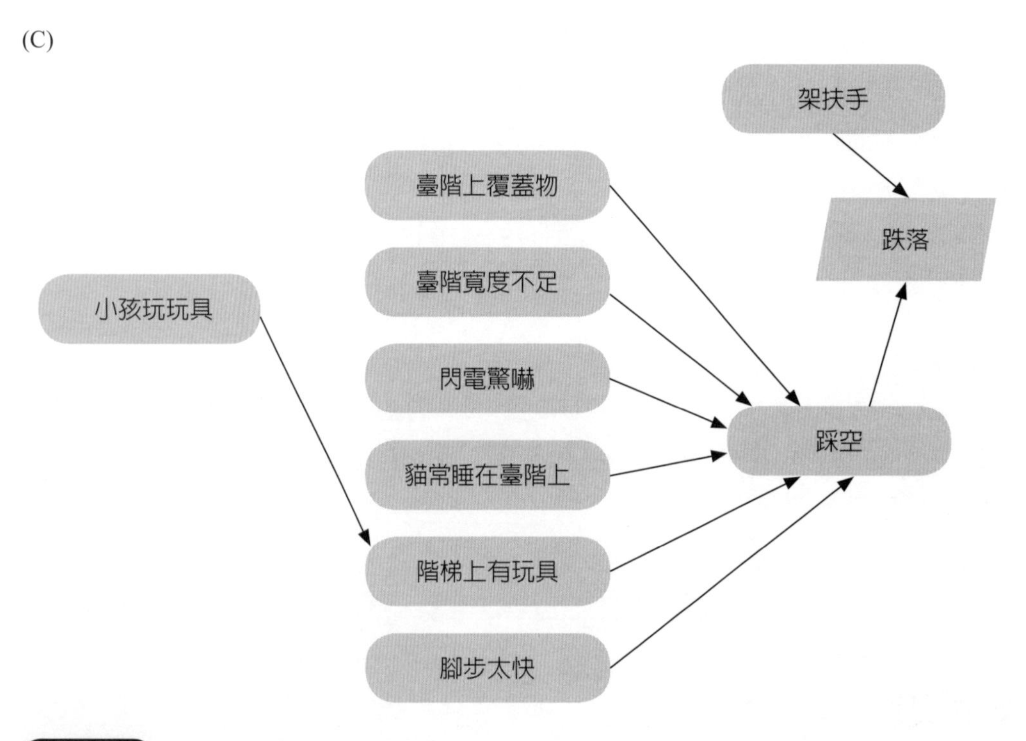

圖 15-9 影響圖發展過程（續）

(D)

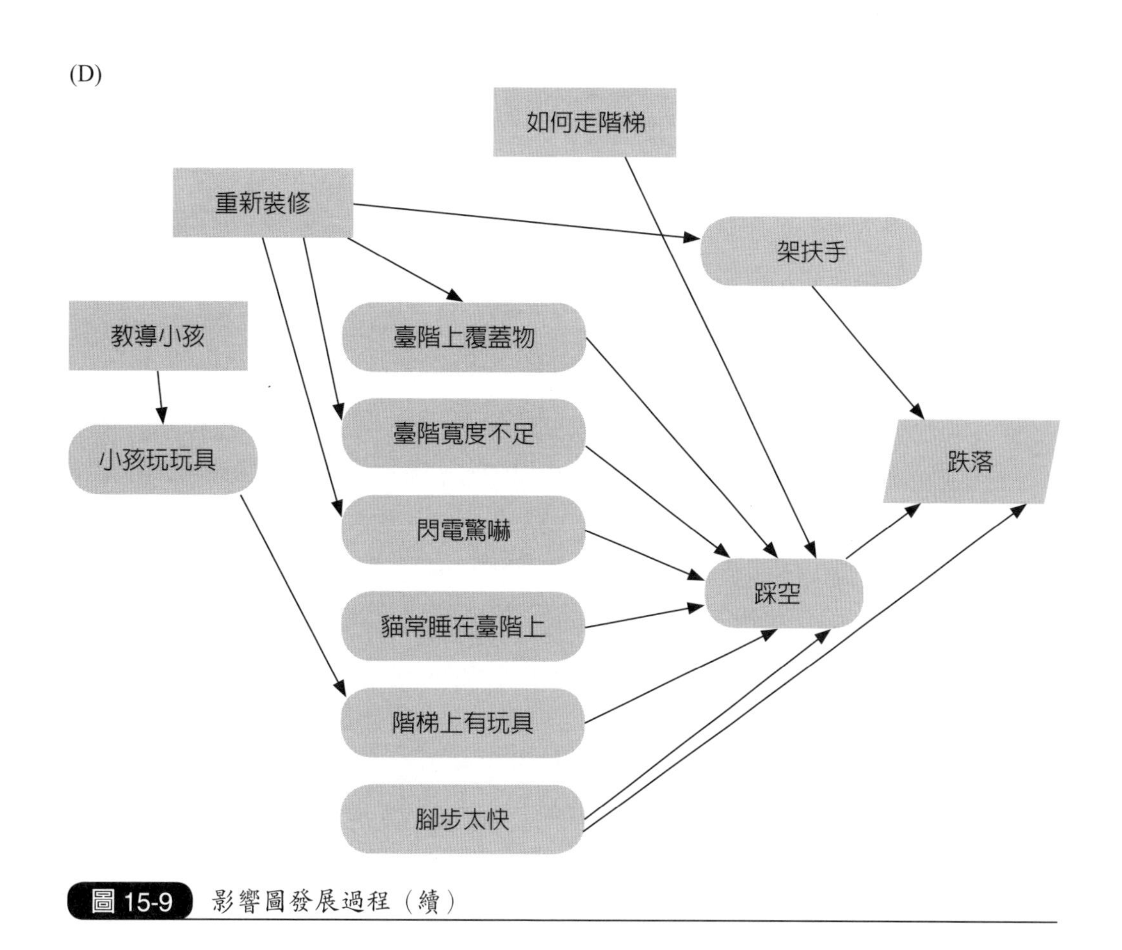

圖 15-9　影響圖發展過程（續）

(A)、(B)、(C)、(D) 圖間的差異是心智發展的過程。影響圖有兩個結點 (Node)，類似決策樹 (Decision Tree) 中所採用的橢圓形與方塊，橢圓形代表機會或不確定因子，方塊代表決定，箭頭代表影響方向，因子間如互爲影響，就用雙箭頭。其中最後的 (D) 圖是心智發展完成的影響圖。

(十一) 媒體與風險溝通

媒體有個外號稱爲「無冕王」，英國 007 系列電影有部稱爲「媒體帝國」的電影，足見媒體在現今社會是股強大的力量。就風險領域言，媒體報導的風險資訊會影響風險感知 (Yamamoto, 2004; Agha, 2003; Romer et al., 2003; Frewer et al., 2002a, 2002b; Wessely, 2002)。媒體報導的風險資訊是可透過人們的記憶與可得性捷思，影響人們的風險感知與風險判斷，而人們的風險感知是爲風險溝通的基礎。其次，媒體報導的風險資訊如果與個人經驗或知識水平吻合的話，那麼對人們的風險認知影響就比較大，否則，影響較小 (Tulloch, 1999; Wiegman and Gutteling, 1995)。分別來自電視與平面媒體報導的風險資訊，或來自同類但不同媒體組織報導的風險資訊，對風險認知均會有不同的影響程度 (Lane and Meeker, 2003; Joffe and Haarhoff, 2002)，其原因可能來自不同媒體對風險資訊採用不同的報導方式與爲了不同目的。媒體在風險的社會擴散與稀釋過程（參閱第十六章）中，也扮演著重要角色，因透過媒體對風險的汙名化，形成人們腦海中的烙印 (Stigma)，對風險在社會的擴散與稀釋就會產生一定影響 (Fischhoff, 2001; Flynn et al., 1998)。風險汙名化的形成不是單向由媒體對大眾置入行銷 (Hypodermic Injection) 的過程，而是互動網路 (Tangled Web) 式互爲影響的過程 (Smith, 2005)。媒體報導的風險資訊影響風險感知的演化過程有一模式值得留意，那就是文化巡迴模式 (Circuit of Culture Model) (Carvalho and Burgess, 2005)。該模式針對媒體對氣候變遷風險報導的資訊分三個層面，以不同的框架論述氣候變遷風險感知的演化。最後，值得留意的是，電子媒體（例如：網際網路等）與「社會媒體」(Social Media) 或稱「自媒體」（例如：透過手機發送風險資訊），已形成影響人們風險感知的新管道 (Richardson, 2001)。

另一方面，媒體主編們會如何形塑建構想要報導的風險資訊，根據一項調查研究發現 (Breakwell and Barnett, 2001)，媒體主編們喜歡報導駭人聽聞的風險資訊，報導時會誇張些，盡量不碰觸眞正科學的問題，會考慮與其他同業的互動與競爭，會考慮媒體間的差別，渴望風險資訊但不深究，會留意報導內容的長度與時機，會與壓力團體有關。最後，媒體主編們認爲風險的不確定範圍如何，基本上沒新聞性，但如引發爭議就有新聞性。針對此點，政府與其他企業組織應留意三點：(1) 應檢視如何處理風險爭議；(2) 面對風險爭議時，注意與媒體的互動；(3) 在風險爭議期間針對媒體要有適當的政策。

(十二) 害怕與風險溝通

風險溝通中，害怕的情緒也扮演重要角色。面對風險時，尤其面對有危害性的風險時，例如：爆炸、空氣汙染、或地震等，人們心中多多少少會顯得害怕，因此，風險溝通的資訊中，如果含有引發人們害怕的資訊是有助於改變人們面對風險時的行爲。然而，爲何會改變與如何改變，雖有不一致的看法 (Leventhal, 1970; Rogers, 1975; Witte, 1992; Maddux and Rogers, 1983; Janis, 1971)，但研究顯示 (Muller and Johnson, 1990)，對戒菸或開車等風險，如果風險溝通的資訊中，含有引發人們害怕的資訊對改變人們的行爲是有效的，而且越害怕，行爲改變越

強 (Leventhal, 1970)。然而，令人害怕的風險資訊太過強烈，會傷及人們的認知過程，行為改變的效果可能就無效，因人們可能就會不在意 (Leventhal, 1970)，也就是資訊過度具威脅性不必然造成人們的害怕心理。害怕的資訊是將風險可能導致的負面效果融入風險溝通訊息中，例如：抽菸死得快。然而，對令人愉快的活動，例如：做愛，害怕的資訊反而失效 (Aronson, 1997)。同時，風險溝通的害怕資訊中，如果沒有含如何處理應對風險的資訊，行為改變的效果也不見得很好，也就是說風險溝通資訊中，不能只有引發害怕的資訊，還應告訴人們如何應對 (Maddux and Rogers, 1983)。

其次，如何應對的建議資訊與風險可能導致負面效果的資訊，在風險溝通資訊中的前後順序對不同的人會有不同的影響 (Keller, 1999)。風險的負面資訊在前，建議資訊在後，那麼對想要接受建議的人會產生顯著的行為改變，反之，順序顛倒，對這些人產生的行為改變不會顯著。建議資訊在前，風險的負面資訊在後，那麼對想要拒絕建議的人會產生顯著的行為改變，反之，順序顛倒，對這些人產生的行為改變不會顯著。

最後，基本上，前述的害怕資訊對人們行為改變的效果，其風險溝通資訊的管道不是採用海報公開宣導的方式，例如：香菸盒的警示圖片，而是採用一對一量身訂作的風險溝通方式。香菸盒的警示圖片是否有效，或許對身體較弱、害怕受傷害的人們有效，但對這種公開宣導溝通管道的效果如何，仍須進一步驗證。

(十三) 不確定性與風險溝通

風險具有不確定性，不確定本身的科學證據如何，對風險溝通就很重要。有學者主張這涉及三項要素，那就是確定存在風險的證據，風險有多大的證據，以及風險對個人與群體導致負面後果有多大的證據 (Calman, 2002)。根據這些要素，風險可分兩類，一類就是證據確鑿的風險，換言之，前面三項要素都被科學清楚確認，另一類是可能存在的風險，換言之，前面三項要素尚未被科學確認清楚，只是存在可能。風險溝通中最困難的是對「可能存在的風險」資訊的溝通。對許多專家而言，如果提供不確定的資訊給社會大眾，不管是證據確鑿的風險或可能存在的風險的不確定資訊，很多民眾反而不信任科學與科學專業機構，因社會大眾不清楚何謂風險評估與風險管理，這也是風險溝通的難處 (Frewer et al., 2003; Schapira et al., 2001)。國際風險感知權威斯洛維克 (Slovic, P.) 做過測試發現，如果與公眾詳細討論風險評估中的不確定資訊，某些人們會增加對科學家或科學專業機構的信任感，但某些人們反覺得科學家或科學專業機構不專業 (Johnson and Slovic, 1994)。

其次，對風險資訊的呈現方式，人們的解釋與反應可能不同。如以不確定區間表示風險資訊，少數人們對風險評估者的誠信與專業讚譽有加，但大部分人會認爲不誠信或不專業或均不誠信、不專業 (Johnson, 2004)。如以單一數據表示風險資訊，此種現象就很少出現。不確定資訊對風險感知與對資訊來源信任的影響，端賴資訊是如何公開而定 (Breakwell and Barnett, 2003)。資訊公開的方式如果是風險評估者主動對外公開，那麼對風險感知與對資訊來源信任的影響大，換言之，信任有加，感知風險顯著。如果風險評估者是應要求，才回應對外公開資訊，那麼信任感降低，感知風險下降。如果風險資訊是被外界（例如：媒體）挖出來的，那麼信任感最低，感知風險也可能最低。另外一種資訊的公開，是不同的專家提供不同的資訊且來源互相衝突抵觸，最終是由民眾臆測流傳開的，那麼信任感與感知風險強度就難料，而這樣流傳開的不確定資訊就稱爲「緊急不確定」(Emergent Uncertainty) 的資訊，之所以稱爲「緊急」是因對政府風險監控者或企業風險管理者言，未經過科學專業證實而民眾隨意臆測流傳是會擾亂民心社會的緣故。

(十四) 事先防範原則與風險溝通

政府風險監控採用的事先防範原則 (Precautionary Principle) 看似與風險溝通並無關聯，然而前提及的風險不確定本身，科學是否有確實證據確認其存在，是否有確實證據確認風險有多大，以及風險對個人與群體導致的負面後果有多大是否有確鑿的證據，這些就會與事先防範原則有關。事先防範原則是 1992 年聯合國在法國里昂 (Rio) 舉行的環境與發展會議上揭示的原則，其意指只要對環境有嚴重或不可逆轉的威脅時，即使完全缺乏確鑿的科學證據，也不能以其爲理由拖延採取有效的預防措施。這項原則已擴大被採用在政府對眾多風險的監控，然而，這項原則卻使得風險溝通產生極大的困難，因爲民眾會認爲既然缺乏確鑿的科學證據，也就沒有立即的威脅，那爲何要採取防範措施？徒增風險溝通上的困擾，前也提及可能存在的風險是最難溝通的。另外，採用這項原則也會有許多副作用與問題，這包括如下幾點 (Breakwell, 2007)：第一、該原則一直被認爲是反科學的，蓋因這原則阻礙了科學家尋找確實證據的研究發展；第二、採用該原則易產生其他副作用，反而產生其他風險；第三、該原則一直被認爲與政治經濟的壓力有關；第四、該原則一直被認爲受到大眾的害怕或暴怒情緒所驅動。最後，這項原則雖存在諸多爭議，但目前許多政府仍採用該原則進行風險的監控。對風險溝通而言，目前很少實證研究針對

如何在採用該原則情況下，進行有效的風險溝通。

(十五) 少數壓力團體與風險溝通

風險溝通過程中，壓力團體的角色值得留意，壓力團體也極度關注風險溝通的議題，因其想主導說服社會大眾的話語權。壓力團體通常由少數人構成，企圖影響大多數人的意見與行爲。例如：在英國與荷蘭少數壓力團體對反接種疫苗運動確實發揮了影響力 (Blume, 2006)。有影響力的壓力團體通常對風險議題的立場極度鮮明，其主張也極具前後一致性。其影響力有多大，依賴兩個要素：(1) 假如大部分人想要改變，那麼壓力團體的說服力越強，影響力就越大；(2) 壓力團體的目標群眾有多確定，也就是是否絕大多數人對相關議題持猶豫不決的態度，如果是如此，那麼壓力團體的影響力就較大，也就是越多人立場不確定，壓力團體能改變其意見與行爲的空間就越大。當然少數人的主張要影響多數人並不容易，因多數人也能影響少數人，這稱爲後洗效應 (Backwash Effect)，少數團體的主張就稱爲極端的社會表徵 (Moscovici, 1976)。

(十六) 風險溝通中的公眾參與

在民主機制下，公眾參與政府風險政策的決策過程是有必要的，蓋因有助於政策的順利推行，而風險溝通過程也更需聽取大眾意見，有助於制定適當的風險溝通策略。公眾參與的途徑約有八種 (Rowe and Frewer, 2000)：(1) 就風險議題舉行公投；(2) 舉辦公聽會；(3) 實施大眾問卷調查；(4) 小團體協商；(5)10-16 人的小型共識會議；(6)12-20 人的小型公民論壇；(7) 組成公民顧問委員會；(8)5-12 人的焦點團體座談。各種參與途徑的成效可依據接受標準與過程標準來評估，接受標準就是公眾認爲滿意，過程標準就是公眾認爲過程中採用適當的方法，也得出有價值的結論。

其次，公眾爲何願意參加主要有三種理由，基於自我利益、基於公眾利益，與基於價值的認同 (Frewer, 1999; Allen, 1998; Arnstein, 1969)。然而，針對有些公眾或群體無法參與，例如：弱勢族群等，也可採用其他不同的途徑方式改善參與範圍，例如：透過電視節目的「Call-In」等。再如，透過獨立中介機構（例如：少數壓力團體）或有合作關係的中介機構擴大公眾參與，且能獲取資訊串聯的效應 (Breakwell, 2007)。

(十七) 社會信任與風險溝通

有云「人言為信」，顯然，誠信與信任是所有有效溝通交流的根本。人與人交流如此，風險資訊的溝通交流亦復如此，同時，信任也影響人們對風險可接受的程度，這不論面對的是個人風險，還是國家社會風險。研究顯示，日本居民對洪水風險的接受程度就看居民對政府相關機構是否信任而定 (Motoyoshi et al., 2004)。對政府相關機構的信任也影響人們對風險的感知與估計，缺乏信任，人們對風險的感知與估計就高 (Grobe et al., 1999; Hiraba et al., 1998)。信任與手機的感知效益及其伴隨的感知風險有關，研究表明，信任與對手機的感知效益呈正相關，而與感知風險呈負相關 (Siegrist et al., 2005)。當人們缺乏風險的知識時，信任的強度是人們對風險估計的重要預測因子，換言之，對風險資訊來源與風險監控機構越信任，人們對風險的估計越低，反之，則估計得較高 (Siegrist and Cvetkovich, 2000)。信任的反面是不信任，不信任最容易產生風險溝通與管理上的爭議 (Tanaka, 2004; Slovic, 1993; Poortinga and Pidgeon, 2004)。

其次，信任是對信任四個面向感知上的組合，如果人們對這四個信任面向感知上很調和就會產生信任，反之，對四個信任面向感知上有所衝突，不信任感就會油然而生。這四個信任面向分別是承諾面向、能力面向、關注面向、與可測性面向 (Kasperson et al., 1992)。承諾面向指的是答應的事，能力面向指的是履行承諾的能力，關注面向指的是關不關注所承諾的事，最後可測性面向指的是言行前後是否如一。信任也可分對社會所有機制團體組織的信任，對某特定機制團體組織的信任，與在特定時點對特定機制團體組織的信任等三個層次，所有這三層次的信任統稱社會信任 (Social Trust)(Breakwell, 2007)。這三層次的信任與風險感知間的關係，也會因層次的不同對風險感知的影響而有所不同。在特定時點對特定機制團體組織的信任與風險感知間的關係，就低於其他兩個層次與風險感知間的關係 (Viklund, 2003)。著名的風險感知權威斯洛維克 (Slovic, P.) 認為社會信任是基於社會群體不同文化價值的一種社會建構。在他對社會信任的產生與毀滅的研究中，認為社會信任產生的困難度與社會信任很容易被毀滅的程度間是極度不對稱的，參閱圖 15-10。

最後，信任也許會因風險溝通交流過程中產生改變，而風險溝通效應的衝擊（效應的衝擊意指風險感知與行為態度的改變）也有可能因信任層次的不同而產生變化 (Breakwell, 2007)。

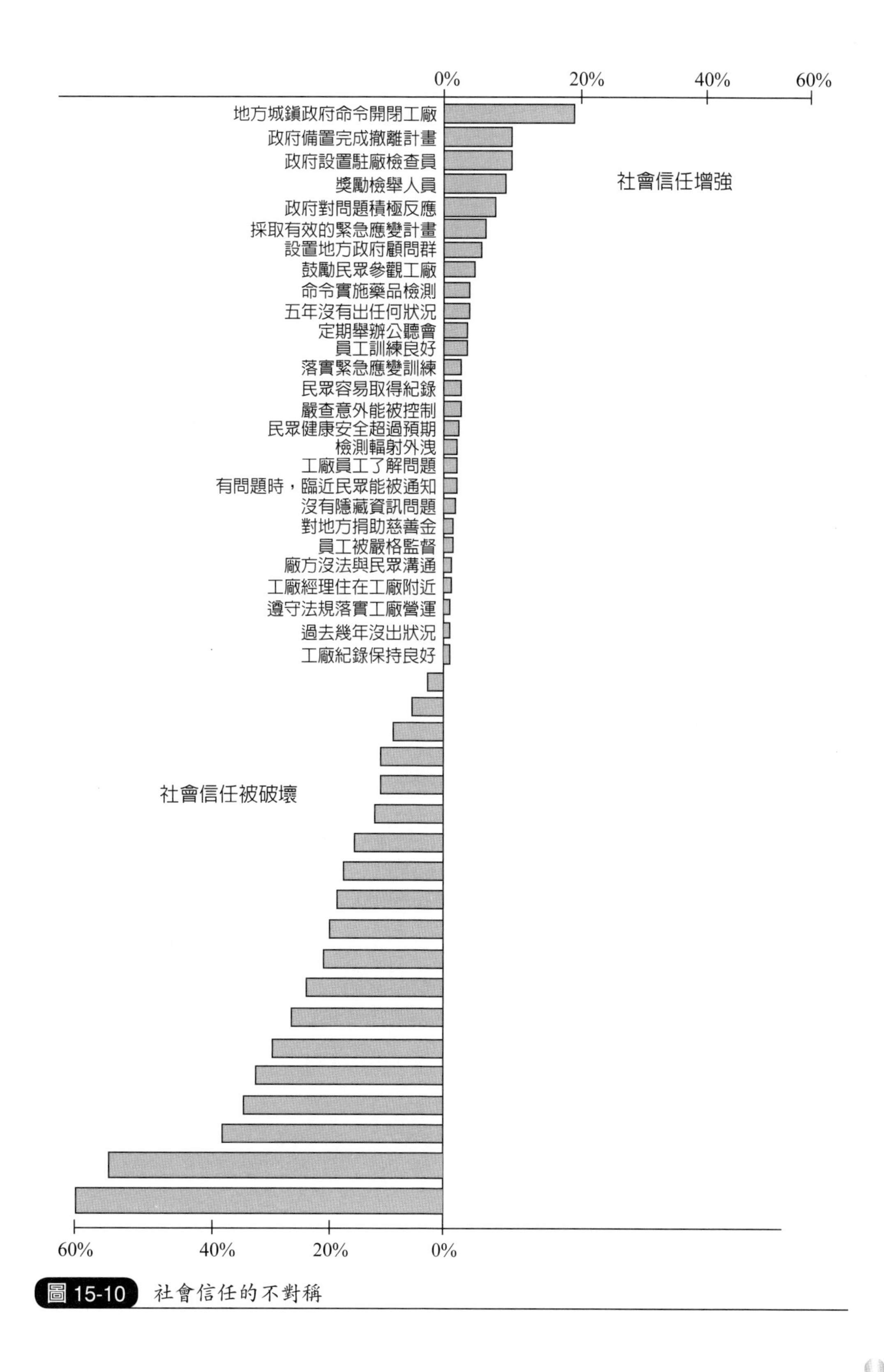

圖 15-10　社會信任的不對稱

(十八) 食品風險溝通與工作要點

1. 健康風險溝通原則

風險溝通有針對一般性的風險，也有針對特定風險的溝通，所適用的原則可能不同，國家間的風險溝通原則也可能不同，因風險溝通需考慮風險所在的國家環境。食品風險關乎各國人民的健康，英國政府針對這種健康風險揭示了 11 條健康風險溝通原則如後 (Breakwell, 2007)：

第一、風險溝通策略與計畫必須是風險評估與風險管理重要的部分。

第二、要能預見風險所含的害怕因子，這害怕因子會增加民眾的焦慮與對風險溝通的反應。

第三、要體認到一旦有食安問題，媒體一定會報導，從而造成滾雪球效應。

第四、注意風險的二次效應與對風險溝通的影響。

第五、須制定適當的風險溝通策略。

第六、風險溝通過程要有計畫性的步驟。

第七、風險資訊的內容應與民眾價值取得共鳴，資訊的語調是溝通成功的條件。

第八、要能確認科學評估中的不確定。

第九、引用相對風險時，作為基本比較基礎的風險要夠清楚。

第十、解釋風險與效益時要持平且完整，留意框架效應。

第十一、要有一套評價風險溝通成果的程序。

2. 食品風險溝通的問題與工作要點

所謂「病從口入」，食品風險溝通自有其特性，問題也多。各國各有各自的食品風險溝通問題，此處以中國為例，說明食品風險溝通上面臨的一些問題與其在 2014 年頒發的工作技術指南中之要點。

中國在 2015 年發布了新《食品安全法》（2015 年 10 月 1 日施行），其中新增第二十三條，專條明確規定「食品安全風險交流」條文。該條全文如下：

「縣級以上人民政府食品藥品監督管理部門和其他相關部門、食品安全風險評估專家委員會及其技術機構，應當按照科學、客觀、及時、公開的原則，組織食品生產經營者、食品檢驗機構、認證機構、食品行業協會、消費者協會以及新聞媒體等，就食品安全風險評估資訊和食品安全監督管理資訊進行交流溝通。」

該專屬條文與其他相關條文（例如：第十條的食品安全的宣傳教育）構成現今中國風險溝通的法律依據。然而，在環境變化極速的中國，食品風險溝通與其他各國相同，面臨了諸多問題與困難。根據中國陳彥石院士指出，要落實上述條款，面臨的重大挑戰與問題如下（科信食品與營養資訊交流中心，2015）：

第一、根據《食品安全法》的規定，政府雖不缺位，但時效性和透明度仍然較差。必須要制定符合國情的策略和管理辦法，配置必要的資源。比如說，需要有專業的從事風險交流的人，不是任何人都可以主導交流的。

第二、權威專家不願意面對媒體。

第三、某些媒體抓住新聞不經核實就發布。正確的科學資訊明顯處於劣勢，而沒有科學依據的誤導資訊卻大占上風。

第四、實施第二十三條，差距和難度大。縣級以上人民政府，食藥監管部門和其他部門，加上食品安全風險評估專家委員會及其技術機構，其中專家委員會是空的，但是技術機構、食品安全風險評估中心是實實在在的。這一條實施難度很大，原因就是和現實的差距很大，現在很多評估和監管資訊是不公開發布的，需要克服很多困難。

第五、如何發揮民間風險交流機構的作用？這個問題是個新問題，沒有現成的經驗和實踐。

第六、如何應對利用新媒體（微信、微博）傳播虛假、不實資訊？從新聞行業來講，主流媒體沒有太大問題，但是由於有了「自媒體」（就是前曾提及的社會媒體），每個消費者個體都可以發資訊，結果造成了混亂。如何來應對？挑戰相當大。

其次，就中國頒發的食品安全風險交流工作技術指南，節錄其要點如後（國衛辦食品發 [2014]12 號）：

第一、基本原則：食品風險交流須以客觀的科學為依據，公開透明，及時有效，多方參與為原則。

第二、基礎條件：(1) 有條件的組織機構應配置風險交流專職人員；(2) 成立風險交流專家庫；(3) 定期舉辦人員培訓；(4) 風險交流經費應納入工作預算。

第三、基本策略：(1) 了解利益相關方需求；(2) 制定計畫和預案；(3) 加強內外部協作；(4) 加強資訊管理。

第四、輿論監測與應對：(1) 要有基本策略；(2) 注意輿論來源，尤其互聯網；(3) 要監測輿論適時、適當應對。

第五、科普宣導中的風險交流。應重食品安全科學知識，食品安全案例，宣導時要製作並散發資訊在各類科學宣導的載體，例如：網路等，要舉辦公眾活動，例如：專家街頭諮詢等，針對不同的利益相關方要有不同的風險交流策略。

第六、政策措施發布中的風險交流。這在內容、形式、與不同的利益相關方均有相關的工作指南。

第七、食品安全標準的風險交流。這同樣在內容、形式、與不同的利益相關方也均有相關的工作指南。

第八、食品安全風險評估的風險交流。這也同樣在內容、形式、與不同的利益相關方也均有相關的工作指南。

第九、風險交流的評價。這包括程序、能力、效果評價。評價的方式包括預案演練、案例回顧、專家研討、小組座談與問卷調查等。

八、風險社會與風險的文化建構

針對風險的建構理論，在第二章曾提及，有三種，那就是社會建構理論、文化建構理論與統治理論。這其中，文化建構理論是風險建構理論的代表，主因是不像統治理論的主張，那麼極端，也不像社會建構理論的主張，離現實主義的傳統風險理論那麼近。還有一個原因是，前提及的，心理學領域較為認同文化對風險感知與判斷的影響。

風險的文化建構理論或可簡稱為風險文化理論 (The Cultural Theory of Risk)，但與風險管理文化 (Risk Management Culture)〔可簡稱為風險文化 (Risk Culture)〕概念上是不同的。前者是強調一個國家社會團體組織的文化概念、條件、類型，如何決定那個國家社會團體組織風險的過程。換句話說，國家社會團體組織的文化概念、條件、類型，會決定那個國家社會團體組織接受何種風險或形塑何種風險，或拒絕何種風險。簡單說，就風險的文化建構理論來看，風險是由文化所建構的。至於後者是指國家社會團體組織成員對風險的了解，對風險的價值與信念所形成的文化氛圍而言，風險管理文化不是強調風險如何被建構的過程，同時，風險管理文化與所謂的組織文化間，性質也有異（參閱第四章）。其次，同樣在第二章曾提及主觀風險與客觀風險的概念。主觀風險在即使客觀風險不存在的情況下，也會存在。這主要是因每人的風險意識強度不同，對風險的熟悉與控制程度不同，如此就會產生每人對風險是否客觀存在，認定上的不同，且會伴隨著不同的風險感知與判斷。

例如：搭飛機的客觀風險明顯低於開車，但人們可掌控開車的風險，卻全然無法掌控搭飛機的風險，即使搭飛機的客觀風險爲零，但主觀風險依舊存在。這種風險的主觀認定與風險的建構概念息息相關，且兩者都採相對主義看待風險。

(一) 文化建構理論的風險議題

風險的文化建構理論有四項研究議題，在第二章也曾提及。茲再列示並說明如後：

首先，第一個研究議題是，爲何某些危險被人們當作風險，而某些危險不是？(Why are some dangers selected as risks and others not?) 針對這項議題，首先要認識危險與風險間的不同。危險是客觀存在的情境概念，風險在相對主義看來，它是主觀認定的一種機會概念或是符號或是建構的群生概念，也正如第二章所提國際風險感知權威斯洛維克 (Slovic, P.) 所說「危險是客觀存在的，所有的風險都是主觀風險。」舉個例，車後座擺汽油桶，這是客觀存在的危險，但車主是否認定有火災發生的機會，每位車主主觀想法不同，有的不在意，有的認爲有可能。同樣對群體而言，社會文化條件不同，相同的危險在不同群體看來，有些群體就會當作風險，有些則否。例如：廢棄物會傷害人體，但非洲部落民眾與美國民眾間，是否當成健康風險，則會不同。正如髒鞋子踩進髒亂的房間，人們不會覺得髒，但踩進乾淨的房間，頓時覺得髒。髒亂或乾淨的房間，代表不同的社會文化條件。

其次，第二個議題是，風險被視爲逾越文化規範的符號時，它是如何運作的？(How does risk operate as a symbolic boundary measure?) 針對這個議題，首先要了解風險在文化建構理論中的定義。在文化建構理論中，風險是指未來可能偏離社會文化規範的現象。根據該定義，風險是群體認定的符號，該符號在群體內如何運作，可透過文化理論中的符號互動論 (Symbolic Interactionism)、標籤理論 (Labeling Theory) 與現象學 (Phenomenology) 從事研究。例如：同樣是同性戀行爲，爲何臺灣社會如今還是很難法制化，而當作風險看待，同性戀團體常被貼標籤，但在合法的英、美國度，則否。這個標籤符號在臺灣社會文化條件下，是如何形成的、如何運作的。

第三個議題是，人們對風險反應的心理動態過程是什麼？(What are the psycho-dynamics of our responses?) 前曾提及，文化會透過可得性捷思引導人們的記憶與注意力，進而影響人們的風險感知與判斷。這中間引導的過程，涉及深層的心理動態過程。

最後，第四個研究議題是，風險所處的情境是什麼？(What is the situated context of risk?) 情境包括五個面向，那就是物品、場合、人們、社會組織與概念資訊（王海霞，2015）。因此，風險所處的情境即指客觀存在的危險（相當於物品）、何種社會（相當於場合）、社會大眾（相當於人們）、社會組織系統（相當於社會組織）與風險資訊（相當於概念資訊）。這五個面向的互動也就決定了，何種社會會存在何種風險的問題。另外，值得留意的是，這四個議題間，也存在連動性。例如：風險所處的情境不同會與第一議題的選擇何種危險當作風險有關。嗣後，就連動影響第二與第三個研究議題。

(二) 道格拉斯與風險的文化建構

文化理論中的涂爾幹 (Durkheim, E.) 學派對儀式、分類與神聖事物有其重要觀點，而風險的文化建構理論創建人道格拉斯 (Douglas, M.) 則是涂爾幹學派人類學代表人物之一。她關注分類系統、危險與風險間的關係。她與韋達斯基 (Wildavsky, A.) 合著的《風險與文化》(*Risk and Culture*)(1982)，以及她另一著作《社會科學基礎的風險可接受性》(*Risk Acceptability According to the Social Sciences*)(1985) 對傳統風險管理的思維與方法衝擊很大。主要是因爲風險的文化建構理論，不僅提供了新的理論基礎，它的群格分析 (GGA: Grid-Group Analysis) 模式也提供了，從事社會團體行爲實證分析的另類可能。嗣後，眾多人文學者支持風險文化理論。例如：希瓦斯 (Schwarz, M.)、湯普生 (Thompson, M.) 與亞當斯 (Adams, J.) 等。

道格拉斯 (Douglas, M.) 對心理學者的風險感知研究成果，提出不同的見解，並強調文化的重要性。首先，她對心理學與風險客觀論，也就是實證論基礎的風險理論，在對人們風險行爲研究中採用的理性 (Rationality) 與有限理性 (Bounded Rationality) 假設甚不以爲然。理性假設的結果意指所有違反此假設的行爲與認知，均被視爲不理性 (Irrational) 或非理性 (Non-rational)，且不理性被視爲認知上的病態。對此，道格拉斯 (Douglas, M.) 不認爲有理性與不理性的問題，她認爲那是社會文化與倫理道德問題 (Douglas, 1985)。再者，道格拉斯 (Douglas, M.) 對人們在不確定情況下的捷思推理法 (Heuristics) 亦另有見地，此法有別於程序法則與機率法則（參閱前述）。她認爲捷思是文化現象，它有很清楚的社會功能與責任。依此觀點，她認爲風險不是個別的 (Individualistic) 概念而是群生的 (Communal) 概念。群生概念含有相互的義務與預期，因而風險可被視爲一種文化符號。每一群體用群生概念設定自己的行爲模式與價值衡量尺規，違反群體的行爲模式與價值衡量尺規，即被群

體解讀為風險 (Douglas, 1985)。

道格拉斯 (Douglas, M.) 對於風險，強調的是文化相對主義。文化相對主義[8](Cultural Relativism) 的概念，係指不同團體文化間，對什麼是風險，概念上有別。同時，對風險是否可被接受，團體間也有別。傳統的風險理論完全忽略倫理道德文化因子。然而，每個社會有它的倫理道德文化習性。風險議題會有爭議，是社會對風險的政治、道德與唯美判斷衝突的結果。例如：臺灣的核四爭議，涉及的是不同政黨間，對核四風險政治判斷的衝突，涉及社會不同團體間，對核四風險道德判斷的衝突，與涉及非核家園是否唯美，取捨上的衝突。這些衝突現象，傳統風險理論無法解釋。

其次，道格拉斯 (Douglas, M.) 在另一著作《純潔與危險》(*Purity and Danger*) (1966) 中，用「自我」與「身體」為比方，說明純潔、汙染、與危險的概念。之後，這些概念被她用來闡述風險的文化建構理論。每個人均有自我要求的標準，不論標準為何，這個標準區隔了自己與別人的不同，行徑怪異違反社會常態或文化規範的人，可能被視為危險人物。每個社會像是個自我，每個社會也有自己的規範，這個規範也區隔了不同的社會。換言之，社會與自我一樣有區隔內外的標準規範或稱為**符號疆界**[9](Symbolic Boundary)。

另一方面，每個人的身體內部有調理與控制的機能，能將食物中有益與毒害身體的部分加以區隔。有益的部分被吸收，毒害的部分則排出體外。換言之，身體內部有將食物歸類的機能。同樣，每個社會有它的內部文化規範，這個文化規範也有將人們行徑歸類的功能。前稱的危險人物，道格拉斯 (Douglas, M.) 將其稱為「汙染人物」(Polluting People)。道格拉斯 (Douglas, M.) 借用「環境汙染」(Environmental Pollution) 一語，來比方成社會汙染 (Social Pollution) 現象。例如：亂倫通姦與外遇等現象，但每個社會有它不同的文化規範系統，亂倫通姦與外遇是否被視為那個社會的汙染現象，每個社會間有別。被那個社會的文化規範系統歸類為「汙染人物」時，那就是那個社會的風險。因此，文化論者所謂的風險，係指逾越社會文化規範的現象，這個風險概念中，有責任、犯罪、情緒、與感覺的含義 (Lupton, 1999)。

8　文化相對主義與文化唯我主義(Solipsism)互為對稱，參閱Rayner, S. (1992). Cultural theory and rsik analysis. In: Krimsky, S. and Golding, D. ed. *Social theories of risk.* pp. 83-115. Westport: Praeger.

9　符號疆界是符號互動論(Symbolic Interactionism)的用語，符號互動論屬文化理論的一種。

最後，責難 (Blame) 也是風險的文化建構論者強調的觀念。道格拉斯 (Douglas, M.) 與韋達斯基 (Wildavsky, A.) 在《風險與文化》（1982）一書中，陳述環保團體爲了加強團員對團體的忠誠度，藉由環境運動將產業與政府機構，視爲應受責難的「敵人」。換言之，依據環保團體的文化規範，產業與政府機構的行爲被其文化規範歸類爲風險現象且應受責難。相反地，政府機構爲了加強社會控制，也會因環保團體違背其法律文化規範，責難環保團體。這種責難對個人言，可能是爲維持自我的權威，對任何團體與全體社會言，不管是責難團體內部成員，抑或是責難外部「敵人」，均是爲了維持團體或社會內部的聚合力。

(三) 群格分析模式與文化類型

道格拉斯 (Douglas, M.) 在其《自然的象徵》(*Natural Symbols*)(Douglas, 1970) 與《文化偏見》(*Cultural Bias*)(Douglas, 1978) 兩本著作中，認爲分類系統、宇宙觀、社會價值和社會形態間，有密切的關聯，並提出群格分析模式。

1. 群格與組織團體文化類型

群格分析模式是依據團體內聚合度 (Group Cohesiveness) 的強弱，也就是「群」(Group) 的強弱，以及團體內階層鮮明度 (Prescribed Equality)，也就是「格」(Grid) 的鮮明程度，將文化分爲四種類型：一是聚合度弱與階層不鮮明的團體，屬於市場競爭型文化 (Individualist)；二是聚合度強但階層也不鮮明的團體，屬於平等型文化 (Egalitarian)；三是聚合度強與階層極鮮明的團體，屬於官僚型文化 (Hierarchist)；四是聚合度弱與階層鮮明的團體，屬於宿命型文化 (Fatalist)，參閱圖 15-11。爲利於實證分析，量化團體內聚合度的強弱以及團體內階層的鮮明度是有必要的 (Gross and Rayner, 1985)（參閱後述）。

圖 15-11 中的圓球代表不同文化類型團體中的成員。不同團體中成員的行爲則取決於團體的規範辦法。實線箭頭代表成員行爲方向，虛線箭頭代表團體規範辦法的走向（例如：寬鬆或嚴緊）。從圖中虛實箭頭方向可看出，市場競爭型文化團體成員的行爲自由度高，團體規範辦法寬鬆，鼓勵任何創新行爲。平等型文化團體成員的行爲自由度爲零，成員行爲只能照團體規範辦法走，否則，將遭受處罰。官僚型文化團體成員的行爲自由度居中，換言之，符合團體規範內的行爲被鼓勵，允許其自由，反之，不符合團體規範內的行爲需接受處罰。宿命型文化團體成員的行爲自由度，則靠運氣。

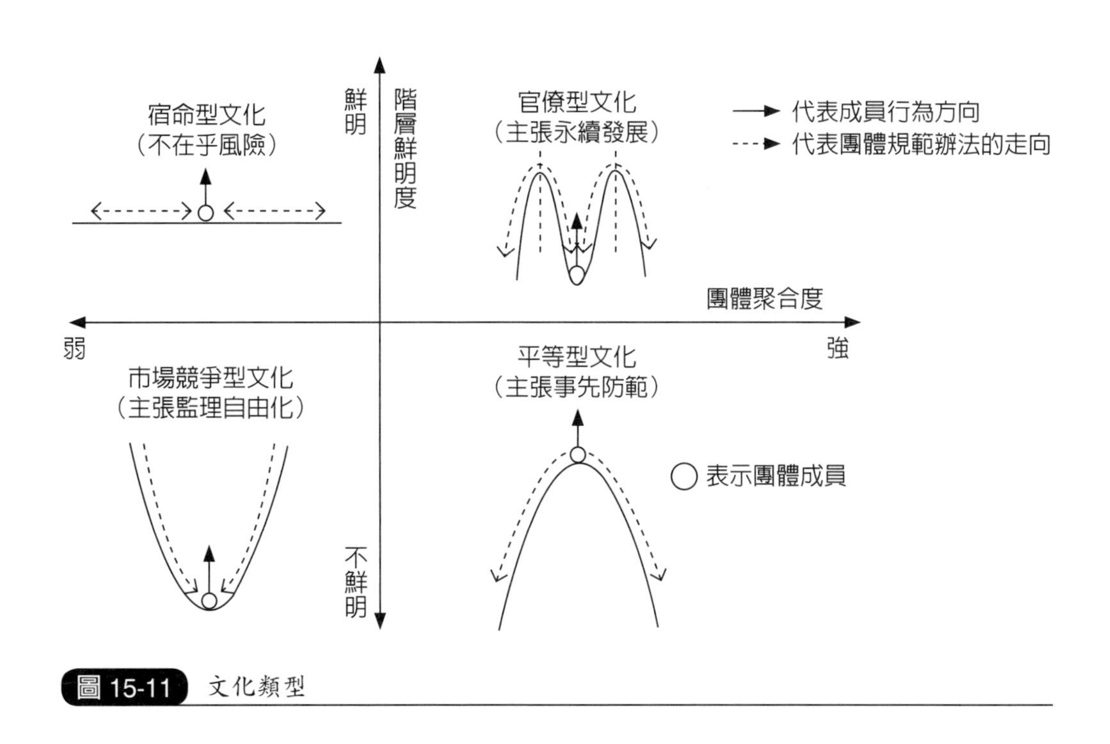

圖 15-11　文化類型

其次，亞當斯 (John Adams) 採取道格拉斯宇宙觀與社會團體間關聯的觀點，將文化的不同與個人、團體及社會對自然宇宙的看法聯結一起。大體上，自然宇宙與人之間的關係，東方的看法傾向天人合一哲學，西方則傾向天人二元論。人對「天」（即自然宇宙）的看法有四類 (Adams, 1995)：一、視自然宇宙，是「慈悲的」、「祥和的」、與「不輕易發怒的」；二、視自然宇宙，是「易發怒的」、「情緒不穩的」、與「沒有慈悲心的」；三、視自然宇宙，是「能控制情緒的」、與「能適度的容忍」；四、視自然宇宙，是「神祕不可知的」。亞當斯 (John Adams) 將自然宇宙是「慈悲的」對應爲市場競爭型文化類型者對自然宇宙的看法，此文化強調個別競爭力，自由市場中的企業體歸屬這類型。自然宇宙是「易發怒的」則對應平等型文化類型者對自然宇宙的看法，此文化強調社會公平正義，一般環保團體歸屬此類。自然宇宙是「能控制情緒的」則對應官僚型文化類型者對自然宇宙的看法，此文化對任何事物（包括風險）的感知、認知均以規章制度爲依據，政府機關團體歸屬此類。自然宇宙是「神祕不可知的」則對應宿命型文化類型者對自然宇宙的看法，此文化不在乎任何事物（包括風險），聽天由命，生活全靠運氣。

另一方面，上述四種不同文化類型的人們對風險的看法、對風險的價值信念，就自然形成四種不同的風險管理文化或稱風險文化。這四種文化類型的人對風險監理的主張與行爲模式亦不同 (Adams, 1995; Rayner, 1992)。市場競爭型文化類型者認爲風險呈趨均數迴歸現象 (Mean Reverting)，換言之，像鐘擺一樣，風險造成的後果，最終仍迴歸常態。這類人對風險的看法，是樂觀的。對風險監理則主張自由化 (Deregulation)，行爲上不喜受到任何管制。平等型文化類型者認爲風險是危險的，而主張風險監理上均應做好事前的防範 (Precautionary)，行爲上只接受合理的說服，否則，很難改變其行爲模式。官僚型文化類型者認爲風險是可控制的，而以永續發展 (Substainable Development) 的概念，看待風險監理，行爲上強烈受到規章制度的約束。宿命型文化類型者認爲風險是無法預測的，生活的好壞都是碰運氣，不在意風險，完全聽天由命。這四種類型的人，各屬於不同文化的群體。以不同的臉譜爲代表，繪製成圖 15-12。

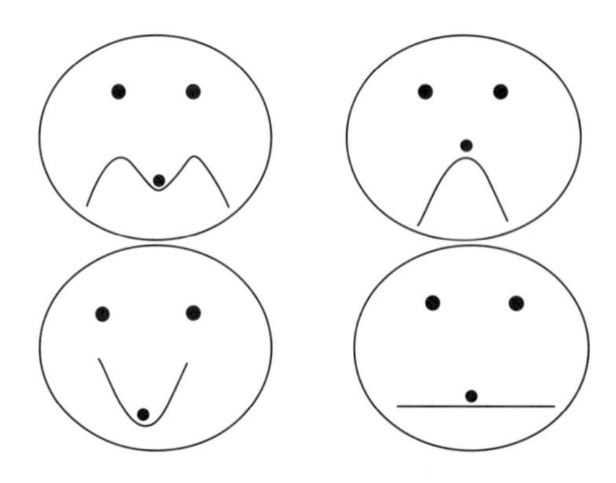

左上方是官僚型文化的人臉，左下方是市場型文化的人臉
右上方是平等型文化的人臉，右下方是宿命型文化的人臉

圖 15-12　四種文化類型的臉譜

其次，依據群格分析模式，任何社會或社會中的不同團體均可被歸屬於上述四種文化類型之一。每一文化類型自有其不同的文化規範，依文化建構論的風險含義，某些危險由於違背社會的文化規範，因此，這些危險自然被這個社會視爲風險，但同一危險在別的社會，不見得違背那個社會的文化規範，是故，危險雖相同，但這個社會卻不將其視爲風險。例如：環境汙染在先進國家已有她們自己的法律規範與環境規範，違反這些規範，自然是這些國家在意的風險，但在低度開發與部落社會裡，環境汙染卻不是社會關注的風險議題。最後，同一社會國家有眾多不同的團體，每一團體的文化規範間，自不相同，同一危險，有些團體視爲風險，有

些團體則否。例如：同性戀現象對同志團體言，不被視爲風險，因同性戀行爲符合同志團體的文化規範，但同性戀行爲可能違背了宗教等衛道團體的道德文化規範，同性戀現象自然成爲這些團體的風險議題。針對不同團體的行爲走向，以及團體對風險監理的訴求，依團體的文化類型，吾人大體上可事先測知。這些資訊或許可成爲政府制定風險溝通策略時的重要參考。

2. 群格計量與EXACT模式

風險的文化建構理論主要觀察總體社會或其中的任何團體。任何社會團體構成的因子可用數學符號表示，哥洛斯與雷諾 (Gross, J. L. and Rayner, S.) 稱其爲 EXACT 模式 (Gross and Rayner, 1985)。EXACT 分別代表五個因子：「E」表在特定觀察期間，可能成爲團體成員的群體。這些群體的成員在觀察期內，尚未正式成爲該團體的成員；「X」表在特定觀察期間，團體內所有成員的集合；「A」表在特定觀察期間，團體內所有成員互動次數的總和；「C」表在特定觀察期間，成員從事團體事務時，職務角色的總和數；「T」表特定觀察期間。依民族誌[10](Ethnography) 研究方法，對團體成員間，互動次數的觀察，可了解團體的聚合度，也就是群的強弱。對成員從事團體事務時，職務角色的觀察，可了解團體內階層的鮮明度，也就是格的鮮明程度。文化人類學者透過民族誌中的田野工作 (Field-work) 方法，對團體活動加以觀察、記錄與分析，可判別團體的文化類型。哥洛斯與雷諾 (Gross, J. L. and Rayner, S.) 則進一步發展出一套可量化團體聚合度與階層鮮明度的方法，用以計算群格點數（參閱 Gross 與 Rayner 所著《衡量文化》一書的附錄 Basic 電腦程式）(Gross and Rayner, 1985)。

(1) 團體聚合度的量化

團體聚合度量化的指標包括：成員間的緊密度 (Proximity)；成員間關係的轉移度 (Transitivity)；成員參與該團體活動的頻率 (Frequency)；成員參與該團體活動範圍的大小 (Scope) 與成爲該團體成員的難度 (Impermeability)。所有的指標均以特定期間來觀察。首先，說明成員間的緊密度，符號「Prox(xi)」表個別成員與其他成員間的緊密度，符號「Prox(X)」表整個團體的緊密度。個別成員與其他每位成員

---

[10] 民族誌是一種質化研究方法，其目的是在發現知識，而非驗證理論，其依靠的是發現的邏輯。其目的是要發現行爲者所建構的社會眞實(Social Reality)。參閱劉仲冬（1996），《民族誌研究法及實例》，在胡幼慧主編，《質性研究：理論、方法及本土女性研究實例》，第173至193頁。臺北：巨流圖書公司。

均有互動時，緊密度最高，其值爲「1」。根本沒有互動，緊密度值爲零。假設經由觀察、記錄與分析，某團體五位成員的互動情況，如圖 15-13。

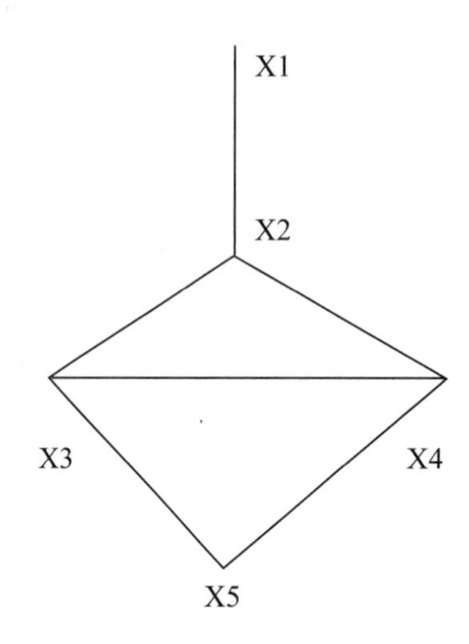

圖 15-13 團體五位成員的互動

依據圖 15-13 計算各成員緊密度值，並加以平均後，即可得整個團體緊密度的值，參閱表 15-4。

表 15-4 團體緊密度值

	X1	X2	X3	X4	X5
X1	--	1	2	2	3
X2	1	--	1	1	2
X3	2	1	--	1	1
X4	2	1	1	--	1
X5	3	2	1	1	--
合計	8	5	5	5	7
平均（除以4）	2	1.25	1.25	1.25	1.75
轉換為各別成員緊密度值	Prox(x1)	(x2)	(x3)	(x4)	(x5)
（1 除以平均值）	0.5	0.8	0.8	0.8	0.57
團體緊密度值	Prox(X)：1/5乘(0.5 + 0.8 + 0.8 + 0.8 + 0.57)或(0.5 + 0.8 + 0.8 + 0.8 + 0.57)除以5 = 0.694				

各成員緊密度值的計算，首先觀察圖 15-13，取每一成員間聯結線的最低數目。在此注意，成員本身是不列入計算。例如：x1 與 x5 間可能有四條線（即 x1x2x3x4x5 或 x1x2x4x3x5），也可能三條線（即 x1x2x3x5 或 x1x2x4x5）。因此，成員 x1 與成員 x5 間之距離，採「3」。同理，計得成員間的距離。另一方面，由於緊密度值是介於零與一之間，平均距離值轉換爲個別成員緊密度值時，以「1」除以個別成員的平均距離值即得。團體緊密度值則是個別成員緊密度值的平均值。

其次，計算成員間關係的轉移度，符號「Trans(xi)」代表各成員間的轉移度。符號「Trans(X)」代表整個團體的轉移度。轉移度的計算以數學中，甲等於乙，乙等於丙，所以甲等於丙的想法而來，但用在觀察社會現象時，則不是像數學這麼簡單。例如：甲跟乙常互動，乙跟丙也常互動，但並不代表，甲跟丙一定有互動。如果甲跟丙有互動，則稱爲完整的轉移 (Complete Transitivity)，完整的轉移數目越多，轉移度值會越高。如果甲跟丙沒有互動，則只能稱爲有聯結 (Connection) 關係，但不完整。依此邏輯，吾人以每一成員爲開始點，觀察與該成員有關係的另兩位成員。換言之，以每三位成員爲一組，觀察圖 15-13，其結果顯示於表 15-5。整個團體的轉移度值是 0.306。

表 15-5　團體的轉移度值

成員	聯結關係	聯結關係完整與否	轉移度値Trans(xi)
x1	x1x2x3	否	0/2 = 0
	x1x2x4	否	
x2	x1x2x3	否	
	x1x2x4	否	
	x2x3x4	是	1/5 = 0.2
	x2x3x5	否	
	x2x4x5	否	
x3	x2x3x5	否	
	x2x3x4	是	2/4 = 0.5
	x1x2x3	否	
	x3x4x5	是	

表 15-5 團體的轉移度值（續）

成員	聯結關係	聯結關係完整與否	轉移度值Trans(xi)
x4	x1x2x4	否	2/4 = 0.5
	x2x3x4	是	
	x2x4x5	否	
	x3x4x5	是	
x5	x2x4x5	否	1/3 = 0.33
	x2x3x5	否	
	x3x4x5	是	
Trans(X)：1/5乘(0 + 0.2 + 0.5 + 0.5 + 0.33)或(0 + 0.2 + 0.5 + 0.5 + 0.33)除以5 = 0.306			

然後，吾人進一步計算，成員參與該團體活動的頻率與活動範圍的大小。每位成員參與該團體活動的頻率，以符號「Freq(xi)」表示。整個團體成員活動的頻率則為各成員活動頻率值的算術平均數，以符號「Freq(X)」表示。各成員參與該團體活動的頻率，為個別成員實際用於團體活動的時數除以可用於團體活動的時數，以符號「i/a-time(xi)」表示個別成員實際用於團體活動的時數。符號「alloc-time(xi)」表示個別成員可用於團體活動的時數。換言之，Freq(xi) = i/a-time(xi)/alloc-time(xi)。另外，每位團體成員都有可能不只參加一個團體。因此，每位團體成員參與該團體的活動次數除以參與所有不同團體活動的總次數，是為個別成員參與該團體活動範圍值。符號「unit i/a number(xi)」表示每位團體成員參與該團體的活動次數。符號「total i/a number(xi)」表示每位團體成員參與所有不同團體活動的總次數。個別成員參與該團體活動範圍值 Scope(xi) = unit i/a number(xi)/ total i/a number(xi)。活動範圍值如等於一，表示這位成員只參與該團體的活動，至於其他團體的活動，這位成員雖是其會員，但均不參與活動。活動範圍值若為零，表示這位成員均不參與該團體的活動。

最後，計算成為該團體成員的難度。該指標不像前述四項指標，前述四項指標是先計算每一成員的指標值後，再計算其算術平均數，作為該團體的指標值。然而，難度指標是以「1」減掉申請成為該團體成員的通過率 (Entry Ratio) 表示，以符號表示為 Imperm(X) = 1-entry ratio(X)。所有以上五項團體指標值的算術平均數即為該團體的聚合強度，意即「團體的聚合度值 = 1/5 乘 (Prox(X) + Trans(X) + Freq(X) + Scope(X) + Imperm(X))」。

(2) 階層鮮明度的量化

階層鮮明度主要考量工作職務角色的問題。團體中有些職務需一定資格，有些職務是公開遴選的，有些職務是上級指派的。另外，有些職務間是對等的關係，有些職務間是不對等的關係。團體成員的工作責任與獎懲的歸屬，有些由上級主管決定，有些由委員會決定，有些成員則身兼數職。團體內階層鮮明度即以工作職務角色的四項特質來衡量：第一、職務的專業度 (Specialization)；第二、職務不對等 (Asymmetry) 的比例；第三、指派 (Ascription) 職務的比例，此爲職務授與度 (Entitlement)；第四、主要職務工作責任 (Accountability) 的強度。首先，說明專業度。此值越高表示該團體內階級與工作劃分越明顯。團體內階級專業度值是先計算每位成員在特定觀察期的專業度值後，所有成員專業度值的算術平均數，符號「Spec(xi)」表每位成員的專業度值，它是「1」減掉成員擔當的職務數除以所有團體內的職務總數。符號「# role(xi)」表成員擔當的職務數，符號「# role(C)」表所有團體內的職務總數。換言之，Spec(xi) = 1-# role(xi)/ # role(C)。團體內階級專業度值「Spec(X) = Spec(xi)」總數 / 成員總數。

其次，說明職務不對等與授與度。職務不對等比例是指成員間因職務關係互動的情形。成員間職務對等時，互動會較頻繁，反之，較少。因此，不對等比例如爲零，代表階級程度不明顯，反之，不對等比例爲一，則階級鮮明度最高。例如：某團體只有甲、乙、丙、丁四位成員，成員甲與乙職務對等，甲與丙也職務對等，但甲與丁職務不對等。那麼，甲的不對等值爲 1/3。換言之，與甲互動的成員總數當分母，職務不對等數當分子。顯然，丁的不對等值是 3/3 = 1。該團體不對等值爲 (1/3 + 1/3 + 1/3 + 1)/4 = 0.5。每位成員因職務關係與其互動的其他成員數，以符號「Valence(xi)」表示。互動中職務不對等總數，以符號「asym(xi, xj)」表示。因此，每位成員的不對等值是「asym(xi, xj)/ Valence(xi)」。團體不對等值 (Asym(X)) 是「成員的不對等值總計除以所有成員總數」。至於職務授與度也是先計算每位成員所任職務（有些職務，公開競選；有些職務，上級指派）中，由上級指派的職務數除以該成員所有職務的總數，以符號表示成「Entitlement(xi) = # ascribed roles(xi)/# roles(xi)」。整個團體的職務授與度值 (Entitlement(X)) 是所有成員的職務授與度值的算術平均數。

最後，說明主要職務工作責任的強度。每位成員因職務互動時，會有主從職務責任之分。本指標是在計算每位成員負主要職務責任的程度值。每位成員負主要責任的程度值之算術平均數是爲該團體工作責任的強度值 (Acc(X))。例如：在甲、乙、丙、丁構成的團體中，甲因職務與乙、丙、丁均有互動，但這其中，只有當甲與乙、丙互動時，甲是負主要責任。因此，甲的主要責任的程度值是 2/3。換言之，每位成員於互動時，負主要責任的總數除以所有互動的總數，以符號表示每位成員主要責任的程度值爲「Acc(xi) = # acc/roles(xi, xj)/#roles(xi, xj)」。所有四項指標值的算術平均數即爲該團體階層鮮明度值，意即 1/4 乘 (Spec(X) + Asym(X) + Entitlement(X) + Acc(X))。階層鮮明度值與團體聚合度值即可決定該團體在圖 15-11 座標上的位置。

(四) 驚奇理論與文化的改變

文化不是靜態的，永遠不變的，除非封閉的社會團體。風險的文化建構理論主要將群體的文化類型分成四類，湯普生等人 (Thompson, M. et al.) 發展了這四種文化類型動態改變的理論，換言之，四種的風險文化類型會因人們對文化不同的驚奇 (Surprises)，由小改變漸演化成群體風險文化類型的轉換。湯普生等 (Thompson, M. et al.) 的見解，也正說明了，文化不是靜態的，是動態的，是可以改變的。圖 15-14 是湯普生等人 (Thompson, M. et al.) 的驚奇理論[11](Theory of Surprises) 之驚奇分類圖 (Thompson et al., 1990)。

根據圖 15-14，如果你（妳）是市場競爭型文化類型的人（參閱圖 15-14 的左邊欄位），到一家平等型文化的組織機構上班（參閱圖 15-14 的上方欄位），何事會讓你（妳）驚奇，澈底改變文化意識，轉換成別種文化類型。從圖中可得知，當組織機構因你（妳）的努力創新，反而責怪你（妳）時，就可能憾動你（妳）的世界觀，改變文化類型。同樣，如果你（妳）是平等型文化類型的人（參閱圖 15-14 的左邊欄位），到一家市場競爭型文化的組織機構上班（參閱圖 15-14 的上方欄位），你（妳）對任何輕鬆快樂成功的事會感到驚奇，認爲世界也可這樣，進而憾動你（妳）的文化意識。你（妳）會感到驚奇，是因你（妳）過去緊張兮兮、事事小心，認爲凡事都是零和遊戲。

[11] 驚奇理論有三項定理：(1)事情本身不會造成驚奇；(2)只當對眞實世界如何變成這樣，有特定意識及信念與其聯想時，就可能存在驚奇；(3)眞正的驚奇，是當持有特定意識及信念的人，向吾人說出眞實世界是如何時，才會存在。參閱Thompson, M. et al. (1990). *Cultural theory.* Oxford: Westview Press。

眞實世界 / 自我想法的世界	宿命型文化	平等型文化	市場競爭型文化	官僚型文化
宿命型文化		沒有意外收獲	不靠運氣	不靠運氣
平等型文化	事事小心沒有用		輕鬆快樂	輕鬆快樂
市場競爭型文化	好技能無法獲得鼓勵	完全反差		部分反差
官僚型文化	事事碰運氣	完全反差	競爭劇烈	

圖 15-14　驚奇分類圖

其次，湯普生等人 (Thompson, M. et al.) 提出了十二種文化類型的改變，參閱圖 15-15。例如：圖中由宿命型文化改變成市場競爭型文化，就是窮人突然致富時的情境，俗稱暴發戶。反過來，由市場競爭型文化改變成宿命型文化，就是富人遭意外破產的情境。不管是暴發戶或破產，均使人驚奇，導致對人生世界觀改變，文化類型就可能面臨改變。只要群體中成員產生小改變的人增加，整個群體文化類型就會面臨大改變。

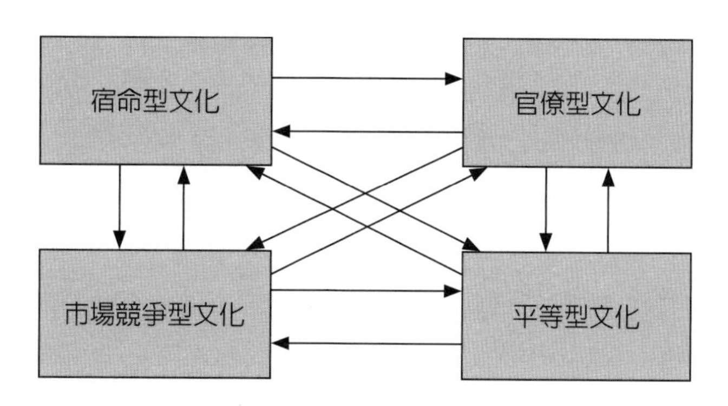

圖 15-15　文化的改變

(五) 文化建構理論的應用

風險的文化建構理論對預測人們的風險感知，雖被批判（參閱拙著《風險心理學》第三章），但仍有其實用性。第一、湯普生等人 (Thompson, M. et al.) 的驚奇理論，可應用在組織機構合併中，文化改變的策略上。第二、人們的風險文化類型可能會隨著人們的經驗與外在環境而改變其文化類型 (Thompson, 2008)。因此，這項理論也可應用在組織機構循環管理[12](Cycle Management) 策略的擬定上。隨著市場環境變動，組織機構業務會處於不同的循環階段，而市場會有不同的行爲。市場贏家的風險文化類型也會隨市場轉換，類型不同，策略就不同。第三、由於每一組織機構的風險文化類型不同，對進出市場的風險，看法也不同。例如：市場型文化的組織機構，對風險持樂觀態度，因而選擇留在市場。如果是平等型文化的組織機構，可能就選擇退出市場，因這種組織機構認爲留在市場的風險是危險的。第四、風險的文化建構理論也可應用在財務危機發展階段的解釋與因應策略的制定上 (Ingram, 2010)。

(六) 文化、心理與健康風險

前列所述，文化與風險間的關聯，主要以組織團體爲觀察對象，而組織團體中成員的文化價值觀則受組織團體文化的影響。此處簡要說明文化、心理與健康風險間的關聯。前曾提及，文化可透過可得性捷思引導人們的記憶與注意力，進而影響人們的風險感知與判斷。此外，文化也會造成人們的心理壓力，進而影響健康（胡幼慧，1993）。克萊門 (Kleinman, A.) 認爲中、美文化對認知與反應間過程的影響不同 (Kleinman, 1980)。例如：美國人對來自個人內在心理的壓力因子較爲關注，但華人常較關注來自人際關係刺激的壓力因子。其次，東西方文化不同，也影響東西方婦女產後健康保護行爲的不同。例如：華人婦女產後受到較多保護，而有「坐月子」的習俗，反之，西方婦女重產前保護，產後重嬰兒保護，較無重婦女產後保護的「坐月子」習俗。再如，華人喜歡合吃共享的飲食文化，與聚餐名目多的文化，都使得 B 型肝炎傳染機會增大。這種文化、心理與健康醫療間的關聯，已成

---

[12] 就保險業來說，產險通常是一年期，且依實際損失爲依據彌補投保人損失，是種補償性業務，但壽險除少數業務外，多數業務屬長達數年的業務，且依投保金額賠付給投保人，是種定額性業務。補償性業務會出現循環，而循環管理就是依據不同循環階段，所作的不同之管理措施，其目的是在強化財務強度。參閱林永和（2006/04/15）。〈循環管理——保險業提高財務強度之鑰〉。《風險與保險雜誌》，第33至36頁。臺北：中央再保險公司。

社會流行病學 (Social Epidemiology) 與醫學人類學 (Medical Anthropology) 領域重要的研究課題。

本章小結

公共風險管理目標不同於公司風險管理。因此，風險人文心理面的運用，自比在公司風險管理中重要。多元的風險思維該是公共風險管理成功的前提，民眾對風險的感受並非不理性，那是意識與價值的表現。如能體認於此，善用風險溝通，則公共風險管理就成功一半。其次，依風險建構理論的觀點，是價值與權力主導風險社會，不是機率。這是風險建構理論的核心主張，這尤其適合使用在公共風險管理領域。風險的理性與感性並用，就可減緩在風險社會下，容易因風險議題引發的社會衝突與抗議事件。

思考題

1. 物價上漲的風險是公共風險，還是屬於私部門風險？是公共風險的話，理由是什麼？不是公共風險的話，又是何種理由？
2. 財政預算在公共風險管理中，扮演何種角色？
3. 日常生活中，風險太多。有人說手機掛胸前會「傷心」，擺腰邊會「傷腰」。你（妳）如何感知手機風險？
4. 用數據呈現風險訊息或用眞實圖片或兩者兼具，哪種方式更令你（妳）震撼？
5. 影響人類最爲深遠的是數學家？還是數理思想家？是數學？還是數學心理學？請用兩種看待風險的方式解釋你（妳）的理由。
6. 生活沒任何規劃的人，屬於何種風險文化類型？主張非核家園的人，又屬何種類型？政府官員們又屬何種？並說明理由。
7. 請依風險文化建構理論解釋，爲何法國民眾可接受核能發電，臺灣卻紛紛擾擾，抗爭持續？新加坡人可接受一黨獨大，臺灣爲何不能？校園同性戀社團在英國校園中是被公開允許的，臺灣的校園中爲何不行？生物科技會伴隨風險，請問對未來人類文明會有何影響？
8. 請用驚奇理論，解釋北韓的國家現象？

9.利用群格分析計算下列四位成員團體的轉移度值與緊密度值。

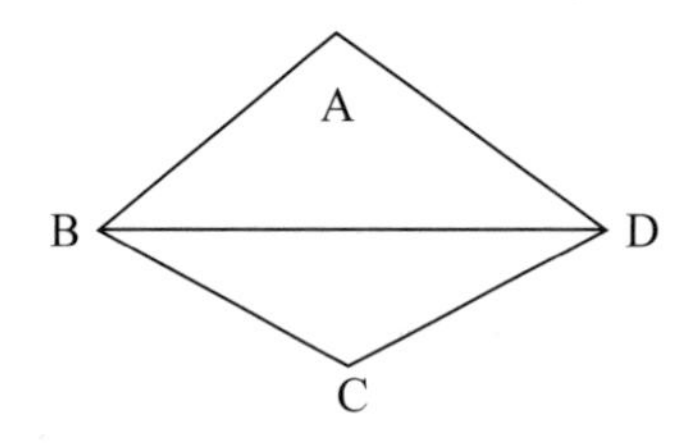

參考文獻

1. 王海霞（2015）。*《維吾爾家族女性的一生：新疆一個綠洲社區的調查》*。北京：中央民族大學出版社。
2. 中國大陸國衛辦食品發[2014]12號(http://www.nhfpc.gov.cn.2014-02-17)
3. 林永和（2006/04/15）。〈循環管理——保險業提高財務強度之鑰〉。*《風險與保險雜誌》*，第33至36頁。臺北：中央再保險公司。
4. 核能資訊中心（2011/04）。*《核能簡訊》*，第129期封底。
5. 科信食品與營養資訊交流中心，2015。
6. 胡幼慧（1993）。*《社會流行病學》*。臺北：巨流圖書。
7. 劉春堂（2007）。*《國家賠償法》*。臺北：三民書局。
8. 劉仲冬（1996）。〈民族誌研究法及實例〉，在胡幼慧主編，*《質性研究：理論、方法及本土女性研究實例》*。第173至193頁。臺北：巨流圖書公司。
9. John Adams (1995). *Risk*. London: UCL Press.
10. Agha, S. (2003). The impact of a mass media campaign on personal risk perception, perceived self-efficacy and on other behavioural predictors. *AIDS Care, 15*. pp. 749-762.
11. Allen, P. T. (1998). Public participation in resolving environmental disputes and the problem of representativeness. *Risk: Health, Safety & Environment, 9*. pp. 297-308.
12. Arnstein, S. R. (1969). A ladder of citizen participation. *AIP Journal*. pp. 216-224.
13. Aronson, E. (1997). *Bring the family*. APS observer. July/August 17.
14. Blume, S. (2006). Anti-vaccination movements and their interpretations. *Social Science & Medicine, 62*. pp. 628-642.
15. Bounds, G. (2010). *Challenges to designing regulatory policy frameworks to manage risks*. In: OECD: Risk and regulatory policy-improving the governance of risk. pp. 15-44.
16. Breakwell, G. M. (2007). *The psychology of risk*. Cambridge University Press.

17. Breakwell, G. M. and Rowett, C. (1982). *Social work: The social psychological approach.* Workingham: Van Nostrand Reinhold.
18. Breakwell, G. M. and Barnett, J. (2001). *The impact of social amplification on risk communication.* Contract research report 322/2001. Sudbury: HSE Books.
19. Calman, K. C. (2002). Communication of risk: Choice, consent and trust. *Lancet, 360.* pp. 166-168.
20. Carvalho, A. and Burgess, J. (2005). Cultural circuits of climate change in UK broadsheet newspapers. *Risk Analysis, 25.* p. 252.
21. Chicken, J. C. and Posner, T. (1998). *The philosophy of risk.* London: Thomas Telford.
22. Cohen, B. L. and Lee, I. (1979). A catalog of risks. *Health Physics. 36.* pp. 707-722.
23. Collier, P. M. (2009). *Fundamentals of risk management for accountant and managers: Tools & techniques.* London: Elsevier.
24. Covello, V. T. et al. (1986). Risk communication: A review of the literature. *Risk Abstracts, 3*(4). pp. 171-182.
25. Dake, K. and Wildavsky, A. (1991). Individual differences in risk perception and risk-taking preferences. In: Garrick, B. J. and Gekler, W. C. ed. *The analysis, communication, and perception of risk.* pp. 15-24. New York: Plenum Press.
26. Dinman, B. D. (1980). The reality and acceptance of risk. *Journal of the American medical association.* Vol. 244(11). pp. 1126-1128.
27. Douglas, M. and Wildasky, A. (1982). *Risk and culture: An essay on the selection of technological and environmental dangers.* Los Angeles: University of California Press.
28. Douglas, M. (1985). *Risk acceptability according to the social sciences.* London: Routledge and Kegan Paul.
29. Douglas, M. (1966). *Purity and danger: Concepts of pollution and taboo.* London: Routledge and Kegan Paul.
30. Douglas, M. (1970). *Natural symbols: Explorations in Cosmology.* London: Barrie and Rockcliff.
31. Douglas, M. (1978). *Cultural bias.* London: Routledge and Kegan Paul.
32. Fischhoff, B. et al. (1993). *Acceptable risk.* New York: Cambridge University Press.
33. Fischhoff, B. (1998). *Risk communication.* In: Lofstedt, R. and Frewer, L. ed. Risk and modern society. London: Earthscan.
34. Fischhoff, B. (2001). *Defining stigma.* In: Flynn, J. et al., ed. Risk, media and stigma: Understanding public challenges to modern science and technology. pp. 361-368. London: Earthscan.

35. Flynn, J. et al. (1998). Risk, media, and stigma at Rocky Flats. *Risk Analysis*, *18*. pp. 715-727.
36. Fone, M. and Young, P. C. (2000). *Public sector risk management.* Oxford: Butterworth/Heinemann.
37. Frewer, L. (1999). Risk perception, social trust, and public participation in strategic decision making: Implications for emerging technologies. *Ambio, 28*. pp. 569-574.
38. Frewer, L. et al. (2002a). The GM foods controversy: A test of the social amplification of risk model. *Risk Analysis, 22*. pp. 713-723.
39. Frewer, L. et al. (2002b). The media and genetically modified foods: Evidence in support of social amplification of risk. *Risk Analysis, 22*. pp. 701-711.
40. Frewer, L. J. et al. (2003). Communicating about the risks and benefits of genetically modified foods: The mediating role of trust. *Risk Analysis, 23*. pp. 1117-1133.
41. Gallagher, R. B. (1956). Risk management: New phase of cost control. *Havard Business Review*. Vol. 24, No. 5.
42. Gross, J. L. and Rayner, S. (1985). *Measuring culture: A paradigm for the analysis of social organization*. New York: Columbia University Press.
43. Grobe, D. et al. (1999). A model of consumers' risk perceptions toward recombinant bovine growth hormone (rbgh): The impact of risk characteristics. *Risk Analysis, 19*. pp. 661-673.
44. Hadden, S. G. (1989). *A citizen's right to know: Risk communication and public policy*. Boulder: Westview Press.
45. Harrison, K. and Hoberg, G. (1994). *Risk, science, and politics: Regulating toxic substances in Canada and the United States*. Montreal and Kingston:McGill-Queen's University Press.
46. Hiraba, J. et al. (1998). Perceived risk of crime in the Czech Republic. *Journal of Research in Crime and Delinquency, 35*. pp. 225-242.
47. HSE (1999). *Reducing error and influencing behaviour*. Norwich: HSE.
48. Independent Commission on Good Governance in Public Services (2004). *The good governance standard for public services.* London: OPM & CIPFA.
49. Ingram, D. (2010). The many stages of risk. *The Actuary*. pp. 15-17. Dec. 2009/Jan. 2010.
50. Janis, I. L. (1971). Groupthink. *Psychology today*, 43-6. 344.
51. Jia, J. et al. (2008). Axiomatic models of perceived risk. In: Melnick, E. L. and Everitt, B. S. ed. *Encyclopedia of quantitative risk analysis and assessment.* Vol, i. pp. 94-103.
52. Johnson, B. B. and Slovic, P. (1994). "Improving" risk communication and risk management: Legislated solutions or legislated disasters? *Risk Analysis, 14*. pp. 905-906.
53. Johnson, B. B. (2004). Varying risk comparison elements: Effects on public reaction. *Risk analysis, 24*. pp. 103-114.

54. Joffe, H. and Haarhoff, G. (2002). Representations of far-flung illness: The case of Ebola in Britain. *Social Science and Medicine, 54*. pp. 955-969.
55. Kahneman, D. and Tversky, A. (1993). Judgement under uncertainty: Heuristics and biases. In: Kahneman, D. et al. ed. *Judgement under uncertainty: Heuristics and biases.* pp. 3-22. New York: Cambridge University Press.
56. Kasperson, R. E. et al. (1992). Social distrust as a factor in siting hazardous facilities and communicating risks. *Journal of social issues, 48*. pp. 161-187.
57. Keller, P. A. (1999). Converting the unconverted: The effect of inclination and opportunity to discount health-related fear appeals. *Journal of Applied Psychology, 84*. pp. 403-415.
58. Kleinman, A. (1980). *Patients and Healers in the context of culture*. Berkeley, CA: University of California Press.
59. Kloman, H. F. (July, 1992). Rethinking risk management. *The Geneva Papers on Risk and Insurance, 17*. No. 64. pp. 299-313.
60. Kraus, N. N. and Slovic, P. (1988). Taxonomic analysis of perceived risk: Modeling individual and group perceptions within homogeneous hazard domains. *Risk Analysis*. Vol. 8. No. 3. pp. 435-455.
61. Krimsky, S. (1992). The role of theory in risk studies. In: Krimsky, S. and Golding, D. ed. *Social theories of risk.* pp. 3-22. Westport: Praeger.
62. Lane, J. and Meeker, J. W. (2003). Ethnicity, information sources, and fear of crime. *Deviant Behaviour, 24*. pp. 1-26.
63. Lave, L. B. (1996). Benefit-cost analysis: Do the benefits exceed the costs? In: Hahn, R. W. ed. *Risks, costs, and lives saved: Getting better results from regulation.* pp. 104-134. New York: Oxford University Press.
64. Leventhal, H. (1970). Findings and theory in the study of fear communications. In: Berkowitz, L. ed. *Advances in Experimental Social Psychology*. Vol. V. London and New York: Academic Press.
65. Lichtenstein, S. et al. (Nov. 1978). Judged frequency of lethal events. *Journal of Experimental Psychology: Human Learning and Memory.* Vol. 4. No. 6. pp.551-578.
66. Luce, R. D. and Weber, E. O. (1981). An axiomatic theory of conjoint, expected risk. *Journal of Mathematical Psychology, 30*. pp. 188-205.
67. Lupton, D. (1999). *Risk.* London: Routledge.
68. Maddux, J. E. and Rogers, R. W. (1983). Protection motivation and sel-efficacy: A revised theory of four appeals and attitude change. *Journal of Experimental Social Psychology, 19*. pp. 469-479.

69. Merkhofer, M. W. (1987). *Decision science and social risk management: A comparative evaluation of cost-benefit analysis, decision analysis, and other formal decision-aiding appraoches*. Dordrecht: D. Reidel Publishing Company.
70. Morgan, M. G. (1981). Choosing and managing technology-induced risk. *IEEE Spectrum*. pp. 53-59. Dec.
71. Morgan, M. G. et al. (2002). *Risk communication: A mental models approach*. Cambridge: Cambridge Univesity Press.
72. Moscovici, S. (1976). *Social influence and social change*. London: Academic Press.
73. Motoyoshi T. et al. (2004). Determinant factors of residents' acceptance of flood risk. Japanese *Journal of experimental social psychology*.
74. Muller, S. and Johnson, B. T. (1990). *Fear and persuasion: Linear relationship?* Paper presented to the Eastern psychological association convention, New York.
75. OECD (2010). *Risk and Regulatory Policy-Improving the Governance of Risk.*
76. O'Riordon, T. (1985). Approaches to regulation. In: Otway, H. & Peltu, M. ed. *Regulating industrial risks: Science, hazards and public protection.* pp. 20-39. London: Butterworths.
77. Poortinga, W. and Pidgeon, N. F. (2004). Trust, the asymmetry principle, and the role of prior belief. *Risk Analysis, 24*. pp. 1475-1486.
78. Rayner, S. (1992). Cultural theory and rsik analysis. In: Krimsky, S. and Golding, D. ed. *Social theories of risk*. pp.83-115. Westport: Praeger.
79. Renn, O. and Levine, D. (1991). Credibility and trust in risk communication. In: Kasperson, R. E. and Stallen, P. J. M. ed. *Communicating risks to the public: International perspectives*. pp. 175-218. Dordrecht: Kluwer Academic Publisher.
80. Richardson, K. (2001). Risk news in the world of internet newsgroup. *Journal of sociolinguistics, 5*. pp. 50-72.
81. Rogers, R. W. (1975). A protection motivation theory of fear appeals and attitude change. *Journal of Psychology: Interdisciplinary and Applied, 91*. pp. 93-114.
82. Romer, D. et al. (2003). Television news and the cultivation of fear of crime. *Journal of Communication, 5*. pp. 88-104.
83. Rowe, G. and Frewer, L. J. (2000). Public participation methods: A framework for evaluation. *Science Technology & Human Value, 25*. pp. 3-29.
84. Sandman. P. M. (1987). Risk communication: Facing public outrage. *EPA Journal, 13*(9). pp. 21-22.
85. Schapira, M. M. et al. (2001). Frequency or probability? A qualitative study of risk communication formats used in healthcare. *Medical Decision Making, 21*. pp. 459-467.

86. Schultz, W. G. et al. (1986). *Improving accuracy and reducing costs of environmental benefits assessment*. Vol. IV. Boulder: University of Colorado, Center for Economic Analysis.
87. Siegrist, M. et al. (2005). Perception of mobile phone and base station risks. *Risk Analysis, 25*(5). pp. 1253-1264.
88. Siegrist, M. and Cvetkovich, G. (2000). Perception of hazards: The role of social trust and knowledge. *Risk analysis, 20*. pp. 713-719.
89. Slovic, P. (1987). Perception of risk. *Science*. Vol. 236. pp. 280-285.
90. Slovic, P. et al. (1980). Facts and fears: Understanding perceived risk. In: Schwing, R. C. and Albers, Jr. W. A. ed. *Societal risk assessment: How safe is safety enough?* pp. 180-216. New York: Plenum Press.
91. Slovic, P. (1993). Perceived risk, trust, and democracy. *Risk Analysis, 13*. pp. 675-682.
92. Smith, J. Q. and Thwaites, P. (2008). Influence diagrams. In: Melnick. E. L. and Everitt, B. S. ed. *Encyclopedia of Quantitative Risk Analysis and Assessment*. Vol. 2. pp. 897-910. Chichester: John Wiley & Sons Ltd.
93. Smith, J. (2005). Dangerous news: Media decision making about climate change risk. *Risk Analysis, 25*(6). pp. 1471-1482.
94. Starr, C. (1969). Social benefit versus technological risk: What is our society willing to pay for safety? *Science, 165*. pp. 1232-1238.
95. Starr, C. et al. (1976). Philosophical basis for risk analysis. *Annual Review of Energy, 1*. pp. 629-662.
96. Strategy Unit (2002/11). *Risk: Improving government's capability to handle risk and uncertainty*. London: Cabinet Office.
97. Stallen, P. J. M. (1991). Developing communications about risks of major industrial accidents in the Netherlands. In: Kasperson, R. E. and Stallen, P. J. M. ed. *Communicating risks to the public: International perspectives*. pp. 55-66. Dordrecht: Kluwer Academic Publisher.
98. Tanaka, Y. (2004). Major psychological factors affecting acceptance of gene-recombination technology. *Risk Analysis, 24*. pp. 1575-1583.
99. Tengs, T. O. and Graham, J. D. (1996). The opportunity costs of haphazard social investments in life-saving. In: Hahn, R. W. ed. *Risks, costs, and lives saved: Getting better results from regulation*. pp. 167-182. New York: The AEI Press.
100. Thompson, M. et al. (1990). *Cultural theory*. Oxford: Westview Press.
101. Thompson, M. (2008). *Cultural theory: Organizing and disorganizing*. Oxford: Westview Press.
102. Tulloch, J. (1999). Fear of crime and the media: Sociocultural theories of risk. In: Lupton, D. ed. *Risk and sociocultural theory: New directions and perspective*. pp. 34-58. New York: Cambridge University Press.

103. Viklund, M. J. (2003). Trust and risk perception in western Europe: A cross national study. *Risk Analysis, 23*. pp. 727-738.

104. Walshe, G. and Daffern, P. (1990). *Managing cost-benefit analysis*. London: Macmillan.

105. Wessely, S. (2002). The Gulf War and its aftermath. In: Cwikel, J. G. and Havenaar, J. M. ed. *Toxic turmoil: Psychological and societal consequences of ecological disasters*. pp. 101-127. New York: Kluwer Academic/Pleanum Publishers.

106. Wiegman, O. and Gutteling J. M. (1995). Risk appraisal and risk communication: Some empirical data from the Netherlands reviewed. *Basic and Applied Social Psychology, 16*. pp. 227-249.

107. Williams, Jr. C. A. et al. (1998). *Risk management and insurance*. 8th ed. New York: Irwin/McGraw Hill.

108. Witte, K. (1992). Putting the fear back into fear appeals: The extended parallel process model. *Communication Monographs, 59*. pp. 329-349.

109. Yamamoto, A. (2004). The effects of mass media reports on risk perception and images of victims: An explorative study. Japanese *Journal of Experimental Social Psychology, 20*. pp. 152-164.

第 **16** 章

全面性風險管理專題

讀完本章可學到什麼？

除了前列共十五章風險管理過程的知識外，並以此爲基礎，進一步了解十二項不同特殊情況專題的要旨。

一、銀行與保險業的國際監理規範

銀行與保險由於是風險中介行業，與非風險中介的行業不同，所以各國政府對這些行業通常採特許制度，國際上對這些行業也有嚴格的風險管理要求，也就是 Basel 協定（巴賽爾協定）與歐盟 Solvency II（清償能力 II）的規定。

(一) Basel協定要旨

銀行 Basel 資本協定採三大支柱（曾令寧與黃仁德編著，2004），第一支柱是最低資本要求，第二支柱是監理覆審，而第三支柱是市場紀律。Basel 協定三大支柱，參閱圖 16-1。

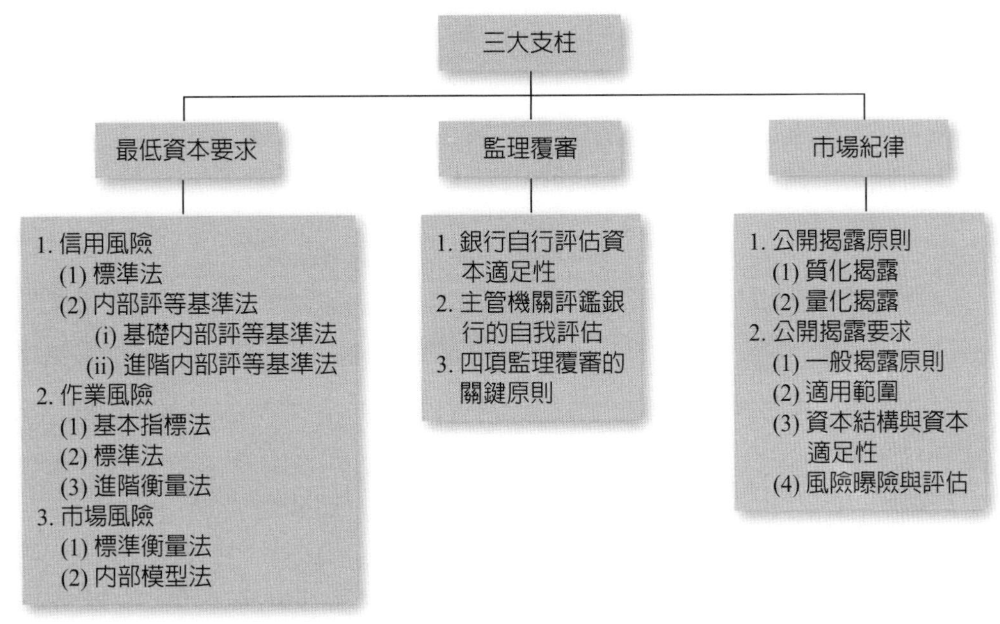

資料來源：曾令寧與黃仁德編著（2004）《風險基準資本指南——新巴塞爾資本協定》。臺北：台灣金融研訓院。

圖 16-1 Basel 協定三大支柱

1. 第一支柱——最低資本要求

銀行巴塞爾 (Basel) 協定關於資本最低的要求，是採依風險未來變化與規模大小的風險基礎資本制度。此種制度下，業者的資本適足率未達要求時，就隨時會有現金增資的壓力。

2. 第二與第三支柱——監理覆審與市場紀律

第二支柱的監理覆審，主要在審核評估在第一支柱下，銀行進一步採行進階法所需要件的審核，尤其對信用風險的進階內部評等基準法與作業風險的進階衡量法的要求。另一方面，第三支柱的市場紀律，一般性的考量包括：揭露要求、指導原則、達成適當揭露、會計揭露的互動、重大性、頻率，與機密及專屬資訊等七項。

(二) 歐盟Solvency II要旨

1. 第一支柱——數量的要求標準

第一支柱主要的數量要求就是準備金的計算與保險公司清償資本的要求。保險公司資產與負債均以公平價值爲基礎。保險公司負債的公平價值 (FV: Fair Value) 以最佳估計值加上風險邊際／利潤之和爲衡量基礎。第一支柱的數量要求除準備金的計算外，另一最重要的就是清償資本要求，清償資本要求有最低資本額與清償資本額的雙元標準。

2. 第二與第三支柱——監理檢視與監理報告及公開資訊揭露

第二支柱著重保險公司內部管理的品質，同時監理機關在一定條件下，要求保險公司增加資本。第三支柱是監理報告、財務報告與資訊的揭露。該支柱主要在使公司所有利害關係人了解保險公司的財務狀況（黃芳文，2007），參閱圖 16-2。

(三) Solvency II與Basel協定的比較

第一、Solvency II 第一支柱涉及所有重要風險，但 Basel 則將利率風險放在第二支柱；第二、Basel 以 99.9% 爲計算 VaR 信賴水準，但 Solvency II 則採 99.5%；第三、Solvency II 有準備金與資本額的要求，但 Basel 只有資本額的要求；第四、Basel 是採整合監理（對國際金融集團），但 Solvency II 是採個別監理；第五、Basel 會改變核心作業流程，但 Solvency II 不會；第六、Solvency II 發展比 Basel 晚。

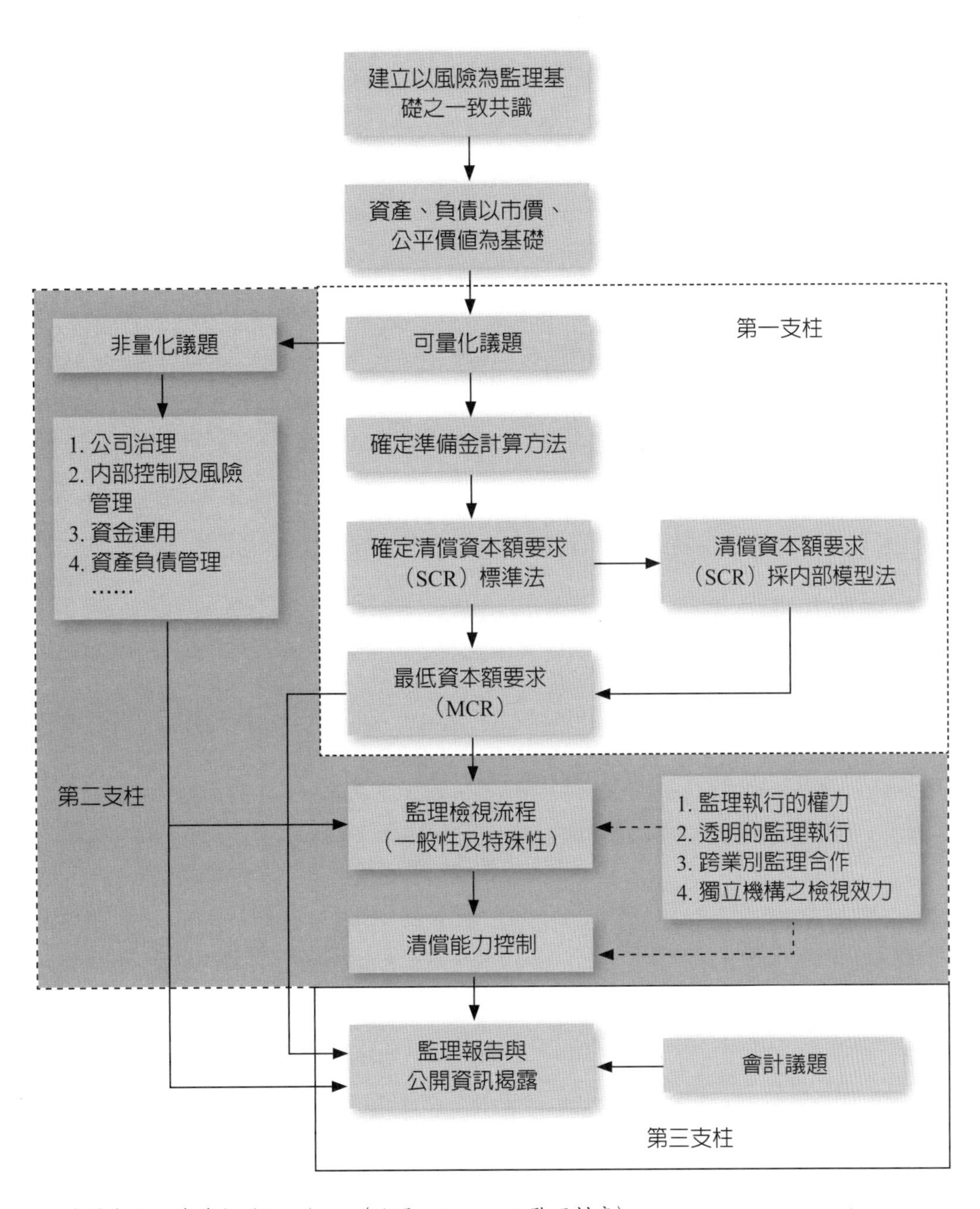

資料來源：黃芳文（2007），〈歐盟 Solvency II 監理制度〉

圖 16-2 Solvency II 三大支柱

二、人本與風險心理

人是風險的最大來源，因此，從風險的心理人文面，探討風險管理是有必要的。同時，也可參閱第三章小結中，傳統與人本風險管理的比較。

(一) 風險感知

風險感知以感覺爲基礎，它涉及人們的留意、詮釋、與記憶的心理歷程，顯然，與人腦的思考系統有關。心理學者們研究發現，人們對風險了解的構面（也就是風險知曉構面）與心理感受的衝擊是否最大，也就是害怕構面（也就是巨大風險構面），最能解釋人們風險感知差異的 80%。風險感知是風險溝通的基礎（參閱第十五章），風險感知會影響風險容忍度的決定，風險感知也會影響風險態度，之後就影響行爲。反過來說，行爲也會影響態度，進而改變風險感知。

(二) 風險態度

風險態度就是人們對風險憑其認知與好惡，而外顯在外相當持久的行爲傾向。前提及的效用理論與前景理論，均與人們的風險態度有關。其次，風險態度可透過問卷，測量人們對風險態度的強度。

(三) 人為疏失

人爲疏失是作業風險的重要來源，它分兩種 (Reason, 1995)，一爲人爲錯誤，另一爲違背或稱犯規，參閱圖 16-3。前者是，非故意地偏離標準或規範；後者，則屬有意地違反標準或規範。其次，人的可靠度 = 1 – 人爲疏失機率，人爲疏失機率＝人爲疏失件數 / 可能發生的總件數。最後，人爲疏失可進一步參閱後述「人爲疏失與作業風險」專題。

(四) 情緒與風險

情緒是人們面臨某人、事、物時的一種心情狀態，在風險領域中，人們的情緒狀態如何影響風險感知與風險行爲，是值得留意的課題。

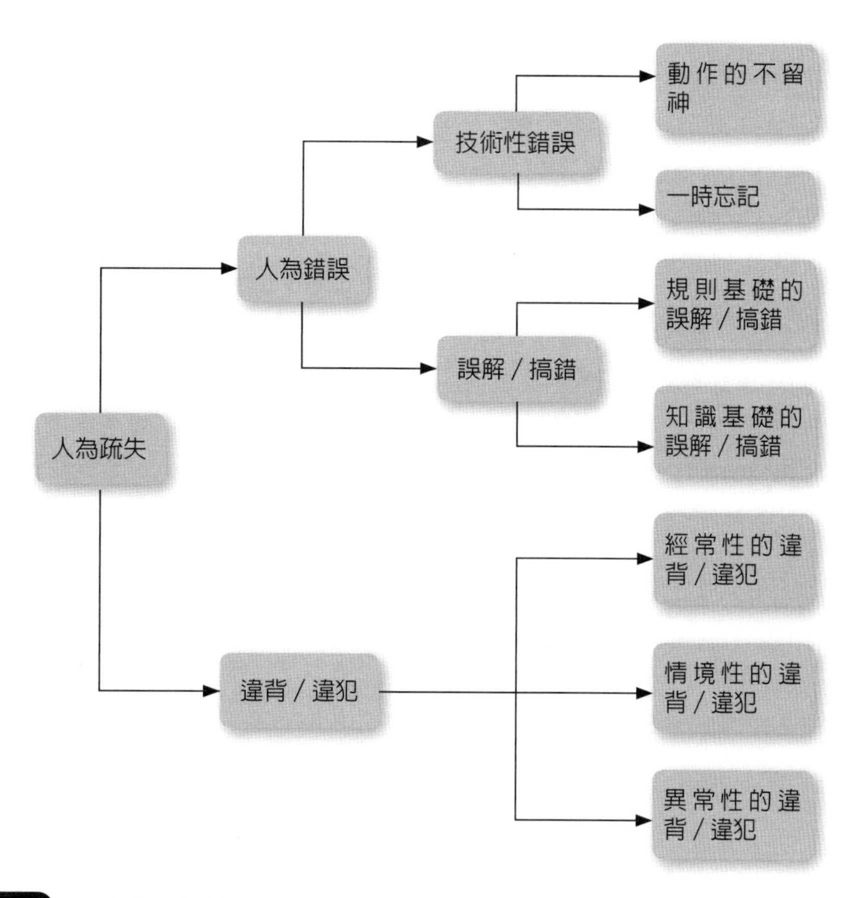

圖 16-3　人爲疏失類型

(五) 危機下的心理與決定

危機潛伏期間最常出現的心理狀態，就是抗拒、死不承認，這是危險的但也最常見。危機爆發後，會出現持續很長的心理創傷與被背叛的心理狀態。這些心理狀態都會影響人們在危機情況下的決定 (Mitroff, 2007)。

(六) 應對風險行為方式的改變

從風險的心理面來看，人們改變對風險的思維與態度行爲，是有助於提升風險管理的品質，進而創造組織利潤與價值。就個人言，要改變行爲，那麼，面對風險時，別情緒化，且要學習不相信印象與表面所看到的，與設法轉變個人的世界觀。其次，組織團體要是建立優質的風險文化，人力資源部須密切結合風險管理。最後，政府最好扮演選擇建築師的角色，幫助人們改變風險應對方式。

三、黑天鵝領域風險管理心法

前提「風險管理的實施」各章，均屬常態環境下的風險管理。然而，在塔雷伯 (Taleb, N. N.) 所稱的黑天鵝環境領域，前面所提的內容，塔雷伯不認爲會管用，在這領域他所建議的風險管理心法值得留意。

(一) 什麼是黑天鵝？

簡單說，大家認爲很可能發生的事，卻沒發生，不可能發生的事，卻發生了，這就是黑天鵝現象。長久以來，大部分人對天鵝的印象是白的，有天突然看到天鵝是黑的，會作何感想？生活上，這種超乎預期、超乎想像的事件，總偶而發生。例如：2008-2009 年發生的金融海嘯。

(二) 黑天鵝領域的範圍

根據塔雷伯的說法，我們生活的世界或環境可分四類（也可參閱第一章圖 1-3）：第一類就是二元報酬的常態環境。二元報酬就是事件的結果，不是眞就是假，或不是生就是死，不是當選就是落選，股價不是漲就是跌等；第二類是複雜報酬的常態環境。複雜報酬就是預測事件結果的期望值。例如：預測火災損失期望值屬此類。再如，流行病期間的預期死亡人數也屬此類；第三類是二元報酬的極端環境；第四類是複雜報酬的極端環境。只有第四類是塔雷伯眼中的黑天鵝領域。塔雷伯認爲，之前所提的風險評估方法與 VaR 模型在前三種環境下，做風險評級預測還管用，但在黑天鵝領域環境下，不但使不上力，如照用，那是極危險的事。換言之，在黑天鵝領域的風險管理，本書之前所提的方法與模型，就該放棄不用。

(三) 黑天鵝領域的風險管理心法

針對黑天鵝領域的風險管理，塔雷伯建議應該想辦法，從黑天鵝環境移入第三類環境，也就是用簡單代替複雜。他建議的重要心法，部分節錄如下 (Taleb, 2010)：

第一、改變曝險情形，例如：減少持有的美元或想辦法變多職人，這樣金融風暴再出現，不利的衝擊可縮小；第二、在黑天鵝領域別相信任何風險模型，不用模型比用模型好；第三、在黑天鵝領域別把沒有波動性與沒有風險混爲一談；第四、在黑天鵝領域要小心風險數字的表達；第五、在黑天鵝領域要讓時間決定個人

績效，例如：銀行長期績效不好，高管卻發大財，那是不尊重時間；第六、在黑天鵝領域避免最適化，學習喜歡多餘。例如：別只有一種專長，要學會第二專長；第七、在黑天鵝領域避免預測小機率事件的結果；第八、在黑天鵝領域小心極端罕見事件的非典型性。最後，人們如何在黑天鵝領域面對經濟生活，塔雷伯建議十項原則。例如：人們不應該利用複雜的金融資產作爲財富的儲藏庫，因人們自己無法掌控。再如，人們別碰複雜的金融商品，因很少人有足夠的理性去了解。

四、保險公司風險管理

保險業與銀行業及其他行業間，最大的不同是保險風險／核保風險爲保險業獨有，影響所及，保險公司風險管理就會與眾不同。

(一) 保險公司價值

保險公司的公司價值內涵異於其他產業，可參閱第三章說明。

(二) 保險公司風險管理過程

1. 公司治理、目標、與政策

臺灣「保險業公司治理實務守則」的規定，列示了公司治理與風險管理的關係。此處僅擇與風險管理最具直接關聯的部分，陳述其要旨如後：

(1) 保險業在處理與關係企業間的人員、資產、與財務管理的權責應明確化，並建立防火牆，確實辦理風險評估。同時，並應與其關係企業就主要往來對象，妥適辦理綜合的風險評估，降低信用風險。

(2) 保險業董事會整體應具風險管理知識與能力、危機處理能力等相關知識與能力，並負風險管理最終責任。

(3) 保險業宜優先設置風險管理委員會，且應擇一設置審計委員會或監察人。風險管理委員會主要職責有：第一、訂定風險管理政策及架構，將權責委派至相關單位；第二、訂定風險衡量標準；第三、管理公司整體風險限額及各單位之風險限額。其次，保險業風險管理哲學、政策、與目標設定，均可參閱第五章。

2. 風險辨識、風險評估與風險應對

(1) 戰略層風險應對

保險公司戰略風險，同樣可用 SWOT 分析等方式，辨識出競爭風險、創新風險、與經濟風險等三大戰略風險，並以眞實選擇權與平衡計分卡作爲風險評估與應對風險的工具，可分別參閱前列本書各章節。

(2) 經營層風險分析與應對

保險公司經營層次的風險，包括市場風險、信用風險、流動性風險、作業風險、保險風險、與資產負債配合風險等六項風險。這其中的**保險風險**，是保險公司獨有的風險。針對保險公司獨有的保險風險，根據實務守則再細分爲商品設計與定價風險、核保風險、再保險風險、巨災風險、理賠風險、與準備金相關風險六種。核保風險與理賠風險觀其守則內容屬於作業風險，可參閱前列本書關於作業風險的章節。至於巨災風險在第十章 ART 中，已有說明。以下僅說明商品設計與定價風險 (Pricing Risk)、再保險風險 (Reinsurance Risk)、與準備金相關風險 (Reserve Risk)。

① 商品設計與定價風險應對

商品設計與定**價風險**係指因商品（就是保險單）設計內容、所載條款與費率定價引用資料之不適當、不一致或非預期之改變等因素所造成的風險。其評估方式可分質化與量化，質化可參考第七章，量化以壽險業來說，可用利潤測試法[1]與敏感度分析[2]，以產險業來說，量化法可採用損失分配模型。針對商品設計與定價風險應對的方式，可用屬於風險控制性質的資產配置計畫[3]（適用於壽險業），精算假設中增加安全係數與經驗追蹤[4]，也可用屬於風險融資的風險轉嫁計畫。

② 再保險風險應對

再保險風險係指再保險業務往來中，因承擔超出限額之風險而未安排適當之再保險，或再保險人無法履行義務而導致保費、賠款或其他費用無法攤回的風險。其風險應對方式可用屬於風險控制性質的再保險人信評等級監控，也可用風險融資性

---

1 利潤測試指標至少有淨損益貼現值／保費貼現值法、新契約盈餘侵蝕法、ROA法、損益兩平期間法、ROE法、與IRR法。

2 敏感度測試可包括：投資報酬率、死亡率、預定危險發生率、脫退率及費用率等精算假設。

3 這項控管計畫是指與投資人員就商品特性進行溝通後，並依其專業評估而制定，對於可能發生的不利情勢所制定資產配置的計畫。

4 這是指商品銷售後，定期分析檢驗商品內容與費率之釐訂。

質的傳統再保險與各種 ART 中的商品轉移風險。例如：保險證券化商品或財務再保險等，這可參閱第十章。其中，財務再保險 (Financial Reinsurance) 即限定再保險 (Finite Reinsurance)。壽險業中慣以前者稱呼之；產險業慣用後者。文獻 (Becke and Lasky, 1998) 顯示，此種新興的再保險亦可追溯至 1970 年代，它與傳統再保險基本不同處在於：傳統再保險是轉嫁承保風險 (Underwriting Risk)；財務再保險主要是轉嫁利率、信用與匯率等的財務風險。兩者不同處，可進一步參閱第十章。

以壽險公司爲例，**財務再保險**可將壽險公司的隱含價值 (Embebbed Value) 提前折現予再保險公司，大量的初年度再保佣金可減少責任準備金的提存，進而保持盈餘的穩定，加速新契約的成長。保險公司運用財務再保險的主要理由，包括：第一、降低初年度因業務成長所帶來的資本侵蝕；第二、確保邊際清償能力；第三、轉嫁財務性風險維持盈餘的穩定性；第四、依美國稅法，透過損失遞延的手段可達成節稅、避稅的效果。其次，財務再保險的運用必然衝擊分保與再保公司的財務結構，它可幫助保險公司做好資產負債與現金流量管理。

③ 準備金相關風險應對

準備金相關風險係指針對簽單業務低估負債，造成各種準備金之提存，不足以支應未來履行義務之風險。其風險評估宜用量化分析法，這包括現金流量測試法、損失率法、總保費評價法、隨機分析法、損失發展三角形法[5]或變異係數法。風險應對可採風險移轉與準備金增提的風險融資方式。

3. 控制活動與資訊及溝通

保險業風險管理的控制活動、資訊、與溝通等三要項，後兩個要項可參閱第四章與第十二章。至於如何利用風險基礎年度預算，實施控制活動的過程，參閱附錄 III。

4. 績效評估與監督

保險業風險管理實務守則中的相關績效管理與內部稽核，可參閱第十三章。

[5] 損失發展三角形(Loss Triangle)是針對長尾風險推估準備金的衡量方式，尤其賠款準備的推估。

五、IFRSs

國際財務報導準則 (IFRSs: International Financial Reporting Standards) 是財務會計領域，近年來，最重大的變革。這項變革影響深且廣，由於公平價值是 IFRSs 評價資產與負債的基礎，因此，不僅包括財務會計學界，也幾乎包括所有行業的風險管理、財務會計處理、與稅務及監理，均受其影響。臺灣政府已決定接軌 IFRSs，2012 年是採雙軌並行制，也就是原有的臺灣會計準則與 IFRSs 並行，嗣後，全面採行 IFRSs。

(一) IASB與IFRSs

國際會計準則理事會 (IASB: International Accounting Standards Board) 的前身是國際會計準則委員會 (IASC: International Accounting Standards Committee)。IFRSs 就是由 IASB 制定發布。負責制定 IFRSs 的 IASB，其主要職責有二：一爲依據已建立之正當程序制定及發布 IFRSs；二爲核准 IFRSs 解釋委員會對 IFRSs 所提出的解釋。另一方面，世界各國接軌使用 IFRSs 的情況，亦値得留意，尤其美國與中國。美國的一般公認會計準則 (GAAP: Generally Accepted Accounting Princciple) 在 IFRSs 發布前，一向爲各國遵循，包括臺灣。GAAP 是以規則爲基礎 (Rule-Based)，在此基礎下，會計人員可卸責，但 IFRSs 是以原則爲基礎 (Principle-Based)，在此基礎下，會計人員難卸責。美國由於是世界強國，且也可說是世界經濟的中心所在，因此，接軌 IFRSs 可能爭議多，但美國的證券交易委員會 (SEC: Securities Exchange Committee) 仍決定在過渡期之後，強制接軌 IFRSs。至於中國，則在其制定其本國會計準則時，會參考 IFRSs，但仍存在部分重大差異。

(二) IFRS 4

所有 IFRSs 準則對所有的企業會計與風險管理，均有深度的影響。以 IFRS 4 爲例，IFRS 4 對一般企業公司以保險作爲風險轉嫁工具時，以及對保險公司的經營言，是息息相關的。IFRS 4 相關規定包括（勤業眾信聯合會計師事務所，2010）：(1) 何謂保險合約；(2) 範圍；(3) 認列與衡量；(4) 揭露；(5) 未來發展。IFRS 4 對保險合約的定義，係指當一方（保險人）接受另一方（保單持有人）之顯著保險風險移轉，而同意於未來某特定不確定事件（保險事件）發生致保單持有人受有損害時給予補償之合約。該合約須包括四項主要要素：(1) 未來特定不確定

事件之規定；(2) 保險風險之意義；(3) 保險風險是否顯著；(4) 保險事件是否致保單持有人受有損害。

(三) IFRSs對臺灣保險業的衝擊——以壽險業為例

IFRSs 對壽險業，總體來說，對下列特定問題會有重大衝擊（龍吟，2008/01/15）：第一、以公平價值爲基礎的資產負債評價問題；第二、會計科目的問題；第三、營利事業所得稅的問題；第四、保險合約的問題；第五、相關法令配套與衝突問題；第六、IFRSs 專業人才不足問題。例如：以第一點來說，以公平價值爲基礎評價壽險業的資產負債將使其股價產生變化，從而關聯到利害關係人的權益。

六、購併風險管理

購併已成企業公司擴大規模的重要手段，但失敗率高。此處，說明購併風險管理的要旨。

(一) 購併基本概念

購併是法律用語中，收購與合併的簡稱。收購分爲收購股權與收購資產。收購股權後，收購者自然成爲被收購公司的股東。因此，收購者當然承受被收購公司的債務。收購資產並不承受被收購公司的債務，它僅能被視爲一般資產的買賣行爲。收購股權採用的方式有兩種（王泰允，1991）：一爲收購股份；另一種是認購新股。收購股權時，對被收購公司的債務，在成交前需對債務調查的一清二楚，尤其可能發生的或有負債。收購資產要留意的是資產有無抵押貸款，這個抵押貸款，收購者常需負連帶清償責任。其次，合併在法律上則有存續合併（或稱吸收合併）與設立合併（或稱創新合併與新設合併）兩種。依臺灣法律，存續合併後，存續的公司應申請變更登記，消失的公司應申請解散登記。設立合併是雙方公司均解散而另設立公司，因此，新公司要辦申請設立登記。

(二) 購併風險的類別

購併風險主要有六大類：第一類是來自地理位置的風險；第二類是來自產品的風險；第三類是與被購併對象公司員工有關的風險；第四類是來自被購併對象公司

董事與高階主管法律訴訟的風險；第五類是來自購併價金的財務風險；第六類是來自智慧財產權無法順利移轉的風險。

(三) 購併風險的管理

購併風險管理重在解決重大問題。第一大類是針對對象公司的保險與風險管理要做稽核與評估。第二大類是對資產負債的防護。對購併價金可採取遠期外匯市場與外匯選擇權來避險。其次，就對象公司風險與其他資產的防護，具體措施包括：第一、就智慧財產順利移轉言，進行購併的公司可採三項防護措施：(1) 降低智慧財產的收購價；(2) 要有損害賠償的擔保條款；(3) 交叉授權，由購併公司續授權對象公司使用智慧財產。第二、退休金債務防護。進行購併的公司風險管理部門，如無壽險精算師，最好能聘請壽險精算師精確評估退休金債務。第三、環境汙染責任的防護。對象公司如有遭受汙染的土地，資產不但很難變現也很難獲得銀行的貸款。因此，可採取幾項防護措施：(1) 購併談判階段，立即排除此類資產；(2) 縱使一定要購併這類的土地資產，一定要責成對象公司承擔清理成本並且不能將這些成本從購併價金中扣除，等對象公司清理乾淨後，才進行交錢與簽約；(3) 購併合約中，加入延遲付款與有條件付款的約定。第四、與被購併對象公司員工有關風險的防護，這些措施包括：(1) 做員工家庭背景調查；(2) 測謊篩選；(3) 強化警衛等安全措施；(4) 強調懲罰偷竊員工的政策。

七、國際信評與信用風險

2008-2009 年間，發生的金融風暴，美國的 AIG 集團國際信評等級是 A 級以上，結果 AIG 可是元凶之一。信評等級有用嗎？信用風險計量可靠嗎？其實這些都是大問題。有云「人言爲信」，信用風險本就與人的心理素質、誠信態度有關。完全相信信評等級與數字的信用風險值，在信用風險管理上是很値得商榷的。

(一) 信用風險的性質

前已提及，**信用風險**是信用或抵押借貸交易，債權人的一方，面臨來自債務人的違約或信評被降級，可能引發的不確定。依此定義，信用風險是投機風險還是純風險？是財務風險還是非財務風險？嚴格來說，有討論空間，雖然常見信用風險歸類在財務風險，這種歸類可能的原因是，金融保險業常將其歸類爲財務風險。

(二) 信用風險值

風險值的計算前已提及，但不同風險的風險值計算的詳細過程不盡然會相同。有許多衡量信用風險的方法[6]，此處說明信用風險值的計算過程，其計算過程與市場風險值的計算有別。市場風險通常遵循常態分配或遵循Student-t分配[7]，但單一信用風險資產，其損失分配型態，雖受許多因素影響，往往不是常態分配，而常是一種長尾分配。信用風險值的估計，交易對手的信用評等，是信用風險值估計的核心。信用評等可對應交易對手可能的違約率 (PD: Probability of Default)。例如：標準普爾(S&P)評定爲AAA級的公司，其對應的違約率是0.01%；評定爲CCC級的公司，其對應的違約率是16%，參閱表16-1的國際信評機構信評等級與違約率對應表。其次，估計信用風險值還需考慮違約損失 (LGD: Loss Given Default) 與違約曝險額 (EAD: Exposure at Default)。也就是在特定信賴水準下，特定期間內，信用風險值 (Credit VaR) = LGD×EAD× $\sqrt{PD \times (1-PD)}$ 。

表 16-1 信評等級與違約率對應表

信評機構		評　級						
穆迪	Moody's	Aaa	Aa	A	Baa	Ba	B	Caa
標準普爾	S&P	AAA	AA	A	BBB	BB	B	CCC
違約率	PD (in %)	0.01	0.03	0.07	0.20	1.10	3.50	16.00

(三) 改善信用風險應對與國際信評機制的看法

應對信用風險除第十章所提的方法外，可採用第十五章所提的文化臉譜概念，採問卷設計方式，額外考慮債務人對風險的看法。就原信用風險計分外，再加減計分，以原計分爲基準，平等型與官僚型文化者均可加分，市場型與宿命型文化者都減分，重新調整債務人信用評等等級。因爲市場型文化的人，認爲風險是樂觀的。如果他是債務人，因對信用風險持樂觀看待，在還債條件規範下，有延遲或提早付

6　例如：信用風險矩陣法、內部模型法、精算技術法等極多方式。

7　VaR源於Student-t 分配的機會，可能高於常態分配。

款的傾向，這種人還債是會還的，只是延遲或提早帶來的影響樂觀看待。

平等型文化的人，認爲風險是危險的。如果他是債務人，因對信用風險持危險看法，在還債條件規範下，提早付款的可能性高。不付款或延遲付款都會被認爲是危險的事。官僚型文化的人，認爲風險是可控制的。如果他是債務人，因對信用風險持控制看待，在還債條件規範下，一定會準時付款的傾向高，但不會提早或延遲付款。宿命型文化的人，對風險是不在意的。如果他是債務人，因對信用風險不在意，在還債條件規範下，不付款的可能性高。

另外，國際信評機構採用的信評機制，亦可考慮前列建議，納入債務人對風險的看法，進一步調整其信用評等的高低。總之，所謂信用，無論是對個人或公司組織的信用，授信機構考慮其誠信正直的要素永不落伍，別只信數字。最後，主要的國際信評機構 S&P、Fitch、Moody 等以銀行證券業評等爲主，雖然也做保險業評等。僅做保險業評等的機構是成立於 1899 年的美國 A. M. Best 公司。其發行的 *Best's Review* 雜誌，是保險實務領域的重要參考雜誌。貝式評等參閱表 16-2 與表 16-3。

表 16-2 保險業與貝式評等 (Best Rating)

等級代號	安全的貝式評等
A^{++}與A^{+}	卓越
A與A^{-}	優良
B^{++}與B^{+}	很好
等級代號	**脆弱的貝式評等**
B與B^{-}	普通
C^{++}與C^{+}	薄弱
C與C^{-}	脆弱
D	不良
E	主管機關監管中
F	清算中
S	暫停評等

表 16-3 貝式財務表現評等 (FPR: Financial Performance Rating)

等級代號	安全的FPR評等
FPR9	極好
FPR8與7	很好
FPR6與5	好
等級代號	**脆弱的FPR評等**
FPR4	普通
FPR3	薄弱
FPR2	脆弱
FPR1	不良

八、人為疏失與作業風險

作業風險涉及組織的管理制度、過程、與員工，核心因素就是人。只要是人就會犯錯，所以人為疏失問題對作業風險管理是極為重要的。

(一) 人因可靠度

簡單說，人為疏失高，就是不可靠。反之，就是可靠，參閱圖 16-4。系統可靠度包括機械的可靠度與人的可靠度，兩者的乘積即為系統可靠度的大小。人為疏失類型與人因可靠度的關係在前面已有說明。

說明：甲、乙分別開槍射擊，射擊後，各彈著點都落入靶圖內，但點分布不同，甲的彈著點中，有一點落入靶心，但彈著點很分散，乙的彈著點都偏離靶心，但彈著點很集中。哪位可靠度高？

圖 16-4 彈著點的分布

(二) 人為疏失的原因

人爲疏失是風險事故的來源，相反的，人們面臨風險情境時，也容易造成疏失，其原因無非是風險本身容易影響人們的決策判斷。而造成人爲疏失最爲典型的原因分別是：A. 屬於個人因子部分，包括：(1) 個人技術與才能低落；(2) 過於勞累；(3) 過於煩悶沮喪；(4) 個人健康問題。B. 屬於工作因子部分，包括：(1) 工具設備設計不當；(2) 工作常受干擾中斷；(3) 工作指引不明確或有遺漏；(4) 設備維護不力；(5) 工作負擔過重；(6) 工作條件太差。C. 屬於組織環境因子部分，包括：(1) 工作流程設計不當，增加不必要的工作壓力；(2) 缺乏安全體系；(3) 對所發生的異常事件反應不當；(4) 管理階層對基層員工採單向溝通；(5) 缺乏協調與責任歸屬；(6) 健康與安全管理不當；(7) 安全文化缺乏或不良。

(三) 工作表現與錯誤類型

拉斯瑪森 (Rasmussen, J.) 的工作表現層級分成技術層級的表現、規則層級的表現、與知識層級的表現。這三種工作表現也各分別對應三種錯誤類型 (Rasmussen, 1983)。其次，三種錯誤類型，可以八個角度來觀察其差異，詳見表 16-4。

表 16-4 三種錯誤類型的比較

<table>
<tr><th>觀察角度</th><th>技術型錯誤</th><th>規則型錯誤</th><th>知識型錯誤</th></tr>
<tr><td>活動型態</td><td>發生在日常性工作</td><td colspan="2">發生在解決問題時的活動</td></tr>
<tr><td>注意力</td><td>沒留意手上正進行的工作時</td><td colspan="2">注意在與所要解決的問題之其他相關議題上時</td></tr>
<tr><td>認知控制模式</td><td colspan="2">屬於自動直覺認知模式</td><td>屬於有限意識理性認知模式</td></tr>
<tr><td>錯誤類型的可測性</td><td colspan="2">大部分可測</td><td>不一定可測</td></tr>
<tr><td>錯誤數值與發生錯誤機會的次數相比</td><td colspan="2">通常錯誤數目多，但占發生錯誤機會的次數比例低</td><td>錯誤數目少，但占發生錯誤機會的次數比例高</td></tr>
<tr><td>情境因子的影響</td><td colspan="2">低度到中度區間，主要受內在本質因子的影響</td><td>高度，外來因子影響大</td></tr>
<tr><td>偵測的難易度</td><td>容易偵測且快速</td><td colspan="2">難度高，常需藉助外力幫忙</td></tr>
<tr><td>與改變錯誤的關係</td><td>改變不容易</td><td>何時與如何改變，無法知道</td><td>通常不準備改變</td></tr>
</table>

(四) 人為疏失偵測

偵測人爲疏失有三種方法 (Reason, 1995)，一個就是靠自我警覺，一個就是靠周遭的線索，最後靠外力協助，這外力包括科技儀器與他人。首先，在優質的安全或風險文化氛圍下，員工的自我警覺性強，自我矯正的可能性高，其過程無非是透過信號進出的腦海迴路，偵測到疏失的資訊，進而進行自我矯正。其次，靠周遭線索偵測疏失。例如：靠牽制、靠警告語句、靠跟別人聊等。最後，外力協助靠儀器，例如：電腦中打錯英文字時，字下方會出現紅色線或靠別人的提醒。

(五) 錯誤偵測率與錯誤類型

根據研究 (Rizzo et al., 1986)，錯誤類型錯誤總數，相對的百分比是，技術型錯誤 (SB) 爲 60.7%、規則型錯誤 (RB) 是 27.1%、知識型錯誤 (KB) 占 11.3%。至於錯誤偵測率，分別是技術型錯誤偵測率是 86.1%、規則型錯誤偵測率爲 73.2%、知識型錯誤偵測率爲 70.5%。參閱圖 16-5。

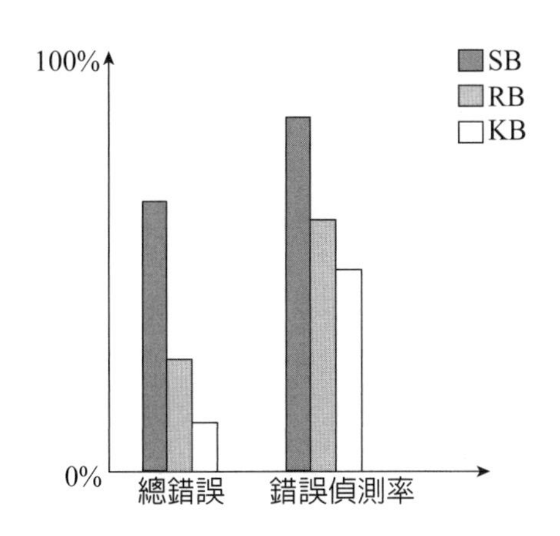

圖 16-5　錯誤偵測率

九、政府與SARF

風險資訊不只影響個人對風險的感知、態度與行爲，也會透過風險資訊的串聯與人們的可得性捷思，以及國家社會相關的資訊平臺，影響他人甚至社會群體的風險感知、態度與行爲。其次，風險不但能證券化、全球化，尤其社會化的建構過程與影響因素，政府必須深入了解，始能制定出符合該國社會大眾期待的公共政策。

此處，以**風險的社會擴散架構** (SARF: Social Amplification of Risk Framework) 說明風險訊號與風險事件在社會的擴散與稀釋過程。

(一) 風險的社會擴散架構

過去，風險的社會心理研究，都較爲零散，缺乏統合的研究架構，這些研究領域包括風險感知、風險溝通、風險與決策、風險與情緒等，事實上，這些研究領域間，存在密不可分的關係。因此，卡斯伯森 (Kasperson, R. E.) 等學者在 1988 年首次提出風險的社會擴散架構 (SARF)(Kasperson et al., 1988)。該架構主要在說明社會與個人因子如何影響風險的社會擴散與稀釋，進而產生後續多次的漣漪效應與衝擊。參閱圖 16-6。

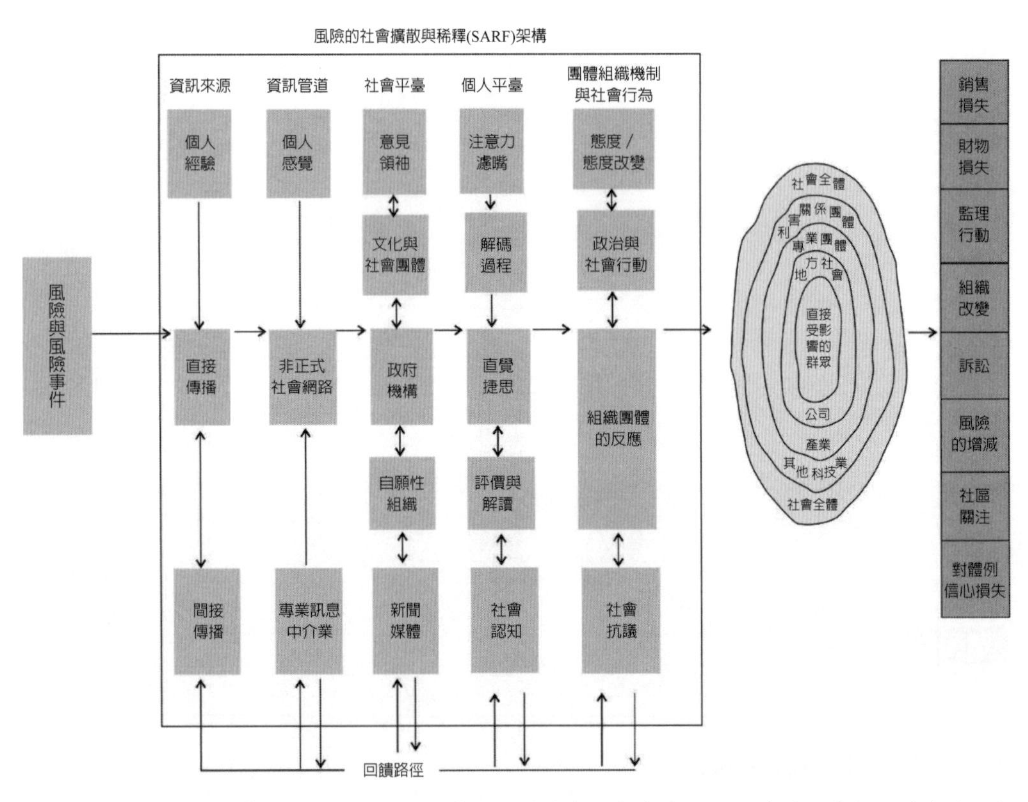

說明：上圖顯示的涵義，簡單說，不論已發生的風險事件或存在生活周邊的風險，不僅會透過個人經驗與大眾媒體（例如：電視、報紙、網路、手機等）傳播產生衝擊，也會透過人與人間的耳語相傳互動產生衝擊。這些風險可能會轉化爲某種意義、符號或圖騰或訊號（例如：抽菸危險因素轉化成萎縮的蘋果），經由個人腦海（圖中的個人平臺）或公共論壇平臺（圖中的社會平臺）或各類不同層次的社會組織團體（圖中的組織團體社會行爲）傳播，進而擴散（記憶或認知深化）或稀釋（記憶或認知模糊）。

圖 16-6　風險的社會擴散架構 (SARF)

(二) 風險訊號

人們對可能產生風險事件的每一危險因素隨著時間，均會產生某種不同的符號或訊號，是為風險訊號 (Risk Signal)，這些符號或訊號都是種比方，例如：來自警察司法體系的危險因素，可能比方成鍾馗打鬼圖騰。這些符號或訊號可能成為社會訊號潮流 (Signal Stream)，這些訊號也會產生強弱的程度。其次，風險訊號的擴散與稀釋會同時發生在社會各個階層，某個階層在稀釋但某個階層同時在擴散。最後，經濟效益會是影響稀釋的重要因素。參閱圖 16-7。

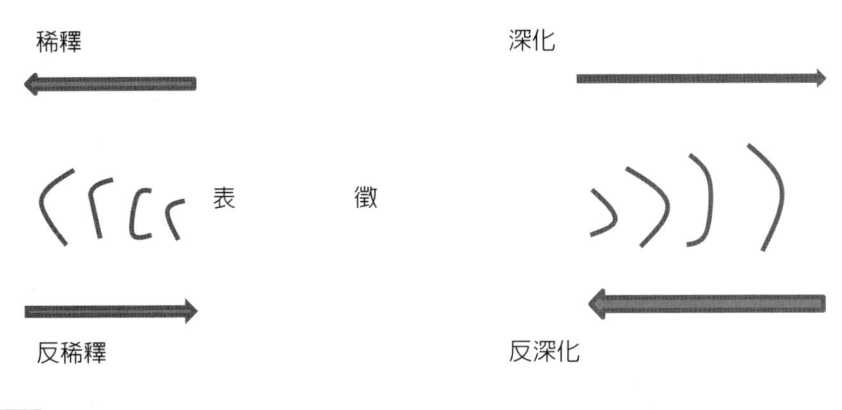

圖 16-7　風險訊號的擴散與稀釋

(三) 風險的烙印

當風險訊號進一步被汙名化，被烙印 (Stigma) 在人們腦海中時，就很容易引起風險往後的多次效應與漣漪效果，且更難控制。風險烙印就是貼標籤，這與人們對任何人、事、物都會貼上標籤一樣，使人們容易記憶。

(四) 大眾傳播與機構團體組織的角色

在 SARF 架構下，風險溝通主要聚焦在媒體對風險數據與訊息的解釋與報導。其次，機構團體組織在 SARF 架構下是重要的風險訊號擴散與稀釋的媒介。

(五) 風險的社會心理對政府政策制定的意涵

國家政府面對重大公共風險議題時，應考慮下面四點：第一、政府所提供的風險資訊要簡單易懂，前後一致且經得起考驗；第二、要確保風險資訊能被信任且可靠；第三、深入了解各類民眾的特性，所提供的資訊依民眾特性量身訂作；第四、透過各類論壇讓民眾共同參與，確保他們關心的事項能明確反映在政策中。

十、設立專屬保險機制該有的考慮

所有行業與跨國公司在管理風險上，均可考慮設立專屬保險公司。在設立前則須考慮各種因素。

(一) 專屬保險市場概況

專屬保險機制在另類風險融資市場中占有重要的地位，近年來，專屬保險雖面臨監理機關與稅務機關的雙重威脅，全球專屬保險市場仍大體維持 3% 的保費成長，每年平均約有二百家新的專屬保險公司成立。

(二) 設立專屬保險機制的理由

設立專屬保險機制主要有兩大理由：(1) 傳統保險功效不彰，例如：保險費率過高；(2) 完成企業經營目標，例如：跨國間的資金調度。

(三) 設立專屬保險機制該考慮的因素

1. 事先須做專屬保險適切性分析

以責任風險爲例，須分析責任損失歷年的平均走勢，其次，預估專屬保險的承保損益，測算母公司的資金流動，最後比較設立與不設立的淨現値。

2. 註冊地的選擇

專屬保險公司要在哪裡註冊是重要的問題。通常第一項要考慮的是註冊地的基礎設施，註冊地的基礎設施包括：(1) 電信與電腦網路設施；(2) 國際機場設施；(3) 交通、電力、與水力等基礎設施。第二項要考慮的是註冊地的風險管理與金融保險服務品質，專業技能的水準高低與人才的多寡。第三項要考慮的是註冊地對專屬保險公司監理的規定。第四項要考慮的是賦稅規定，尤其國與國間有無雙邊賦稅協定。

3. 再保險的考慮

再保險是專屬保險公司經營的基石。一般公司擁有專屬保險公司時，容易進入再保險市場，直接與再保人談判費率，有利於保險費率的降低。

(四) 專屬管理人與專屬保險公司

專屬保險常需藉重專屬管理人的服務，專屬管理人扮演的功能有 (Porat, 1987)：第一、從事設立專屬保險公司前的適切性分析與設立的申請；第二、專屬管理人可從事保險承保業務；第三、確保符合註冊地保險監理的要求等。

(五) 專屬保險的威脅與展望

專屬保險重要威脅來自母公司支付給專屬保險公司的保費該不該課稅？其次，專屬保險的威脅來自保險監理機關對採用風險基礎資本制度的要求。縱然如此，專屬保險市場中，每年平均約有兩百家新的專屬保險公司成立 (Dowding, 1997)。

十一、跨國公司保險融資的特徵

跨國公司在風險管理上與單國公司相較，有其特別處。跨國公司除規模大外，有些年營收甚至比一個國家的年稅收來得高，例如：著名的 Walmart 國際集團。因此，跨國公司保險融資自有其特質。

(一) 何謂跨國公司

廣義的跨國公司可概指一個公司在多數國家實施特定的經濟活動（直接投資、迂迴投資與購併均屬之）而與各地事業分支機構間，具有相互依存的關係且形成強而有力的企業集團者。巴里尼 (Baglini, N. A.) 則認爲風險管理意義上的跨國公司除了投資生產外，尙需符合下列兩個要件 (Baglini, 1983)：第一、必須至少在五個以上的國家，從事經濟活動；第二、必須至少 20% 的財產或營業額來自國外。

(二) 跨國公司的國際保險規劃

跨國公司涉及不同國家，也因此在風險管理上比單國公司複雜許多，從公司治理、風險管理政策、風險管理組織各方面，均須考慮不同國家的法律、政治、經濟、文化因素。此處說明跨國公司在保險融資方面的特徵。

1. 國際保險環境

以文字爲例，跨國經營時，保險的規劃可能遭到語言的障礙。在英國，「General Insurance」係指在美國的「Non-Life Insurance」業務。在英國，「Personal Insurance」係指在美國的「Life insurance」。在美國用「Personal Insurance」係指個人家庭購買的保險業務。此種保險業務可以是人身保險，也可以是財產保險業務，而其相對名稱是「Commercial Insurance」。保險專業用語的國際差異，也突顯國際保險監理環境的差異。

2. 國際財產保險計畫

就保險種類的特性言，通常產險類別的保單有強烈的地區性，人身保險則不然。產險保單此種特性，對跨國公司規劃全球財產的保險保障時，顯得更爲突出。跨國公司財產保險規劃需認識「**認可保險**」(Admitted Insurance) 與「**不被認可保險**」(Non-Admitted Insurance) 業務的意義和其限制。「認可保險」業務係指符合保險標的所在國保險法和其監理規定的業務而言。反之，不符合保險標的所在國保險法和監理規定的業務是爲「不被認可保險」業務。另外，海外財產保險規劃時，**條款差異性保險** (DIC: Difference-In-Condition Coverage) 也是重要的保單。此種保單乃以全球性的觀點，依各國保單條款的差異設計而成的保險。此種保單以一切險 (All Risk) 爲承保基礎，它係承保海外財產所在國「認可保險」業務無法承保的危險事故。參閱圖 16-8。

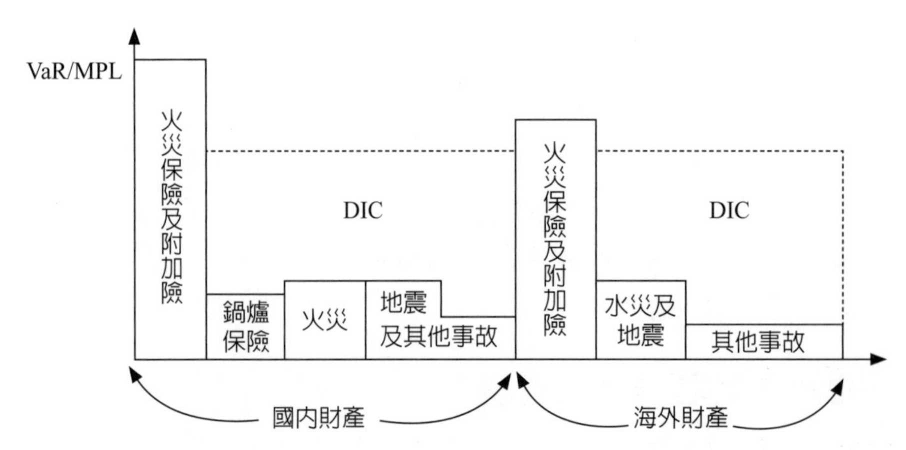

說明：DIC性質上是財產損失保險，也是巨額保障保險，它與「認可保險」搭配，可適度消除保障缺口。

圖 16-8 條款差異性保險

(三) 跨國公司風險管理問題的根源

保險是風險管理中重要的風險融資手段，跨國公司風險管理存在著眾多問題，這些問題的根源就是國際間各類的差異。此種差別可分爲兩類 (Baglini, 1983)：一類來自於跨國集團內部，母子公司的差別；另一類來自跨國集團外部，環境的差別。參閱圖 16-9。

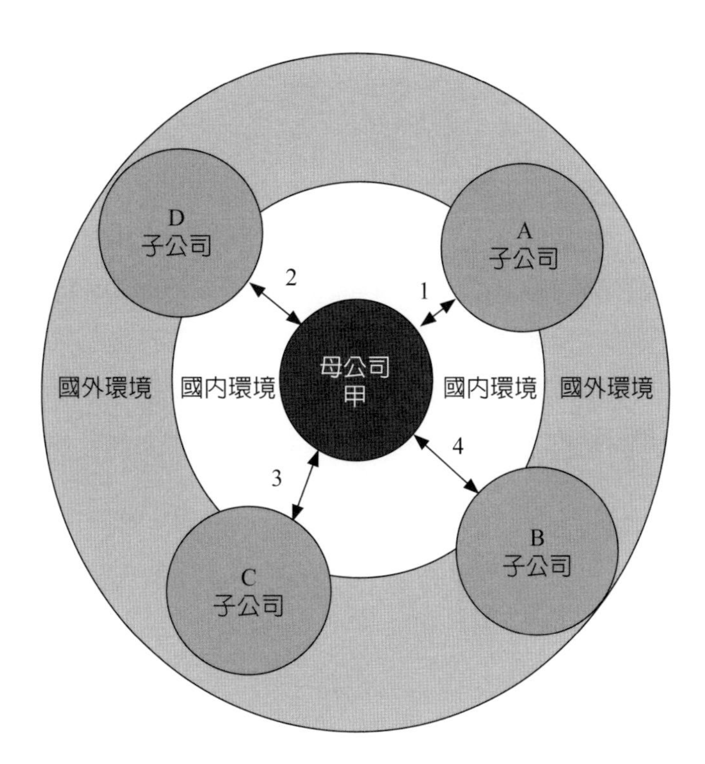

說明：

「1」：表母子公司差別最小　　外圍之第一個圓圈表國外環境

「2」：表母子公司差別擴大，居第2　　外圍之第二個圓圈表國內環境

「3」：表母子公司差別越大，居第3

「4」：表母子公司差別最大

圖中，A子公司所在國的政治、語言、法律、社會、風俗、經濟等環境因素與母公司所在國相似，而且子公司各種管理理念、制度與母公司較爲接近。是故，以最短線段表其差異。B、C、D子公司各以不同線段的距離代表其差異程度。

圖 16-9　跨國公司的環境差異

十二、保險公司資產負債管理

資產負債管理源自銀行業，根據研究，銀行的資本成本高過壽險業，壽險業的獲取成本卻高過銀行業。兩者同屬風險中介業，因此，保險公司在風險管理上，同樣要重視資產負債管理。

(一) 負債面管理

保險公司約九成負債就是各類準備金，這些均與保險客戶有關。所以負債面管理必須從保險公司的內部核保機制與政策、保費的訂定、理賠審查機制、與再保險著手。內部核保機制與政策是把關的第一步，把關的目的是在選擇接受好風險，拒絕壞風險，進一步達成降低損失率或賠款率的目標，如此可防範風險過度集中控制理賠。其次，保費的制定要達成充分、合理、與適當的目標。保費收取不足問題很大，不但無法支應賠款，更無法提供吸納緩衝損失的風險資本，保險公司破產機會就會增高。至於理賠審查機制目的在節流，防範詐欺與道德危險因素。最後，將過度風險集中的業務，設法轉嫁給再保險人，迴避承擔過大的風險。

(二) 資產面管理

資產面管理要靠保險公司的投資政策與避險。保險公司的投資政策要配合《保險法》的規定，《保險法》對投資類別、限額都有規定。投資政策要注意風險分散與資產配置，避險則可進行各類衍生性商品的操作。

(三) 權益面管理

僅僅負債面或資產面的管理是爲狹義的資產負債管理，全面兼顧負債面與資產面的管理是爲廣義的資產負債管理，也就是權益面管理。負債面涉及現金流出，資產面涉及現金流入，前者大於後者流動性風險大增、破產機會大，後者大於前者流動性風險低、破產機會小。影響保險公司資產或負債的風險因子極多，但同時影響資產與負債現金流的是利率風險。利率跌，資產負債價值就上升；利率漲，資產負債價值就降低。資產負債漲跌幅不一，就直接影響權益的波動。因此權益面管理也就是資產負債管理，管的就是利率風險與流動性風險。

(四) 利率風險管理與免疫概念

利率風險是財務風險管理的核心項目。利率有名目利率與實際利率，扣除通膨因子的名目利率就是實際利率。利率風險均因利率變動引起，又可細分收益風險、價格風險、再投資風險、結構風險、與信用風險。傳統利率風險評估可採用到期期限、基本點價格值、持有期間、凸度等衡量。應對利率風險有利率風險控制的免疫概念與其他技術，利率風險融資則有利率衍生性商品。**免疫** (Immunization) 概念是由英國精算師 Redington, F. M. 提出，其意旨是利用投資與融資策略的改變規避利率風險。Redington 所創的基本模型成爲後續研究者研究利率問題的基礎。

本章小結

十二項特殊專題代表全面性風險管理注重的是全方位與融合。對風險實質面、財務面、與人文面全方位的看待，就會衍生出各面向不同的專題，進而整合融合一起，這也就是 ERM 的眞諦。

思考題

1. 爲何Basel協定計算VaR值時，信賴水準訂在99.9%，而Solvency II要訂在99.5%？
2. IFRSs是以原則爲基礎，在此基礎下，爲何會計人員難卸責？
3. 請你搜尋何謂顯著的保險風險移轉？
4. 購併時，該如何防範承擔環境汙染責任？
5. 信用評等等級極優的個人或組織，爲何還是會失控？其內外部原因可能是什麼？
6. 信用風險是投機風險還是純風險？是財務風險還是非財務風險？爲何說有討論空間？
7. 長途開車容易疲勞出狀況，你是遊覽公司老闆，有何良策降低可能的人爲疏失？
8. 2008-2009年金融風暴時，有人建議銀行業要設立自保機制，你認爲這自保機制可指什麼？

9.什麼是DIC？跨國公司保險融資上為何需要？

10.解釋一下，資產負債管理就是利率風險與流動性風險管理。

11.利率風險是系統風險還是非系統風險？應對利率風險有何妙招？

12.風險資訊的傳播與人們的風險感知有關聯嗎？

13.如果政府要對民眾買車作宣導，那麼，是宣導每公升油可跑幾公里？還是宣導每公里耗多少油，對民眾買車有利？想想這與SARF有何關聯？

參考文獻

1. 王泰允（1991）。*《企業購併實用：基本概念／本土實務／在美須知／行動指南》*。臺北：遠流出版公司。
2. 黃芳文（2007）。〈歐盟Solvency II監理制度〉。在財團法人保險事業發展中心發行，*《保險財務評估與監理》*。pp. 241-264。臺北：財團法人保險事業發展中心。
3. 曾令寧、黃仁德編著（2004）。*《風險基準資本指南：新巴賽爾資本協定》*。臺北：台灣金融研訓院。
4. 勤業眾信聯合會計師事務所（2010）。*《iGAAP-IFRS全方位深入分析2010》*，上冊。臺北：勤業眾信聯合會計師事務所。
5. 龍吟（2008/01/15）。〈我國保險業實施國際會計準則之挑戰：具體篇〉。*《風險與保險雜誌》*。No.16。pp. 16-25。臺北：中央再保險公司。
6. Baglini, N. A. (1983). *Global risk management: How US international corporations manage foreign risks*. New York: Risk Management Society Publishing, Inc.
7. Becke, W. S. and Lasky, D. (1998). *Block assumption transactions: A revolution in life reinsurance*. Hannover Life Reinsurance.
8. Dowding, T. (1997). *Global developments in captive insurance.* London: FT financial Publishing.
9. Kasperson, R. E., Renn, O., Slovic, P., et al. (1988). The social amplification of risk: A conceptual framework. *Risk Analysis, 8*. pp. 177-187.
10. Mitroff, I. I. (2007). The psychological effects of crises. In: Pearson, C. M. et al., ed. *International handbook of organizational crisis management*. pp. 195-219.
11. Porat, M. M. (1987). Captives insurance industry cycles and the future. *CPCU Journal*. pp. 39-45. March, 1987.

12. Rasmussen, J. (1983). Skills, rules, knowledge: Signals, signs and symbols and other distinctions in human performance models. *IEEE transactions: Systems, man & cybernetics*. SMC-13. pp. 257-267。
13. Reason, J. (1995). *Human error.* Cambridge: Cambridge University Press.
14. Rizzo, A. et al. (1986). Human error detection processes. In: Mancini, G. et al., eds. *Cognitive engineering in dynamic worlds*. Ispra, Italy: CEC Joint Research Centre.
15. Taleb, N. N. (2010). *The Black Swan: The impact of the highly improbable.* New York: Random House Trade.

第 17 章

案例學習與評述

讀完本章可學到什麼？

1. 可從各類型案例中學習風險管理。
2. 可了解各產業間或非產業間風險管理的差異。
3. 風險管理最早源自第二產業的工業[1]，因此，率先學習非金融保險業的案例。

[1] 根據風險管理歷史，1948年美國鋼鐵業大罷工與1953年通用汽車巨災事件，促成風險管理在企業界的萌芽。

一、金融保險業與資訊工業的區別

行業別太多，此處選擇金融保險業爲服務業代表，資訊工業爲製造業代表，說明行業特性不同，管理風險的過程雖相同，但重點會不同。

(一) 損益兩平有別

金融保險業由於是服務業，創業所需的固定設備與辦公處所遠低於資訊工業的需求。換言之，經營金融保險業的固定成本，通常低於經營資訊工業所需的固定成本。至於變動成本，兩個行業都會呈現隨業務量的增加而增加的現象。影響所及，金融保險業的損益兩平點，通常低於經營資訊工業的損益兩平點。換言之，經營銀行或保險公司達成損益兩平的時間，通常比資訊工業快。參閱圖 17-1。

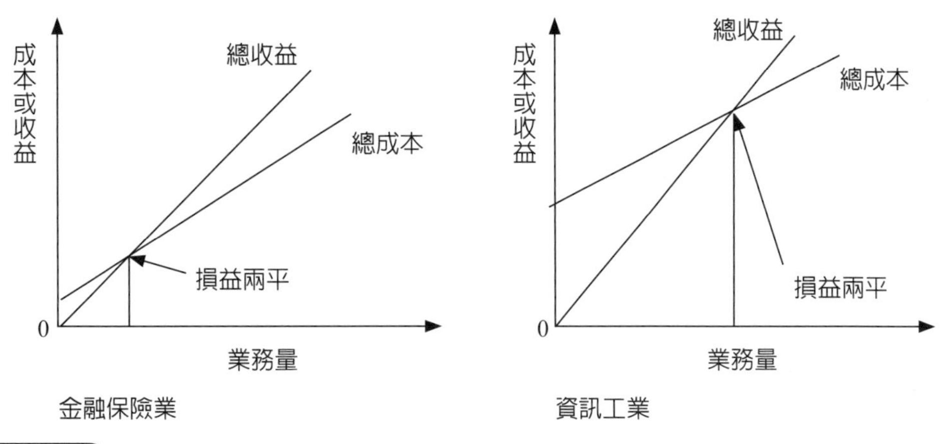

圖 17-1　金融保險業與資訊工業間的損益兩平

(二) 貝它係數有別

根據**資本資產訂價理論**（參閱附錄 I），不同行業的**貝它係數** (β) 也就是行業風險係數不同。即使同屬銀行業，投資銀行的行業風險（1.2）就高於零售銀行的行業風險（1.1）。行業風險係數會影響資金成本的高低，而風險報酬高過資金成本時，組織才能創造利潤與價值。如果金融保險業的貝它係數 (β) 高過資訊工業，那麼金融保險業必須要有更高品質的風險管理，獲取更高的風險報酬，如此創造價值的機會才會大。

(三) 風險結構有別

行業別不同，本書所提的戰略風險、財務風險、作業風險、與危害風險間的結構比重，也會不盡相同。大體言，著者認爲資訊工業由於家數多於金融保險業，且產品競爭激烈，推陳出新滿足消費者程度高於金融保險業。因此，戰略風險或許高過金融保險業。其他風險的比重，大體上，金融保險業的財務風險，通常高於資訊工業，而資訊工業危害風險，通常高於金融保險業。另外，即使同屬保險業的產壽險公司間，風險的結構比重也不同，例如：壽險業財務風險高過產險業，產險業核保風險高過壽險業。參閱圖 17-2。

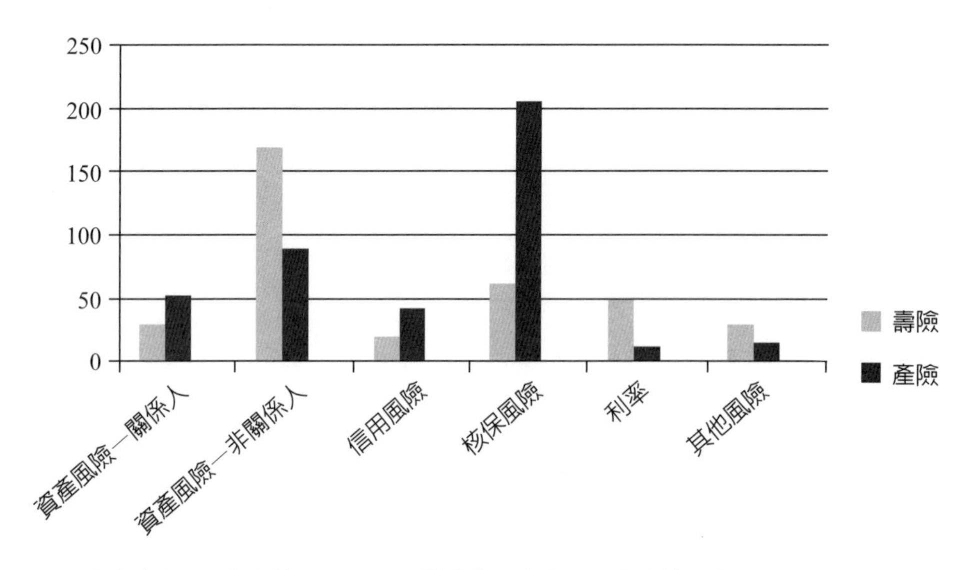

註：上圖是臺灣在2002年根據RBC 比例測算的產壽險業間風險結構比重。

圖 17-2 產壽險業間的風險結構

(四) 核心業務有別

金融保險業是風險中介行業，其核心業務即如何運用風險獲利，但資訊工業核心業務則是其關鍵科技技術，如何轉嫁風險是其風險管理重點。

(五) 資本功用有別

金融保險業因爲是風險中介，其資本功能重在吸收損失，減緩風險的不利衝

擊，但資訊工業非風險中介，其資本功能側重在實體投資。

二、學習案例教訓

學習風險管理的經驗案例，是成功管理風險的要素之一，有云「他山之石可以攻錯」就是這個道理。此處根據 Barton, T. L. et al. (2002) 所著 *Making Enterprise Risk Management Pay Off* 一書，所顯示的六個案例彙總的十八項風險管理教訓，進一步闡釋風險管理的精神要旨。

(一) 風險管理的教訓

第一、實施全面性風險管理完全按照標準範本操作制定，是不恰當的，因爲每個組織文化不同，每個老闆的想法與支持程度不同。

第二、在現今複雜又不確定的經營環境中，每個組織要取得有效的管理，務必採取很正式又積極投入的方式，識別所有可能的重大風險。

第三、識別風險可採用各種不同的技巧，一旦被採用，識別風險的過程必須是持續且是動態的。

第四、必須採用可以顯示風險的重要性、嚴重性與損失金額大小的某種標準，評級風險的優先順序與高低。

第五、必須採用能顯示頻率或機率的某種標準，評級風險。

第六、必須採用最複雜的技巧工具衡量財務風險，例如：風險值與壓力測試。

第七、能滿足組織需求的複雜工具，也要能使管理階層容易了解。

第八、要很清楚組織本身與股東等所有人的風險容忍度。

第九、針對任何可能的非財務風險，必須採用更精密嚴格的工具衡量風險。

第十、組織必須採取各種應對風險技巧的組合方式管理風險。

第十一、關於各種應對風險的組合技巧必須是動態的且要持續再評估。

第十二、假如存在獲利機會，組織必須尋求更有創意的方式應對風險。

第十三、組織管理風險必須採取全面性的方式。

第十四、假如有必要聘請顧問，顧問只能當諮詢，不能替代風險管理的工作。

第十五、全面性的管理風險比零散式的風險管理，成本低且更有效能。

第十六、組織決策必須考慮風險，這是全面性風險管理的要素。

第十七、風險管理的基礎建設，形式上雖各有不同，但卻是驅動全面性風險管理的主要因素。

第十八、老闆與高階管理層的重大承諾與支持是全面性風險管理的先決條件。

(二) 風險管理的省思

風險管理可有可無？每位老闆認知不同，但很多大規模企業卻越來越重視它。雖然理論上，風險管理對創造組織價值有貢獻，但實證上能眞實證明其獨立貢獻程度的研究文獻並不多見。話雖如此，在風險社會的今天，現代組織經營沒有風險管理卻是萬萬不能，除了可讓老闆與社會大眾心安以及災難發生後組織活命機會較大外，國家公權力也漸漸拿風險管理問責說事，企業老闆就不得不留意。

三、風險管理案例[2]——百度公司

(一) 公司簡介

百度是中國最大的互聯網搜尋引擎公司，其爲用戶提供了包括地圖、新聞、影片、百科、防毒軟體和互聯網電視在內的各類服務。百度的搜尋引擎在世界範圍內排名第二，並在中國占有著 75% 的搜尋引擎市占率。2007 年 12 月，百度成爲第一家被納入納斯達克 100 指數的中國公司。

(二) 風險表現與風險管理

1. 金融風險（或稱財務風險）：利率風險與外匯風險

百度所面臨的利率風險主要源於大量投資在期限一年以內的短期工具和以浮動利率計息的銀行貸款專案上。當市場利率上漲時，公司所持有的固定利率證券的公允市價（也就是公平市價）可能會受到不利影響；而當利率下跌時，浮動利率證券的收益又可能低於預期。基本上，由於上述因素的影響，百度未來的投資收益可能會因爲利率波動而低於預期，又或者因公司不得不出售因利率波動而市值減少的證券，可能使本金遭受損失。從現在看來，百度目前還沒有並預計短期內都不會面臨重大的、與短期投資相關的利率風險，因此公司並未運用任何金融衍生工具來管理此類利率風險。

---

[2] 本單元至本章第6單元中國石油天然氣公司案例，均經英國IRM委託湖北經濟學院風險管理研究中心同意節錄《中國組織全面風險管理手冊》中部分資料轉載。

另一方面，利率風險也來自於浮動利率計息的銀行貸款。此類貸款的成本可能會受到利率波動的影響而發生變化。百度公司通過在固定利率貸款與浮動利率貸款之間保持適度比例並通過運用利率掉期合約（也就是交換合約）來管理該類風險。百度的大部分收益與成本都是以人民幣計價，而部分現金和現金等價物、限制性現金（專用現金）、短期金融資產、長期投資、長期應付貸款、應付票據和可轉換優先票據卻是以美元計價。一旦人民幣對美元出現大幅度升值，可能對公司的現金流、收入、盈利和財務狀況，以及以美元計價的其他財務資產和股息產生重大影響。人民幣與包括美元在內的其他貨幣的匯率水準是以中國人民銀行制定的匯率為基礎的。人民幣兌美元匯率近年來不斷波動，甚至有時波動幅度很大，難以預測。預測未來市場力量或中美政策會如何影響人民幣與美元之間的匯率是非常困難的。

2. 貪腐與道德風險

在嚴格遵守所有中國與美國相關法律條例的前提下，百度制定並頒布了《百度職業道德與行為規範》、《百度獎懲管理制度》、《百度避免利益衝突制度》、《百度職業道德紅線管理規定》、《百度職業道德建設工作管理規定》、《百度職業道德舉報工作管理規定》共六部與商業倫理、職業道德、反貪腐等相關的主體制度和多項補充規定。其中，《百度職業道德與行為規範》根據 2002 年頒布的 Sarbanes Oxley 法案 406 條款及相關條款的要求而制定，包含了指導公司運作的最高商業道德水準。較之一般商業行為水準或適用的法律法規，該規範基本上提出了更高的要求，而百度會遵守這些更高的要求。六部規範中明確禁止的腐敗行為集中體現在弄虛作假、謀取私利、索賄受賄、越權違規、失職懈怠、洩露機密、利益衝突、違規招投標和干擾調查九個方面。以上所有規範均適用於百度及其所有子公司、分公司、關聯公司（指通過各種安排，百度可以控制其決策權的公司）中所有與百度存在勞動合同關係的員工、高級管理層、顧問和董事會成員，及公司兼職人員和外包人員。

3. 資訊安全與資料隱私風險

百度建立了自上而下的隱私保護組織體系，最上層的百度數據隱私保護委員會負責資料隱私相關重要問題的戰略和決策制定，同時承擔用戶在百度的資料保護、對外資料合作框架、跨境資料等方面的合規管理責任，確保百度數據隱私保護舉措符合可適用的法律規定要求。在資訊安全性群組織建設方面，公司基於最佳實踐，建立了「三道防線」的安全管理組織，並發布了《百度安全性群組織管理規範》，明確職責職能和權利義務，建立良好的溝通機制。其中，百度安全委員會作爲頂層安全性群組織，統一負責安全風險控制力度決策、資源投入以及協調各業務線工作。此外，百度高度重視先進隱私保護的技術儲備，自主研發並申請了多項資料隱私保護相關專利，不斷提升隱私保護與安全技術。例如：基於晶片加密技術廣闊的應用前景，百度安全發布了全球首個記憶體安全的可信安全計算服務框架 MesaTEE。2019 年，MesaTEE 開源項目全票通過投票，正式成爲 Apache 基金會的孵化器項目。這進一步豐富了可信安全計算技術生態，讓更多的組織可以享受下一代數據隱私和安全解決方案，實現普惠安全。

4. 環境保護

百度重視能源節約和排放物管理，遵守《中華人民共和國環境保護法》、《中華人民共和國節約能源法》等相關法律法規。百度的碳排放主要來源於資料中心、辦公樓宇、通勤班車、充電樁四方面。百度資料中心因全面承載搜索、雲端運算、大資料、人工智慧等業務，是百度的主要耗能主體。百度一直以建設綠色低碳、節能環保的雲端運算資料中心爲目標，綠色節能技術並行應用，能源效率得到不斷提升。同時，百度資料中心利用人工智慧技術提高能源的使用效率、減少溫室氣體排放。

四、風險管理案例——中國南方航空公司

(一) 公司簡介

中國南方航空公司 1995 年成立，總部設在廣州，1997 年在香港聯合交易所、紐約證券交易所上市，2003 年在上海證券交易所上市，是中國運輸飛機最多、航線網路最發達、年客運量最大的航空公司，擁有廈門航空、貴州航空、雄安航空等 8 家控股航空子公司，北京、新疆、北方等 16 家分公司，在杭州、青島等地設有 23 個境內營業部，在雪梨、倫敦、杜拜、新加坡、紐約等地設有 55 個境外營業部。截至 2019 年底，南航營運航線 939 條，全年新開國內航線 113 條、新開國際及地區航線 23 條。

(二) 風險表現與風險管理

1. 安全風險

安全是航空公司的生命線和穩健營運的基石，也是公司經營過程中所面臨的主要風險。南航董事會下設航空安全委員會，作爲公司最高安全管理機構，負責對公司重要安全政策進行研究、決策、管理並監督實施。公司董事長／總經理作爲公司第一安全責任人，設置分管安全副總經理和安全管理職能部門，建立覆蓋各專業、各層級的安全管理組織架構，實現安全管理責任全覆蓋。南航根據機隊規模大、結構複雜等特點，啟動以安全責任、規章手冊、訓練培訓、程序控制、風險管控、安全文化、科技創新爲核心的安全七大體系建設，推動公司安全管理向制度化、結構化、體系化、資訊化全面轉型。此外，南航建立起安全風險「日報告、週講評、月總結、季排名」的監督機制，定期舉辦運行講評會，利用典型差錯案例剖析風險漏洞，提高安全風險防範意識和能力。2019 年，針對複雜天氣、機型故障、鳥擊、空中顛簸等安全風險，及時發布安全風險提示，遏制同類不安全事件頻發態勢。

2. 匯率風險

經貿局勢的複雜性、貨幣政策變動等因素決定了人民幣匯率水準中長期的不確定性。2020 年初，各國爲應對 COVID-19 疫情導致的經濟下行壓力，紛紛實行貨幣寬鬆政策。路透社調查問卷顯示，多家投資銀行預測，2020 年全年人民幣匯率會在 7.0 上下波動。這可能會影響到公司的財務狀況。針對此情況，公司正不斷尋求通過運用各類金融衍生工具以實現避險保值。

3. 原油價格風險

2020 年全球政治格局複雜多變，經濟下行壓力加大，國際原油供給端和需求端均存在較大不確定性。2020 年一季度國際原油價格持續下跌，並出現大幅波動，原油價格波動導致公司燃油成本變化，由於燃油成本是公司的主要營運成本，燃油成本的波動將直接影響其業績表現。針對原油價格波動風險，南航制定了《節能減排管理手冊》、《能源與環保管理業務流程》等制度，通過技術優化、管理提升及大資料分析等手段，全面提升航油使用效率，實現綠色飛行。同時，公司成立了飛行節油、地面用油、飛機重量、飛行計畫可靠性、航油資訊化建設等五個專業節油專案組，制定十九項節油措施，促進公司省油控油，降本增效。通過調整航路方向、推廣使用臨時航線等，縮短航距，減少飛行時間，從而達到節省航油的目的。南航 2019 年臨時航線月度平均使用率爲 24.61%，年度共節省 208 萬海里，節省約 2.5 萬噸燃油。

4. 行業競爭風險

國內市場方面，低成本航空公司不斷開拓國內基地，加大中短途國際市場開拓力度，甚至不排除未來開通遠端國際航線的可能，國內競爭將不斷加劇。國際市場方面，低成本航空公司的增速快於世界平均水準，其發達市場和新興經濟體的市占率在持續增長；中國出境遊市場持續火熱，二三線城市大量新開直飛國際航線，對北上廣三大門戶樞紐造成一定衝擊。根據中國鐵路總公司公布資料，截止 2019 年底，全國鐵路營運里程達到了 13.9 萬公里，其中，高速鐵路 3.5 萬公里，到 2025 年，鐵路通車里程將達到 17.5 萬公里，其中高鐵 3.8 萬公里，八縱八橫高鐵網路將全面覆蓋我國經濟發達的東南沿海地區、人口密集的中部地區和西部主要城市。公司與高鐵網路重合的航線（特別是 800 公里以下的航線）的經營業績，在未來將受到一定影響。面對來自於外部和內部的競爭風險，南航始終秉持「眞情服務，感動你我」的服務理念，從旅客需求出發，不斷優化每一項服務的細節之處，爲全球旅客帶來美好的空中旅程。航班正常率是出行旅客關心的指標，也是南航運行效率及服務品質的重要體現。南航制定並持續完善《正常性管理》、《風險航班監控保障管理制度》、《2019 年航班正常提升工程方案》等制度，通過持續推進大運行建設，加大運行正常性考核及風險航班管控，全力保障旅客正點出行。此外，2019 年南航持續優化「南航 e 行」平臺功能，優化了主購票流、升艙、一線助銷系統、付費選座、電子登機證、100% 預選座位、付費休息室、綠色飛行、電子發票、自動退改等服務流程，讓旅行眞正做到「說走就走」。

5. COVID-19疫情風險

自 2020 年 1 月下旬以來，疫情在全球蔓延，亞洲、歐洲、美洲等多國爲阻止疫情進一步擴散，陸續採取了旅行限制措施，導致全球航空需求銳減。截至 3 月底，我國整體疫情控制情況出現向好趨勢，國內多個省市採取差異化的復工複產政策，境內的航空客運需求逐漸恢復，但由於國際疫情持續擴散，國際航空限制政策趨嚴，中國民航局近期發布疫情防控期間調減國際客運航班量的通知，國際客運供應量預計將進一步減少。預計本次疫情將對公司的生產經營造成不利影響，具體影響程度存在不確定性。

五、風險管理案例——第七屆世界軍人運動會

(一) 武漢軍運會簡介

世界軍人運動會，簡稱「軍運會」，是國際軍事體育理事會主辦的全球軍人最高規格的大型綜合性運動會，每四年舉辦一屆，會期 7 至 10 天，比賽設 27 個大項，參賽規模約 100 多個國家 8,000 餘人，規模僅次於奧運會，是和平時期各國軍隊展示實力形象、增進友好交流、擴大國際影響的重要平臺，被譽爲「軍人奧運會」。2015 年 2 月，中國軍隊向國際軍事體育理事會申請承辦 2019 年第七屆世界軍人運動會。同年 5 月，國際軍事體育理事會第 70 屆代表大會一致通過將承辦權授予中國，承辦城市爲湖北省武漢市。2017 年 1 月，第七屆世界軍人運動會組織委員會成立，由國務院 1 名副總理、中央軍委 1 名副主席擔任組委會主席，組委會下設執委會，負責武漢軍運會籌辦工作具體組織實施和組委會日常工作。武漢軍運會於 2019 年 10 月 18 日至 27 日舉行，賽期 10 天，共設置射擊、游泳、田徑、籃球等 27 個大項、329 個小項。其中，空軍 5 項、軍事 5 項、海軍 5 項、定向越野和跳傘 5 個項目爲軍事特色項目，其他項目爲奧運項目。

(二) 軍運會風險分析

1. 賽會風險特徵及風險管理的作用

大型賽會風險具有複雜性、頻發性和影響重要性，歷屆大型國際賽事的組委會或執委會均高度重視賽會風險管理，並將風險管理作爲與競賽、新聞宣傳、場館管理、技術、大型活動等相並列的一個職能部門，一般從組委會或執委會成立之初便加以設置，由專人負責組織開展涵蓋賽前和賽中，職能和場館，宏觀、中觀和微觀的多層次全方位的風險管理工作。一般來說，風險管理的專業化程度與賽會籌辦工作的品質成正比。

2. 賽會風險分類

賽會前期，根據風險的性質可以將賽事風險分爲四大類：(1) 戰略風險：指可能給組織帶來整體損失的各種不確定性。(2) 財務風險：指給組委會造成財務損失的各類風險，包括收入的減少和支出的增加兩方面。(3) 運行風險：指組織在營運過程中，由於外部環境的複雜性和變動性以及主體對環境的認知能力和適應能力的有限性，而導致的運行失敗，或使運行活動達不到預期目標的可能性及其損失。(4)

自然災害風險：既可能是由於賽會舉辦期間各類外部極端惡劣天氣、環境因素的突發變化，也可能是由於無人爲故意破壞因素而出現的對人身安全產生影響的突然事件所造成的損失。對大型的國際賽事而言，上述四類風險的影響不盡相同，從經驗來看，四類風險占比分別爲 29%、10%、56% 和 5%。

3. 風險分層與風險管理具體業務流程

臨近賽事，爲了更好落實風險管理工作，通常根據主體責任程度，將風險劃分爲三個層次。武漢軍運會風險管理的具體業務流程，首先通過三輪風險識別與評估明晰風險源和風險點，然後針對 I 級（重大）事件制定應急計畫，最後根據應急計畫組織類比演練，並通過演練情況調整完善應急計畫。

(1) 風險識別與評估

在風險識別與評估過程中，通過塡寫「軍運會風險評估登記表」識別風險點。第一輪識別 300 餘個風險點，評估了其中 254 個風險點，進一步合併整合成爲 212 條風險條目，其中重大風險有 51 個。第二輪識別出 188 個風險點，其中 18 個「高等級」風險點。第三輪匯總了 38 個競委會、直接面對客戶群的 9 個專項工作中心和軍運村運管會的風險登記表，共包含 4,619 個風險點，其中高等級風險點 516 個。競委會風險點有 4,308 個，高等級風險點 450 個，平均每個競委會 116 個風險點，含 12 個高等級風險點。9 個專項工作中心和軍運村運管會的風險點有 311 個，高等級風險點 66 個，平均每個機構 31 個風險點，含 10 個高等級風險點。

(2) 應急計畫

在三輪風險識別和評估的基礎上，制定了《第七屆世界軍人運動會賽時應急管理計畫》，明確了應急計畫的總體目標、適用範圍、工作原則、職責分工、突發事件處置通用程式、突發事件分級與評估、分級處置流程等內容。按照，評估出競賽日程變更（延期、取消）、客戶群中發生嚴重的傳染性疾病等 17 項 I 級突發（重大）事件，並逐一編製了應急預案。

(3) 模擬演練

針對制定的 17 項 I 級突發（重大）事件應急預案，組委會分 28 個競委會，每個競委會分別安排了其中 3 或 4 項開展模擬演練，總演練場次達到 109 場，並對每個競委會的演練情況逐一出具評估報告。評估報告從演練評價和工作建議兩個方面進一步優化和完善，形成了最終的應急預案。

六、風險管理案例——中國石油天然氣股份有限公司

(一) 公司簡介

中國石油天然氣股份有限公司（以下簡稱「中石油」）於 1999 年 11 月 5 日在中國石油天然氣集團公司重組過程中按照《中華人民共和國公司法》成立的股份有限公司。2017 年 12 月 19 日，中國石油天然氣集團公司名稱變更爲中國石油天然氣集團有限公司（變更前後均簡稱「中國石油集團」）。中國石油集團是中國油氣行業占主導地位的最大的油氣生產和銷售商，是中國銷售收入最大的公司之一，也是世界最大的石油公司之一。集團主要業務包括：原油及天然氣的勘探、開發、生產和銷售；原油及石油產品的煉製，基本及衍生化工產品、其他化工產品的生產和銷售；煉油產品的銷售以及貿易業務；天然氣、原油和成品油的輸送及天然氣的銷售。中石油發行的美國存托證券、H 股及 A 股份別於 2000 年 4 月 6 日、2000 年 4 月 7 日及 2007 年 11 月 5 日分別在紐約證券交易所、香港聯合交易所有限公司及上海證券交易所掛牌上市。

(二) 風險治理／公司治理結構

中石油董事會對建立和維護充分的內部控制與風險管理體系負責，並每年對公司內控體系進行評價。該內部控制體系旨在管理而非消除未能達到業務目標的風險，而且只能就不會有重大失實陳述或損失做出合理而非絕對的保證。中石油改革與企業管理部負責組織、協調內外部內部控制測試並督促改進，以及組織內部控制體系運行考核；建立起由業務人員日常自查、企事業單位自我測試、管理層測試及外部審計組成的「四位一體」監督檢查機制，通過持續監督與獨立評估相結合，確保內控體系有效執行。董事會設立審計委員會，作爲下轄的專業委員會，向董事會彙報工作，對董事會負責並依法接受監事會的監督。爲了規範董事會審計委員會的組織、職責及工作程式，確保公司財務資訊的眞實性及內部控制的有效性，專門制定有《中國石油天然氣股份有限公司董事會審計委員會議事規則》，規定審計委員會由三至四名非執行董事組成，其中獨立非執行董事占多數；審計委員會設主任委員一名，由獨立非執行董事擔任；同時還對審計委員會委員的任職資質和人員調整做出了規定。審計委員會有監控公司的財務申報制度及內部監控程序的職責，其中包括評價內部控制和風險管理框架的有效性。

(三) 風險管理實踐

遵照上市地監管要求，中石油建立並有效運行了內部控制與風險管理體系，制定並發布了《內部控制管理手冊》等一系列內部控制管理制度，對公司生產經營控制、財務管理控制、資訊披露控制等進行有效規範，確保內控體系設計有效。中石油十分重視內控與風險管理體系建設及評估，定期向董事會和審計委員會彙報內部控制工作。獨立非執行董事西蒙．亨利先生在 2019 年第一次董事會上指出，公司內控體系完善，與美國 Sarbanes-Oxley 法案和 COSO 框架要求相符，內控體系完全支援公司規範運行，是符合國際標準的內控體系。中石油在其《2019 年年度報告》中重點披露了財務風險和資產風險的狀況，其中財務風險又被分解爲市場風險、信用風險和流動性風險。

1. 財務風險

(1) 市場風險

市場風險指匯率、利率以及油氣產品價格的變動對資產、負債和預計未來現金流量產生不利影響的可能性。(a) 外匯風險：中石油在國內主要以人民幣開展業務，但仍保留部分外幣資產以用於進口原油、天然氣、機器設備和其他原材料，以及用於償還外幣金融負債。中石油可能面臨多種外幣與人民幣匯率變動風險。人民幣是受中國政府管制的非自由兌換貨幣。中國政府在外幣匯兌交易方面的限制，可能導致未來匯率相比現行或歷史匯率波動較大。此外，中石油在全球範圍內開展業務活動，未來發生的企業收購、貿易業務或確認的資產、負債及淨投資以記帳本位幣之外的貨幣表示時，就會產生外匯風險。中石油的部分子公司可能利用貨幣衍生工具來規避上述外匯風險。(b) 利率風險：中石油的利率風險主要來自借款（包括應付債券）。浮動利率借款使中石油面臨現金流利率風險，固定利率借款使中石油面臨公允價值利率風險，但這些風險對於中石油並不重大。(c) 價格風險：中石油從事廣泛的與油氣產品相關的業務。油氣產品價格受其無法控制的諸多國內國際因素影響。油氣產品價格變動將對中石油產生有利或不利影響。中石油以套期保值爲目的，使用了包括商品期貨、商品掉期及商品期權在內的衍生金融工具，有效對沖部分價格風險。

(2) 信用風險

信用風險主要來自於貨幣資金及應收客戶款項。中石油大部分貨幣資金存放於中國國有銀行和金融機構，該類金融資產信用風險較低。中石油對客戶信用品質進

行定期評估，並根據客戶的財務狀況和歷史信用記錄設定信用限額。合併資產負債表所載之貨幣資金、應收帳款、其他應收款、應收款項融資的帳面價值體現中石油所面臨的重大信用風險。其他金融資產並不面臨重大信用風險。

(3) 流動性風險

流動性風險是指中石油在未來發生金融負債償付困難的風險。流動性風險管理方面，中石油可通過權益和債券市場以市場利率融資，包括動用未使用的信用額度，以滿足可預見的借款需求。鑒於較低的資本負債率以及持續的融資能力，中石油相信其無重大流動性風險。資本風險管理方面，中石油資本管理目標是優化資本結構，降低資本成本，確保持續經營能力以回報股東。爲此，中石油可能會增發新股、增加或減少負債、調整短期與長期借款的比例等。中石油主要根據資本負債率監控資本。資本負債率 = 有息債務 /（有息債務 + 權益總額），有息債務包括各種長短期借款、應付債券和超短期融資債券。截至 2019 年 12 月 31 日，中石油資本負債率爲 24.4%，2018 同期爲 22.7%。

2. 其他潛在風險因素分析

(1) 環保責任

中國已全面實行環保法規，這些法規均影響到油氣營運。但是，根據現有的法規，中石油管理層認爲，除已計入本合併財務報表的數額外，並不存在其他可能對本集團財務狀況產生重大負面影響的環保責任。

(2) 保險事項

中石油已對車輛和有些帶有重要營運風險的資產進行有限保險，並購買因意外事故導致的個人傷害、財產和環境損害而產生的第三者責任保險，同時購買雇主責任保險，但其他未被保險保障而將來可能產生的責任對財務狀況的潛在影響於現時未能合理預計。

(3) COVID-19疫情影響

2020 年 1 月以來，COVID-19 疫情（「疫情」）對中國經濟造成較大影響，也對本集團產生較大影響：成品油市場需求下降，天然氣市場需求增速放緩，原油、成品油、天然氣價格大幅下降，油氣產業鏈運行管理更加複雜、困難等。中石油積極應對疫情，成立了疫情防控工作領導小組，及時安排疫情防控各項措施，保護員工生命健康，安全平穩有序推進生產經營；深入開展開源節流降本增效，控制資本性支出和成本費用，優化債務結構，積極促銷推價，加快發展國內天然氣業務等，盡力減少疫情造成的損失，努力實現長期可持續發展。

(4) 天然氣價格政策階段性調整

2020 年 2 月 22 日，國家發改委發布《國家發展改革委關於階段性降低非居民用氣成本支援企業復工複產的通知》，規定：按照國家決策部署，統籌疫情防控與經濟社會發展，階段性降低非居民用氣成本。即日起至 2020 年 6 月 30 日，非居民用氣門站價格提前執行淡季價格政策，對化肥等受疫情影響大的行業給予更大價格優惠，及時降低天然氣終端銷售價格。中石油天然氣銷售收入和利潤會受到一定影響，但將繼續優化生產經營，推進可持續高品質發展。

(5) 國際原油價格大幅下跌

2020 年 3 月初以來，因石油減產聯盟未達成減產協議，加之世界經濟受疫情影響前景不樂觀，國際原油價格大幅下跌。2020 年 3 月 9 日，北海布倫特原油和 WTI 原油期貨價格單日分別下跌 24.1% 和 24.6%。國際原油價格下跌對中石油銷售收入和利潤產生不利影響，中石油將積極採取措施應對原油價格波動風險，努力保持生產經營平穩健康發展。

七、中國四項案例綜合簡評

前面四項中國案例，分屬不同行業，所以風險管理人員要清楚所屬行業的貝它係數 (β) 高低。此高低代表資金成本高低，也就可清楚在考慮同業間競爭風險後，訂出公司的目標報酬率。同時，也會清楚公司風險管理品質與成熟度的提升，該往何方向努力。其次，風險管理人員也要清楚，在做國際間或地區間比較時，要考慮政治體制的差異，例如：中國與臺灣之間，政治體制不同輻射出的政治風險不同，這也就會影響其他風險，有此認識時，那麼比較中國與臺灣公司間的風險管理品質與成熟度時，就能有較客觀的觀察。

另一方面，本書風險管理的論點是風險控制與風險融資間，要搭配協作應對風險，始稱風險管理。否則，只能單獨稱作安全管理（也就是損失控制或風險控制）或衍生品避險或稱半套風險管理。綜觀前面四項中國案例顯示的內容，並未顯示完整的風險融資應對風險的方式，所以著者只能說依據案例顯示的內容，除中國石油天然氣公司外（至少該公司還考慮保險融資來應對責任風險），其他三項案例還不算是成熟的風險管理，只能說是有不錯的安全管理或衍生品避險。例如：百度公司

是互聯網搜尋引擎公司，那麼網路保險的安排就非常需要，然內容上只看到重安全管理或衍生品避險（只依據所顯示資料資訊評述）。

前面四項案例中很特殊的管理主體是武漢軍運會主辦單位，這與其他案例管理主體是公司不同。因此，此案例值得注意，尤其要辦展覽會，其風險管理值得仿效軍運會的作法。通常辦賽事是短暫的，在這極短期間內風險容易識別，軍運會採用類似本書所提的風險登錄簿登記風險。衡量評估風險用風險點數公式計點，是不錯的選擇，軍運會案例中就是採此種方法。其他三項案例分屬網路事業、航空事業、與石油天然氣事業，後兩種事業責任風險更不容忽視。除有良好的安全控管外，責任風險融資更應尋求 ART 市場商品的協助。例如：專屬保險機制等。最後，風險管理的五大基礎建設與風險溝通作法，四項案例中除中國石油天然氣公司稍有顯示基礎建設與公司治理作法外，其他三項案例雖沒顯示，但要往風險管理成熟的方向努力，這些基礎建設與風險溝通是必須完善的。

八、風險管理案例[3]——臺灣興農公司

(一) 風險管理政策

爲建立健全之風險管理意識，合理確保策略目標之達成，以達永續發展，本公司制定風險管理政策爲：

- 公司之經營管理應具備風險意識，確保企業持續營運。
- 業務權責單位應訂定適當之風險管理作業程序，並持續檢視及落實，確保有效控制其承擔之各類風險。

本公司風險管理運作分爲三個層級控管，透過各部門分層負責，落實風險控管，降低公司營運面臨之風險。稽核室亦定期執行查核各單位內部控制制度設計、執行及維護，包含董事會通過之年度稽核計畫、年度內部控制制度自行評估作業、不定期及特殊目的之專案查核等。

稽核結果由稽核主管定期向獨立董事及董事會報告，協助高階管理階層及董事會檢查及覆核內部控制制度之缺失，衡量營運之效果及效率，以確保營運效果、財務報導及法令遵循可持續有效實施，並適時提供改進建議，以作爲檢討修正管理制度之依據，防止作業弊端發生，促進公司之健全經營。

[3] 此案例以興農公司公布在電腦網路上資訊爲主，解說上以此資訊爲基礎。

(二) 風險管理組織架構及權責

第一層 業務權責單位	第二層 高階管理階層	第三層 董事會
負責執行風險辨識、評估及管控之作業。	擬定風險管理政策與運作架構，並執行董事會風險決策。	為本公司風險管理最高決策單位，監督公司存在或潛在之各類風險，並確保相關法規之遵循及風險管理機制之有效性。

稽核室

負責監督及適時提供改進建議，以確保本公司風險管理之有效性，
並向審計委員會及董事會提出稽核報告。

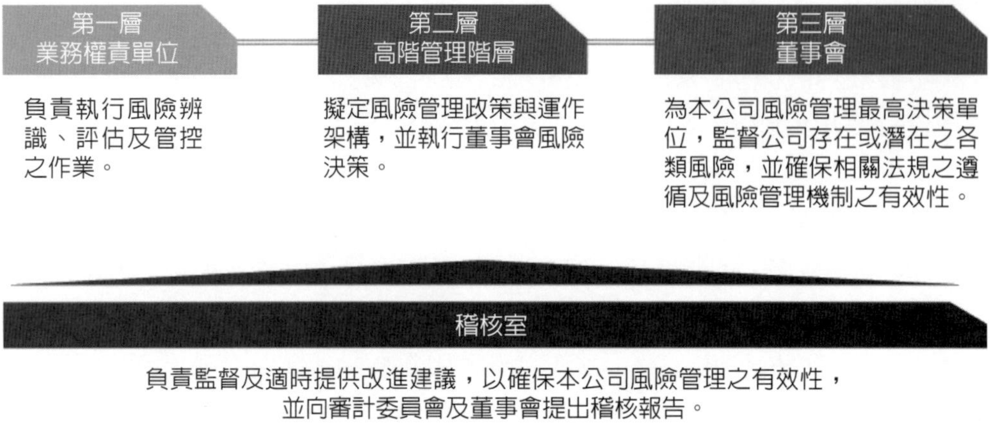

圖 17-3　風險管理組織架構及權責

(三) 風險管理範疇

本公司各項風險之辨識、衡量、監控與報告等流程，應配合經營環境、業務與營運活動之變動適時調整。於執行風險辨識時，應涵蓋經營活動涉及營運、財務、環境、危害性事件及氣候變遷等各面向之風險變動情形，並加以衡量及監控。當曝險程度超出風險限額時，相關部門應提出因應對策呈報高階管理階層，並每年由公司治理小組彙整各單位之風險及對策，提報董事會。

2021 年本公司依照重大性原則鑑別之風險，如表 17-1。

表 17-1　鑑別之風險

風險類別	潛在風險	風險對策
公司治理	社會、經濟與法規遵循	• 訂有各項內部規章，明確作業規範，並落實內部控制及建立吹哨者機制，確保企業營運與員工遵守法令。 • 隨時掌握法令變動資訊，不定期派員參加政府機關舉辦之宣導會、課程等，並辦理教育訓練及法規鑑別，以確保合乎法令要求。
資訊安全	資訊系統異常	• 導入ISO 27001資訊安全管理系統，整合及強化資訊安全機制。 • 落實資訊安全教育訓練及模擬演練作業，提高資通安全智慧及緊急應變能力。

表 17-1 鑑別之風險（續）

<table>
<tr><th>風險類別</th><th>潛在風險</th><th>風險對策</th></tr>
<tr><td rowspan="3">環境安全衛生</td><td>緊急應變</td><td>• 制定各項緊急應變計畫，明確規劃負責人及其職掌分工，並每年定期執行災害演練，降低災害衝擊。
• 加入「中華民國化學工業責任照顧協會」，每年定期執行無預警應變測試或消防演練，並簽訂全國性聯防組織相互協防，提高人員災害應變能力。</td></tr>
<tr><td>環境汙染</td><td rowspan="4">• 導入ISO 14001環境管理制度、ISO 45001職業安全衛生管理制度，結合SNPM活動，設置專責單位於環境面執行製程改善、能資源管理及各項節能減碳對策；職業安全面執行各項危害預防措施，提升全體員工安全意識。
• 高階主管帶領組成職業安全衛生委員會暨SNPM（興農的生產管理）推進會，每週召開稽核改善暨節能減廢會議，檢視管理機制有效性及特殊情境之因應。
• 與國內外公司、大廠及政府機關交流，提升環安衛技術及設備。
• 辦理專業及通職教育訓練，提升員工環安衛意識及確保各項操作作業、衛生證照之專業資格。
• 建置資料庫雲端備援機制，提升資料備份之完整性與可用性。</td></tr>
<tr><td>工安事故</td></tr>
<tr><td rowspan="3">氣候變遷</td><td>能資源管理</td></tr>
<tr><td>碳排放管理</td></tr>
<tr><td>供應鏈中斷</td><td>• 擴大海外需求市場，分散產品銷售風險。
• 建立全球採購平臺，整合原物料需求；尋求替代原料及供應商，建立穩定供應來源，以在地採購為原則，降低運輸風險及環境衝擊。</td></tr>
<tr><td rowspan="2">人力資源</td><td>人權維護</td><td>• 制定「人權政策」，並依據《勞動基準法》或各營運所在地之勞動法令訂定內部人事管理規章，於員工之任免、升遷、待遇、福利等予以明確規範。
• 設置申訴管道，保持勞資暢通之溝通管道，即時針對任何損害人權情事予以了解及處理。</td></tr>
<tr><td>傳染病流行</td><td>• 強化各項傳染病防疫措施，包括廠區出入管控措施、異常處理措施、廠區消毒措施、員工健康檢查與自主健康管理、疫情通報機制與後勤醫護送院機制、檢視與儲備防痕物資。
• 建立並落實代理人機制與各級人員持續培育，確保關鍵技術與備援人力。
• 設有廠護及駐廠醫生，推動健康促進活動、健康管理，提升員工衛教觀念。</td></tr>
</table>

(四) 特殊傳染性肺炎(COVID-19)應對措施

表 17-2 COVID-19 的對策

建立緊急應變機制	集會差旅	資訊傳遞
• 制定防災應變計畫，成立緊急應變小組，由總管理部統籌各項應變措施之管控與追蹤。 • 建立疫情通報系統，同仁或眷屬如染疫或被通知居家隔離／檢疫者，立即依系統執行通報。	• 暫停公務國外差旅活動。 • 避免不必要之集會、拜訪，改以電話、郵件、視訊等科技工具溝通；如有必要集會之場合，應配戴口罩並保持社交距離。	• 每逢假日、假期前，透過內部網站，郵件加強宣導最新防疫資訊，確保同仁掌握即時訊息，做好自身健康管理。
環境管理	**人員措施**	**異地辦公**
• 廠區採單一出入口進出，承攬商、訪客入廠皆採實名登記，掌握進出人員流向。 • 員工、承攬商、訪客進入廠區前皆須量測體溫及佩戴口罩，並酒精消毒、洗手。 • 快遞、郵件單一窗口處理，並經消毒後由單一人員分發各部門，降低人員接觸頻率。 • 各工作場所加強環境清潔與消毒；辦公時間保持室內空氣流通；員工用餐防疫管理。	• 針對面對公眾之第一線員工提供個人防護設備。 • 員工或眷屬染疫而需員工照顧者，各項給假、給薪皆依主管機關規定辦理。 • 勸導員工避免國外旅遊、前往人潮擁擠公共場所，如有相關旅遊史或前往人潮聚集處另通報公司，以利提前調整防疫措施。 • 提供駐外員工防疫設備，協調遞延或減少返臺探親頻率；增加派駐獎金。如有返臺，協助安排防疫旅館，並提供膳宿及檢驗費用補助。	• 避免人員群聚辦公產生交叉感染風險，及考量關鍵業務、人員、代理人之備援人力等要素，實施單位分區上班，降低營運風險。

(五) 案例簡評

臺灣興農公司前身為興農化學工廠，創立於 1955 年。營業項目由單一的農藥產銷，發展成肥料、特用化學品、生物科技、塑膠製品、水泥製品、食品、超市、家庭用品、精緻農業等多樣事業群的公司，成功開創不同領域的事業版圖。對事業部採利潤中心制，以充分授權、分層負責方式，勵行目標管理及績效評核制度，提高營運績效，達成營業目標。

大體上，該公司的風險管理還算成熟，有政策、有組織、有風險管理系統，針對 COVID-19 也有相應的危機應急對策。依其公開的網路資訊來觀察，總有不足處。首先，風險對策仍以風險控制爲主，搭配協作的風險融資應對方式，從其內容中，並無顯示。而如何進行與各利害關係人的風險溝通作法，從其內容中，也無從得知。其次，觀察其營業項目，責任風險的應對尤其重要，風險融資的作爲必不可少。該公司對風險管理過程的內部控制與內部稽核堪稱完善，尤其董事會負最終責任是該公司朝更完善、更成熟風險管理方向的主要驅動力。最後，該公司如何衡量評估風險與風險管理的五大基礎建設完善程度爲何，從其內容中也無法完全知道。另一方面，同樣針對本案例，嚴謹言之，著者風險管理的論點是風險控制與風險融資間，要搭配協作應對風險，始稱風險管理。否則，只能單獨稱作安全管理（也就是損失控制或風險控制）或衍生品避險或稱爲半套風險管理。

本章小結

全面性風險管理是複雜工程，任何組織機構可隨時調整並分階段完善。另外，每一行業性質不同，每一組織機構均有其特質，爲組織機構量身訂作風險管理機制是必要的。前面五項案例各有各的作法，其理在此。

思考題

1. 互聯網搜尋引擎行業與石油天然氣行業間，依你的判斷，行業風險結構會有何不同，請依戰略風險、財務風險、作業風險、與危害風險分別比較此兩行業的風險結構。
2. 風險管理要風險控制與風險融資間，搭配連動協作應對風險，才稱風險管理。否則，本書只認爲是半套的風險管理，爲何？請提出自己的論點。
3. COVID-19爲何有些國家疫情嚴重，有些則否。請你以風險建構理論觀點，說明其原因。

參考文獻

1. 英國IRM委託湖北經濟學院風險管理研究中心製作（2021/03）。*《中國組織全面風險管理手冊》*。
2. Barton, T. L. et al. (2002). "*Making Enterprise Risk Management Pay Off*"。

附錄I.　資本市場理論

資本市場理論 (Capital Market Theory) 是用來檢視各類證券報酬與風險間的關係，以及投資者的資產選擇行爲，其中最有名的財務模式，當推資本資產訂價模式 (CAPM: Capital Asset Pricing Model)。此外，資本市場已成風險證券化 (Risk Securitization) 商品主要流通的市場。例如：巨災債券 (CAT Bond) 等。在追求公司價值極大化的目標下，風險管理人員認識資本市場理論是必要的。

一、資本資產訂價模式

在資本市場與無風險資產導入投資組合選擇的情況下，投資人何時可進入市場購買證券？從資本資產訂價模式的個別證券風險與報酬間的關係可提供解答。資本資產訂價模式的個別證券風險與報酬間的關係，可以數學式表示如下：

$$E(Ri) = Rf + \beta i(Rm\text{-}Rf)$$

該數學式的意含是說，投資組合中個別證券 (i) 的預期報酬 (E(Ri)) 是由無風險報酬 (Rf) 與市場風險溢酬 (Rm-Rf) 所構成，而該證券的風險則由貝它係數 (β) 所決定。進一步說，如貝它係數小於一，則該證券的系統風險會小於市場組合的風險。如貝它係數大於一，則該證券的系統風險會大於市場組合的風險。如貝它係數等於一，則該證券的系統風險會等於市場組合的風險。換言之，股市指數如上揚 5%，貝它係數等於一的證券，其行情價格也會上揚 5%。貝它係數小於一的證券，其行情價格的上揚會小於 5%。貝它係數大於一的證券，其行情價格的上揚會高於 5%。

最後，將預期報酬與貝它係數的關係，繪製於圖 1，則可得出證券市場線 (SML: Security Market Line)，亦即 CAPM 的圖形化。在市場達到均衡時，只要個

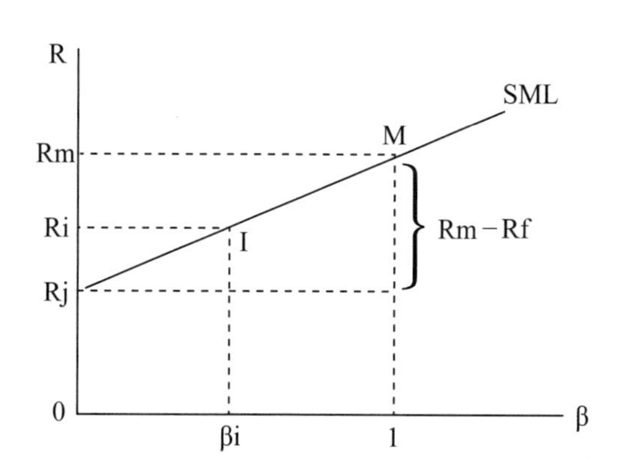

圖 1 證券市場線

別證券可提供的預期報酬超過證券市場線上的必要報酬，投資人即可進場投資該證券。圖 1 中 SML 的斜率等於市場風險溢酬 Rm-Rf。

二、套利訂價理論

套利訂價理論 (APT: Arbitrage Pricing Theory) 與資本資產訂價模式 (CAPM) 均是在說明個別證券預期報酬率與風險間的關係。CAPM 說明的是，在市場均衡的狀態下，個別證券預期報酬率是由無風險利率與 β 係數所決定，也就是預期報酬率受單因子 β 係數影響，且呈線性關係。然而，APT 則認爲在市場均衡的狀態下，且非系統風險完全被有效分散時，個別證券預期報酬率是由無風險利率與多項因子決定。例如：工業活動產值、通貨膨脹率、長短期利率差額等，以數學式表示如下：

$$E(Ri) = Rf + b1(R1-Rf) + b2(R2-Rf) + \cdots\cdots + bn(Rn-Rf)$$

上式中的 b1 …… bn 類似 CAPM 中的 β 係數，(R1-Rf) + (R2-Rf) + …… + (Rn-Rf) 就是各多項因子提供的風險溢酬，與 CAPM 中的 (Rm-Rf) 概念雷同。

附錄II. 2017年COSO全面性風險管理原則的變化

2017 年 COSO 經過多年的醞釀，終於發布了新版的 ERM。新版 ERM 到底有哪些變化？是否眞的是顚覆性變革？

一、名稱的變化

舊版：ERM - Integrated Framework

新版：ERM - Integrating with Strategy and Performance

舊版是「整合框架」，這裡的整合更強調的是 ERM 本身五要素的整合。新版則強調了 ERM 與戰略和績效的整合。需要特殊說明的是，在徵求意見稿中，用的是「Aligning」，而不是最終稿中的「Integrating」。Aligning 是對準和對齊的意思；而 Integrating 則有整合和融爲一體的意思。

「融合」管理的本質就是要取得績效，任何管理工具都是一種手段而已。過於強調其中一種手段，就會陷入「盲人摸象」的困境。因此，在學習和使用任何管理理論時，都需要有融合的意識和實踐。

新版 ERM 更加強調（注意：不是新的理念，而是深化和突現）與戰略和績效的融合，是迴歸了管理的本質；同時，也對使用者提出了更高的要求：要從績效結果（或管理目標）去理解風險管理，而不是就風險管理談風險管理。

二、定義的變化

1. 風險定義的變化

舊版：風險是一個事項將會發生並給目標實現帶來負面影響的可能性。機會是一個事項將會發生並給目標實現帶來正面影響的可能性。

新版：事項發生並影響戰略和業務目標之實現的可能性。

舊版 ERM 將事項區分爲風險和機會。從「ERM 處理風險和機會，以便創造或保持價值。它的定義如下：…… 」的表述看，舊版 ERM 雖然也提到了對機會的把握，但總體上還是偏向對負面影響的控制。

新的風險定義將風險和機會等而視之，試圖讓風險管理者從被動防禦（控制）的心態轉變爲主動出擊（管理）的心態，讓風險管理與價值創造的過程融爲一體。

2. ERM定義的變化

舊版：ERM 是一個過程，它由一個主體的董事會、管理當局和其他人員實施，應用於戰略制定並貫穿於企業之中，旨在識別可能會影響主體的潛在事項，管理風險以使其在該主體的風險容量之內，並爲主體目標的實現提供合理保證。

新版：組織在創造、保存、實現價值的過程中賴以進行風險管理的，與戰略制定和實施相結合的文化、能力和實踐。定義趨於簡化，同時，更加強調風險管理與價值創造及戰略的關係。舊版 ERM 定義 ERM 是一個過程（過程即政策、流程、表單和系統）。新版則定義 ERM 是文化、能力和實踐。

三、展現形式的變化

1.「立方體」改「DNA螺旋體」

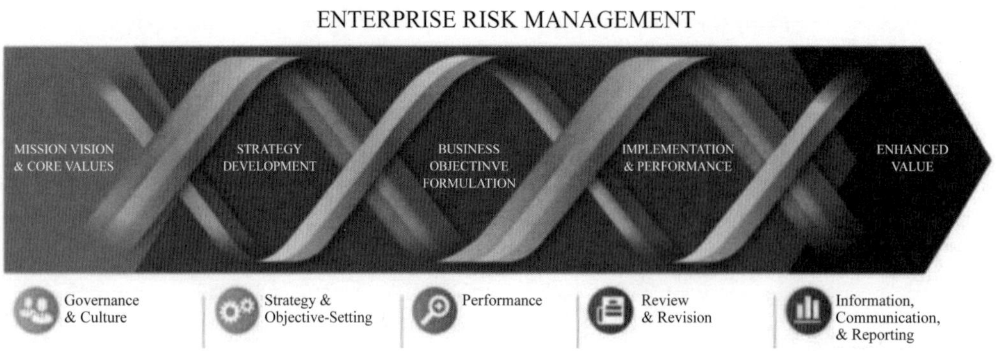

這是視覺上最大的變化，也是 ERM 急於想擺脫 IC 框架影響的重要舉措。舊版 ERM 由於採用與 IC 類似的立方體模型，讓很多人誤解 ERM 只是 IC 的擴展和細緻化，始終不能擺脫 IC 的「陰影」。這次 COSO 是痛定思痛，希望藉著換模型，能讓 ERM 像 IC 一樣被廣泛認可和使用。新的 DNA 螺旋體與「整合」的意境更貼切。表現了風險管理與使命願景價值觀、戰略、營運和績效等管理要素的關係。

2. 要素、原則、屬性（Components, Principals, Attributes）的結構

COSO 早先在《財務報告內部控制——較小型公眾公司指南（2006）》和《內部控制——整合框架（2013）》就採用了這種架構。新版 ERM 的核心內容爲五要素、二十項原則。仔細比對新版五要素（治理和文化；戰略和目標設定；執行風險管理；評估和修正；資訊、溝通和報告）與原八要素（內部環境；目標設定；事件識別；風險評估；風險對策；控制活動；資訊和交流；監控）就會發現：沒有實質變化，僅僅是重新分類合併和文字表述差異；而且結合二十項原則似與 IC 的五要

素更神似。

四、與ISO 31000/31010的比較

風險管理領域有一個ISO標準，即ISO 31000/31010（中國爲GBT 4353-2009）。下面爲兩者的差異。

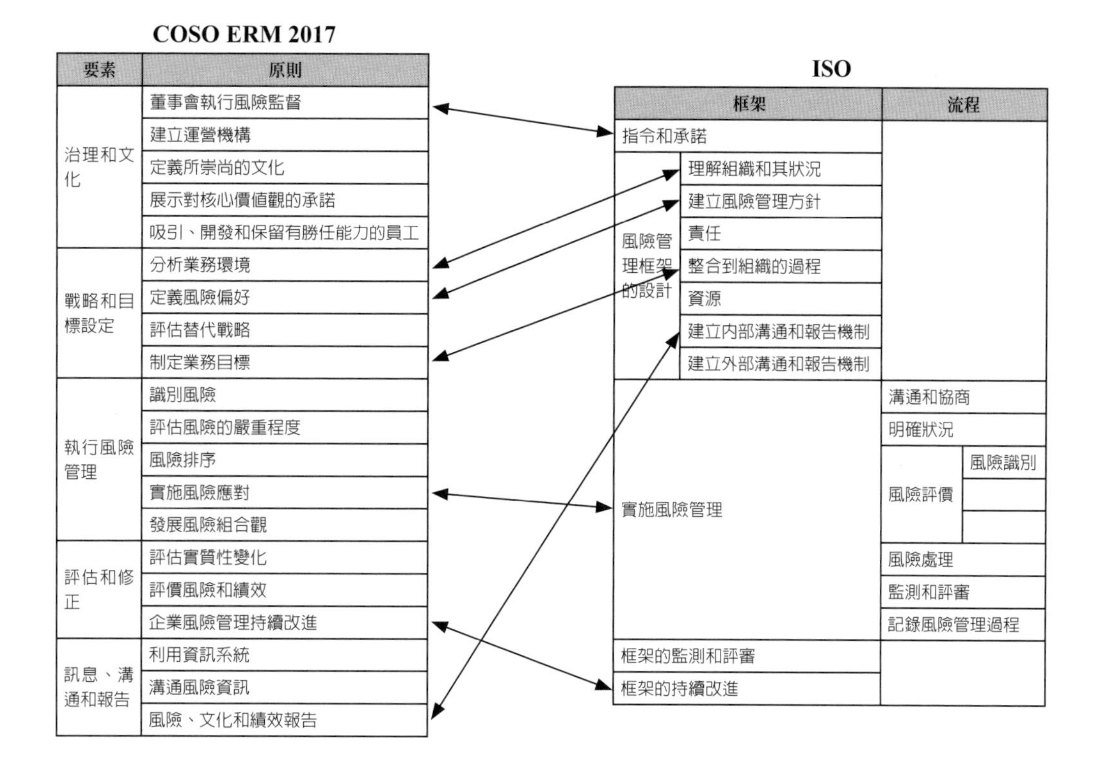

從上表中我們可以大致看到，這兩大風險管理模型在實質上並無本質差異，更多只是表述的邏輯和文字上的差異。

附錄III.　風險基礎的年度預算

以某集團 MMIG(Ming-Ming Insurance Group) 爲例，說明風險基礎的年度預算。該集團轄下有三個事業單位，也就是產險、壽險、與健康險等三種不同的事業單位。MMIG 三個事業單位經營概況，分別說明如下：

產險事業單位主要經營商業保險與個人保險。2008 年年收保險費總計 15 億臺幣，合約再保險爲主要的轉嫁風險契約。其次，壽險事業單位主要經營個人壽險、團體壽險、年金保險、與投資連結型保險，投資連結型保險的保戶承擔投資風險。最後，健康險事業單位主要經營醫療費用保險，2008 年年收保險費總計 7 億臺幣，獲利 1.4 千萬臺幣。2008 年，MMIG 的損益表、資產負債表與每事業單位的經濟資本表，分別如表 1、表 2、與表 3 所示。首先，觀察表 1，該表顯示，2008 年 MMIG 總稅前利潤爲 2.74 億臺幣。其中，產險事業單位貢獻度最大。壽險事業單位至 2008 年底，隱含價値爲 15 億臺幣。2008 年間，隱含價値增加 1 億，主要來自 9,000 萬的新契約價値 (VNB: Value of New Business)，其餘 1,000 萬來自因解約率改變所產生的有效契約價値 (VIF: Value in Force) 的變動。

表 1 MMIG 損益表

(單位：百萬元)	產　險	壽　險	健康險	集　團
保險費收入	$1,500	$1,000	$700	$3,200
再保險	120	N/A	N/A	120
	$1,380	$1,000	$700	$3,080
投資報酬	$135	$500	$49	$684
賠款／給付	$900	$700	$630	$2,230
再保分攤	$45	N/A	N/A	$45
	$855	$700	$630	$2,185
營運成本	$450	$200	$105	$680
準備金變動		$550		$550
損益	$210	$50	$14	$274
EV 變動		$100		

表 2 MMIG 資產負債表

（單位：百萬元）

資產		負債	
權益	$ 5,400	資本	$ 2,100
債券	8,600		
放款（非抵押）	1,400	準備金	$10,555
抵押放款	350	壽險	7,220
不動產	725	產險	2,535
流動資產	280	健康險	800
其他	900	投資連結商品	$ 5,000
	$17,655		$17,655

其次，觀察表 2，注意投資連結型保險的準備金的構成。最後，觀察表 3，MMIG 總經濟資本約 37 億，這其中財產核保風險與市場風險的經濟資本共占總經濟資本的七成，財產核保風險的經濟資本高，主要是因巨災風險導致，市場風險的經濟資本大，主要來自權益風險與利率風險。人身核保風險的經濟資本相對低，主要是長壽風險與生命風險，可大部分互相抵銷。壽險事業單位的信用風險所需經濟資本，稍高於其他事業單位，主要是壽險事業單位持有公司債與貸款。產險事業單位信用風險的經濟資本，主要來自債券 3,000 萬與再保險信用風險的 2,000 萬。健康險事業單位的戰略風險經濟資本比其他事業單位高，主要是因健康保險制度民營化政策的改變。

表 3 MMIG 每事業單位經濟資本表

（單位：百萬元）	產　險	壽　險	健康險	集　團	%
非生命風險	$1,200			$1,200	32.5
生命風險		$200		200	5.4
健康風險			$300	300	8.1
市場風險	300	900	300	1,500	40.7
信用風險	50	60	30	140	3.8
作業風險	50	60	40	150	4.1
戰略風險	60	60	80	200	5.4
總　計	$1,660	$1,280	$750	$3,690	

MMIG 風險管理部門依據表 1 各事業單位營運的成果，作少數必要的調整，得出各事業單位的風險調整報酬，也就是公平價值報酬。之後，與表 3 各事業單位的經濟資本相除，即得出表 4 的各事業單位 2008 年的 RAROC。

表 4 MMIG 每事業單位 RAROC

（單位：百萬元）	產　險	壽　險	健康險	集　團
損益／EV	$210	$100	$14	$324
調整	(50)	N/A	N/A	(50)
公平價值報酬變動	$160	$100	$14	$274
經濟資本	$1,660	$1,280	$750	$3,690
RAROC	9.6%	7.8%	1.9%	7.4%

觀察表 4，產險事業單位的經營成果 2.1 億（該數據來自表 1），被扣除 0.5 億後，風險調整報酬爲 1.6 億。0.5 億是風險管理人員預測每十年會有一次巨災損失 5 億的預期損失。其次，表 1 中的壽險事業單位 1 億隱含價值，健康險事業單位的 0.14 億的經營成果，公司董事會可接受當作風險調整報酬，並不作調整。表 4 顯示 MMIG 集團的 RAROC 爲 7.4%，董事會認爲過低要求管理層改善。

計算經濟資本，風險分散扮演重要角色，表 4 顯示 MMIG 集團的 RAROC 爲 7.4%，董事會認爲過低。因此，管理層有必要進行進一步的風險分散分析。就 MMIG 集團言，表 3 與表 4 中所列示的各類風險的經濟資本，是已考慮各類風險內部風險分散效應後的數據。考慮各類風險內部風險分散，是計算各類風險的經濟資本首要的步驟。其次，風險管理人員要考慮各類風險在不同事業單位間的風險分散。最後，才考慮同一事業單位各類風險間的分散。

風險管理人員可運用組合理論與相關係數的統計概念，計算各種風險分散的效果。此外，董事會在管理控制上應設定可接受的 RAROC，也就是截止率。假設董事會設定爲 10%，顯然，經由風險分散調整後，MMIG 各事業單位 2008 年的 RAROC，除了健康險事業單位未達標準外，其他兩個事業單位均超過標準，參閱表 5 與圖 1。

表 5 MMIG 風險分散後 RAROC

（單位：百萬元）	產　險	壽　險	健康險	分散效應	集　團
非生命風險	$1,200			$620	$580
生命風險		$200		70	130
健康風險			$300	70	230
市場風險	300	900	300	750	750
信用風險	50	60	30	50	90
作業風險	50	60	40	50	100
戰略風險	60	60	80	50	150
總　計	$1,660	$1,280	$750	$1,660	$2,030
分散效應	$747	$576	$337	比例分攤	
分散後經濟資本	$913	$704	$413		$2,030
公平價值報酬變動	$160	$100	$14		$274
RAROC	17.5%	14.2%	3.4%		13.5%

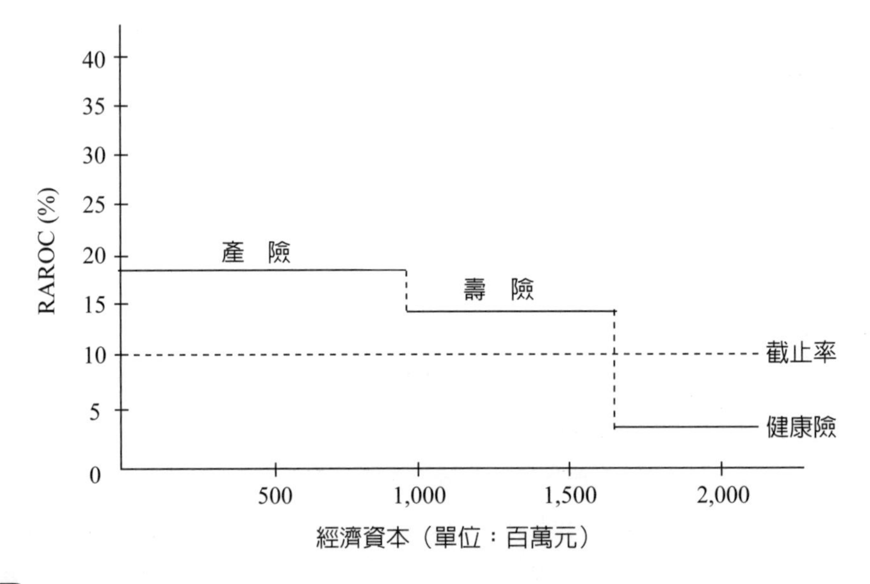

圖 1 經濟資本與 RAROC

同時，根據表 5 與 10% 的截止率，風險管理人員可計算出每個事業單位的 EP/EVA 值作爲未來可能取捨該事業單位的參考，參閱表 6。

表 6 RAROC 與 EP

（單位：百萬元）	產　險	壽　險	健康險	集　團
經濟資本	$913	$704	$413	$2,030
RAROC	17.5%	14.2%	3.4%	13.5%
截止率	10%	10%	10%	10%
EP	$69	$30	($27)	$71

根據 2008 年的成果，MMIG 董事會進一步要求，在 2009 年集團經濟資本預算將降至 18 億，比 2008 年少約 19 億，可接受的 RAROC 仍爲 10%。此時，各事業單位必須提出 2009 年的各型計畫書，進行年度預算與經濟資本的配置，參閱表 7、表 8、與圖 2。

表 7 MMIG 2009 年經濟資本預算

（單位：百萬元）	產　險	壽　險	健康險	分散效應	集　團
非生命風險	$970			$610	$390
生命風險		$240		70	170
健康風險			$300	70	230
市場風險	300	800	300	720	680
信用風險	50	60	30	50	90
作業風險	50	50	40	50	90
戰略風險	60	60	80	50	120
總　計	$1,430	$1,210	$750	$1,620	$1,770
分散效應	$715	$552	$353		
分散後經濟資本	$715	$658	$397		$1,770

表 8 MMIG 2009 年預期指標——RAROC 與 EP

（單位：百萬元）	產　險	壽　險	健康險	集　團
損益／EV	$185	$105	$24	$314
調整	(45)	N/A	N/A	(45)
公平價值報酬變動	$140	$105	$24	$269
經濟資本	$715	$658	$397	$1,770
RAROC	19.6%	15.9%	6%	15.2%
EP	$69	$39	($16)	$92

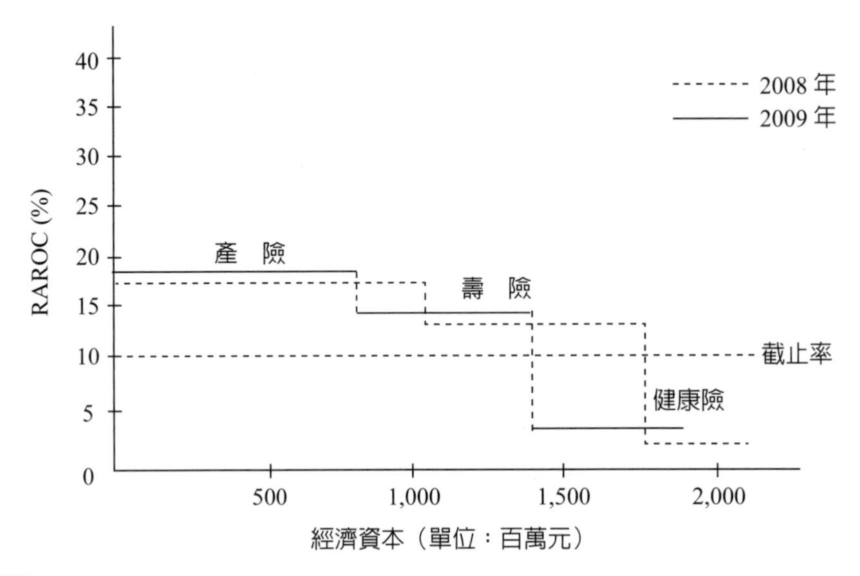

圖 2 MMIG 2008 年與 2009 年 RAROC 的比較

附錄IV.　風險管理主要網站

1. http://www.sra.org
2. http://www.toxicology.org
3. http://www.ama-assn.org
4. http://www.aiha.org
5. http://www.acs.org
6. http://www.aaas.org
7. http://www.greenpeace.org
8. http://www.iarc.fr
9. http://www.iso.ch/
10. http://www.tera.org
11. http://www.who.ch
12. http://www.ceiops.org
13. http://www.ec.europa.eu/internal_market/insurance/solvency2/index_en.htm
14. http://www.gcactuaries.org
15. http://www.actuaries.org
16. http://www.iais.org
17. http://www.aria.org
18. http://www.rims.org
19. http://www.riskweb.com
20. http://www.captive.com
21. http://www.insurancenet.com
22. http://www.aria.org/rts
23. http://riskinstitute.ch
24. http://www.primacentral.org
25. http://www.nonprofitrisk.org
26. http://www.siia.org
27. http://www.iii.org
28. http://www.newspage.com/NEWSPAGE/cgi-bin/walk.cgi/NEWSPAGE/info/d16
29. http://www.insurancefraud.org
30. http://www.insure.com

31. http://aicpcu.org
32. http://scic.com
33. http://www.genevaassociation.org
34. http://www.egrie.org
35. http://www.theirm.org
36. http://www.airmic.com
37. http://www.theiia.org
38. http://www.coso.org
39. http://www.bis.org
40. http://www.isda.org
41. http://www.garp.org
42. http://www.iasc.org.uk
43. http://www.rmst.org.tw
44. http://www.tii.org.tw

名詞索引

英文／符號

中文

二畫

三畫

四畫

五畫

六畫

七畫

八畫

九畫

十畫

十一畫

十二畫

十三畫

十四畫

十五畫

十六畫

十七畫

十八畫

十九畫

二十畫

二十二畫

二十三畫

國家圖書館出版品預行編目資料

風險管理精要：全面性與案例簡評／宋明哲作. ——二版. ——臺北市：五南圖書出版股份有限公司, 2022.06
面；　公分.
ISBN 978-626-317-902-8（平裝）

1.CST：風險管理

494.6　　　111008332

1FTD

風險管理精要：全面性與案例簡評

作　　者— 宋明哲
發 行 人— 楊榮川
總 經 理— 楊士清
總 編 輯— 楊秀麗
主　　編— 侯家嵐
責任編輯— 吳瑀芳
文字校對— 陳俐君、黃志誠
封面設計— 姚孝慈
出 版 者— 五南圖書出版股份有限公司
地　　址：106台北市大安區和平東路二段339號4樓
電　　話：(02)2705-5066　　傳　　真：(02)2706-6100
網　　址：https://www.wunan.com.tw
電子郵件：wunan@wunan.com.tw
劃撥帳號：01068953
戶　　名：五南圖書出版股份有限公司

法律顧問　林勝安律師事務所　林勝安律師

出版日期　2014年4月初版一刷
　　　　　2022年2月初版五刷
　　　　　2022年6月二版一刷

定　　價　新臺幣600元

經典永恆・名著常在

五十週年的獻禮——經典名著文庫

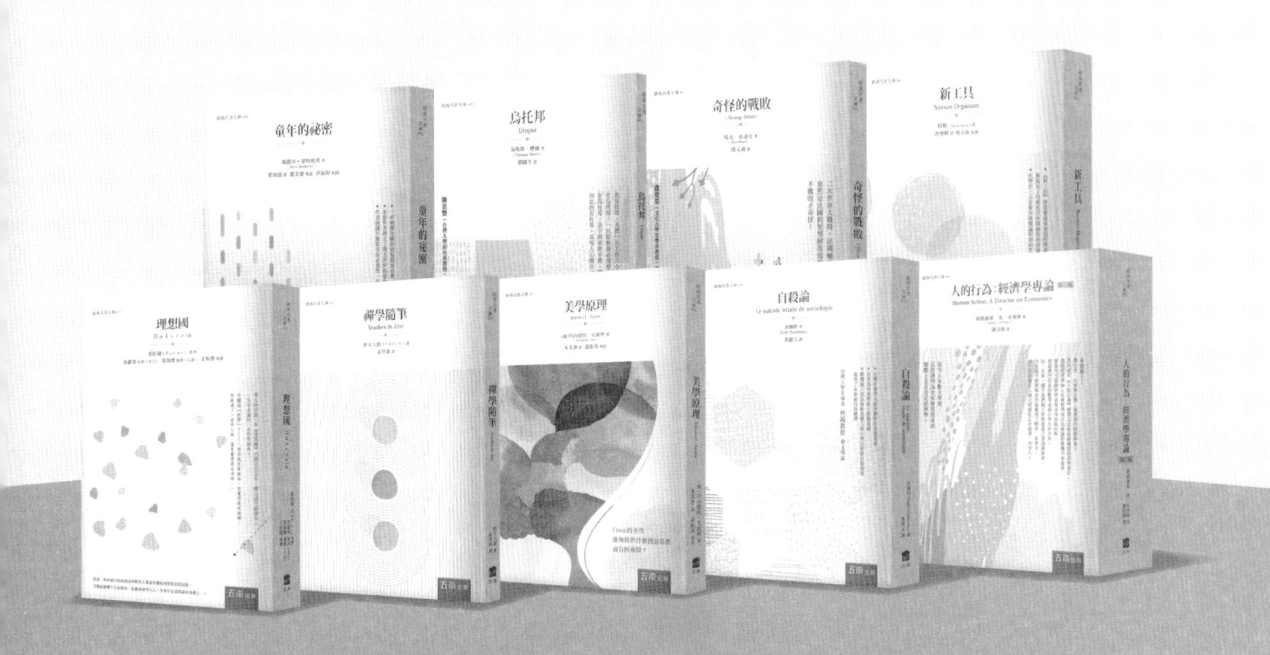

五南，五十年了，半個世紀，人生旅程的一大半，走過來了。
思索著，邁向百年的未來歷程，能為知識界、文化學術界作些什麼？
在速食文化的生態下，有什麼值得讓人雋永品味的？

歷代經典・當今名著，經過時間的洗禮，千錘百鍊，流傳至今，光芒耀人；
不僅使我們能領悟前人的智慧，同時也增深加廣我們思考的深度與視野。
我們決心投入巨資，有計畫的系統梳選，成立「經典名著文庫」，
希望收入古今中外思想性的、充滿睿智與獨見的經典、名著。
這是一項理想性的、永續性的巨大出版工程。
不在意讀者的眾寡，只考慮它的學術價值，力求完整展現先哲思想的軌跡；
為知識界開啟一片智慧之窗，營造一座百花綻放的世界文明公園，
任君遨遊、取菁吸蜜、嘉惠學子！